兵器科学与技术丛书

Introduction of
Ordnance Major

兵器专业
导 论

张相炎 编著

北京理工大学出版社
BEIJING INSTITUTE OF TECHNOLOGY PRESS

内 容 简 介

本书系统性地简要介绍了兵器及武器系统的基本知识；介绍了兵器类专业以及兵器科学与技术学科的内涵、培养目标、知识结构和培养计划；介绍了兵器类专业主要涉及的武器发射与推进原理、弹道学、轻武器技术、火炮技术、火箭与导弹及其发射技术、装甲车辆技术、弹药工程、水中兵器、目标探测与引信技术、指挥与控制科学与技术、信息对抗技术、特种能源工程与技术等学术方向的技术及其发展概况。

本书既可以作为兵器专业的入门教材，也可以作为武器系统与工程研究和生产企业工程技术人员的参考书，还可以作为科普读物。

图书在版编目（CIP）数据

兵器专业导论／张相炎编著. —北京：北京理工大学出版社，2020.1（2022.1重印）
ISBN 978 - 7 - 5682 - 8154 - 6

Ⅰ. ①兵… Ⅱ. ①张… Ⅲ. ①武器 - 基本知识 Ⅳ. ①TJ

中国版本图书馆 CIP 数据核字（2020）第 023129 号

出版发行／北京理工大学出版社有限责任公司
社 址／北京市海淀区中关村南大街5号
邮 编／100081
电 话／（010）68914775（总编室）
 （010）82562903（教材售后服务热线）
 （010）68944723（其他图书服务热线）
网 址／http：//www. bitpress. com. cn
经 销／全国各地新华书店
印 刷／北京虎彩文化传播有限公司
开 本／787 毫米×1092 毫米 1/16
印 张／17. 25
字 数／405 千字
版 次／2020 年 1 月第 1 版 2022 年 1 月第 2 次印刷
定 价／56. 00 元

责任编辑／曾 仙
文案编辑／曾 仙
责任校对／周瑞红
责任印制／李志强

图书出现印装质量问题，请拨打售后服务热线，本社负责调换

　　随着教育改革的不断深入，全国各高校按大类招生是发展趋势。兵器类专业入门教育"兵器专业导论"课程目前在国内尚无类似教材，为了解决教学急需，笔者在 2014 年正式出版发行的《武器系统与工程导论》教材基础上扩充内容，完善大类专业内容，形成本书，以适应"兵器专业导论"课程的教学需求。

　　为适应卓越工程师人才培养需要，本书结合兵器专业卓越工程师人才培养实践，补充了工程教育与卓越工程师培养的相关内容。

　　本书介绍了兵器及武器系统的基本知识，介绍了兵器类专业以及兵器科学与技术学科的内涵、培养目标、知识结构和培养计划，还介绍了兵器类专业主要涉及的武器发射与推进原理、弹道学、轻武器技术、火炮技术、火箭与导弹及其发射技术、装甲车辆技术、弹药工程、水中兵器、目标探测与引信技术、指挥与控制科学与技术、信息对抗技术、特种能源工程与技术等学术方向的技术及其发展概况等内容。

　　全书共分 13 章。

　　第 1 章　绪论，主要介绍兵器与武器系统的基本知识，兵器专业以及兵器科学与技术学科的内涵、培养目标、知识结构和培养计划。

　　第 2 章　武器发射原理与弹道学，主要介绍武器的工作模式与技术发展、身管武器发射原理与特点、火箭推进原理与推进武器的特点、弹道学等内容。

　　第 3 章　轻武器技术，主要介绍轻武器及其特点、轻武器技术及其发展等内容。

　　第 4 章　火炮技术，主要介绍火炮及其特点、火炮技术及其发展等内容。

　　第 5 章　火箭武器及其发射技术，主要介绍火箭与导弹及其特点、火箭与导弹武器技术及其发展、火箭与导弹发射技术及其发展等内容。

　　第 6 章　装甲车辆技术，主要介绍装甲车辆基本概念、类型及特点，装甲车辆技术及其发展等内容。

　　第 7 章　弹药工程，主要介绍毁伤机理，弹药基本概念、类型及特点，弹药技术及其发展等内容。

　　第 8 章　水中兵器技术，主要介绍水中兵器的基本概念、类型及特点，水中兵器的发展及其趋势，水中兵器技术等内容。

第 9 章　目标探测与引信技术，主要介绍目标探测与识别基本概念、类型及特点，引信技术及其发展等内容。

第 10 章　指挥与控制科学与技术，主要介绍战场指挥与信息化基本概念、类型及特点，武器系统控制原理与方法，指挥与控制技术及其发展等内容。

第 11 章　信息对抗技术，主要介绍信息对抗基本概念、类型及特点，信息对抗技术与信息安全防护技术等内容。

第 12 章　火炸药科学与技术，主要介绍火炸药及火工烟火的基本概念、类型及特点，炸药技术，发射药及其装药技术，火工烟火技术等内容。

第 13 章　工程教育与卓越工程师培养，主要介绍工程教育的基本概念、特点和现状，卓越工程师培养计划，兵器卓越工程师培养标准等内容。

本书主要针对兵器类专业学生，运用通俗的语言，系统而简要地介绍武器系统及其主要学术方向相关技术的基本概念、工作原理和发展趋势，以及相关专业方向主要的研究内容、研究方法和研究热点，填补了国内外空白。本书根据现代武器系统及其主要学术方向相关技术的特点和发展趋势编写，结合近年来取得的科研成果，具有时代特色和先进性；在内容方面，介绍了基本理论和方法在武器系统中的应用原理和思路，具有一定的通用性和适应范围。本书以介绍应用原理和方法为主，具有较强的针对性和实用性，既可以作为兵器专业的入门教材，也可以作为武器系统与工程研究和生产企业工程技术人员的参考书，还可以作为科普读物。

本书在编写中参考了许多专著和论文，南京理工大学的许多专家、教授对本书初稿提出了有益的修改意见，在此对为本书的出版付出心血的所有同人以及对本书的编辑一并表示衷心感谢。

由于笔者水平有限，书中难免有不妥之处，恳请读者批评指正。

张相炎
2019 年 7 月于南京

目　录
CONTENTS

第1章　绪论 ·· 001

1.1　兵器与武器系统 ·· 001

1.1.1　武器 ·· 001

1.1.2　武器系统 ·· 004

1.2　兵器科学与技术 ·· 005

1.2.1　兵器科学技术 ···································· 005

1.2.2　兵器科学与技术学科 ························ 011

1.3　兵器专业及其培养计划 ································ 012

1.3.1　武器系统工程 ···································· 012

1.3.2　兵器专业及其培养计划 ···················· 012

第2章　武器发射原理与弹道学 ···················· 016

2.1　概述 ·· 016

2.2　武器发射原理 ·· 017

2.2.1　身管武器发射原理 ···························· 017

2.2.2　身管武器发射特点 ···························· 018

2.3　武器推进原理 ·· 022

2.3.1　火箭推进原理 ···································· 022

2.3.2　火箭推进武器的特点 ························ 024

2.4　弹道学 ·· 025

2.4.1　弹道学简介 ······································· 025

2.4.2　内弹道学 ·· 026

2.4.3　外弹道学 ·· 028

2.4.4　全弹道体系 ······································· 031

第3章　轻武器技术 ···································· 033

3.1　轻武器及其特点 ·· 033

3.1.1　轻武器的基本概念 ……………………………………… 033

3.1.2　轻武器的类型 …………………………………………… 033

3.1.3　轻武器的主要作用 ……………………………………… 034

3.1.4　轻武器的特点 …………………………………………… 034

3.1.5　轻武器的基本组成 ……………………………………… 035

3.2　轻武器的发展及其趋势 …………………………………… 035

3.2.1　轻武器的发展简史 ……………………………………… 035

3.2.2　轻武器的发展趋势 ……………………………………… 039

3.3　轻武器技术 ………………………………………………… 041

3.3.1　轻武器总体技术 ………………………………………… 041

3.3.2　轻武器射速控制技术 …………………………………… 041

3.3.3　轻武器发射载荷控制技术 ……………………………… 042

3.3.4　轻武器轻量化技术 ……………………………………… 043

3.3.5　轻武器智能化技术 ……………………………………… 044

3.3.6　轻武器试验技术 ………………………………………… 045

第4章　火炮技术 …………………………………………… 047

4.1　火炮及其特点 ……………………………………………… 047

4.1.1　火炮的基本概念 ………………………………………… 047

4.1.2　火炮的工作原理 ………………………………………… 048

4.1.3　火炮的发射特点 ………………………………………… 049

4.1.4　火炮的地位与作用 ……………………………………… 049

4.1.5　火炮的组成及其功能 …………………………………… 050

4.1.6　火炮的类型 ……………………………………………… 051

4.2　火炮的发展及其趋势 ……………………………………… 057

4.2.1　火炮的发展简史 ………………………………………… 057

4.2.2　火炮的发展趋势 ………………………………………… 061

4.3　火炮技术 …………………………………………………… 061

4.3.1　火炮系统总体技术 ……………………………………… 062

4.3.2　提高初速技术 …………………………………………… 062

4.3.3　提高射程技术 …………………………………………… 063

4.3.4　提高射速技术 …………………………………………… 063

4.3.5　轻量化和新结构技术 …………………………………… 064

4.3.6　信息化和智能控制技术 ………………………………… 064

4.3.7　新概念、新原理技术 …………………………………… 065

第5章　火箭武器及其发射技术 …………………………… 066

5.1　概述 ………………………………………………………… 066

5.2　火箭武器技术及其发展 …………………………………… 066

5.2.1　火箭武器的基本知识 …………………………………… 066

5.2.2　火箭武器的类型 ………………………………………… 069

5.2.3 反导系统 …………………………………………………… 071

5.2.4 火箭武器的发展 …………………………………………… 074

5.2.5 火箭武器技术 ……………………………………………… 076

5.3 火箭武器发射技术及其发展 ………………………………………… 078

5.3.1 火箭武器发射的基本概念 …………………………………… 078

5.3.2 火箭导弹发射装置及其主要作用 …………………………… 079

5.3.3 火箭发射装置结构类型 ……………………………………… 080

5.3.4 火箭武器发射装置的发展 …………………………………… 081

5.3.5 火箭武器发射技术 …………………………………………… 082

第6章 装甲车辆技术 …………………………………………………… 087

6.1 概述 …………………………………………………………………… 087

6.1.1 装甲车辆的基本概念 ………………………………………… 087

6.1.2 装甲车辆的组成 ……………………………………………… 088

6.1.3 装甲车辆的特点 ……………………………………………… 089

6.1.4 装甲车辆的地位与作用 ……………………………………… 090

6.2 装甲车辆的类型 ……………………………………………………… 091

6.2.1 坦克 …………………………………………………………… 092

6.2.2 装甲输送车 …………………………………………………… 093

6.2.3 步兵战车 ……………………………………………………… 094

6.3 装甲车辆的发展及其趋势 …………………………………………… 095

6.3.1 装甲车辆的发展简史 ………………………………………… 095

6.3.2 装甲车辆的发展趋势 ………………………………………… 097

6.4 装甲车辆技术 ………………………………………………………… 098

6.4.1 总体技术 ……………………………………………………… 098

6.4.2 提高火力技术 ………………………………………………… 099

6.4.3 提高机动性技术 ……………………………………………… 100

6.4.4 提高防护性技术 ……………………………………………… 101

6.4.5 综合电子技术 ………………………………………………… 102

第7章 弹药工程 ………………………………………………………… 104

7.1 弹药与毁伤 …………………………………………………………… 104

7.1.1 弹药及弹药工程 ……………………………………………… 104

7.1.2 弹药的类型 …………………………………………………… 106

7.1.3 弹药对目标的毁伤作用 ……………………………………… 107

7.2 弹药及其发展 ………………………………………………………… 111

7.2.1 弹药的发展简史 ……………………………………………… 111

7.2.2 弹药的发展趋势 ……………………………………………… 112

7.3 弹药技术 ……………………………………………………………… 113

7.3.1 远程压制弹药技术 …………………………………………… 113

7.3.2 精确打击弹药技术 …………………………………………… 114

7.3.3　高效毁伤弹药技术 ······································· 115

第8章　水中兵器技术 ·· 118

8.1　概述 ··· 118

8.2　鱼雷 ··· 119

8.2.1　鱼雷及其基本知识 ······························· 119

8.2.2　鱼雷的发展 ······································· 123

8.2.3　鱼雷技术 ·· 124

8.3　水雷 ··· 126

8.3.1　水雷的基本知识 ·································· 126

8.3.2　水雷的发展 ······································· 129

8.3.3　水雷技术 ·· 131

8.4　深水炸弹 ·· 133

8.4.1　深水炸弹的基本知识 ····························· 133

8.4.2　深水炸弹的发展 ·································· 134

8.4.3　深水炸弹技术 ····································· 137

第9章　目标探测与引信技术 ·································· 139

9.1　目标探测与识别 ··· 139

9.1.1　目标特征与探测 ·································· 139

9.1.2　目标识别 ·· 143

9.1.3　目标探测与识别系统 ····························· 145

9.2　引信及其工作原理 ··· 145

9.2.1　引信及其组成 ····································· 145

9.2.2　引信的分类 ······································· 147

9.3　引信的发展及其趋势 ······································· 150

9.3.1　引信的发展历史 ·································· 150

9.3.2　引信的发展趋势 ·································· 151

9.4　引信技术 ·· 152

9.4.1　引信爆炸序列技术 ······························· 152

9.4.2　引信安全系统技术 ······························· 153

9.4.3　目标探测与起爆控制技术 ························· 155

9.4.4　引信信息化和智能化技术 ························· 156

第10章　指挥与控制科学与技术 ······························· 158

10.1　战场指挥与信息化 ·· 158

10.1.1　战场指挥信息化 ································· 158

10.1.2　信息化武器装备 ································· 159

10.2　武器系统控制原理与方法 ································· 161

10.2.1　火控系统基本概念 ······························ 161

10.2.2　火控系统分类 ··································· 164

10.2.3　武器系统控制原理 ······························ 166

10.2.4　武器系统控制要求 ·· 172

10.2.5　武器系统控制方法 ·· 173

10.3　指挥与控制技术 ·· 175

10.3.1　指挥与控制 ·· 175

10.3.2　指挥与控制相关技术 ·· 177

第 11 章　信息对抗技术 ·· 181

11.1　概述 ··· 181

11.1.1　信息的概念 ··· 181

11.1.2　信息对抗 ··· 181

11.1.3　信息对抗技术发展 ·· 183

11.2　电子对抗技术 ·· 184

11.2.1　电子对抗概述 ·· 184

11.2.2　电子对抗侦察技术 ·· 184

11.2.3　电子干扰技术 ·· 188

11.2.4　电子摧毁技术 ·· 189

11.2.5　隐身技术 ··· 190

11.2.6　电子防护技术 ·· 191

11.3　计算机网络对抗技术 ··· 194

11.3.1　计算机网络对抗概述 ·· 194

11.3.2　网络攻击技术 ·· 195

11.3.3　网络防御技术 ·· 198

第 12 章　火炸药科学与技术 ·· 203

12.1　概述 ··· 203

12.1.1　火炸药概念 ··· 203

12.1.2　火炸药的特征 ·· 205

12.1.3　火炸药在武器装备中的地位和作用 ·· 206

12.1.4　火炸药发展 ··· 206

12.1.5　火炸药技术 ··· 210

12.2　炸药 ··· 211

12.2.1　炸药及其特点 ·· 211

12.2.2　对炸药的基本要求 ·· 212

12.2.3　炸药的类型 ··· 212

12.3　发射药及其装药设计 ··· 213

12.3.1　火药 ··· 213

12.3.2　装药设计 ··· 214

12.4　火工烟火技术 ·· 219

12.4.1　火工品技术 ··· 219

12.4.2　烟火技术 ··· 232

第 13 章　工程教育与卓越工程师培养 ··· 237

　13.1　工程教育概述 ·· 237

　　13.1.1　工程 ··· 237

　　13.1.2　工程师 ··· 238

　　13.1.3　工程教育 ··· 240

　13.2　卓越工程师培养计划 ·· 243

　　13.2.1　背景 ··· 243

　　13.2.2　卓越工程师教育培养计划及其主要内容 ···························· 245

　　13.2.3　卓越工程师教育培养计划 2.0 ······································ 248

　13.3　兵器卓越工程师培养标准 ·· 249

　　13.3.1　卓越工程师教育培养计划的培养标准体系 ························· 249

　　13.3.2　卓越工程师教育培养计划通用标准 ······························· 250

　　13.3.3　卓越工程师教育培养计划兵器类专业标准（试行） ··············· 251

参考文献 ··· 263

第1章　绪　　论

1.1　兵器与武器系统

1.1.1　武器

武器,又称兵器。按照《辞海》和《中国军事百科全书》的定义,它是直接用于杀伤敌人有生力量(战斗人员)和破坏敌方作战设施的工具。武器,是用于攻击的工具,有时也被用来威慑和防御。武器既可以是一根简单的木棒,也可以是一枚核弹头。古代有弓、箭、刀、矛、剑、戟等,近现代相继出现枪炮、化学武器、生物武器和火箭、导弹、核武器等。广义上,任何可造成伤害(包括心理伤害)的工具和手段都可以称为武器。当武器被有效利用时,它应遵循期望效果最大化、附带伤害最小化的原则。但是,严格来说,兵器和武器在应用中还是有区别的。兵器是以非核常规手段杀伤敌方有生力量、破坏敌方作战设施、保护我方人员及设施的器械,是进行常规战争、应付突发事件、保卫国家安全的武器。兵器是武器中消耗量最大、品种最多、使用得最广的组成部分。随着军事技术的发展和国防工业管理体制的变化,兵器和武器的内涵已经发生了很大的变化。现在,一提到兵器,多数人就会将其理解为除战略导弹、核武器、作战飞机和作战舰艇之外的武器。

原始人类的武器主要来源于自然界,即树枝、石头、兽牙等较为锋利的物品;随着科技的发展,人类利用冶金术制作出更坚硬、更高杀伤力的金属兵器。从人类活动的最早痕迹与现代文明来看,武器是人类发展的一个方面。在现代,武器发展已经在大体上与科技的发展一起加速。在古代,武器主要是个体力量的延长,从本质上弥补了人类身体的不足。随着新军事变革的深入发展,推进军事转型、构建信息化军队、打赢信息化战争,已经成为世界各国发展武器的目标牵引。军事大国正加紧调整军事战略,以信息技术推动信息化武器的发展。

人类使用原始兵器可以追溯到 60 万年前。那时,原始人已经学会用石头做工具。人类在以狩猎、捕鱼和采集为主要生活方式的原始经济条件下,最早用于武力冲突的兵器就是由这些生产工具转化而来的。在漫长的旧石器时代,人类发明了石刀、石矛、石斧等劈刺型兵器;到了新石器时代,人类发明了弓箭,它一直是战争中最主要的弹射型兵器。人类进入奴隶社会以后,奴隶主为了镇压奴隶的反抗和对外掠夺,组织起脱离生产的、用最精良的兵器装备的专门武装力量(军队),而规模越来越大的武装冲突也演变为战争。兵器的发展史贯穿于人类社会发展史、科技发明史和战争史。通常,将兵器技术与战争时代分为冷兵器战争时代、热兵器战争时代、信息化战争时代。

17 世纪以前，人类处于农业经济社会。这个时代的战争主要使用石质、木质、青铜和铁质的兵器，相对后来的以化学能（火炸药）为能源的热兵器而言，这些兵器被称为冷兵器，这个时代的战争称为冷兵器战争。各种冷兵器都是传递或延长（借助杠杆、弓弩张力）人的体能的战斗器械。冷兵器主要有以下几种类型：

- 进攻型手持兵器：刀、枪、剑、戟、斧、叉、矛、鞭、锤、铲……
- 弹射兵器：弓、弩……
- 防御性兵器：盾、铠甲、胄（盔）……
- 运载工具：战船、战车、战马……

火药的发明是兵器技术的一次重要革命，据记载，我国在公元 808 年就有了这项发明。10—12 世纪，我国已将火药用于兵器，如制成火球、火箭、火蒺藜、火炮等火器。13 世纪，这项技术先后传入阿拉伯地区及欧洲。但是，由于当时的技术水平很低，火器的威力很小，且过于笨重、制造困难、价格昂贵，难以大量使用，因此火器在战场上只占很小的一部分。冷兵器仍是这一时代战争的主要兵器。

17—20 世纪末，人类处在工业经济社会。这个时代的战争使用的兵器以化学能（火炸药）为主要能源，大大提高了兵器发射与推进的距离和杀伤破坏的威力，称为热兵器，这个时代的战争称为热兵器战争。在欧洲，16 世纪就发明了枪炮机械点火装置而取代了火绳枪，并对中国传入欧洲的火炮做了许多改进，如采用粒状火药、铸铁炮弹、活动炮架和瞄准装置，提高了火炮的射程和机动性；17 世纪后，发明了来复枪、左轮手枪、手榴弹等，火炮已成为军舰、城堡攻防的重要兵器。19 世纪中叶起，枪炮设计得到了一系列重大改进，后装式火炮、定装式弹药、带反后坐装置的弹性炮架、螺旋膛线及旋转稳定弹丸、无烟火药及 TNT 炸药等奠定了枪、炮作为热兵器时代主要兵器的技术基础。各种运载工具的发明，使热兵器时代的战场空间与机动速度大大增加，开始了兵器机械化进程。枪械、火炮、火箭是现代常规武器。

20 世纪 80 年代以来，以信息技术为中心的新技术革命深刻地影响着经济与社会，一种以知识为基础的经济形式正逐步取代工业经济。与此同时，发生在 20 世纪 90 年代的几场局部战争也表现出与以往热兵器时代机械化战争的许多不同的特点，呈现出未来战争的信息化特征。

武器家族的成员众多，随着科技的进步，新的成员层出不穷，各有特色。由于武器是在矛与盾的对抗中发展起来的，因此呈现出名目繁多、相互兼容的特点，为武器分类带来了许多困难。表 1.1 所示为从不同角度对武器分类，表 1.2 所示为常见武器分类。

表 1.1　从不同角度对武器分类

分类角度	武器
时代	古代武器、近代武器、现代武器、未来武器
制造材料	木武器、石武器、铜武器、铁武器、复合金属武器、非金属武器等
性质	进攻性武器、防御性武器

续表

分类角度	武器
作用	战斗武器、辅助武器
能源	冷兵器、火药兵器、核武器、化学武器、生物武器、激光武器、粒子束武器、声波武器等
原理	打击武器、劈刺武器、弹射武器、爆炸武器、定向能武器、动能武器等
杀伤力	常规武器、非常规武器（大规模的杀伤破坏武器）
作战任务	战略武器、战术武器、战役（战斗）武器
使用空间	水下武器、水面武器、地面武器、空中武器、太空武器
军种	海军武器、陆军武器、空军武器、防空部队武器、海军陆战队武器、空降部队武器和战略导弹部队武器（导弹部队武器），以及公安警用武器等
用途	杀伤武器、压制武器、反坦克武器、防空武器、反卫星武器
运动方式	携行武器、牵引武器、自行武器、舰载武器、机载武器等
配属部队	炮兵武器、装甲兵武器、步兵武器、航空兵武器等
质量轻重	轻武器、重武器等
弹道是否受控	制导武器、非制导武器
射击自动化程度	自动武器、半自动武器、非自动武器
操作人数	单兵武器、集体武器

注：这里的"武器"大多可以用"兵器"代替，但常称为"武器"，较少称为"兵器"。

表1.2 常见武器分类

分类	武器
枪械	手枪、步枪、冲锋枪、机枪、特种枪等
火炮	加农炮、榴弹炮、火箭炮、迫击炮、高射炮、坦克炮、反坦克炮、航空炮、舰炮、海岸炮等
装甲战斗车辆	坦克、装甲输送车、步兵战车等
舰艇	战斗舰艇（航空母舰、战列舰、巡洋舰、驱逐舰、护卫舰、潜艇、导弹舰等）、两栖作战舰艇（两栖攻击舰、两栖运输舰、登陆舰艇等）、勤务舰艇（侦察舰船、抢险救生舰船、航行补给舰船、训练舰、医院船等）等
军用航天器	军用人造卫星、宇宙飞船、空间站、航天飞机等
军用航空器	作战飞机（轰炸机、歼击机、强击机、反潜机等）
化学武器	装有化学战剂的炮弹、航空炸弹、火箭弹、导弹弹头、化学地雷等
防暴武器	橡皮子弹、催泪瓦斯、炫目弹、高压水枪等
生物武器	生物战剂（细菌、毒素和真菌等）及其施放装置等

续表

分类	武器
弹药	枪弹、炮弹、航空炸弹、手榴弹、地雷、水雷、火炸药等
核武器	原子弹、氢弹、中子弹和能量较大的核弹头等
精确制导武器	导弹、制导导弹、制导炮弹等
隐形武器	隐形飞机、隐形导弹、隐形舰船、隐形坦克等
新概念武器	定向能武器（激光武器、微波武器、粒子束武器）、动能武器（动能拦截弹、电磁炮、群射火箭）、军用机器人和计算机"病毒"等

1.1.2 武器系统

武器系统（兵器系统），按《中国军事百科全书》的定义，是由若干在功能上相互关联的武器（兵器）及各种技术装备有序组合、协同完成一定作战任务的整体。武器系统是表达武器及其运行所需各部件的总称，是能够独立实施作战使用的一整套兵器和技术器材，也称为一个作战使用综合体。因此，武器系统是在功能上有关联，共同用于完成战斗任务的数种军事技术装备的总称。在任何一种武器装备综合系统中，其必备部分是在武装斗争中用于毁伤各种目标的武器。

武器系统的根本作用在于完成包括杀伤人员、毁伤固定或活动目标、发布信号、施放烟幕、侦察、干扰、技术支援等在内的各种预定作战任务。为了完成这些不同的作战任务，需要有不同类型的武器系统，如轻武器系统、压制武器系统、导弹武器系统、技术支援武器系统等。无论何种武器系统，一般都需要多个功能不同但存在有机联系的子系统才能组成一个独立的武器系统，都必须在指挥、操作人员的使用、控制下才能完成作战任务，必要时还需要车辆、飞机、舰艇等运载平台。不同类型武器系统的组成不尽相同，从完成作战任务的过程和功能来看，一般由侦察系统、指挥控制系统、火力系统、技术支援系统及动力系统等辅助系统组成。

武器系统不是各部分的简单集合，而是系统正确整合、内部有机协调、整体优化。武器系统内部有严格的精度分配、时间分配、性能分配、功能协调。武器系统整体有科学的考核指标。武器系统与其分系统及系统单元之间，在系统分配的使命任务、结构体系、系统关联、功能转换以及环境条件的适应性等方面，在综合优化的基础上，对分系统及系统单元有严格要求。系统单元及分系统、传统总体技术和环境条件也会制约系统整体的使命任务、结构组成、技术途径。分系统及系统单元内部也有严格的精度分配、时间分配、性能分配、功能协调。系统整体优化整合是系统研制运行的核心。

在冷兵器时代，兵器的技术水平很低，都是单兵使用的器械，兵器系统也十分简单。随着兵器技术的发展，兵器的功能、类别、结构越来越复杂，机械化、自动化程度越来越高，在完成战斗任务时，就必须把各种兵器、技术装备根据各自的功能，按照一定的规范组合起来，分层次地建立系统——子系统，以便高效率地统一行动，完成指令任务。

武器（兵器）系统可以分成战略武器系统、战术武器系统，其中，每类又可以分为进攻武器系统和防御武器系统。根据武器功能的不同，还可以分为许多子系统。例如，野战防空武器系统由中小口径高炮、地空导弹、光电跟踪测距装置及火控计算机等组成；坦克武器系统由坦克武器（坦克炮、坦克机枪和弹药）与坦克火控子系统（观察瞄准仪器、测距仪、火控计算机、坦克稳定器和操纵装置）组成；防空反导武器系统由地空导弹，目标搜索、识别、跟踪系统，导引系统与指挥控制中心组成；等等。

可以看出，任何武器系统都应具备目标探测与识别、火力与指挥控制、发射与推进、弹药毁伤、辅助设施等功能，而实现这些功能的技术则构成了兵器科学技术中既相对独立又相互联系的技术体系。

1.2　兵器科学与技术

1.2.1　兵器科学技术

兵器科学技术是研究军事对抗中所使用的武器及武器系统和军事技术器材的科学技术，它以兵器工程技术为研究对象，具有与其他学科完全不同的科学内涵，并形成了较为完整的学科知识体系。兵器科学技术的研究内容涉及武器及武器系统和军事技术器材的战术技术性能、构造原理、技术手段、系统分析、工程设计、试验验证、制造生产、技术运用、工程保障及效能评估等过程中需要的理论和技术，包括新概念、新原理、新技术、新材料、新结构和新工艺等，是一门综合性的工程技术学科。

兵器科学技术的发展受军事思想和战略战术需求牵引，同时对军事思想、战略战术及军队编成产生重大影响。兵器科学技术的一些研究成果还可向民用领域转移，直接为国民经济建设服务。兵器科学技术在整个科学技术领域中占有重要地位，它总是利用科学技术的最新成就，把自己推到当代科技的前沿。

1. 兵器科学技术的主要研究范围

兵器科学技术的主要研究范围包括以下几方面。

1）兵器技术预先研究

兵器技术预先研究，是指为研制先进精良的兵器装备、改造现有的兵器装备提供必需的知识、理论和技术，同时培养和造就高水平的兵器科研队伍，积蓄发展兵器装备的后劲。其主要内容是研究发展兵器所必需的新概念、新原理、新技术、新材料、新工艺、新型元器件和新装备，突破关键技术。兵器技术预先研究分为应用基础研究、应用研究和先期技术开发三类。

（1）应用基础研究，是以研制新型兵器为目的而开展的探索新思想、新概念、新原理的科学研究活动，为解决新型兵器研制的技术问题提供基本知识。

（2）应用研究，是运用第一类研究及其他学科研究的成果，探索新思想、新概念、新原理在新型兵器研制中应用的可行性和实用性，确定其主要参数的科学研究活动，为新型兵器研制提供技术基础。

（3）先期技术开发，是运用前两类研究的成果和实际经验，通过兵器系统部件或分系统原型的研制、试验或计算机仿真，验证其可行性和实用性的技术开发活动，为新型兵器研制提供技术依据。

2）兵器技术基础研究

兵器技术基础研究，是为开展兵器技术的预先研究、兵器装备的研制与生产，以及有关信息的收集、处理与传递等提供技术保障与服务的科学技术活动，包括情报、标准化、计量、科技成果管理、产品质量与可靠性、理化检测、环境试验、靶场试验等方面的研究活动。兵器技术基础的水平在很大程度上决定着兵器技术预先研究成果的水平、兵器装备的质量、研制周期。高技术兵器的发展，对兵器技术基础提出了更高的要求。

3）兵器研制方法研究

高新技术的迅猛发展以及未来战争的需求，使兵器装备趋向于多层次的复杂结构，已经形成了诸如主战坦克、步兵战车、自行火炮等复杂的兵器系统。这些兵器系统通常由运载、发射、火控、防护、毁伤等分系统构成，涉及学科多，技术范围广，需要科研、论证、生产、使用等部门广泛协作。

兵器研制方法研究有以下要求：

（1）要求应用系统工程的现代研制方法，进行作战需求分析、系统效能分析、效能－费用分析、权衡研究、系统综合、系统仿真、系统评估。

（2）要求对研制系统进行全寿命管理；要求开展可靠性、维修性等系统运用工程研究。

（3）要求采用系统设计、优化设计、模块化设计、计算机辅助设计等先进设计技术。

4）新型兵器研制

兵器科学技术的最终目的是研制新型兵器，以满足未来战争的需要。新型兵器的研制是指从系统方案设想开始，经过预先研究、战术技术论证、工程研制、设计定型、生产定型，到装备部队使用为止的研究与研制活动。

5）现有兵器装备的改造

兵器装备的发展，除了研制新型兵器装备外，还有一条重要途径，就是运用成熟（或接近成熟）的高新技术来改造现有的兵器装备。这条途径对加快兵器发展速度、缩短研制周期和提高效能－费用比，以及满足现代军事战争对兵器装备提出的更高的作战需求，均具有重大的现实意义。对现有兵器装备进行改造的方向有：

（1）以现有兵器的发射运载平台为基础，用先进的火控技术和制导技术提高现有兵器装备的反应速度和命中精度。

（2）用指挥控制技术提高现有兵器装备的作战能力。

（3）用先进的弹药技术提高现有兵器装备的毁伤威力。

（4）用先进的光电技术提高现有兵器装备的干扰与抗干扰能力。

（5）用先进的动力传动技术提高现有兵器装备的机动性。

（6）用先进的雷达、夜视技术提高现有兵器装备的全天候作战能力。

2. 兵器科学技术的地位与作用

在人类社会发展的进程中，通常是将最先进的科学技术首先用于军事和战争中。从这个意义上说，兵器科学技术既是一门历史悠久的传统学科，又是一门极富时代特色的现代综合性工程技术学科，它在整个科学技术发展进程中占有十分重要的地位。

有国家，就必须有国防。兵器科学技术作为国防科学技术的重要组成部分，既是保证国家独立、领土完整和社会安定的必要条件，又是实现国防现代化的物质技术基础，还是国家经济建设力量的组成部分。

在战时、平时两种状态下，兵器科学技术的地位和作用是不同的。战时，兵器科学技术是战争机器的重要组成部分，为军队提供兵器装备，直接为战争服务；平时，兵器科学技术是维护国家主权和世界和平的重要因素，是国家经济建设的重要保证，还可以通过军转民技术支援国家经济建设。

显然，兵器科学技术的基本功能是军事功能，即为军队研制兵器装备，以满足军事需求。这也是兵器科学技术存在与发展的出发点和归宿。兵器装备作为武器装备的重要组成部分，是军队的物质技术基础，是决定战争胜负的重要因素。

当前的世界形势表明，在未来一个时期内，尽管还不能完全排除爆发世界核战争的可能，但爆发此种战争的可能性很小，未来战争将是核威慑条件下的常规战争，主要是高技术条件下的局部战争。兵器装备是进行这类战争所必需的武器装备的重要组成部分，兵器科学技术担负着为未来战争提供先进的防空武器、反坦克武器、坦克装甲车辆、精确制导弹药、夜视器材、指挥控制系统、电子对抗装置等高技术兵器的重任。

在未来战争中，我们利用兵器科学技术不仅要为陆军、武装警察、公安部队及民兵提供兵器装备，还要为空军和海军的武器系统提供配套的兵器装备，为战略武器提供推进剂、火工品等。兵器科学技术既是常规战争的主要支撑力量，又是国家安全的可靠保证。

现代兵器科学技术是为满足现代战争需要，运用先进的理论体系、设计思想、工程方法和技术途径实现的兵器系统所涉及的科学技术群。

现代战争多为高技术条件下的局部常规战争或武装冲突，直接涉及的国家和地区有限，战争持续的时间逐渐缩短，机动反应速度明显提高。由于国际政治经济的制约，战争伤亡和破坏的程度也尽量减小到最低限度。与此同时，战场上的作战空间逐渐扩大，出现了海、陆、空、天、电子诸多军兵种联合的全方位、大纵深、高立体、不对称、非线性的战场形态。作战打击目标更加明确，超视距、远距离、防区外的精确打击作战样式日显突出。

随着高新技术的迅猛发展，在现代战争中，技术先进、性能优良的武器装备已成为战争制胜的重要因素，提高武器装备的质量已成为国防现代化的关键。世界各国竞相发展远射程、高精度、大威力、机动隐蔽、快速反应和智能化的知识和技术密集型武器装备，军备竞赛已由数量竞争转向质量竞争。

C^4ISR（即指挥、控制、通信、计算机、情报、监视与侦察）系统是现代战争的"神经中枢"和"力量倍增器"。它加快信息处理速度，缩短指挥周期，提高指挥效率；对武器系统实施有效控制，提高武器系统反应速度；科学规划物资储备，提高后勤指挥效率；监控战场空间内己方的作战物质、能量和信息流动等方面发挥着至关重要的作用。在现代战争中，C^4ISR 系统是驾驭战争，实施正确、及时、连续、灵活、隐蔽指挥的有效手段。

3. 现代战争对兵器系统的要求

现代战争的作战特点要求兵器系统具有以下主要作战能力。

1）精确打击能力

现代兵器系统充分利用先进的侦察探测技术，对所要攻击的目标实施高精度的探测、识别、跟踪和定位，以实现精确打击的作战任务。例如，卫星侦察系统能够分辨出地面 10 ~

30 cm 的目标；全球定位系统（GPS）可以实时为飞机、舰船、地面部队和精确打击弹药提供准确的目标位置和飞行弹道，其定位误差不超过 10 m；精确制导导弹的命中率可达85%～95%，精确制导炸弹的命中率高达90%以上，实现了真正的"直接点目标命中"。

2）远程攻击能力

随着精确打击能力的提高，现代兵器系统可以大幅度提高对目标的远程攻击能力，实现防区外攻击。精确制导战术导弹能够攻击数百千米至上千千米外的目标；精确滑翔炸弹可在 80 km 以外投放；通过底部排气和火箭增程技术，大口径火炮射程可由 30 km 提高到 120～150 km。现代兵器系统的远距离攻击能力，是有效打击敌人和保护自己的重要作战手段。

3）高效毁伤能力

现代兵器系统应具有强大的终端毁伤威力，在有限战斗载荷条件下，通过高新技术提高毁伤要素的毁伤威力。对于压制兵器，可通过子母式弹药来提高地面杀伤威力；对于破甲弹，可通过串联战斗部来对付主动装甲和复合装甲，并加大对装甲的侵彻深度；对于基础设施和钢筋混凝土掩体侵彻弹药，可采用串联爆破随进侵彻战斗部和可编程冲击/空穴灵巧引信，实现对多层介质和预定介质层的破坏。

4）全天时和全天候作战能力

现代兵器系统应能在各种气候条件下和夜间作战。首先，要具备全天时和全天候侦察能力，及时掌握瞬息万变的战场情况，占据主动；其次，应能在各种恶劣气候环境中正常执行并完成预定的作战任务；最后，应具有良好的夜视能力，利用红外、微光等高技术夜视手段，使夜间战场变成"单向透明"的战场。

5）良好的隐身、机动和防护能力

现代战争还要求兵器系统具有良好的隐身能力，快速机动反应能力，防核、生物、化学武器能力及装甲、电磁防护能力。隐身技术的应用可使兵器装备的雷达反射截面积不到同类非隐形装备的1%；快速机动反应能力，不仅可以抓住战机，先发制人，而且可以在激烈的战场对抗中，迅速转移，投入新的战斗，或及时躲避敌方的后续打击。

兵器科学技术的蓬勃发展，使现代兵器系统的组成越来越复杂，成为一个功能完备、技术先进的武器系统。它不但具有火力系统，而且涉及侦察探测、搜索跟踪、定向定位、火力控制、动力传动、通信导航、指挥自动化、电子对抗、后勤技术保障等，逐步实现了机械化、系列化、标准化。对现代兵器系统的共性要求有：

（1）先于敌发现而尽量不被敌发现。
（2）快速响应运载推进，先于敌发射。
（3）对敌目标准确命中而尽量不被敌命中。
（4）对敌目标有效毁伤而尽量不被敌毁伤。
（5）快速准确地判定作战效果。

4. 现代兵器系统的功能

为实现上述作战要求，现代兵器系统必须具备 5 种作战功能，即目标探测与识别、火力与指挥控制、发射与推进、弹药毁伤、效果评估等，而实现这些功能的技术则构成了兵器科学技术中既相对独立又相互联系的技术体系。

目标探测与识别是兵器系统体系与体系对抗的首要环节，包括情报、侦察、探测、识别等内容。利用各种侦察、观（探）测手段（如雷达、光学、光电探测及声呐等）来搜索目标，并对目标的类型、数量、型号、敌我属性等进行辨识。

火力与指挥控制是兵器系统的精确打击环节，其功能是控制有效战斗载荷直接命中目标或到达相对目标的最佳毁伤位置，它包括火力控制、指挥控制、跟踪定位、制导导航等技术。根据目标探测与识别所获得的各种信息，通过不同的工作站实现信息收集、信息传输、信息（融合）处理、信息利用过程，并完成对目标的威胁估计、对所属部队的任务分配及指挥决策、对火力单元实施射击的诸元（方位角、高低角）计算等工作。

为了对所发现和识别的敌目标实施摧毁，需通过飞机、车辆、舰船等运载平台及火炮、火箭等发射、推进装备将有效战斗载荷送至目标区。发射与推进，是指根据火力与指挥控制系统确定的射击诸元，通过发射管道（如炮管、枪管、发射筒、发射井）或其他推进装置（如火箭推进器）提供的力，赋予战斗部（弹丸）一定初速，将其抛射到预定的目标（或区域）。

弹药毁伤是兵器系统的最终威力环节，根据目标性质的不同而采用不同毁伤机理的战斗部，并在目标最有利的空间位置或最佳的毁伤时机释放毁伤元素，通过物理、化学或生化反应等过程，对目标产生碰击、侵彻、爆炸等作用，以达到毁伤目标的军事目的。它包括各种弹药战斗部、引信和火工元器件等技术。

上述 4 个环节组成了现代兵器系统的一个攻击循环。但一次攻击循环未必能对预定目标造成致命毁伤，为了不遗漏计划摧毁的目标且避免战斗载荷被无谓浪费，仅有上述四个环节是不够的，还必须对一次攻击循环对目标的毁伤效果加以核查与判定，从而决定是对该目标再次实施攻击，还是转向下一个目标。

此外，武器系统还包括为保障部队及兵器（武器）系统正常工作、输送等的其他辅助设备。

5. 兵器科学技术的构成

按照兵器科学技术的发展现状和习惯，可将其划分为以下主要分支。

（1）火炮、枪械技术：以现代力学和机械工程学为基础，研究火炮、自动武器及单兵武器等管式发射武器的原理、系统论证、设计理论与方法。

（2）火箭技术学科：以现代力学和物理学为基础，研究火箭及导弹武器的推进原理、火箭发动机及发射装置的系统论证、设计理论与方法。

（3）弹道学：以现代力学和物理学为基础，研究枪、炮从发射、飞行至终点毁伤目标的全弹道理论、设计方法、系统仿真及武器诊断与实验方法。

（4）含能材料：以现代化学和物理学为基础，研究火药、推进剂、炸药及其他高能反应物的作用机理、制造工艺、工程设计及应用技术。

（5）弹药技术：以现代力学和物理学为基础，研究弹药及其组成单元（战斗部、装药、火工品、引信等）的作用原理、毁伤效应、系统论证、设计理论与方法。

（6）水中兵器：以现代力学和物理学为基础，研究鱼雷、水雷、深水炸弹等水中作用兵器的原理、系统论证、设计理论与方法。

（7）兵器探测技术：以现代光学、电子学及光电子学为基础，研究可见光、激光、红外、微光、微波等探测原理及在侦察、瞄准、遥感、测量及识别、制导等方面的工程应用与设计方法。

（8）兵器控制技术学科：以现代控制理论为基础，研究兵器系统（指控、火控、制导）的控制原理与方法、系统总体及设计。

（9）兵器系统与运用工程：以现代系统科学为基础，研究兵器系统分析、技术集成、总体设计、综合运用以及战术与技术的协同。

6. 兵器科学技术的发展

兵器科学技术与科学技术的发展密不可分，特别是随着近代自然科学和工程技术的诞生和发展，冶金工业、机械制造工业和化学工业迅速发展，推动了独立军火工业的产生，出现了专门从事兵器科学技术工作的科学家和工程师。中国古代先进的技术成就，如冶铸青铜合金技术、百炼钢技术、火药的发明等，都是首先（或大量）应用于军事，从而促使中国古代兵器不断创新，走在世界各国的前列。当西方国家经过 16 世纪的文艺复兴运动，在现代自然科学基础上迅速发展起来的各种新技术，把中国古代发明的火器发展为西方资产阶级打倒封建主的有力武器时，中国却由于当时社会发展的缓慢而科学技术发展缓慢，进而导致中国的火器落后于西方。19 世纪末，对从兵器发射到摧毁目标全过程的力学规律和伴随物理化学现象得到了全面的研究，系统的弹道理论和枪炮设计理论方法也由此建立。20 世纪以来，特别是在两次世界大战中，兵器科学技术发展迅速。1916 年，坦克的发明和用于战争，显著增强了地面作战的攻防能力。20 世纪 30 年代末，一些主要军事国家实现了以坦克为基础的机械化和自动化，坦克及各种装甲战车已成为现代及未来地面战争中最主要的和不可替代的攻防一体化机动作战台。在两次世界大战期间，随着作战飞机的出现，防空兵器随之发展起来。潜艇和航空兵的大量使用，使海上封锁与反封锁斗争日趋尖锐，进一步促进了水中兵器的发展。特别是随着火箭、导弹与核武器的出现，兵器科学技术得到了迅猛发展。世界主要国家陆续形成和建立了国家规模的兵器科学与技术研究体系，出版了一系列专门著作和学术刊物，进一步丰富和完善了兵器科学技术的学科体系。由于武器装备是实现国家意志的重要物质手段，因此现代科学技术的最新成就能以更快的速度和更大的规模优先用于武器装备的研制。受军事需求的牵引和现代科学技术进步的推动，兵器科学与技术的内涵不断丰富和更新，目前已与机械、电子、化学、光电、信息、控制等学科交叉融合。

为了在现代高技术战争中克敌制胜，对武器系统及军事技术器材的性能提出了新的更高的要求，促使本学科在武器体系攻防对抗的科学原理和实现途径上出现新的突破，并将与微电子技术、材料科学与技术、计算机技术、信息技术、控制工程等更紧密地结合，为提高军队信息对抗能力、精确打击能力、应急机动作战能力、快速反应突防作战能力、封锁与反封锁能力和综合支援保障能力提供系统完整的知识和技术。

根据现代战争的特点，兵器科学技术发展的主要趋势是向轻型化、机动性、远程化、精确化、高效毁伤、信息化、智能化、多用途等方向发展。

（1）兵器系统向轻型化、机动性方向发展。未来快速反应、机动部署需要高机动性、高可部署性的地面作战平台和武器系统。轻型化是提高常规武器系统的机动性、可部署性的重要途径。

（2）兵器系统向远程化方向发展。现代兵器系统的远距离攻击能力是有效打击敌人和保存自己的重要手段，因此现代武器系统发展的主要方向之一就是远程化。

（3）兵器系统向精确化和高效毁伤方向发展。在武器平台上采用先进的技术，构建远程精确打击武器体系，使武器装备具有更强的战场感知能力、快速反应能力、远程精确打击能力以及高效毁伤能力，使武器装备的综合作战效率成倍增长。

（4）兵器系统向信息化、智能化方向发展。在现代和未来的战场上，武器平台的信息化及智能化、信息战装备及技术、先进信息系统，对夺取信息优势、发挥武器体系的整体作战效能、克敌制胜至关重要，必将得到优先发展。

（5）多用途及特种需求兵器技术发展方兴未艾。满足不同特殊需要或多用途的兵器具有强烈的需求背景。例如：子母抛撒将在许多领域得到应用；为适应制导弹药技术发射需求而发展低过载发射技术；提高发射速度和方便勤务处理的埋头弹发射技术，满足反恐、维和、维稳等特殊任务需要。

（6）兵器系统向适应于复杂环境下的战争需要发展。未来战场向太空和深海领域扩展，面临极大温差、超高压、稀薄气体、微重力、微尺度等极端恶劣环境与条件，这对现有武器系统提出了更高的要求和挑战。微小型武器、深水武器和空天武器等是未来发展的一个趋势。

（7）兵器科学技术与其他学科进一步交叉、渗透、融合。为适应现代兵器的发展趋势，应拓宽兵器科学技术学科的研究内涵，推动远程精确打击武器研究领域进入国际发展前沿，促进我国兵器科学技术学科的长远、持续发展和常规兵器技术的跨越式发展。

1.2.2　兵器科学与技术学科

学科是一种学术的分类，指一定科学领域或一门科学的分支，是相对独立的知识体系，是分化的科学领域。学科的基本要素：独特的研究对象或研究领域、特有的理论体系、系统的方法论。学科发展的目标是知识的发现和创新。我国研究生培养以学科为单位。高校的研究生教育学科分 13 个大类。

兵器科学与技术学科，是研究兵器及兵器系统的科学原理、技术手段、系统分析、工程设计、技术运用、工程保障及效能评估的一门综合性技术学科。其研究内涵包括：各类兵器的构造原理、战术技术性能，以及在兵器方案选择、论证、工程研制、试验、生产、使用、储存、维修过程中需要的理论和技术。

兵器科学与技术是教育部学科目录中一个一级学科（学科代码：0826），目前包括 4 个二级学科：武器系统与运用工程；兵器发射理论与技术；火炮、自动武器与弹药工程；军事化学与烟火技术。

"武器系统与运用工程"主要对各类常规武器系统及其核心子系统的系统分析、总体设计、技术运用、技术保障以及战术技术协同进行研究。"兵器发射理论与技术"主要对武器系统（如火炮、枪械和水中兵器）的弹道及火箭、导弹发射理论与技术进行研究。"火炮、自动武器与弹药工程"主要对火炮、枪械、弹药理论及技术进行研究。"军事化学与烟火技术"主要对有毒化学物质的侦检、防护和烟火理论及应用技术进行研究。遵循"科学、规范、拓宽"的原则，调整后的上述 4 个二级学科的内涵得到进一步拓宽，既具有一定独立性，彼此之间又有很紧密的联系，涵盖了兵器科学与技术的主要领域。

兵器科学与技术通常按二级学科培养研究生。本着有利于学科建设和促进科学技术发展、有利于学科交叉、按宽口径培养研究生的精神，从兵器科学与技术的发展趋势出发，在条件成熟的院校可按一级学科招收和培养博士研究生。对按一级学科招收和培养研究生的高校，可以自设二级学科方向。

与兵器科学与技术学科联系较密切的相邻学科主要有：力学，化学工程与技术，机械工程，光学工程，材料科学与工程，信息与通信工程，航空宇航科学与技术，系统科学，船舶与海洋工程，电子科学与技术，控制科学与工程，动力工程及工程热物理，军事学学科中的战略学、战役学、战术学和军队指挥学等。

1.3　兵器专业及其培养计划

1.3.1　武器系统工程

武器系统工程是以武器系统为研究对象，从系统的整体目标出发，研究武器系统的论证、设计、试验、生产、使用和保障，以实现系统优化的科学方法。

武器系统工程将科学技术和工程的基本理论、方法、成果应用于武器系统的论证、设计、试验、生产、使用和保障等方面，主要表现如下：

（1）运用科学技术和工程的基本理论、方法、成果，通过定义、综合、分析、设计、试验与评价的反复迭代过程，将作战要求转换成对武器系统性能参数和技术状态的描述。

（2）综合有关技术参数，确保在物理、功能、程序接口方面相容，使整个武器系统的论证和设计达到最佳状态。

（3）将可靠性、维修性、保障性、安全性、生存性、人素工程和其他有关因素综合到整个工程，使费用、进度和技术性能达到总目标。

1.3.2　兵器专业及其培养计划

专业，是指某种职业不同于其他职业的一些特质（专门的学问）；或者指某些特定的社会职业（专门的职业），这些职业的从业人员从事专门化程度较高的脑力劳动；通常，特指高等学校中的学业门类（专门的学业）。

高校的专业是社会分工、学科知识和教育结构三位一体的组织形态。其中，社会分工是专业存在的基础，学科知识是专业的内核，教育结构是专业的表现形式。三者缺一不可，共同构成高校人才培养的基本单位。

高等学校的专业构成要素主要包括：专业培养目标、课程体系、专业人员和教学资源。专业培养目标即专业活动的意义表达。课程体系是社会职业需要与学科知识体系相结合的产物，是专业活动的内容和结构。课程体系的合理设置与否、质量高低、实施效果好坏，直接影响人才培养目标的实现状况。专业人员主要包括教育者和受教育者，没有"人"的介入，专业活动就不可能完成。教学资源主要包括教学经费、教材、实验实践教学设施设备等。

1. 兵器专业

兵器专业所在学科门类属工学（08），专业类为兵器类（0821），主要涉及兵器系统的论证、设计、试验、生产、使用和保障等方面。兵器类包括7个专业：武器系统与工程（082101）、武器发射工程（082102）、探测制导与控制技术（082103）、弹药工程与爆炸技术（082104）、特种能源技术与工程（082105）、装甲车辆工程（082106）和信息对抗技术（082107）。

　　武器系统与工程培养具备武器系统总体和战斗载荷发射技术以及机械工程和自动化等方面的基础理论知识和工程实践能力，能在有关科研单位、高等学校、生产企业和管理部门从事系统设计、技术开发、产品制造、实验测试和科技管理方面工作的高级工程技术人才。武器系统与工程专业培养具备武器系统及其子系统综合设计、产品研制、实验测试和工程管理等能力，以及具备机械工程、自动化、电子工程和控制工程等相关民用工程技术方面的基础理论知识与工程实践能力，能够适应本专业发展的基本需要，可以继续攻读硕士学位，能在国家有关部门、科研单位、高等学校、部队、企业和管理部门从事武器系统以及机械系统设计、技术开发、产品制造、实验测试和科技管理等方面工作，具有较好的人文社科和管理知识、良好的职业道德素质、身心健康、全面发展的高素质工程科技人才。学生主要学习武器系统及其子系统总体技术，以及机械工程和自动化等相关民用工程技术方面的基本理论和专业知识，接受武器系统设计、技术综合、产品研制、实验测试及工程管理方面的基本训练，具备武器系统分析与综合、工程设计与计算、计算机应用、试验检测、科技管理等方面的基本能力。

　　武器发射工程专业研究适应新形势条件下的武器从发射、飞行到命中目标全过程的力学现象、运动规律和测试等有关理论和工程应用技术。为满足兵器工业发展的需要，根据 21 世纪对武器发射工程专业人才的要求，该专业培养具备武器系统总体和战斗载荷发射技术以及机械工程和自动化等方面的基础理论知识和工程实践能力，能在有关科研单位、高等学校、生产企业和管理部门从事系统设计、技术开发、产品制造、实验测试和科技管理方面工作的高级工程技术人才。学生主要学习武器系统及其发射、运载以及民用机械工程与自动化方面的基本理论和基本知识，接受系统设计、技术开发、产品研制、实验测试及工程管理方面的基本训练，具备系统分析与综合、工程设计与计算、计算机应用、试验检测等方面的基本能力。

　　探测制导与控制技术专业培养具备目标及环境的探测、识别、跟踪、定位、制导与控制、安全与起炸控制以及机电控制和传感检测等方面的基础理论知识和工程实践能力，能在有关科研单位、高等学校、生产企业和管理部门从事系统设计、技术开发、产品研制、实验测试和科技管理等方面工作的高级工程技术人才。该专业具备明显的国防特色，是为培养能广泛从事军民用工程技术工作的复合型人才而设置的高新技术专业，具备广阔的发展前景，发展潜力巨大。学生主要学习目标探测与识别技术、制导与控制技术、传感与检测技术、机电控制技术和系统分析与综合等方面的基本理论和基本知识，接受系统设计、技术开发、产品研制、实验测试以及工程管理方面的基本训练，具备系统分析与综合、工程设计与计算、计算机应用与开发、检测与实验等方面的基本能力。

　　弹药工程与爆炸技术专业培养具备弹药战斗部与爆炸技术以及在民用机械工程和工程爆破等方面的基础理论知识和工程实践能力，能在有关科研单位、高等学校、生产企业和管理部门从事系统设计、技术开发、产品制造、实验测试和科技管理方面工作的高级工程技术人才。学生主要学习弹药工程、爆炸与安全技术以及民用机械工程与工程爆破方面的基本理论和基本知识，接受系统设计、技术开发、产品研制、实验测试以及工程管理方面的基本训练，具备系统分析与综合、工程设计与制造、计算机应用、试验检测等方面的基本能力。

　　特种能源技术与工程专业培养适应国防建设和国民经济建设的需要，基础理论扎实、知识结构合理、掌握火炸药及火工烟火技术等特种能源及其能量转换的基本理论和基础知识，具有较强的科技创新能力和开发应用能力，适应 21 世纪我国国防现代化建设和特种能源发展需求，德智体美全面发展的高素质应用型高级专业人才，能在兵工、航天、军队和其他相关材料工业从事特种能源工程与烟火技术的生产系统设计、技术开发、产品制造、实验测试和科技管理等工作。特种能源技术与工程专业注重学生的实践能力培养。学生主要学习化学化工、火炸药和火工烟火技术等特种能源及其能量转换的基本理论和基本知识，并且在系统设计、技术开发、产品研制、性能测试以及工程管理方面接受基本训练，具备系统分析与综合、工程设计与制造、计算机应用、试验检测等方面的基本能力。

装甲车辆工程专业培养在装甲车辆工程领域科学研究与开发应用、工程设计、技术攻关与技术改造、汽车排放、新技术推广与应用等方面，具备工程力学、机械设计、机械振动、电工电子、自动控制以及装甲车辆总体、动力传动、行动装置及行驶控制等方面知识，基础扎实、素质全面、有工程实践能力和创新意识的高素质工程科技人才。学生主要学习装甲车辆工程的基本理论和基本知识，接受系统设计、技术开发、产品研制、性能测试以及工程管理方面的基本训练，具备系统分析与综合、工程设计与制造、计算机应用、试验检测等方面的基本能力。

信息对抗技术专业主要培养具备信息战争与防御技术及其决策支持系统以及民用信息安全防护等方面的基础理论和技术综合能力，能在科研单位、高等学校、信息产业及其使用管理部门从事系统设计、技术开发、操作管理和安全防护方面工作的高级工程技术人才。学生主要学习电路与系统、电子线路、计算机系统、计算机网络系统与技术、信息获取和处理、雷达对抗系统与技术、计算机网络对抗系统与技术、通信对抗系统与技术、射频电路与天线技术、信息网络安全防护等方面的理论与技术，不仅应具有扎实的数学基础，良好的外语和计算机软件素养，还应了解现代战争中信息对抗技术的发展和应用前景，掌握信息干扰、信息防护和信息对抗的基本理论和专业知识，具备从事信息科学研究、信息应用软件开发等的初步能力，如黑客防范体系、信息分析与监控、应急响应系统、计算机病毒、人工免疫系统在反病毒和抗入侵系统中的应用等。

2. 兵器专业的培养目标

兵器专业培养具备武器系统及其子系统综合设计、产品研制、实验测试和工程管理等能力，以及具备机械工程、自动化、电子工程和控制工程等相关民用工程技术方面的基础理论知识与工程实践能力，能够适应本专业发展的基本需要，能在国家有关部门、科研单位、高等学校、部队、企业和管理部门从事武器系统以及机械系统设计、技术开发、产品制造、实验测试和科技管理等方面工作，具有较好的人文社科和管理知识、良好的职业道德素质、身心健康、全面发展的高素质工程科技人才。

3. 兵器专业的培养要求

兵器专业学生主要学习武器系统及其子系统总体技术，以及机械工程和自动化等相关民用工程技术方面的基本理论和专业知识，接受武器系统设计、技术综合、产品研制、实验测试及工程管理方面的基本训练，应具备武器系统分析与综合、工程设计与计算、计算机应用、试验检测、科技管理等方面的基本能力。

毕业生应获得以下几方面知识和能力：

（1）具有良好的职业道德，强烈的敬业精神和社会责任感，丰富的人文素养。

（2）掌握兵器科学与技术、力学、机械工程、电子科学与技术、控制科学与工程等学科的基本理论和专业知识；掌握武器系统与工程的分析与设计方法及产品研制技术；熟悉国家有关技术经济和国防建设的方针、政策及法规；了解武器系统构造与工作原理、战技性能与评估、武器运用与工程保障等基本理论与专业知识；了解当代武器系统及相关民用工程技术领域的发展现状与趋势。

（3）具有扎实的专业知识和综合运用所学科学理论，分析和解决工程技术问题的基本能力。

（4）具有持续自主学习和一定的科学研究能力；具有一定的批判性思维和创新意识。

（5）掌握文献检索、资料查询的基本方法，具有信息获取、知识更新和终身学习的能力。

（6）具有良好的质量、环境、职业健康、安全和服务意识；具有武器专业试验，以及应对突发事件应急处理的初步能力。

（7）具有一定国际视野，较强的交流沟通、环境适应、语言表达、团队合作和工程管理的能力。

4. 兵器专业的主干学科和主要课程

（1）主干学科：兵器科学与技术、机械工程、控制科学与工程。

（2）核心知识领域：力学、机械设计与制造、电工电子技术、数值仿真技术、现代控制理论、武器工作原理与构造、武器分析与设计等。

（3）核心课程：力学系列课程（包括理论力学、材料力学、流体力学、传热学等）、机械设计基础系列课程（包括工程图学、机械设计基础等）、计算机应用系列课程（包括计算机程序设计基础、计算机原理与应用等）、电工电子技术基础课程（包括电工技术、电子技术（模拟电路、数字电路）、机电传动控制等）、机械制造基础系列课程（机械工程材料、制造技术基础、材料成型技术基础等）、测控系列课程（包括测试技术、机械控制工程、液压与气压传动、数控技术等）、武器专业方向课系列课程（包括武器工作原理与构造、武器分析与设计、武器制造与运用、武器实验技术等）。

（4）主要实践性教学环节：金工实习、计算机操作与工程应用软件实训、课程设计、科技训练、专业实习、生产实习、毕业设计（论文）等。

（5）主要专业实验：机械与力学实验、电工电子技术实验、机电控制技术实验、武器测试技术实验、武器性能实验等。

5. 学制与学位

（1）标准学制：4 年。

（2）修业年限：3~6 年。

（3）授予学位：工学学士。

6. 毕业生就业方向

在国家有关部门、科研院所、高等院校、部队、企业和管理部门从事武器系统设计、技术开发、产品研制、实验测试和科技管理等方面工作。

7. 其他

兵器专业涵盖内容多，涉及面广，各学校应根据自身特点，在专业框架内细化具体培养方案。

第 2 章　武器发射原理与弹道学

2.1　概　　述

发射与推进是兵器的基本功能。发射与推进子系统是兵器系统的基本组成部分。任何兵器,无论是最简单的冷兵器,还是现代复杂的武器系统,其最终目的都是把具有一定杀伤力的物体(弹药)抛射到预定的目标区,以毁伤敌方人员与设施。

根据牛顿运动定律,为了达到将物体抛向远方的目的,首先应对被抛射的物体施加力,使之获得一定的速度和方向。而所施加的力越大、作用的时间越长,即力的冲量越大,则被抛射物体获得的速度就越大,其飞行距离就越远。对被抛射的物体施加力的方法可以多种多样,就兵器而言,抛射方法有抛投、发射和推进三种基本形式。

抛投,是指通过人的体力或运载工具的惯性赋予物体(弹药)初始速度,将其抛射到预定目标的过程。在冷兵器时代,标枪是通过人的臂力赋予其初始速度实现抛投,守城护寨的"滚木雷"是利用地势高度和重力的作用来实现抛投。在热兵器时代,单兵应用最广泛的手榴弹是通过人的臂力赋予其初始速度来实现抛投;现代的航空炸弹和飞机布撒器等则借助飞机来赋予其初始速度,从而实现抛投。

发射,是指借助管道或其他装置提供的外力来赋予物体(弹药)初始速度,将其抛射到预定目标的过程。在冷兵器时代,弓箭、弩、抛石机等是利用弹力及杠杆作用来实现发射;在热兵器时代,枪炮等身管发射武器则是借助身管内高压火药燃气的推动和加速作用来赋予弹丸初始飞行速度和方向,进而实现发射。根据战争的需要,身管发射武器安装在不同的发射平台上,已经形成一个庞大的武器家族,在战争中发挥着重要作用。自行火炮是集威力、机动和防护于一体的现代典型身管发射武器。

推进,是指利用抛射体自身的动力,将抛射体抛射到预定目标的过程。从最原始的"火药火箭"到现代火箭弹和导弹,都是利用火箭内的火药燃气从喷管高速喷出提供的反作用力和冲量来实现推进。

抛投技术、发射技术和推进技术在军事上的应用,各有其特点,但都有其不足。现代兵器科学技术的发展,综合运用各项技术,扬长避短,发展复合作用的新型兵器。例如:发射与推进复合作用的"火箭增程"和"炮射导弹"等;抛投与推进复合作用的"防区外机载布撒器"等;发射与抛投复合作用的"滑翔炮弹"等。

2.2　武器发射原理

2.2.1　身管武器发射原理

身管发射是指利用火药在半封闭的管形容器（称为身管）内燃烧所产生的高温高压燃气膨胀做功，推动被抛射的物体（弹丸）在管内加速运动，获得一定速度，并沿身管所赋予的初始射向飞向预定目标。弹丸所获得的最大速度称为初速。

如图 2.1 所示，身管发射过程可以分为以下阶段：

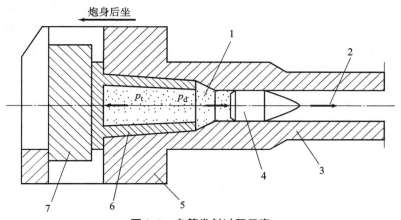

图 2.1　身管发射过程示意

1—火药燃气；2—弹丸运动；3—身管；4—弹丸；5—炮尾；
6—药筒；7—炮闩；p_t—膛底压力；p_d—弹底压力

（1）点火阶段：利用电能或动能引燃比较敏感的点火药（底火），所产生的火焰点燃发射药。

（2）发射药定容燃烧阶段：发射药点燃后，生成高温高压火药燃气。在燃气压力不足以推动弹丸运动前，发射药在一定容积的药室内进行定容燃烧。随着发射药不断燃烧，燃气压力不断升高。

（3）弹丸加速运动阶段：当弹后燃气压力大到足以推动弹丸运动时，燃气压力推动弹丸开始在身管内加速运动。随着弹丸不断向前运动，弹后容积不断增大，发射药在容积变化的弹后空间里进行变容燃烧，这对发射药燃烧、燃气生成、压力变化、弹丸运动等规律均有直接影响，可通过合理设计发射药的形状尺寸、炮膛结构尺寸等来控制膛内压力变化规律，从而控制弹丸的运动规律。通常，膛内压力变化规律用膛压曲线表示，如图 2.2 所示。图中的 p、l 分别为炮膛压力、弹丸行程；下标 m、k、g 分别表示最大压力点、火药燃烧结束点及炮口点；

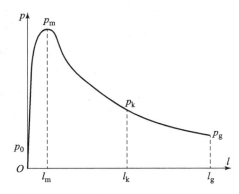

图 2.2　膛内压力变化规律

p_0 表示弹丸的弹带全部挤进膛线开始运动时的膛内压力，称为挤进压力。

（4）火药燃气后效作用阶段：弹丸运动出管口以后，火药燃气从管口高速喷出，继续对身管和弹丸产生作用，使弹丸有少量增速。因此，可以通过控制从管口高速喷出的火药燃气的流动方向及流量来控制其对身管的作用效果。

（5）弹丸惯性飞行阶段：在火药燃气作用结束之后，弹丸依靠自身的速度和惯性，在空气中飞行，并达到预定目标区。受到重力、空气阻力、气象等条件的影响，弹丸不可能完全按预定计划准确发射到预定目标，而是散布在围绕目标的一定区域内。

弹丸的运动轨迹称为弹道。研究弹丸的运动及伴随发生的各种现象和规律的科学称为弹道学。由于弹丸在不同阶段的运动规律和研究方法不同，弹道学又分为起始弹道学（主要研究点火过程和弹丸启动及其规律）、内弹道学（主要研究火药燃烧规律和弹丸在膛内的运动规律）、中间弹道学（主要研究弹丸飞离膛口后火药燃气排空规律及其伴随现象）、外弹道学（主要研究弹丸在空中的飞行规律）、终点弹道学（主要研究弹丸对目标的作用效应）。

2.2.2　身管武器发射特点

下面以火炮发射为例，说明身管武器的发射特点。

在燃气压力推动弹丸加速运动的同时，燃气压力也沿弹丸运动相反方向作用在半封闭的身管（称为炮身）上，此合力称为炮膛合力（见图 2.3 中的 F_{pt}）。炮膛合力最终通过发射装置的架体（炮架）传到地基，将炮身作用于炮架的力称为后坐力。

由于发射时膛内燃气压力非常高（最大膛内压力高达 $250 \sim 700$ MPa，见图 2.2 中 p_m），因此炮膛合力非常大[①]。如果身管与发射装置的架体刚性连接，则后坐力等于炮膛合力。为了保证正常射击，在射击时，发射装置既不能移动（保证射击静止性），也不能翻转（保证射击稳定性），还应具有足够的刚度和强度。这样，发射装置势必就非常庞大和笨重，导致其机动性下降。因此，减小后坐力、减轻质量、提高机动性，是身管发射武器发展的永恒主题。

为了使炮膛合力不直接作用于炮架，现代火炮都在炮身与炮架之间设置缓冲装置（称为反后坐装置），让炮身及其他零部件（所有参与运动的零部件合称为后坐部分）在炮膛合力的作用下，能沿身管轴线向后运动（称为后坐），后坐部分的后坐运动如图 2.3 所示。反后坐装置提供的作用力，一方面作用于运动着的后坐部分，称其为后坐阻力（见图 2.3 中的 F_R）；另一

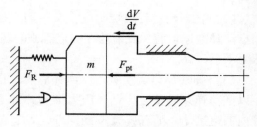

图 2.3　后坐部分的后坐运动

方面作用于不运动的炮架，称其为后坐力。后坐力与后坐阻力大小相等，方向相反。

在后坐运动时，根据牛顿运动定律，后坐部分的后坐运动规律可以表示为

$$m \frac{\mathrm{d}V}{\mathrm{d}t} = F_{pt} - F_R \tag{2.1}$$

式中，m——后坐部分的运动质量；

---

① 炮膛合力 = 炮膛面积 × 膛内压力。例如，155 mm 火炮的炮膛合力可以高达 7×10^6 N。

V——后坐部分的运动速度；

$\dfrac{\mathrm{d}V}{\mathrm{d}t}$——后坐部分的运动加速度；

$m\dfrac{\mathrm{d}V}{\mathrm{d}t}$——后坐部分的运动惯性力；

F_{pt}——作用在后坐部分上的炮膛合力；

F_R——炮架通过反后坐装置作用在后坐部分上的后坐阻力。

将式（2.1）移项变形，得

$$F_{pt} = m\frac{\mathrm{d}V}{\mathrm{d}t} + F_R \tag{2.2}$$

由式（2.2）可知，在后坐加速时期，炮膛合力 F_{pt} 转化成两部分，一部分是后坐部分的后坐运动惯性力 $m\dfrac{\mathrm{d}V}{\mathrm{d}t}$，另一部分是通过反后坐装置作用于炮架的后坐力 F_R。由于后坐加速运动 $\left(\dfrac{\mathrm{d}V}{\mathrm{d}t}>0\right)$，炮膛合力主要用于产生后坐运动，因此作用于炮架的后坐力比炮膛合力小得多（为炮膛合力的 1/20 ~ 1/40），从而可以在保证射击静止性和稳定性以及发射装置的刚度和强度的同时，减轻发射装置的质量，减小发射装置的结构尺寸，提高其机动性能。

在火药燃气作用完毕之后，后坐部分依惯性在反后坐装置作用下继续减速后坐，直到后坐终了；然后，在反后坐装置作用下向前运动（称为复进），恢复发射前的状态。在后坐减速时期及复进时期，反后坐装置提供的作用力一方面继续作用于后坐部分，另一方面继续作用于炮架，但与炮膛合力相比，反后坐装置提供的作用力要小得多。

由此可知，反后坐装置的作用是将作用时间极短、作用距离很小、量值很大的炮膛合力转化为作用时间较长、作用距离较大、量值较小的后坐力，如图 2.4 所示。通常，在一定范围内，后坐距离越长，后坐力越小。但是，并不是后坐距离越长越好。实际上，后坐距离不仅受到结构的限制，还受到使用、勤务、操作方面的限制。通过合理地设计反后坐装置，可以控制炮身的运动和后坐力。

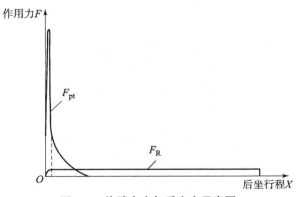

图 2.4　炮膛合力与后坐力示意图

反后坐装置主要由两部分组成：一部分是制退机，主要用于控制后坐运动和消耗部分后坐动能，使炮身后坐到一定距离而停止；另一部分是复进机，主要用于在后坐过程储存能量，当后坐终了后保证火炮恢复到原先位置。后坐运动时，炮身在炮膛合力作用下带动制退机中的制退活塞相对制退筒运动，挤压制退机工作腔的液体。由于液体不可压，且流液孔面积比制退活塞面积小得多，因此工作腔内的制退液经流液孔后，高速喷入非工作腔，同时在工作腔形成较大的后坐液压阻力，节制炮身后坐运动。根据流体力学定律可以导出，液压阻力正比于后坐运动速度的平方，反比于流液孔面积的平方。在非工作腔形成高速飞溅湍流，液体与液体之间，以及液体与筒壁之间产生高速碰撞，将部分后坐动能转化为热能而消耗掉。制退机工作原理如图 2.5 所示。

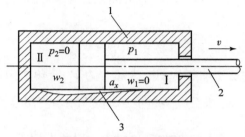

图 2.5　制退机工作原理

Ⅰ—工作腔；Ⅱ—非工作腔；1—制退筒；2—制退活塞；3—流液孔；p_1—Ⅰ腔压力；
p_2—Ⅱ腔压力；w_1—Ⅰ腔流体速度；w_2—Ⅱ腔流体速度；a_x—流液孔面积；v—后坐速度

根据动量守恒定理，速度与质量成反比。由于后坐部分的质量比弹丸的质量大得多，因此后坐部分的后坐速度比弹丸运动速度小得多。动能与质量成正比，与速度的平方成正比，通常后坐部分的后坐运动动能为弹丸动能的几十分之一。后坐运动动能常用作开闩、供输弹机构及后坐部分复进的动力源。对于采用液压式制退机的武器，大部分后坐能量转化为制退机内制退液的温升而消耗。

火炮在发射过程中，身管后端被封闭，火药气体在推动弹丸向前运动的同时，还推动身管后坐运动。能否既不增加燃气压力对发射装置的作用，又不产生后坐呢？为了消除后坐，根据动量守恒原理，美国人戴维斯在第一次世界大战中把两个身管对接起来，在一端发射弹丸，在另一端向后发射平衡弹，以抵消后坐。这种无后坐原理是一种质量平衡原理，又称戴维斯原理。俄罗斯人梁布新斯基在芬兰战争中利用喷管向后喷出的火药燃气产生的反作用力来平衡后坐，这种无后坐原理是一种气动平衡原理，如图 2.6 所示。但是，要使向前和向后作用保持大小相等、方向相反，在技术上是难以达到的，所谓的"无后坐"只是一种理想状态。在实际发射过程中，向前和向后的两个随时间变化的作用并非完全相等，只不过由于相差很小，且作用时间短，方向变化快，不至于发生明显后坐。从设计角度来说，主要是保证系统的总动量与火药燃气总冲量相等。

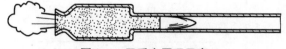

图 2.6　无后坐原理示意

现有的无后坐火炮都采用气动平衡原理。对于采用气动平衡原理的无后坐火炮，由于其在发射的同时要向后喷射火药燃气，这不仅会对射手及其后面产生安全影响，而且产生火光，暴露目标。正在研究的一种"微痕"无后坐力炮采用的基本原理（又称"弓弩"原理），一是离散型质量动平衡原理，二是用两个闭气活塞来承受火药气体压力，推送弹丸及平衡体沿炮膛轴线相反方向运动，到达炮口时，两个活塞被制动，将火药气体封闭在炮膛内，实现发射时无后坐、无闪光、无烟尘、无冲击波、微噪声、微红外辐射。这种武器系统除了具有一般轻型直瞄随伴火炮的作战性能特点以外，还具有"隐身"的特性。其"隐身"特性，一是发射声、光微弱的"隐身"作用，二是可以隐蔽在狭小的封闭空间内射击。因而，在现代战争的近距离对抗中，它不易被现代化的声、光、电侦察手段发现，能隐蔽地发扬突击火力，保证较高的先敌开火概率和较多的先敌开火发数，能更有效地"保存自己，消灭敌人"，具有较高的生存能力和作战效能，特别适合于城镇、居民点、要塞、坑道及山地等复杂地形的战斗和完成侦察、穿插、伏击、奔袭、游击等特种作战任务。

身管发射过程是一个极其复杂的动态过程，身管发射过程伴随发生许多特殊的物理化学现象。身管发射的能源是火药，火药是一种含能的化学材料，既有燃烧剂又有助燃剂，当达到一定的温度后就会燃烧。火药燃烧后在容器内生成有一定温度和压力的火药燃气，化学能转化为热能。火药燃气在膛内膨胀，推动弹丸飞出膛口，实现了由热能向动能的转化，即将一定质量的弹丸从静止状态加速到飞出膛口时获得一定的速度。在身管发射过程中，对发射装置施加的是冲击载荷，身管、膛口装置、抽气装置、炮尾、炮闩及各连接件直接承受火药燃气的冲击载荷，该载荷是构件强度设计的主要依据。在冲击载荷的激励下，会引发发射装置的振动，其中膛口振动是影响射弹散布的重要原因之一。在身管发射过程中，身管的温升与内膛表面的烧蚀、磨损，是非常复杂的物理、化学现象。在工程实践中，采取各种方法冷却身管，包括在发射装药中增加缓蚀添加剂、采用爆热低的发射药、研究新型的身管材料、对身管内膛进行特殊工艺处理等技术措施，以减少烧蚀、磨损。

在射击过程中，首先，应赋予身管正确的初始射向。初始射向包括方向和射角，由方向机赋予身管初始方向，由高低机赋予身管初始射角。然后，将弹药装填到内膛。最后，进行发射。

从已装填入膛的弹药击发开始至次一发弹药击发为止，这一过程称作射击循环。典型的身管武器射击循环包括以下各种动作：击发、后坐、复进、开闩、抽壳与排壳、弹药传输、弹药装填、关闩闭锁、待击发。开闩，是指当发射过程完成后，把闭锁机构打开，以便抽壳与排壳、下一发弹药的装填。抽壳与排壳，是指闭锁机构打开后，用专门机构将弹壳或药筒从药室中抽离并抛出。但采用药包、全可燃药筒、无壳弹等弹药的身管发射武器则无此环节。弹药传输，是指把弹药从存储位置转移到输送或装填位置，也称供弹。对整装式弹药，只需用一个通道。对分装式弹药一般需要用两个通道，即弹丸和装药（包括药筒、药包或模块装药）分别传输。弹药装填，是指把处于装填位置的弹药输送入膛，使之处于待击发位置的过程，也称输弹或进弹。关闩闭锁，是指使闩体到位并实现闩体与炮尾的暂时刚性联结，使药室可靠密封。待击发是指解脱保险，完成击发准备。这些环节既可以由人工完成，也可以由专门的装置（或机构）来完成。单位时间内发射的射弹数称为射速，一般以 1 分钟（min）为单位时间。

在现代战争中，目标的运动速度越来越快，机动性越来越高，因此对射速的要求越来越高。以高射速形成弹幕，是现代对付高速来袭小目标的最可靠也是最后一道防线。为了提高射速，射击循环的各环节都有专门的装置（或机构）来自动（或半自动）完成。自动完成射击循环的身管武器称为自动武器。由于中小口径身管武器主要用于对付快速机动目标，所以中小口径身管武器都是自动武器，其射速可高达 6 000 发/min；陆基大口径火炮主要用于对付静止或运动速度不大的目标，受结构所限，一般采用半自动机构，其射速可达 10 发/min 左右；大口径舰炮主要用于对付运动目标，本身安装平台很大，受结构和质量限制不是很严，通常采用自动炮，其射速可达每分钟几十至几百发。舰炮的弹药都储存在甲板底下，因此舰炮都需要自动扬弹装置，将弹药从甲板底下输送到火炮中。

身管发射武器是以身管为发射管，以火药为能源，发射弹丸等战斗部的武器。枪、炮是典型的身管发射武器，广泛装备于陆海空各军兵种。身管发射武器的身管内膛直径称为口径。一般将口径大于等于 20 mm 的称为火炮，将口径小于 20 mm 的称为枪械（简称"枪"）。

2.3　武器推进原理

2.3.1　火箭推进原理

火箭是靠火箭发动机向前推进的。火箭发动机点火以后，推进剂（液体的或固体的燃烧剂加氧化剂）在发动机的燃烧室里燃烧，产生大量高压燃气；高压燃气从发动机喷管高速喷出，所产生的对燃烧室（也就是对火箭）的反作用力，使火箭沿燃气喷射的反方向前进。火箭推进原理：火箭依靠自身携带的推进剂（火药）在火箭发动机中燃烧产生高温高压的燃气，燃气流从发动机喷管向外高速喷射，产生反作用力，推动火箭前进。因此，火箭推进原理又称喷气推进原理。

如果把火箭 A 及其喷射的物质 B 看成一个质点体，其质心初始位置为 O；根据动量守恒原理，当质量为 m_b 的喷射物质以速度 v_b 向后喷射时，为保持质点系的质心位置 O 不变，质量为 m_a 的火箭必然会以速度 v_a 向前运动。若火箭不断地向后喷射物质，火箭就会不断地向前推进。这就是火箭推进的基本原理，如图 2.7 所示。

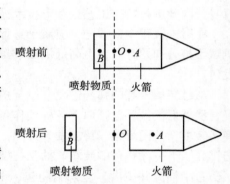

图 2.7　火箭推进的基本原理示意
O—火箭和它的喷射物质组成的质点体的质心；
A—火箭的质心；B—喷射物质的质心

在火箭喷气推进中，喷气通过火箭体上的喷孔喷出。根据牛顿第二定律，喷出气体的动量变化率与加到气体上的力成正比，此力称为喷射力，是火箭体作用于高速喷气流的力。按照牛顿第三定律，高速喷气流对火箭体作用一个大小相等、方向相反的力，称为推力，推力的作用方向与燃气流的喷射方向相反。

在火箭向前运动的同时，推进剂不断燃烧变成燃气，并以相对于火箭的速度向后高速喷出。这种燃气流是火箭携带的推进剂燃烧的产物，因此，随着推进剂不断消耗，火箭的质量在不断减少。所以，火箭是典型的变质量物体，火箭的运动是变质量物体的运动。建立火箭的运动方程必须使用变质量物体力学定律。变质量物体的动量定理：变质量物体动量的时间导数等于作用于变质量物体的外力之和，即

$$\frac{\mathrm{d}(mv)}{\mathrm{d}t} = m\frac{\mathrm{d}v}{\mathrm{d}t} + \frac{\mathrm{d}m}{\mathrm{d}t}v = F \tag{2.3}$$

式中，m——火箭（包括未燃推进剂和研究时刻喷出的燃气）质量；

v——火箭速度；

F——作用于火箭上的外力，如重力、空气阻力等。

将式（2.3）移项可得

$$m\frac{\mathrm{d}v}{\mathrm{d}t} = F - \frac{\mathrm{d}m}{\mathrm{d}t}v \tag{2.4}$$

变质量物体运动的动量定理与定质量物体运动的动量定理相比，多出了一项 $\frac{\mathrm{d}m}{\mathrm{d}t}v$，该项可以看作由喷射引起的推力。火箭质量变化率 $\frac{\mathrm{d}m}{\mathrm{d}t}$ 就等于所喷出的燃气流的质量流率 $\dot{m}$ 的负值，即

$$\dot{m} = -\frac{\mathrm{d}m}{\mathrm{d}t} \tag{2.5}$$

由火箭喷出燃气流的质量变化率与燃气流速度产生的使火箭向前运动的推力，称为喷气反作用力，或称为动推力。动推力的大小取决于喷出的燃气质量流率和喷气速度，即

$$F_{\mathrm{d}} = \dot{m}v_{\mathrm{e}} \tag{2.6}$$

式中，F_{d}——动推力；

$\dot{m}$——单位时间内喷射物质的质量（称质量流率）；

v_{e}——喷射物质相对于火箭的速度（称喷射速度）。

式（2.6）称为推力公式。

为了获得一定推力，喷气速度越大越好。燃气流的喷气速度在很大程度上取决于推进剂的种类（能量高低）和火箭发动机的工作效率。在理想状态下，火箭的飞行速度正比于燃气流的有效喷气速度及火箭质量比（火箭初始质量与任意时刻质量之比）的自然对数，即齐奥尔科夫斯基公式：

$$v_{\mathrm{k}} = v_{\mathrm{e}}\ln\left(\frac{m_0}{m_{\mathrm{k}}}\right) \tag{2.7}$$

式中，v_{k}——火箭所获得的速度；

v_{e}——喷射速度；

m_0——火箭的初始质量；

m_{k}——火箭对应于速度 v_{k} 时的质量；

m_0/m_{k}——火箭初始质量与在获得 v_{k} 速度时的质量之比。

用齐奥尔科夫斯基公式计算的火箭速度，称为理想速度或特征速度，它略去了外界力（重力和空气阻力等）的影响，表征了火箭的性能。根据推力公式，喷射速度可以看成每单位质量流量产生的推力大小。火箭质量比和喷射速度是决定火箭理想速度非常重要的参数。火箭质量比与火箭结构、推进剂的利用有关。喷射速度与推进剂性能、发动机的工作效率有关。在实际情况中，受外界力的影响，火箭所获得的实际速度与理想速度是不同的。在上升段，火箭实际速度总是小于理想速度，该速度差称为速度损失，它与火箭总体参数、飞行弹道有关。

要提高火箭理想速度，有两个途径：一是提高燃气流的喷气速度；二是提高火箭的质量比。当火箭的推进剂选定之后，燃气流的喷气速度就确定了，在这种情况下，火箭的质量比越大，火箭所能获得的理想速度就越大。然而，火箭的质量比不能无限提高，因为火箭上所

有的推进剂都燃烧完毕，除有效载荷（战斗部）之外，最终有一部分质量要成为多余质量（如火箭空箭体），以及不能利用的剩余推进剂，这些称为结构质量。火箭的质量比大，说明推进剂所占的质量大而结构所占的质量小，自然它所获得的理想速度就大。

由于提高火箭的质量比是有限的，因此火箭的速度也是有限的。为了提高火箭的速度，就必须增加推进剂的质量，从而增加了火箭的结构质量，也就增加了火箭的总质量，使火箭非常庞大和笨重。

在单级火箭飞行时，火箭的结构质量也要被加速，这些多余质量要消耗掉一部分能量，因此最理想的做法是在飞行中不断把这部分无用质量抛掉。虽然实际上不可能连续地把部分火箭空箭体抛掉，但是可以把火箭做成多个箭体（包括相应的发动机）。当每个箭体内的推进剂耗尽后，就可将空箭体抛掉，从而使火箭能量利用更加合理。用这种思想设计的火箭称为多级火箭。多级火箭把整个火箭做成好几级，每一级是一个独立的工作单位，每一级都有自身的推进系统。第一级（也是最底一级）火箭发动机工作，使整个火箭起飞并加速；第一级火箭的推进剂燃烧完毕后，使整个火箭达到一定的速度，这时第一级火箭自动脱落，同时第二级火箭发动机自动开始工作，使火箭在第一级加速的基础上继续加速；这样继续下去，直到最后一级，靠最后一级火箭带着有效载荷（战斗部等）完成预定的飞行任务。多级火箭最终获得的速度 v_k 是各级火箭所获得的速度的总和，即

$$v_k = \sum_{i=1}^{n} v_{eqi} \ln\left(\frac{m_{0i}}{m_{ki}}\right) \qquad (i = 1, 2, \cdots, n) \qquad (2.8)$$

式中，n——火箭的级数；

   v_{eqi}——第 i 级火箭的喷射速度；

   m_{0i}——第 i 级火箭的初始质量；

   m_{ki}——第 i 级火箭的终点质量。

多级火箭可以提供比单级火箭更高的速度。

多级火箭的特点是逐级工作和逐级脱落，这样在逐级扔掉每一级火箭之后，火箭的质量就减轻了，火箭继续加速所消耗的能量就可以减少。采用多级火箭可以大大减轻火箭的起始质量。设计合理的多级火箭，可使火箭运载的有效载荷达到宇宙速度，实现宇宙航行。一般来说，在一定的起飞质量条件下，增加级数可以提高火箭的理想速度，但实际上火箭级数的增加是有一定限度的，随着级数的增加，必然导致系统更加复杂和工作可靠性降低。通常，用于发射航天器的运载火箭级数为 3 级左右，远程弹道导弹的火箭级数为 2 级左右。

2.3.2　火箭推进武器的特点

通常所说的"火箭"，是指一种依靠火箭发动机推进的飞行器。

火箭推进，是不需要外界的任何物质（如空气中的氧气），而完全依靠点燃火箭自身所携带的推进剂（固体的、液体的、固液混合的）就能形成燃气流喷射而产生推力，将火箭抛射到预定目标的过程。通常，将完全依靠点燃自身所携带的推进剂就能形成燃气流喷射而产生推力的发动机称为火箭发动机。火箭发动机是喷气发动机的一种。火箭发动机与空气喷气发动机的不同之处，是它随身携带所需的全部工作物质（燃烧剂和氧化剂），不需要从外界空气中引入氧气助燃，因此，它既可以在大气层工作，也可以在外层空间工作。

根据用途的不同，火箭可以装载各种不同的有效载荷。当火箭装有战斗部（或称弹头）并用于杀伤敌人时，就构成火箭武器。

火箭推进原理决定了火箭武器的火药利用率很低，有效载荷占总质量的比例偏小，发射的大部分是消极载荷。火箭武器通常是一种无控飞行器，出口速度低、易受干扰；在发射后，主动段有推力偏心、动不平衡、质量偏心，以及阵风和起始扰动等因素对落点散布的影响很大；即使在保持相对射击密集度指标不变的条件下，射程越远，绝对散布也越大。

虽然人类在很久以前就想发明一种能随心所欲地加以控制的武器，但限于过去的工业生产和科学技术水平，一直未能实现。制导技术的发明使控制火箭飞行有了可能。

导弹是一种受制导系统控制的飞行武器，它装有发动机及控制引导仪器设备（制导系统）。导弹的推进系统一般是火箭发动机，因此可以把导弹看作一种火箭武器。实际上，"导弹"并不仅仅指火箭武器，有一些导弹还装备着其他动力装置，如空气喷气发动机等。

在火箭武器中，装有制导系统的称为有控火箭或导弹，没有制导系统的称为无控火箭或火箭弹。导弹由发动机、制导系统、弹体和战斗部四大部分组成，而对于火箭弹来说，除了无制导系统外，其余三大部分仍是必不可少的。要使火箭弹和导弹能作为武器使用，除了火箭弹和导弹本身之外，还需要一套发射、勤务保障系统，侦察瞄准系统和指挥通信系统，这就构成了火箭武器系统。

2.4　弹　道　学

2.4.1　弹道学简介

通常，把弹丸或其他发射体质心运动的轨迹称为弹道。从设计理论角度，把研究弹丸或其他发射体从发射开始到终点的运动规律及伴随发生的有关现象的科学称为弹道学，把研究发射装置的构造原理及发射过程中的伴随现象和规律的科学称为武器设计理论。弹道学是应用力学的一个分支。

早期的弹道学仅局限于研究质心运动轨迹的力学范畴。随着武器技术的进步、基础科学和测试技术的发展，弹道学的研究对象逐步扩展到发射全过程的各方面，包括发射装药的点火、燃烧、高温高压燃气的产生及其对发射体的作用，弹丸或其他发射体的运动、对目标的作用，以及伴随出现的各种现象等，大大丰富了弹道学的研究内容，使之逐渐发展为涉及刚体动力学、气体动力学、空气动力学、弹塑性力学、化学热力学，以及燃烧理论、爆炸动力学、撞击动力学、优化理论、现代计算技术和试验技术等学术领域的综合性学科。随着科学技术的发展，弹道学在高速、高温、高压、瞬态现象的研究中，也为民用领域提供了理论、方法和实验技术。

弹道学是武器设计和应用的理论基础。研究弹道学的目的在于本着全弹道的观点，在理论和实践上指导武器的设计、使用和改进，以使武器在优化条件下达到预期的射程、射击精度和毁伤效果，并保证射击的安全性。此外，弹道学还可以在新型武器的研制、新发射方式的探讨以及新能源的利用等方面发挥应有的指导作用，并促使本身向新的学术领域扩展。

根据武器作用原理，其作用模式主要有两种典型：一种是身管武器（以枪炮为代表）密闭系统的作用模式，它利用高压火药燃气的膨胀作用，在身管内推动弹丸以一定的速度射出膛口；另一种是火箭半密闭系统的作用模式，它利用高压火药燃气从火箭发动机喷管喷出所产生的反作用力，推动战斗部连同发动机一起飞离发射器。根据这两种作用模式的不同，弹道学相应地分为身管武器弹道学（也称枪炮弹道学）和火箭弹道学。

在现有弹道学体系的基础上，根据应用条件的特殊性，还派生出各种新的分支学科。例如：由于水的介质密度大于空气而可压缩性小于空气，水中发射有其特殊的弹道规律，因此随着水中兵器的发展而形成了水中弹道学；随着航空航天技术的发展，形成了航空弹道学和大气外层的太空弹道学（或地球弹道学）；随着导弹的发展，形成了有控制的导弹弹道学；研究在短时间和短距离内发射重载物的弹射弹道学；研究投射物对人体致伤作用与机理的创伤弹道学；等等。

弹道学体系各分支学科及其一些重要理论的形成与发展，往往取决于某些弹道实验技术与发展。这是由于弹道学的研究对象比较复杂，一般都具有高压、高温、高速和瞬时性等特点，有关参数的测量必须使用专门的仪器与设施，从而逐渐发展并形成了实验弹道学。这个学科是弹道学体系的一个重要组成部分，每个弹道阶段都有其相应的弹道实验。

长期以来，弹道现象的复杂性导致了理论研究及计算的困难，影响了弹道学的发展。随着计算机及计算技术的发展，弹道学的研究取得了突破性的进展。计算机的迅速发展，对中间弹道学和终点弹道学这两个分支，以及内弹道气动力理论体系的形成和发展，也起到了巨大的推动作用。各分支学科都建立了求解各自问题的数学模型和计算程序。为了适应全弹道体系发展的需要，计算弹道学也逐步发展成专门的分支学科。

由于弹丸在不同阶段的运动规律不同以及相应的研究方法不同，根据射击过程不同阶段的物理现象，身管武器（枪炮）弹道学最初是以身管武器的膛口为界，划分为膛内弹道学（简称"内弹道学"）和膛外弹道学（简称"外弹道学"）。经过一个多世纪的发展，到19世纪后期，各自的学科体系才初步完善。

2.4.2 内弹道学

内弹道学是研究发射过程中膛内的火药燃烧、物质流动、能量转换、弹体运动和其他有关现象及其规律的科学，是弹道学的一个分支。

1. 内弹道学的研究对象

内弹道学的研究对象，归纳起来主要有以下4方面：

（1）有关点火药和火药的热化学性质，点火和火药燃烧的机理及规律。

（2）有关枪炮膛内火药燃气与固体药粒的混合流动现象，以及气流对火药燃烧的影响。

（3）有关弹带嵌进膛线的受力变形现象，弹丸和枪炮身的运动现象。

（4）有关能量转换、传递的热力学现象和火药燃气与膛壁或发动机之间的热传导现象等。

2. 内弹道学研究的主要内容和基本任务

内弹道学研究的主要内容和基本任务是：从理论和实验上对膛内的各种现象进行研究和分析，揭示发射过程中所存在的各种规律和影响规律的各有关因素；应用已知规律，提出合理的内弹道方案，为武器的设计和发展提供理论依据；有效地利用能源，探索新的发射方式；等等。

3. 内弹道规律

在发射过程中，膛内的各种现象既同时发生又相互影响，它们之间的关系是通过火药燃气的温度、压力及弹丸速度等各种量的变化规律来表达的。因此，研究并掌握这些规律就成为内弹道学的一个基本问题。通常，根据对各主要现象的物理实质的认识，分别建立描述过程变化的质量、动量、能量守恒方程及气体状态方程，再结合武器的特点，将各相应的方程组成内弹道方程组。对方程组求解的数学过程，称为内弹道解法。它可以根据给定内膛结构数据及装填条件，解出压力和速度的变化规律，进而为武器的改进提供依据。对内弹道方程组求解，可以直接给出随弹丸行程及时间变化的压力曲线和速度曲线（图2.8、图2.9），图中的 p、v、l、t 分别为炮膛压力、弹丸速度、弹丸行程和弹丸运动时间；下标 m、k、g 分别表示最大压力点、火药燃烧结束点及炮口点；p_0 表示挤进压力。图2.8、图2.9所示曲线表示的变化规律反映了内弹道的特点。

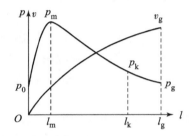

图 2.8　膛内的 $p-l$、$v-l$ 曲线

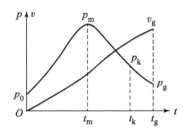

图 2.9　膛内的 $p-t$、$v-t$ 曲线

压力曲线的变化规律表明，膛内存在着两个作用相反的效应：火药燃烧生成气体使压力增长；弹丸向前运动时，弹后的空间增大，使压力下降。因此，曲线的压力上升段即表示前者的效应超过后者，而压力下降段正好相反。当两种效应达到瞬态平衡时，即达到最大压力。在整个发射过程中，压力虽然不断变化，但弹丸一直受压力的作用而不断加速，从而呈现不断上升的速度曲线。弹丸飞出膛口瞬间的速度称为膛口速度，用实验方法测算的膛口速度则称为初速。最大压力和初速是内弹道的两个重要弹道量，它们是武器性能和弹药检验的主要标志量。

利用所掌握的内弹道规律，改进现有的武器和设计出新型的武器，就是内弹道设计。它也是以内弹道方程组为基础的。例如，根据战术技术要求所给定的火炮口径及外弹道设计所给出的初速、弹重等主要起始数据，解出合适的内膛结构数据、装填条件以及相应的压力和速度变化规律。在内弹道设计方案确定之后，方案的数据就是进一步进行药筒、弹丸、引信、身管等部件设计的基本依据。因此，武器的性能在很大程度上取决于内弹道设计方案的优化程度。

4. 评定弹道性能的主要标准

为了选择最优化的设计方案，内弹道学根据所研究过程的特点，采用以下弹道指标作为评定弹道性能的主要标准。

（1）最大压力。内膛所承受的最大压力是身管、弹丸、药筒、引信等部件强度设计的主要依据。为了减轻部件的质量，在能保证火炮满足所要求的射程及威力的条件下，这个指标应尽可能降低。

（2）示压系数（或内膛工作容积利用系数）。火药燃气在膛内膨胀做功，使弹丸、身管及火药燃气获得动能的过程表明，压力随行程变化的曲线不仅反映压力变化的规律，曲线下方的面积还反映弹丸获得动能的变化规律，一定的弹丸膛口动能与一定的曲线总面积相对应。因此，进行内弹道设计时，在给定最大压力指标的条件下，为了达到设计要求的膛口动能或曲线总面积，可以从不同的压力变化规律以及不同的弹丸全行程长度进行选择。在最大压力和曲线总面积都相同的条件下，弹丸全行程长与压力曲线下降的平缓程度有关。为了表示曲线的这种特点，常采用曲线积分面积的平均压力与最大压力的比值（即示压系数）作为评定指标。该比值越大，则曲线下降越平缓，所设计的身管将越短，越有利于武器机动性能的提高。例如，现有火炮的示压系数一般为 0.50 ~ 0.75。

（3）弹道效率。根据膛内能量转换过程的特点，内弹道学采用火药燃气总内能转换为膛口动能的百分比作为评定能量利用效率的指标，称为弹道效率。为了充分利用火药能量，这个指标应尽可能提高。例如，现有火炮的弹道效率一般为 20% ~ 30%。

内弹道设计方案从选择到具体实现，除了以上各主要指标之外，还要考虑其他一系列要求。例如：减少对内膛的烧蚀作用，以提高寿命；保证弹道性能的稳定性及射击精度；避免膛内激波的形成；减少膛口焰、尾焰和膛口噪声等有害现象；考虑武器应用的高低温度适应范围；等等。根据武器的具体情况，这些指标和要求在不同程度上已成为评定武器性能的重要标准，还是内弹道学研究工作经常要解决的课题。

发射能源是实现内弹道过程的主要物质基础，如何选择合适的发射能源，有效地控制能量释放规律，合理地应用释放的能量以达到预期的弹道效果，一直是内弹道学研究的一个主要问题。

火药是最常用的主要能源。早在无烟药开始应用时，对于成形药粒的燃烧就采用了全面着火、平行层燃烧的假设，并以单一药粒的燃烧规律代表整个装药的燃烧规律，这称为几何燃烧定律。它是内弹道学的一个重要理论基础。长期以来，应用这个定律指导改进火药的燃烧条件，控制压力变化规律，以达到提高初速和改善弹道性能的目的。广泛应用的方法有两种：一种是采用燃烧过程中燃烧面不断增加的火药，如七孔、十四孔、十九孔等多孔火药；另一种则采用燃烧速度不断增加的钝化火药。这两种方法受到现有火药的性能和工艺条件的限制，再进一步发展已较困难。因此，又开展了包覆火药、镶嵌金属丝及涂层金属火药、成型组合装药，以及随行装药等方法的研究，并取得了初步成果。20 世纪 70 年代以来，对利用液体燃料作为发射能源的可能性进行了探索性研究，也取得了一定进展。

2.4.3 外弹道学

外弹道学是研究弹丸在空中的运动规律及有关现象的科学，是弹道学的一个分支。弹丸在空中飞行时，受地球引力、空气阻力和惯性力的作用，不断改变其运动速度、方向和飞行姿态。不同的气象条件也会对弹丸的运动产生影响。通常，可以将弹丸的运动分解为质心运动和围绕质心运动（绕心运动）两部分，分别由动量定律和动量矩定律描述。

外弹道学的研究内容主要包括：弹丸或抛射体在飞行中的受力状况；弹丸质心运动、绕心运动的规律及其影响因素；外弹道规律的实际应用；等等。它涉及理论力学、空气动力学、大气物理和地球物理等基础学科领域，在武器弹药的研究、设计、试验和使用上占有重要的地位。

作用于弹丸的力和力矩，主要是地球的作用力和空气动力。

地球的作用力，可以归结为重力与科里奥利力。重力通常可以看作铅直向下的常量。当不考虑空气阻力时，弹丸的飞行轨迹（真空弹道）为抛物线。对于远程弹丸，则要考虑重力大小、方向的改变和地球表面曲率的影响，其轨迹为椭圆曲线。科里奥利力还对远程弹丸的射程和方向有一定影响。

作用于弹丸的空气动力与空气的性质（温度、压力、黏性等）、弹丸的特性（形状、大小等）、飞行姿态以及弹丸与空气相对速度的大小等有关。当弹丸飞行速度矢量与弹轴的夹角（称为攻角或章动角）为零时，空气对弹丸的总阻力的方向与弹丸飞行速度矢量方向相反，它使弹丸减速，称为迎面阻力。当攻角不为零时，空气对弹丸的总阻力可分解为与弹丸飞行速度矢量方向相反的迎面阻力和与其垂直的升力；后者使弹丸向升力方向偏移。由于总阻力的作用点（称为阻心或压心）与弹丸的质心并非恰好重合，因而形成了一个静力矩。它使旋转弹丸的攻角增大而使尾翼弹丸的攻角减少，因而分别称为翻转力矩和稳定力矩。当弹轴有摆动角速度时，弹丸周围的空气将产生阻滞其摆动的赤道阻尼力矩；当弹丸有绕轴的自转角速度时，将形成阻滞其自转的极阻尼力矩，若自转时有攻角存在，还将形成一个与攻角平面垂直的侧向力和力矩，分别称为马格纳斯力和马格纳斯力矩。在诸空气动力中，迎面阻力、升力和静力矩对弹丸运动的影响较大，它们可以表达成弹速、弹丸横截面积、弹长和空气密度，以及弹丸阻力系数的函数。

此外，随时间、地点和高度的不同而变化的气象因素（如气温、气压和风等）将直接影响空气的密度和弹丸与空气的相对速度，使空气动力发生变化。通常，气温高、气压低、顺风均使射程增大，反之则减小；横风将使弹丸侧偏。

要准确地描述弹丸运动的规律，有赖于对上述空气动力的准确测量，测量的方法通常有风洞法和射击法两类，后者已发展成为实验外弹道学的主要内容。

在攻角为零、标准气象条件和其他一些基本假设下，弹丸质心运动的轨迹将是一条平面曲线（理想弹道）。它由初速、射角和弹道系数完全确定。弹道系数是反映弹丸受空气阻力影响大小的重要参量，它是弹径、弹重和弹形系数（当攻角为零时弹丸阻力系数与某标准弹阻力系数之比）的函数。弹道系数越小，对减小阻力，增大射程越有利。在同样的初速和射角条件下，弹道系数与射程的关系如图 2.10 所示。

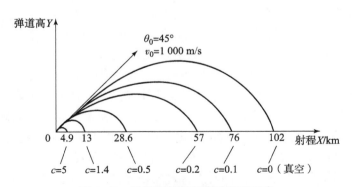

图 2.10　弹道系数与射程的关系示意

θ_0—初始射角；v_0—初始速度

注：弹道系数 c 以 43 年阻力定律为准

通常，采用减小弹形系数、增加弹丸的长细比和选用高密度材料等方法来减小弹道系数。例如，枣核弹由于改善了弹头、弹尾的形状，从而减小了空气阻力，使弹形系数减小到0.7左右；底部排气弹采用了底部排气技术，从而提高了弹底压力，使弹形系数进一步减小到0.5左右；某些次口径穿甲弹，由于提高了初速，增大了长细比或采用钨、铀等高密度材料，不仅增大了射程，还提高了下落速和穿甲能力。

研究质心运动规律的目的在于，准确获得弹道上任意点的坐标、速度、弹道倾角和飞行时间等弹道诸元，以及在非标准条件下的射击修正量。由初速、射角和弹道系数等参量可以编制外弹道表，用于直接查取或求得顶点、落点乃至任意点的弹道诸元和有关的修正系数。

弹丸在做质心运动的同时做绕心运动。当攻角不大时，绕心运动可用线性理论来描述。起始扰动引起攻角的大小呈周期性变化。攻角平面在空中绕速度矢量旋转，与攻角相应的升力矢量也将在空中旋转，使弹丸质心运动的轨迹成为一条空中螺旋线。螺旋线的轴线向一方偏离形成平均偏角，它的大小主要与随机变化的起始扰动有关。这是造成跳角及其散布，特别是低伸弹道高低和方向散布的重要原因。由重力引起的非周期性变化的攻角称为动力平衡角。它对于右（左）旋弹丸主要偏向弹道右（左）方，与其相应的升力产生使弹丸向右（左）侧运动的偏流。此外，弹丸攻角大小的变化，还将引起迎面阻力的增大和变化使射程减小并产生散布，如图2.11 所示。对于尾翼稳定弹丸绕心运动对质心运动的影响，除了不形成偏流外，其他与旋转弹相似。

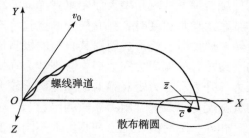

图 2.11　螺线弹道、偏流与散布示意图

$\bar{c}$ —平均落点　$\bar{z}$ —平均偏流

由绕心运动的规律可以确定弹丸的飞行稳定性，即保证弹丸在飞行全过程中，攻角始终减小或不超过某一最大限度。这是保证弹丸具有良好射击精度的必要条件。弹丸的飞行稳定性取决于它的运动参量、气动力参量和结构参量。尾翼稳定弹丸利用其尾翼作用使阻心移到质心后面，形成稳定力矩，使攻角不致增大，称为静态稳定弹。一般阻心与质心间的距离达到全弹长的 10% ~ 15% 时，就能保证良好的静态稳定性。旋转弹丸不具有静态稳定性，但当其旋转速度不低于某个最低值时，就可以依靠陀螺效应使弹轴围绕某个平均位置旋转与摆动，不致因翻转力矩的作用而翻转，即具有陀螺稳定性。在重力作用下，弹道逐渐向下弯曲，如果弹轴不能追随弹道切线以同样的角速度向下转动，势必形成攻角增大甚至弹底着地。旋转弹丸由于有动力平衡角存在，与其相应的翻转力矩将迫使弹轴追随弹道切线向下转动，因而具有追随稳定性。为了保证攻角始终较小，动力平衡角也不能过大。如果弹丸旋转速度太高，其陀螺定向性过强，就可能造成动力平衡角过大，因此必须限制转速不超过某一个最高值。由保证陀螺稳定的最低转速和保证追随稳定的最高转速，可以确定相应的膛线缠度（以口径的倍数表示膛线旋转一周时的前进距离）的上下限。通常枪炮的膛线缠度 η 均在其上限的 0.70 ~ 0.85 范围内选取。膛线缠度主要由弹丸的结构参量、阻心位置和翻转力矩系数来确定。静态稳定的尾翼弹同时具有追随稳定性。此外，具有静态稳定的尾翼弹或具有陀螺稳定和追随稳定的旋转弹丸，其弹轴摆动虽是周期性的，但摆动的幅值可能因条件不同而逐渐衰减或逐渐增大。为了保证弹丸的飞行稳定性，还必须要求摆动幅值始终衰减，即要求弹丸具有动态稳定性。动态稳定性与其升力、静力矩、赤道阻尼力矩、极阻尼力

矩和马格纳斯力矩等有关。

从质心运动和绕心运动的有关规律,可以分析估算射弹散布的大小。引起散布的因素有很多,不仅与起始扰动、阵风等随机因素有关,而且与弹道参量、弹炮结构参量以及它们的变化范围等有关。

利用所掌握的外弹道规律,可以进行外弹道设计和编制射表。外弹道设计、计算,是根据火炮的战术技术要求,应用空气动力学、现代优化理论和计算技术对相应的外弹道方程组进行弹道计算,以寻求最有利的运动条件并确定出弹重、弹径、初速和弹形结构等的合理值。综合应用飞行稳定性和散布理论,提供满足射程、射击精度要求和减小散布的有利条件,寻求最优化的总体设计方案,为武器、弹药、引信等的设计、研究、试验、使用提供依据。编制射表,是根据外弹道理论结合射击试验,准确地列出特定火炮的射角、射程及其他弹道诸元间的对应关系;应用修正理论给出相应弹道诸元在非标准条件下的修正量;用实验和散布理论确定出有关的散布特征量,为准确有效地实施射击提供依据。准确完善的射表或简单可靠的弹道数学模型是设计制作瞄准具、射击指挥仪或火控系统等的基础。

2.4.4　全弹道体系

弹道学以最初划分的内弹道学和外弹道学,经过一个多世纪的发展,到 19 世纪后期,才初步完善了自己的学科体系。

根据射击过程不同阶段的物理现象,身管武器(枪炮)弹丸运动的全过程可划分为起始弹道、内弹道、中间弹道、外弹道和终点弹道 5 个弹道阶段。身管武器弹丸运动的 5 个弹道阶段,组成了一个完整的弹道体系。在这个体系中,起始弹道通过装药的点火燃烧及弹丸挤进膛线等起始条件,直接影响内弹道规律;内弹道通过弹丸的初速、膛内弹丸的运动状态、枪炮身的振动和炮口膛压等因素,影响中间弹道,进而影响外弹道;外弹道则通过弹丸的落速、落角等因素影响终点弹道,从而密切地联系在一起,并体现出全弹道的整体概念。

(1) 起始弹道,主要研究从击发开始到弹丸的弹带全部挤进膛线(或克服其他起动阻力)这一阶段中,膛内发生的各种现象及其变化规律,包括点火药的点火与传火、发射药燃烧、弹丸挤进过程以及压力波的形成和发展与控制等。弹道起始段的研究,原来也属于内弹道学的一个组成部分,随着武器向高初速、高膛压及高装填密度方向发展的需要,发射装药起始燃烧阶段对射击安全性和弹道稳定性等的重要影响日益受到重视,而现代燃烧理论、内弹道两相流理论以及脉冲 X 光测试技术等也为这方面的研究提供了必要条件,使这个领域研究的深度和广度不断发展,也逐渐从内弹道学中分化出来,形成了起始弹道学学科。

(2) 内弹道,主要研究从弹丸的弹带全部挤进膛线到弹丸飞出膛口这一阶段的弹丸运动、火药燃烧、物质流动以及能量转换等规律及有关现象。

(3) 中间弹道,主要研究从弹丸出膛口到脱离火药燃气过程的力学现象、规律和膛口流场对弹丸运动规律的影响,以及伴随膛内火药燃气排空过程发生的有关现象,包括膛口流场的形成与发展机理、火药燃气对弹丸的后效应、火药燃气对武器的后效作用、膛口气流对周围环境的影响等。介于内、外弹道之间的膛口现象研究,原先仅作为内弹道现象的延续。随着对武器的威力和射击精度要求不断提高,以及应用膛口装置以后,膛口气流的利用及有害现象的抑制等问题的出现,促使对膛口气流的研究日益受到重视,而气体动力学理论、计算技术以及流场测试技术的相继发展,又为这方面的研究提供了必要的条件。20 世纪 60 年代以后，对这一新领域的研究已从内弹道学中分化出来，形成了中间弹道学学科。

（4）外弹道，主要研究弹丸在脱离膛口流场影响之后，在空中飞行的运动规律及有关现象。

（5）终点弹道，主要研究弹丸在目标区域发生的现象与运动规律，对目标的作用（如爆炸、冲击、侵彻等）机理及威力效应等。终点弹道学的研究早在 19 世纪前期已经兴起，20 世纪中期在有关基础学科和测试技术发展的推动下，才逐渐形成了较完整的学科体系。它涉及连续介质力学、爆炸动力学、冲击动力学、弹塑性理论等学科领域，各种目标的毁伤标准也属于该学科的研究范畴。终点弹道学的研究成果主要用于弹药威力设计，并为目标的防护设计提供依据。

第 3 章　轻武器技术

3.1　轻武器及其特点

3.1.1　轻武器的基本概念

轻武器又称轻兵器，是枪械及其他由单兵或班组携行战斗的武器的总称。轻武器是目前世界上装备数量最大、种类最多、使用最广泛的步兵作战武器。轻武器是步兵的主要装备，是空降兵和海军陆战队等特种部队的基本武器，也是空军、海军及其他兵种的近距离作战武器，轻武器还可配备于飞机、舰船、车辆。此外，轻武器还广泛应用于防暴、反恐、维护社会治安、执法、体育运动、射击比赛和狩猎等活动。轻武器最初仅指可供单兵携带的枪械，随着战场环境、作战样式、战术职能、作战需求的变化以及科技的发展，轻武器逐渐演变成现在的内涵。

3.1.2　轻武器的类型

按照作战用途，轻武器可以分为枪械系统、榴弹武器系统及特种轻武器装备。

枪械系统是轻武器的主体，通常指手枪、步枪、机枪、冲锋枪、特种用途枪械以及枪械用弹药等。手枪主要以单手发射，有效射程在 50 m 左右，供军官和特种兵使用；步枪主要以单兵抵肩发射，有效射程在 400 m 左右，是步兵的基本武器；机枪是配有枪架、实施连发射击的自动枪械，有效射程大于 600 m；冲锋枪则兼具手枪、步枪、机枪的特点，它发射手枪弹，像机枪一样连发射击，用与步枪类似的双手握持射击姿势，有效射程在 200 m 左右；特种用途枪械有弹道枪、教学用解剖枪械等。

榴弹武器系统是轻武器的重要组成部分，通常指手榴弹、枪榴弹、榴弹发射器、便携式火箭发射器、无后坐力发射器以及各种榴弹等。手榴弹是最古老的榴弹武器，其基本型号是杀伤手榴弹，另外还有反坦克弹、燃烧弹、烟幕弹等弹种；枪榴弹是套在枪口上用枪弹（实弹或空包弹）发射的弹药，主要有杀伤、破甲、发烟、燃烧和照明等类型；榴弹发射器有结合在步枪枪管下面的枪挂式榴弹发射器、步枪式肩射榴弹发射器（也称榴弹枪）、机枪式架射自动榴弹发射器（也称榴弹机枪）和迫击炮式抵地发射榴弹发射器（榴弹弹射器）等类型，其中自动榴弹发射器是榴弹武器的主体；便携式火箭发射器包括各类火箭筒、枪发大威力攻坚火箭弹和其他小型火箭发射装置；无后坐力发射器有后喷火药燃气式和平衡抛射式两种。

特种轻武器装备包括单兵制导武器系统、单兵使用的轻型纵火系统、轻型声光电磁系统、各种刀具、弓弩、单兵遥控攻击弹药等。单兵制导武器系统通常指单兵反坦克导弹、单兵防空导弹等；单兵使用的轻型纵火系统主要指轻型喷火器等；轻型声光电磁系统指激光枪（包括激光手枪、激光步枪、眩目器等）、电击枪、次声枪、电磁枪、麻醉枪等；刀具、弓弩等冷兵器在部队仍然大量装备，尤其是刀具，品种很多，有多功能刺刀、伞兵刀、水下匕首等，甚至与手枪融合为匕首枪；单兵遥控攻击弹药有遥控飞行攻击、遥控爬行攻击、布设遥控攻击等类型。

轻武器还有其他分类方法。例如：按毁伤目标的方式分类，可分为点杀伤武器、面杀伤武器；按战术使用特点分类，可分为自卫武器、突击武器、压制武器、反装甲武器、防空武器；按装备对象分类，可分为单兵武器、班组武器等。

在本章，轻武器主要指枪械系统与榴弹武器系统。

3.1.3 轻武器的主要作用

现代战争是武器装备体系与体系之间的对抗，而轻武器是体系中不可缺少的一部分，如果说以隐形飞机、巡航导弹为代表的远程精确打击武器是高技术战争体系对抗中的第一层次，以主战坦克、自行火炮为代表的地面重型武器是第二层次，那么轻武器则是体系对抗中的第三层次，是高技术战争武器装备体系中的重要组成部分。这三个层次分别发挥着不同的作用，既相互依赖，又相互不可替代。

轻武器作为高技术战争武器装备体系中的重要组成部分，具有机动性强、反应迅速、适应性强、便于保障等特点，这是其他武器无法替代的。它不仅是步兵突击火力系统的最后一个层次，也是三军侦察、指挥与控制系统、支援系统和保障系统的主要自卫手段，是警察、民兵和边防部队的主要装备，也是军队应急机动部队的重要装备。

轻武器主要用于在近距离（2 500 m 内）杀伤或压制暴露的有生目标，击毁轻型坦克及装甲目标，压制敌火力点和破坏敌军事设施，实施爆破、纵火、发烟、照明以及对付低空目标等战术任务。

轻武器具有其他武器不可替代的战术功能。在地面攻防战斗中，轻武器的主要作用如下：

（1）在进攻战斗中，实施近距离火力突击和支援近距离步兵突击。

（2）在防御战斗中，在较远距离上狙击或压制进攻之敌，在近距离内遏制和粉碎敌步兵的冲击。

（3）在特种环境中（丛林、山岳、城镇等）作战使用，巩固和扩大战果。

（4）在反装甲的梯次火力配系中，步兵使用的火箭发射器、无后坐力发射器以及破甲枪榴弹和反坦克手榴弹是近距离的火力骨干。

（5）毁伤低空飞行目标（如直升机等），杀伤降落中的伞兵。

（6）在游击作战、警戒、巡逻和自卫时，是必备武器。

3.1.4 轻武器的特点

轻武器装备的主要特点如下：

（1）质量轻，体积小，可由单兵或小组携行作战。

（2）能单独使用，配备设备少，后勤保障简单。

（3）使用方便，开火迅速，火力密度大。

（4）环境适应性强，可以在恶劣的自然条件下作战，人能到的地方轻武器就能到，特别适于在近战和深入敌后的斗争中使用。

（5）品种齐全，任务适应性强，可用于近距离杀伤和压制暴露的生动目标，击毁轻型装甲目标，以及对付低空目标。

（6）结构简单，易于制造，便于维护保养，成本低廉，适于大量生产、大量装备，是军队中装备数量最多的武器。

3.1.5　轻武器的基本组成

轻武器主要由枪管、机匣、枪托、护木、握把、提把等部件，完成射击动作的所需机构，以及专用装置和机构等组成。完成射击动作应包含以下基本机构。

（1）闭锁机构：发射时关闭弹膛，承受火药燃气压力并防止其后逸的机构。

（2）退壳机构：射击后抽出膛内弹壳并抛出枪械之外的机构。

（3）供弹机构：依次将枪弹送入弹膛的机构。

（4）击发机构：打击枪弹底火使其发火的机构。

（5）发射机构：控制击发机构以实现发射的机构。

专用装置包括膛口装置、导气装置、复进装置、缓冲装置、瞄准装置（包括有准星、带照门的表尺组成的机械瞄具以及各种类型的白光、红外、微光、热成像瞄准镜及观察仪）等。专用机构包括保险机构、加速机构、减速机构等机构。对于各种机枪和自动榴弹发射器，还包括枪架（两脚架或三脚架）或枪座（如果武器配置于飞机、舰船及战车上，则枪架改称枪座）。为提高作战效能，某些轻武器还配有简易火控系统（包括激光测距机、弹道计算机、摄像机、直瞄式光学装置等）。

3.2　轻武器的发展及其趋势

3.2.1　轻武器的发展简史

火器的产生源于 9 世纪初中国发明的火药。1259 年中国制成的以黑火药发射子窠的竹管突火枪，被认为是世界上最早的身管射击火器。这种突火枪是用粗竹筒做成的，筒内装有火药，再装"子窠"（类似子弹）。用火将火药点着后，起初发出火焰，接着"子窠"就被射出去，并发出巨大的声音。在此之后，枪械的发展大致经过了以下过程：14 世纪出现火门枪；15 世纪出现火绳枪；16 世纪出现燧发枪；19 世纪初出现击发枪；19 世纪中叶出现金属弹壳定装弹后装击针枪；19 世纪下半叶出现自动枪械。在长达 600 余年的发展过程中，枪械本身由前装到后装，由滑膛到线膛，由非自动到自动，经历了多次重大变革。

1. 火门枪

14 世纪出现的火门枪，其结构非常简单，仅由一个铸铜或熟铁制造的发射管构成。"豪华"的火门枪，也仅仅是在发射管的尾端接一被称为"舵杆"的木棍，用于射手握持、瞄准。发射管后部有一个火门，以便烧着的木炭或烧红的铁棍伸进火门内点燃管内的发射药，从而实现发射。火门枪发射的弹丸主要有石头、铁球、铜弹、铅丸等。图 3.1 所示为火门枪发射示意。

图 3.1　火门枪发射示意

2. 火绳枪

火绳枪（图 3.2）出现于 15 世纪。与火门枪相比，其最显著的进步是将点燃发射药所用的火种与发射管结合为一体。最早的火绳枪是用一个金属弯钩夹持一根燃烧的火绳，发射时用手将金属弯钩向火门里推压，使火绳点燃发射药。后来改进的火绳枪可以通过扣压扳机，完成火绳点燃发射药的动作。显然，火绳枪克服了火门枪需要一手持枪、一手拿点火具而无法瞄准的不足，大大提高了射击的准确性。

图 3.2　火绳枪

3. 燧发枪

16 世纪出现的燧发枪（图 3.3），其主要原理是利用燧石与金属撞击或摩擦产生火花，由火花引燃发射药。这与火绳枪相比又前进了一步，甩掉了上战场时要带火绳及火种这一累赘，避免因风雨等影响点火可靠性和火绳在夜间容易暴露目标等问题。燧发枪出现于 1550 年，一直用到 1848 年，大约装备了 300 年。时至今日，历史上还没有其他哪种枪大量使用这么长时间。在这期间，燧发枪的发射机构、保险机构以及单兵在战场环境中穿戴、使用和消耗的所有装备等都得到了改进，但总体上讲，19 世纪中叶以前枪械的发展主要集中在提高点火方法的方便性和可靠性方面。

图 3.3　燧发枪

4. 击发枪

1805 年，苏格兰人亚历山大·约翰·福塞斯发明了击发点火技术，并将其应用到枪上，使点火可靠性大大提高。1812 年，福塞斯与蒸汽机的发明人詹姆斯·瓦特合作，发明了第一支击发枪。其原理是将雷汞装在底火盘里，用击针撞击底火盘，使雷汞起爆，火焰经传火孔点燃发射药。1814 年，英籍美国人乔舒亚·肖发明了铜火帽，使击发点火技术又向前迈进了一步。

5. 定装枪弹与近代步枪

19 世纪初法国研制出了定装枪弹，弹壳以纸为材料，带有击发药的金属基底，弹壳内装好火药后，与弹头合成一体。在此之前，枪械的发展主要围绕提高点火性能而进行，击锤打击火帽的击发点火技术使枪械的点火可靠性大大提高，点火可靠性问题基本得到解决。此后，如何提高枪械的射击速度就成了枪械发展的主要问题。定装枪弹为解决这一问题奠定了基础，其实质就是将火帽从枪上移到弹上，通过弹壳将弹头、火药、火帽整合为一体，形成定装枪弹。定装枪弹的出现不仅大大简化了装填弹药的操作，也为后装枪的发展创造了条件。

金属弹壳定装弹出现以后，美国人 C·M·斯潘赛于 1860 年研制成功了一种弹仓枪。这种枪的枪托内有带弹簧的管形弹仓，可存放 7 发枪弹，结束了枪械只能单发装填的历史。该枪就是近代步枪的雏形。1872 年德国列装的 1871 年式毛瑟步枪，是最早成功采用金属弹壳枪弹的机柄式步枪。它首次采用了凸轮式自动待击击针式击发机构，口径为 11 mm，枪管内刻有螺旋形膛线，发射定装枪弹。1880 年，毛瑟步枪得到进一步改进，在枪管下后方装上了可容 8 发枪弹的管形弹仓，射手可接连不断地推拉机柄发射，直到弹仓射空为止。1884 年，无烟火药在法国研制成功。无烟火药能量高、残渣少，弹头的速度也得到进一步提高。发射无烟火药枪弹的 1888 年式 7.92 mm 毛瑟步枪，才是世界上第一支真正的近代步枪。

6. 自动枪械

在金属弹壳定装弹出现前，提高枪械射速最常用的方法是多管集束发射，这种多管排枪又称风琴枪。它是将多根枪管排在一起，用一根火绳横穿各管尾部，只要把绳头点燃，就能很快实现相继发射，平均射速可以达到 7 发/min 左右。但排列管数越多，武器就越重，一般都达到几百千克。1835 年，在德国研制成功了德莱塞击针枪，于 1840 年装备了普鲁士军队。它是由射手操作机柄，枪机前后滑动进行装弹与退壳的机柄式后装枪，采用螺旋膛线，回转枪机，用长杆形击针刺破纸弹壳，冲击枪弹中的击发药，发射弹头。它明显提高了射速，并能以卧姿、跪姿、立姿或行进中等姿势重新装弹和射击。该击针枪的口径为 15 mm 左右，战斗射速比击发枪提高了 4~5 倍，每分钟能发射 6~7 发枪弹。金属弹壳定装弹出现后，提高射速的方法也发生了巨大变化，在利用火药燃气实现自动装填之前，最著名的高射速枪械是加特林机枪。该枪成型于 1862 年，第一批正式型号的加特林机枪有 6 管（M1865）和 10 管（M1866）两种。其枪管在摇架上绕一中心轴转动，完成供弹、进膛、击发和抛壳动作；弹匣垂直插于机枪上方，靠重力供弹。

19 世纪 80 年代，英籍美国人马克沁发明了世界上第一种以火药燃气为能源、枪管短后坐原理进行自动射击的机枪，开创了自动武器的新纪元。19 世纪末，步枪自动装填开始得到研究。1908 年，墨西哥军队首先装备了蒙德拉贡半自动步枪。此后，利用火药燃气能量完成自动装弹入膛甚至自动击发的自动枪械发展非常迅速，在第二次世界大战中发挥了巨大的作用。

自动枪械的诞生，使提高枪械射速的问题基本得到解决。此后，如何构建符合国情的轻武器装备体系，成为各国轻武器装备发展的主要问题。

7. 枪械系列与枪族

第二次世界大战以后，针对枪型不统一、弹种复杂所带来的作战、后勤供应和维修上的困难，各国不约而同地把武器系列化和弹药通用化作为轻武器的发展方向。以美国为首的北约各国于 1953 年正式采用美国 T65 式 7.62 mm×51 mm 枪弹作为该组织的步、机枪弹，即 NATO 弹，并先后研制成了采用此制式弹的武器，形成了使用同一种弹药的枪械系列。苏联在武器系列化和弹药通用化方面前进的步伐更快一些，研制成功了口径为 7.62 mm 的 43 式枪弹，这种弹的威力和尺寸介于大威力步枪弹和手枪弹之间，更适合突击步枪使用。利用这种枪弹，苏联不但发展了 CKC 半自动步枪、AK47 自动步枪和 РПД 轻机枪，形成枪械系列，解决了班用枪械弹药通用化问题，而且于 20 世纪 50 年代末期在 AK47 自动步枪的基础上，采用相同的结构和原理，利用 43 式枪弹，设计出了卡拉什尼科夫班用枪族。该枪族包括 AKM 自动步枪和 РПК 轻机枪，后者的枪管比前者长，并配有两脚架，用弹鼓供弹。在同一枪族内，各枪的主要活动部件可以互换使用，因此便于生产、维护和补给。

8. 士兵系统

回顾轻武器的发展历史不难发现，轻武器首先围绕提高点火可靠性发展，然后以提高操作方便性和射击频率为发展方向。自动武器出现以后，尽管不同结构、不同自动原理的轻武器层出不穷，但作战效能的提高主要是靠对武器系统进行整合来实现。例如：规范弹药口径；形成武器系列；弹、枪、瞄准镜整体研制；等等。冷战结束后，寻求单兵综合作战装备、提高单兵作战效能成了许多国家研究的热点，由美国最先提出"士兵综合防护计划"，经过各军事强国十多年的探索，士兵系统的概念逐渐形成。

为了适应未来高技术条件下的战争，美国于 20 世纪 80 年代末提出了"士兵增强计划"，北约实施了"士兵现代化计划"，英国、法国、德国、意大利等国家也都拟定了各自的研究计划，旨在提高单兵信息化条件下的综合作战能力。英国的"未来步兵士兵系统"（FIST）计划、法国的"装备与通信一体化步兵"（FELIN）计划、德国的"未来士兵系统"（IdZ）计划、意大利的"未来士兵"（SF）计划、丹麦的"丹麦未来士兵"（DFS）计划、荷兰的"士兵现代化计划"（SMP）、比利时的"比利时士兵转型"（BEST）计划、澳大利亚的"士兵战斗系统"（"陆地 125"）计划等，都是针对各自的实际情况而开展的士兵系统研究工作。尽管最终形成的系统装备有所差别，但其核心都是以"信息"为主线对单兵使用的所有装备进行从头到脚的系统设计，一般包括武器子系统、通信子系统、防护子系统等。例如，德国的 IdZ 系统（图 3.4）由战斗装备、被装系统、伪装、弹道防护装备、核生化防护装备、携行装备组成。

综合各国士兵系统的发展状况来看，其目的均是使士兵、武器、装具之间构成有机的整体，提高单兵的杀伤力和生存能力。对于提高士兵杀伤能力的武器系统，美国、英国、法国

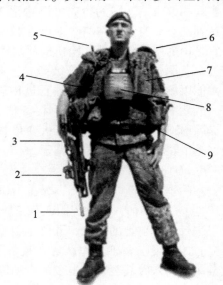

图 3.4　德国的"未来士兵系统"（IdZ）

1—枪挂 40 mm 榴弹发射器；2—激光指示/照明模块；
3—G36 步枪；4—便携式集成电子系统；5—GPS 天线；
6—数据/语音战术通信电台；7—计算机/数字地图；
8—激光测距侦察望远镜；9—防弹背心

等国家最终都将采用各种高新技术、集发射动能弹和空炸榴弹为一体的、革命性的战斗武器系统，这种武器系统能为士兵提供足够的杀伤力和压制能力。士兵系统在提高杀伤能力的同时，也增强了士兵的生存能力。杀伤敌人本身就是最好的保存自己的方式。此外，士兵系统中的防风、防雨、保暖、透气技术，以及各种防弹、核生化防护、激光防护、伪装技术的应用，都提高了士兵的防护能力。士兵系统给战场上的单兵提供了许多新的作战手段，但同时也增加了单兵负荷。因此，为提高士兵机动性，运用新材料、新技术减轻系统质量，对士兵系统各子系统进行一体化、小型化设计等，将是关系到士兵系统前途的关键问题。

3.2.2 轻武器的发展趋势

轻武器总的发展趋势是增大威力，减轻系统质量，提高命中概率，提高可靠性，改善人机功效，降低成本，实现多功能化、多平台发射，提高智能化水平，重视发展非致命弹药和新概念武器。

1. 作战距离远程化

由于现代交通运输的发展，现代及未来战争必定更加快速，便捷的交通运输将大大加速战争的进程。但是，重型武器受到运载工具的限制，其机动性与机动范围远不如人员和轻武器，所以在战争初期，重型武器没有就位的情况下，士兵的作战距离长短取决于他们所携带的单兵轻武器。特别是在地形和气候复杂条件下，重型武器难以有效发挥功用，作战距离更远的轻武器尤为重要。轻武器的作战距离远程化，还可以有效弥补大型装备机动难、消耗大、数量少、不适于对中小目标（如小型工事、装甲车等）打击的弊端，有利于提高士兵的战场生存能力和对敌打击能力。轻武器的作战距离远程化，主要表现为射程增大、武器本身的轻量化和机动平台适应性等。

2. 武器系统集成化

杀伤力强、结构紧凑、性能良好、操作性好是武器发展的共同追求。而在传统的轻武器发展过程中，武器功能拓展往往会导致体积增大、稳定性与操作性差等。武器系统的集成化，注重轻武器系统通用化、模块化、枪族化的一体化系统，广泛融合了新材料技术、激光技术、夜视技术、隐形技术等高新技术，是其中两项（或多项）的有机合成，实现轻武器与其他单兵装备的有机结合，可以改变单兵武器装备繁杂且功能单一的现状，使士兵携带的所有装备成为一个整体，有利于强化单兵在未来战争中的战斗作用。武器系统集成化的典型是单兵作战系统，它把单兵携带的各种装备连为一个整体系统，从而使士兵拥有更强的综合能力。

3. 武器功能多元化

随着世界的发展，武器的攻击目标呈现多样化的趋势，武器需要适应的环境也越来越复杂，单个武器对不同目标的作用有时不能达到所期望的目的，武器功能的多元化可以提高单个武器对不同作战目标的适用性，达到所需的各种作战效果。为了适应战场攻击目标多样性的要求，利用多用途子弹，轻武器实现点面杀伤合一、杀伤破甲一体化，以提高单个武器满足对不同作战目标的适用性。采用模块化设计，通过更换系统部件，可以改变武器功能；通过增加同口径枪支的弹药种类和性能，可以提高对多种目标的作战能力；利用高新技术实现武器功能的聚集，通过将制造技术和信息技术结合在一起，可以实现非致命性武器功能多元化。

4. 武器结构人性化

杀伤力强、结构紧凑、动作可靠、操作性好是轻武器发展的共同追求，而在传统轻武器发展中，功能拓展往往会导致体积和质量增大，后坐力增大，性能稳定性和操作性差等。新式轻武器装备的研发过程注意以人为本，更加人性化，改进了人机工效。在轻武器中，手持式枪械的数量最大，要使轻武器发挥出最好的效能，人机功效非常重要。对于具有好的人机功效的轻武器系统，射手使用舒适，不易疲劳，具有好的持续作战能力，易于发挥出好的作战效能。现代战争要求单兵携带更多的负荷以遂行各种作战任务。各种战斗装备、通信装备、保障装备等布满单兵全身，单兵的装备越来越多，单兵的负荷越来越重，这在很大程度上制约了单兵的快速反应能力和实际作战能力的发挥。从单兵负荷分布于身体部位的情况看，枪械是由单兵手持操作的，这比身背肩扛更易疲劳，因此无论是非战斗时的携行还是作战时的手持射击，都要求减轻轻武器系统的质量。

5. 武器控制智能化

作为与敌人面对面使用的武器，轻武器的发展可以划为三代：第一代，咫尺面对面的轻型冷兵器；第二代，看得见、面对面的轻型热兵器；第三代，隐蔽遥控的轻型热兵器。第一代轻武器从功能上解决了战斗人员的体力延伸问题，战场对决胜负取决于战斗人员的体力和武艺。第二代轻武器从功能上解决了射击距离延伸和火力密集问题，战场对决胜负取决于战斗人员的精力、武器有效性和射击技能。第一代和第二代轻武器都是需要人员直接操作使用的兵器，属于看得见的面对面格斗兵器。第三代轻武器在延续第二代轻武器功能的基础上，将轻武器智能化，射击操作由人员直接面对面操作进展为隐蔽操控，使防护能力大为提高，战场生存性增强。第三代轻武器将轻武器的射击操作由人员直接执行变化为遥控自动化机械执行，是适应信息化现代作战条件下的新一代轻武器装备。当然，遥控战斗武器部分按控制方式可分为有线、无线，无线方式中又可分为多种；按战斗器的机动方式可分为携行式、自行式、飞行式、潜水式等。已经出现的探索中的智能子弹、踏上智能之路的单兵微型导弹、涉入智能化的榴弹发射系统和初试战场的机械兵等，都是轻武器的新成员。新变化带来的轻武器功能进步使射击精度提高，毁伤敌人的效果增大，保护自己的战场生存力大为增强。这些轻武器新成员的主要进步点是在智能化上迈开了步伐。

6. 致伤机理多样化

传统武器对目标致伤破坏是物理性的、整体性的摧毁，特别是对生命目标的破坏是致命性的。基于当今的人道主义原则，未来的轻武器会趋向非致命性发展，致伤机理多元化便可以实现这种非致命的目的。非致命武器的致伤机理主要是通过高科技作战手段，使人或其使用的作战武器某一系统的功能暂时丧失或降低，这种破坏是可恢复性的，有一定的"人道性"。在目前经济全球化、各国之间有机联系的背景之下，大型战争爆发的可能性比较小，但是世界上也出现了许多地区安全问题，恐怖活动也愈演愈烈。在这种情况下，各国都需要开展维和行动，以及进行反恐作战。在这些非战争军事行动中，不以杀伤人员为主要目标、非致命性的轻武器就理所当然地成为这些行动的主要武器。

7. 新概念轻武器

新的世纪，新军事革命浪潮涌起，科学技术飞速发展，为新概念轻武器的发展提供了强劲动力。新概念轻武器一般是指杀伤机理、表现形态、工作原理等不同于传统武器，并具有强大杀伤效果的新型轻武器。轻武器的探测瞄准精确化、作用距离远程化和火控系统智能化,扩大了其火力控制范围。轻武器的探测瞄准系统精确化,能清晰、准确地发现夜间目标和隐蔽在植被后的目标,真正具有全天候的作战能力。新式多管串行发射的"金属风暴"武器系统、多武器多射弹的步兵武器、步/榴合一的单兵战斗武器等大量新概念轻武器设计思想不断提出,新概念武器技术将不断发展和成熟,多元化趋势将会加剧,未来战场上其作用绝不可等闲视之。

3.3 轻武器技术

轻武器是一个独立完整的装备体系,是一个多学科的技术群体,涉及管式发射技术、火箭发射技术、自动武器的动态传动技术、空气弹道学、水中弹道学、外弹道控制技术、硬目标毁伤技术、软目标创伤技术、微型昼夜观瞄技术、微型射控技术及武器轻量化技术等。限于篇幅,在此仅从技术的角度简述轻武器的相关技术。

3.3.1 轻武器总体技术

轻武器总体技术是指综合运用系统工程、优化设计、计算机辅助设计(CAD)、动力学分析、价值工程等理论与方法,以拟研发的轻武器战术技术指标为依据,提出拟研发的轻武器的组成、确定设计参数、确定工作原理、确定总体布局以及制定轻武器系统总体性能检验、试验方法及规程与规范。一旦方案选定并投入生产,由于产量大、社会存储量大,因此产品的改动应十分慎重,在确定总体方案时要慎之又慎。确定总体方案所用的时间在总设计周期中所占的比例很大。

轻武器总体设计的主要特点:

(1)重视人机工程设计。由于士兵会采用多种姿势握持、瞄准、携行、支承射击后坐力、分解结合以及维护保养,人机界面多,因此应特别重视人机工程设计,提高人机功效。

(2)广泛应用多功能、多用途的部件设计。应用多功能、多用途的部件设计,可减少轻武器零件的数目,有利于减轻轻武器的质量,提高火力机动性和发射的可靠性。例如,我国 35 mm 榴弹发射器闭锁部件同时具有闭锁、抽壳、抛壳、推弹、击发、首发装填、提把等功能,95 式自动步枪下护木兼有防烫、防护、握持、容纳附件、安装扳机等用途。

(3)新型材料应用。轻金属、非金属材料、功能材料成为重要的结构材料并被广泛应用,往往是解决轻武器轻量化问题的重要手段,以满足轻武器质量指标要求及人机功效要求。

(4)构件的力学结构设计。由于轻武器在实际使用中受力大,因此轻武器的结构设计应符合力学原理,尤其要考虑动力学特性,应满足动力学性能要求。

3.3.2 轻武器射速控制技术

轻武器射速是指其平均每分钟内发射的弹数,也可称为射击频率(射频)。射速有理论射速和战斗射速之分。理论射速是指根据一个射击循环时间计算出的射速。战斗射速是指以其典型的操作程序及射击方式在每分钟内能够发射的平均弹数,又称实际射速。在实际射击中,由于供弹具重新装填弹药、更换供弹具、瞄准以及点射中间的停顿都需要时间,因此战斗射速远低于理论射速。提高战斗射速的措施有:提高理论射速;增加供弹具容弹量;缩短更换供弹具时间；提高对目标的搜索、瞄准与跟踪的速度；缩短射击故障排除时间；等等。

1. 控制射速的目的

（1）提高射速有利于打击空中快速飞行目标。对付空中快速飞行目标时，要求的射速要比对付地面轻装甲目标的射速高得多。航空机枪和高射机枪由于要对付快速飞行的飞机，因此需要较高的理论射速，如转管机枪的理论射速高达 4 000～6 000 发/min。

（2）高射速会造成的不利影响有：弹药消耗过快；构件撞击加剧，身管振动加大，影响构件寿命以及射击精度；枪管温升加快，膛线磨损加速，影响枪管寿命。以对付有生目标为主的单兵枪械（如冲锋枪、自动步枪），为提高命中概率、减少弹药消耗，其射速一般为500～1 000 发/min。

因此，轻武器的射速不能笼统地认为越高越好或越低越好，它主要取决于轻武器的战术技术要求，应根据相应的战术技术要求、对付的目标特性等因素对其射速实施控制。射速过高或过低都不易达到，有时需采取特殊措施才能实现。

2. 控制射速的措施

（1）提高轻武器理论射速的措施。理论射速的大小取决于自动机循环一次所需的时间，而这一循环时间主要与自动机的运动行程和运动速度有关。因此，提高理论射速主要从缩短自动机运动行程和提高自动机原动件运动速度两方面着手。

（2）降低轻武器理论射速的措施。某些轻武器（如冲锋枪、自动步枪）在点射或连发射击时，由于射击的目标运动速度不高，因此希望适当降低理论射速，以提高命中概率，减少弹药消耗。降低理论射速的技术措施主要有三种：增加自动机原动件总行程；降低自动机原动件平均后坐速度；设计减速机构。

（3）变射速技术。为了有效对付快速飞行的空中目标，就要求轻武器具有高射速；对付地面目标时，为提高射击精度、降低弹药消耗，则希望轻武器能以较低的射速进行射击。因此，一种武器若能同时具有高、低两种射速，或射速可以无级调整变化，显然是非常理想和有利的。

3.3.3　轻武器发射载荷控制技术

轻武器发射时，由于高温高压火药燃气的瞬时作用，其架体及相关零部件要承受强冲击载荷。该强冲击载荷会增大武器发射时的振动和跳动，从而直接影响射击密集度。因此，必须对轻武器在发射时的作用载荷进行有效控制。

控制轻武器发射作用载荷的技术途径主要有以下三方面：

（1）后坐与复进的控制。轻武器通常采用弹簧缓冲器的形式对后坐与复进运动进行控制，以有效减小发射时作用在架体上的力。轻武器的枪身与枪架之间的缓冲器通常有四种形式，即有预压的双向缓冲器、单向缓冲器、无预压的双向缓冲器、带阻振器的双向缓冲器。

（2）火药燃气能量的控制。轻武器在发射时产生的高温高压火药燃气是架体载荷的根源，通过膛口装置（主要是膛口制退器）对火药燃气能量进行控制和利用，是减小架体承受发射作用载荷的有效技术途径。但是，膛口制退器的使用也带来了诸如膛口侧后方冲击波、侧方膛口火焰等有害效应，增大了对膛口后方人员和设备的伤害程度，增加了暴露己方阵地的概率。在使用膛口制退器时，必须将有害效应限制在容许的范围内。

（3）载荷传递的改善。在轻武器设计方面，一种改变发射载荷传递路线的例子是重机枪采用抵肩射击方式，使一部分后坐能量通过人体肩部传递到地面。这已成为改善枪架受力、减轻枪架质量的一项有效的技术途径。

3.3.4　轻武器轻量化技术

当代战争对轻武器轻量化提出了新的需求，而技术的进步也给轻武器的轻量化提供了可能性。轻武器的减重问题是一个"系统工程"，涉及武器结构优化设计、系统功能集成，以及发射器、弹药、各种附加部件及它们之间的相互综合匹配等因素，必须从系统的角度去综合考量。常常需要多种手段和方式的综合运用才能最终解决问题。轻武器的轻量化可以从两个方面来考虑，即发射平台（主要包括发射器、脚架及各种附加部件）的轻量化和弹药的轻量化。

1. 发射平台的轻量化

（1）优化发射器结构。优化结构，减少零部件数量，一件多能（即功能集成）是减轻轻武器系统质量的有效手段。具体应用时，可改进枪管结构（如在枪管上加工出散热凹槽、采用轻质材料的复合结构等）、减轻枪口制退器质量（如采用钛合金等轻质材料）、改进枪机组件、采用可卸式枪托等措施，以实现轻武器系统减重。

（2）采用高效减后坐装置来减轻武器系统的质量。凡依靠火药燃气能量的武器，都会产生或大或小的后坐力。为了保证射击精度和射手的安全，经常要靠增加发射器的质量、安装脚架等措施来减小武器后坐，这使武器系统的质量有所增加。因此，可采用弹簧缓冲器、液压缓冲器、膛口制退器、膛内制退器、膨胀波原理、前冲击发、磁流体缓冲、浮动原理等单一（或复合式）减后坐装置来减小后坐力，进而减轻轻武器质量。

（3）采用新材料。在轻武器设计和制造过程中，采用新材料和新工艺无疑是减轻质量、提高武器性能的有效途径之一。工程塑料、合金材料（包括硬铝合金、超硬铝合金及无声合金材料等）、碳纤维、玻璃纤维、纳米材料等高分子材料因具有质量轻、强度高、耐腐蚀、耐磨损等特点，都在轻武器上获得了广泛的应用。

（4）采用新工艺。工艺的不断创新和进步，为轻武器减重提供了可靠保障。先进的注塑成型技术、镶嵌金属工艺、枪管精密锻造技术、表面处理技术、并行工程技术、柔性集成制造技术、精密和超精密制造技术的广泛应用，不仅有利于减轻武器质量、增强防腐性，还可降低成本、缩短轻武器研制周期，从而更加经济有效地满足各种用户复杂多变的需求。

2. 弹药的轻量化

弹药减重，在同等条件下可以使士兵携弹量更多，提高火力持续性。增加士兵携弹量的先决条件是减轻弹重，因此采用小口径弹药是最有效的一项措施。另外，就是减轻弹壳质量或去掉弹壳，因为弹壳的质量几乎占全弹重的一半。

（1）弹药小口径化是轻武器系统减重的革命性变革。枪弹的变革，特别是弹药口径的变化是轻武器系统减重的关键举措之一，但其受制于弹药储备量及国家经济、政治、军事等宏观条件的制约，各国在采用这种手段时都非常慎重。20 世纪 50 年代初期美国研究发现，用高初速、小口径的轻弹头代替大威力弹头，可提高杀伤效果，并可提高经济性。与中间威力型（指口径为 6～8 mm）枪械相比，小口径枪械系统的质量大大减轻，士兵携弹量增多，火力持续性增强。

（2）研制轻质、高效的弹壳或药筒是弹药减重的方向之一。传统的金属材料弹壳（铜弹壳和钢弹壳等）已不能满足作战使用要求，铝弹壳、铝合金弹壳及塑料弹壳的研究和研制成为工程研究的课题之一。澳大利亚、英国、德国和美国均对铝弹壳进行了研究。2003年，美国纳蒂克公司研制出一种 5.56 mm 聚合物弹壳枪弹。该弹不但能使部队的基本弹药负荷减轻 20%，而且能延长枪管的使用寿命，还能有效地减小武器的后坐力和膛口焰，使用效果与标准弹药相同。

（3）可燃药筒、半可燃药筒以及无壳弹是轻武器弹药轻量化的有效途径。由于可燃药筒在弹药发射时燃烧，从效果上可代替部分火药。所以可燃药筒在不增加装药量的情况下提高了弹头初速，减小了药筒的体积，减轻了弹重。此外，药筒完全燃烧，省去了抽壳、抛壳动作和相应机构，简化了发射器的结构，对减轻系统质量大有好处。半可燃药筒弹药结构可减少弹壳的长度和质量，既可以保证弹药的可靠闭气，又可以避免弹药的自燃等问题，对开展弹药的轻量化研究具有重要意义。无壳弹彻底摒弃了常规的金属弹壳，它将发射药压成药柱、点火药装在发射药柱底部、弹头结合在发射药柱中。虽然无壳弹在具体使用上存在一些难题（如弹的自燃、弹膛烧蚀、退出瞎火弹、生产过程的安全隐患、价格昂贵等），但随着技术的进步，这些难题将会得到解决，因此无壳弹仍是枪弹轻量化的一个重要方向。

（4）新型高能发射药为枪弹进一步轻量化创造了条件。改进发射药，减少装药量并提高燃烧效能是减轻弹重的又一条途径。在轻武器枪弹发射药发展进程上，用无烟药代替黑火药、用双基药代替单基药都曾给弹药减重创造了条件。利用纳米技术可制成使火药燃烧速度更高的催化剂，将其加入发射药中可以大大提高燃烧效能。通过这种途径，不但可减轻枪弹的质量，而且会大幅度提高弹头的初速。

3.3.5　轻武器智能化技术

智能化步枪具有稳定目标标示和自动跟踪、自动弹道解算、控制射击和永久归零等功能。稳定目标标示功能可以使射手快速并准确地标示目标。当射手按下标示按钮，目标图像和十字线便自动显示在跟踪仪上，网络化数字跟踪仪开始自动跟踪目标、确定目标运动速度，用自动弹道十字线来设定运动目标提前量，并通过跟踪目标、枪管与目标的相对位置，网络化数字跟踪仪决定精确的发射时机。自动弹道解算的作用是计算最佳射击方案。射手按下标示按钮后，依据目标距离和速度、风速、温度、气压、侧倾度和枪管温度等参数，嵌入式弹道计算机不断自动解算弹道，消除射手因错误判断而产生的误差，整个处理过程用时不到1 s。智能化步枪采用数字瞄具和受控扳机，为"傻瓜式"步枪，使士兵都拥有远距离精确射击能力，即使初学者使用"精确制导"步枪，也可在 1 100 m 距离上准确命中目标。智能化步枪能提升士兵在网络环境下的态势感知能力。它的数字瞄具内置 WiFi，利用智能手机或平板计算机可实时了解战场态势，这是轻武器向信息化迈进的重要一步。此外，还可用视频和图片记录每次射击过程，上传到智能终端图库并进行共享；智能终端也可以从网络化数字跟踪仪下载视频和图片，用于训练学习；射手可以对步枪进行密码保护。

单兵作战系统中的武器系统或多或少都有智能化技术的应用。例如，美军 21 世纪陆战勇士（21CLW）计划中的步枪榴弹发射器合一系统 MX25，就是一种智能化轻武器。该系统发射装置是一个半自动榴弹发射器，能发射自动预设起爆时间的空爆榴弹。该系统配用

XM104 火控系统，融合了激光测距仪、气候传感器、夜视镜、热像仪和火控计算单元，能在瞄准发射的同时将目标距离、气温、气压等影响弹道的修正因素输入计算单元，计算出射弹飞行到目标头顶上所需的转数，并将其自动传给榴弹的电子引信，使榴弹飞到目标头顶时爆炸，将榴弹碎片雨点般地射向敌人，使藏在遮蔽物后的敌人难以逃脱。引信具体起爆时间可以分为近空炸和逾越炸，具体选择操作由位于扳机旁的按钮控制。

智能子弹是通过激光制导的，激光制导是以激光束照射目标，然后通过目标反射回来的激光信息来导引弹药飞向目标。激光目标指示器发射出的激光束照射在目标上，目标反射的激光束信号被位于弹头的传感器感应，感应信息进入计算装置，经过识别、放大、计算后，将依据偏差信号形成的导引信号送至电磁驱动控制器，操纵射弹改变飞行方向，引导射弹飞向目标。"迷你导弹"和现有各种大量使用的导弹相比，其体积比常规轻型导弹小得多，能被单兵装进背包内携行，而且价格相对低廉。

3.3.6　轻武器试验技术

轻武器在发射过程中表现出高温、高压、高速、高冲击性和动态范围大等特点，用直观感知的方法认识其工作特性几乎是不可能的，用纯理论的方法也难以对描述其工作过程的偏微分方程组给出解析解。轻武器试验技术为人们认识轻武器的工作特性提供了一种有效的手段。

轻武器试验技术是轻武器技术与测试技术相结合的一门技术，它是在轻武器研究发展过程中逐步形成的。轻武器试验技术可以为探索轻武器内在规律、诊断轻武器的工作状态、分析与评价轻武器性能、检验轻武器生产质量、丰富和发展轻武器设计理论提供依据与支撑，是轻武器科学研究和生产过程中的重要环节，是轻武器研制中进行方案论证、生产验收、设计定型、靶场鉴定、部队使用、分析研究与发展创新不可缺少的一门技术。

轻武器静态性能试验，是指轻武器在静态（非射击状态）条件下，利用目力、放大镜、量规、磁力探伤等手段，对轻武器零部件形变及外观所做的检查与研究，以及对检查轻武器机构动作灵活性所做的遛弹、机械调整以及高低温静态模拟试验等。轻武器静态参数测试，是指轻武器在静态（非射击状态）条件下，利用机械或电子的度量衡工具、仪器仪表，对轻武器零部件及成枪的尺寸、质量、硬度，以及弹簧参数、扳机力、闭锁间隙、击针突出量等静态参数所做的测量。

轻武器动态性能试验，是指轻武器在动态（包括射击状态、动态模拟状态）条件下，对轻武器所做的试用性试验，包括强化、模拟、考核等试验，如对成枪所做的机构动作灵活性可靠性试验、互换性试验、寿命试验以及特种试验（包括对瞄具所做的冲击、振动等试验；对枪架所做的拖载等试验；对特种轻武器所做的特种试验等）。

轻武器动态参数测试，是指利用测试系统对轻武器在动态条件下的动态参数进行的采集与处理过程。轻武器动态参数有弹道及气动特性参数、枪身及其运动构件运动参数、枪械振动参数等。其中，弹道及气动特性参数包括：最大膛压、膛压对时间变化曲线、身管温度、弹丸初速、膛口燃气流动特性、膛口噪声场、射击精度、导气装置内压力等。枪身及其运动构件运动参数包括：后坐体自由后坐速度、膛口制退器或助推器效率、火药燃气后效系数（又称火药燃气作用系数）、自动机原动件运动参数、抽壳力、枪身位移、枪身制退抗力、射速等。枪械振动参数包括：振幅、振动速度、振动加速度及试验模态等。在实际测试过程中，有时会对多个轻武器动态参数进行同步测试，通过获取的多个同步信息的耦合分析与相关分析，可以更全面地了解轻武器的工作状态与性能。

轻武器射击时，火药燃气推动弹丸的运动时间一般不到 3 ms，弹头初速可达 1 000 m/s 左右，膛内火药的爆温为 3 000 ℃左右，膛压为 200～400 MPa，枪管单管射速一般为 500～800 发/min，有的达到 1 500 发/min，机构运动速度变化剧烈。膛口有较强的冲击波和噪声。枪械在这种高温、高压、高速状态下工作，动态参数随时间的变化率大，因此要求动态测量系统具有频带宽、频响高、分辨率高、信噪比高、灵敏度高、稳定性好等特点，所用的传感器要具有失真小、重复性好、体积小、质量轻、易标定等特点。由于轻武器构件比较小，运动极不平稳，一般要求尽可能采用非接触式测量。原则上，要求标定系统尽量模拟被测参数的动态过程。

动态参数测试系统通常由传感器、信号调节放大器、信号记录采集装置和数据处理设备组成。

第 4 章 火炮技术

4.1 火炮及其特点

4.1.1 火炮的基本概念

根据《兵器工业科学技术辞典》的定义，火炮是利用火药燃气压力抛射弹丸，口径≥20 mm 的身管射击武器。

火炮的作用是将弹丸准确地抛射到预定的目标上。火炮的发射能源为发射药。火炮发射原理是利用高温高压火药燃气压力加速弹丸。火炮发射技术途径是利用半封闭的身管来实现赋予弹丸初始速度和射向。火炮的作用主要是通过赋予弹丸一定的射向和初速来实现的。通俗地说，火炮只负责在身管内（炮膛）加速弹丸，弹丸出炮口就不管了。

火炮定义所赋予的是火炮的内涵。根据火炮的定义，最简单的火炮可以只包含"身管"，如火炮的鼻祖——我国在元代就制成的铜铳，如图 4.1 所示。现代火炮主要对火炮定义的外延进行了拓展，例如，在影视中最常见的现代火炮除包含"身管"外，还包含"炮架"等，如图 4.2 所示。先进的火炮，不仅"能走会跑"，还"能看会想"，构成包括火力、火控、运行三位一体的火炮系统，如图 4.3 所示。火炮形式在变，但百变不离其宗，火炮内涵没有变，外延在不断扩展。未来火炮不仅对火炮外延继续拓展，更重要的是拓展火炮内涵，形成新概念火炮，如液体发射药火炮、电磁炮、电热炮、激光炮等。

图 4.1 我国元代铜铳

图 4.2 法国 TRF1 式 155 mm 榴弹炮　　图 4.3 德国"猎豹"35 mm 双管自行高射炮系统

4.1.2 火炮的工作原理

火炮的主要作用是赋予弹丸一定的射向和初始能量，使之准确地发射到预定的目标。一般称火炮的整个工作过程为火炮的射击过程，将火炮射击过程中赋予弹丸初始能量的过程称为火炮的发射过程，将火炮射击过程中赋予弹丸初始飞行方向的过程称为火炮的瞄准过程。

瞄准，是指根据指挥系统指令，赋予炮身轴线在空间一个正确位置，以保证射弹的平均弹道通过预定目标的过程。要赋予炮身轴线在空间一个正确位置，首先需要确定火炮的炮身轴线的初始指向，以及目标相对火炮的位置和距离。瞄准一般包括高低瞄准和方向瞄准。

火炮射击是用火炮将弹丸射向目标或预定位置的行动，它是射击指挥员和侦察、计算、通信、火炮各专业分队协调一致的行动，要求依据一定的射击规则，以最小的损耗，取得最佳的射击效果。

地面炮兵射击可以分为射击准备和射击实施两个阶段。射击准备主要包括侦察目标、校正火炮、准备弹药、组织通信、进行气象探测和决定射击诸元等。射击实施就是对目标进行效力射。在情况许可时，可先进行试射，然后进行效力射。试射的目的是排除或缩小射击诸元误差，求取有利于毁伤目标的效力射诸元。

依据射击任务的不同，地面炮兵射击分为压制射击、歼灭射击、妨害射击和破坏射击。压制射击是给对方人员和火力以部分毁伤，使其暂时失去战斗力。歼灭射击是给对方以重大毁伤，使其丧失战斗力。妨害射击是扰乱、妨碍、迟滞对方行动；破坏射击则是摧毁对方防御工事、工程设施和建筑物。此外，还可发射特种炮弹，以完成照明、纵火、布雷、施放烟幕和散发宣传品等射击任务。

依据火炮能否通视目标，地面炮兵射击又分为直接瞄准射击和间接瞄准射击。直接瞄准射击是将火炮配置在距目标较近且能通视目标的阵地上，用火炮瞄准装置直接瞄准目标，决定射击诸元，观察炸点，指挥射击。间接瞄准射击是将火炮配置在不能通视目标的阵地上，由专设的观察所或观察员侦察目标，决定对目标的射击诸元，并传输给火炮；炮手在火炮上装定射击诸元，赋予火炮射角，向瞄准点瞄准以赋予火炮射击方向，实施射击。观察炸点、修正误差均由观察所或观察员进行。

现代高射炮兵对空中目标射击，通常先以雷达、光学仪器、光电跟踪和测距装置等搜索、发现和跟踪目标，连续测定目标坐标；通过火控系统或瞄准具求出射击诸元，并连续传送到火炮；然后，火炮按射击诸元进行发射，使弹丸直接命中目标，或在目标附近爆炸，以破片毁伤目标。由于空中目标运动快速，因此火炮不能直接向目标当前点射击，而应向目标未来点射击。同时，由于弹丸受重力和空气阻力的影响，其弹道向下弯曲，火炮射击时身管还要抬高一个高角。目标未来点是根据目标在弹丸飞行时间内仍按当前的飞行状态做有规则运动的假定，用外推法确定的；高角是根据弹丸下降量确定的。确定提前点和高角时，必须使弹道与目标航路相交，使弹丸从起点到提前点的弹丸飞行时间与目标从现在点到提前点的目标飞行时相等。

火炮发射一般是使火药在一端封闭的管形容器（即身管）内燃烧，生成的高温高压燃气膨胀做功，推动被抛射的物体（即弹丸）向另一端未封闭的管口（即膛口）做加速运动，在膛口处获得最大的抛射速度（即初速）。

4.1.3　火炮的发射特点

火炮发射过程实质上是一个能量转化过程。火炮依赖的能源是火药，火药是一种含能的化学材料，既有燃烧剂又有助燃剂，当达到一定的温度以后就会燃烧。火药燃烧的速度除了与它的化学成分有关以外，还与压力有关，压力越大，燃烧速度越快。火药燃烧后，在容器内生成有一定温度和压力的火药燃气，即化学能转化为热能。火药燃气在膛内膨胀，推动弹丸飞出膛口，实现了由热能向动能的转化，即将有一定质量的弹丸从静止状态加速到飞出膛口时获得一定的线速度和回转速度（滑膛炮没有或只有极低的回转速度）。由于火炮发射过程的时间很短，因此它的瞬时功率很高，但热损失很大，其能量利用率为 16% ~ 30%，远比其他热力机械低。

火炮发射过程是一个极其复杂的动态过程。一般发射过程极短（几毫秒至十几毫秒），经历高温（发射药燃烧温度高达 2 500 ~ 3 600 K）、高压（最大膛内压力高达 250 ~ 700 MPa）、高速（弹丸初速高达 200 ~ 2 000 m/s）、高加速度（弹丸直线加速度是重力加速度的 10 000 ~ 30 000 倍，发射装置的零件加速度也可高达重力加速度的 200 ~ 500 倍，零件撞击时的加速度可高达重力加速度的 15 000 倍）过程，并且发射过程以高频率重复进行（每分钟可高达 10 000 次循环）。

火炮发射过程伴随发生许多特殊的物理化学现象。在火炮发射过程中，对发射装置施加的是冲击载荷，这个载荷是火炮构件强度设计的主要依据。在冲击载荷的激励下还会引发发射装置的振动，尤其是膛口振动，这是影响弹射散布的重要原因之一。在火炮发射过程中，身管的温升与内膛表面的烧蚀、磨损是一系列非常复杂的物理、化学现象。当弹丸飞离膛口时，膛内高温、高压的火药燃气，在膛口外急剧膨胀，甚至产生二次燃烧或爆燃。特别是采用膛口制退器时，所产生的冲击波、膛口噪声与膛口焰容易自我暴露而降低人和武器系统在战场上的生存能力，对阵地设施、火炮及载体上的仪器、仪表、设备和操作人员都会产生有害的作用。

火炮发射特点可以概括如下：

（1）周期性：一发一个循环，要求较好的重复性。

（2）瞬时性：发射过程极短，具有明显的动态特征。

（3）顺序性：每个循环的各个环节严格确定，依次进行。

（4）环境恶劣性：高温、高压、高速、高加速、高应变率、高功率。例如，一门 85 mm 火炮的炮口功率约为 326 MW，相当于一个小城市发电厂的功率。

4.1.4　火炮的地位与作用

虽然先进的精确制导武器射程远、命中精度高，具有全天候作战能力，可自动寻的，对目标作战能力强，适于打击纵深目标，对付中高空目标也能取得令人满意的防空效果，但是火炮仍具有不可替代的特点。火炮武器具有以下几方面特点：

（1）火炮品种齐全，可以构成地空配套、梯次衔接、点面结合的火力网，不存在射击死角，在部署上受地形制约程度较小，不会出现火力盲区。

（2）火炮持续作战能力强，对目标的持续作战效果好。

（3）火炮是部队装备数量最大的基本武器，发射速度快，反应时间短，转移火力迅速，可射击不同方向，多批次、多层次地空袭目标。

（4）火炮具有抗干扰能力强、受电磁和红外干扰及气候和环境影响较小的特点，可以在干扰环境下稳定工作。

（5）火炮作为防御武器，具有机动性良好，进入、撤出和转移阵地快捷，火力转移灵活，生存能力较强的特点，能够伴随其他兵种作战，实施不间断火力支援。

（6）火炮操纵灵活简便，工作可靠性好。

（7）火炮具有良好的经济性，无论是先期研究、工程开发、生产装备，还是后勤保障，其全寿命周期的总费用都远低于其他技术兵器。

现代火炮是战场上常规武器的火力骨干，配置于地面、空中、水上各种运载平台上。进攻时，用于摧毁敌方的防御设施、装甲车辆、空中飞行物等目标，杀伤有生力量，压制敌方的火力，实施纵深火力支援，为后续部队开辟进攻通道。防御时，用于构成密集的火力网，阻拦敌方从空中、地面的进攻，对敌方的火力进行反压制；在国土防御中，用于驻守重要设施、进出通道及海防大门。它具有火力密集、反应迅速、抗干扰能力强、可以发射制导弹药和灵巧弹药、实施精确打击等特点。

任何战争，地面战场是最主要的也是最后的战场。火炮的地位与作用是其他武器不可替代的。

火炮在战争中的地位是显而易见的。自明朝永乐年间我国创建世界上第一支炮兵部队——神机营以来，火炮在战争的激烈对抗中发展壮大，不久就成了战场上的火力骨干，起着影响战争进程的重要作用。从明朝开始，战斗中立过战功的大炮被封为"大将军"。清朝康熙年间，皇帝也经常赐予大炮"将军"封号，如威远将军炮、神威将军炮等。在第一次世界大战中，炮战是一种极其重要的作战方式，主要交战国投入的火炮总数为7万门左右。在第二次世界大战中，苏、美、英、德四个主要交战国生产了近200万门火炮。在著名的柏林战役中，苏军集中了各类火炮4万余门，充分发挥了炮火突击的威力，火炮被誉为"战争之神"。在第二次世界大战后的历次局部战争中，火炮的战果依然辉煌。例如，20世纪60年代的越南战争，美军损失飞机900多架，其中80%是被高射炮毁伤的。未来战争在空中、海上、地面共同组成的装备体制中，火炮仍然是不可替代的。战争初期的电子战，高强度的空袭和精确打击，尽管战果显著，但耗费惊人，难以持久。在战争后期的直接对抗中，强大的火炮仍具有重要意义，它不仅是战斗行动的保障，而且仍将是最终夺取战斗全胜的骨干力量。荷兰与美国共同研制的近程防空反导火炮系统被称为"守门员"，足见其在现代战争中的地位。

4.1.5 火炮的组成及其功能

广义而言，现代火炮主要由炮身和炮架两大部分组成。

1. 炮身

炮身主要用于完成炮弹的装填和发射，并赋予弹丸初速和方向。炮身主要由身管、炮尾、炮闩和炮口装置等组成。

身管直接承受发射时的火药燃气压力，并赋予弹丸初速及飞行方向。

炮尾用于容纳炮闩并与其一起闭锁炮膛、连接身管和反后坐装置。

炮闩用于闭锁炮膛、击发炮弹和抽出发射后的药筒。现代火炮大都采用半自动或全自动炮闩。

炮口装置安装在炮口，是控制和利用弹丸出炮口后膛内高速喷出的高温高压火药燃气，以完成某种特殊任务的特殊装置。

2. 炮架

炮架主要用于支撑炮身并赋予火炮不同的使用状态。炮架赋予炮身一定射向，承受射击时的作用力并保证射击静止性和稳定性，是全炮运动时或射击时的支架。炮架主要由反后坐装置、摇架、上架、高低机、方向机、平衡机、瞄准装置、下架、大架和运动体等组成。

反后坐装置主要用于在射击时消耗和储存后坐能量，控制后坐部分的运动和作用力，保证火炮射后复位。通过反后坐装置，可以将射击时作用于火炮上的时间短、变化极大的炮膛合力转化为作用时间较长、变化较平缓的后坐力，从而使炮架受力减小，全炮质量减轻，全炮跳动减弱。反后坐装置通常包括制退机、复进机和复进节制器。制退机用于在火炮射击时产生液压阻力，消耗部分后坐能量，并控制后坐部分的运动规律。复进机用于在平时将炮身保持在待发位置，而在射击时储存部分后坐能量，并使后坐部分在后坐终止时复进到原来的位置。复进节制器主要用于在复进过程中产生液压阻力，消耗部分复进剩余能量，保证后坐部分平稳复进到位。

摇架主要用于支撑炮身，约束炮身后坐和复进时的运动方向，与上架配合赋予火炮仰角，并传递射击载荷。上架主要用于支撑火炮的起落部分（包括炮身、反后坐装置和摇架），与下架配合赋予火炮方位角，并传递射击载荷。高低机用于驱动起落部分赋予火炮仰角。方向机用于驱动回转部分赋予火炮方位角。平衡机用于平衡起落部分的重力矩，使俯仰操作轻便、平稳。瞄准装置用于装定火炮射击数据，使炮膛轴线在发射时处于正确位置，以保证弹丸的平均弹道通过预定目标点。瞄准装置由瞄准具和瞄准镜组成。下架主要用于支撑火炮的回转部分（包括起落部分、上架、高低机、方向机、平衡机和瞄准装置等），与上架配合赋予火炮方位角，并传递射击载荷。大架主要用于支撑全炮，射击时保证全炮射击静止性和稳定性，行军时连接牵引车。

运动体是火炮运行和承载机构的总称。牵引式高炮的运动体一般称为炮车，自行火炮的运动体一般称为底盘。牵引式地面炮的运动体由前车、后车、基座（或十字梁）、行军缓冲器、减震器、刹车装置、牵引装置等组成。为了提高机动性，现代大口径牵引火炮还设有辅助推进装置，又称自走炮。射击时，运动体与大架一起支撑全炮，在行军时作为炮车。火炮运动体主要保障火炮的运动便捷性、道路通过性、高速牵引性、操作轻便性和工作可靠性。

4.1.6　火炮的类型

火炮的种类如表 4.1 所示。

1. 按操作方式分

火炮按操作方式（自动化程度）可以分为非自动炮、半自动炮和（全）自动炮。

（1）自动炮是指能自动完成重新装填和发射下一发炮弹的全部动作的火炮。

（2）在重新装填和发射下一发炮弹的全部动作中，若部分动作自动完成，部分动作人工完成，则此类火炮称为半自动炮。

（3）若全部动作都由人工完成，则此类火炮称为非自动炮。

表 4.1　火炮的种类

分类	火炮			分类	火炮		
按隶属军种分	陆军炮			按内膛结构分	滑膛炮		
	海军炮				线膛炮		
	空军炮				锥膛炮		
按弹道特征分	平射炮	加农炮		按装填方式分	前装炮		
	曲射炮	榴弹炮			后装炮		
		迫击炮		按操作方式分	非自动炮		
按用途分	压制火炮	加农炮			半自动炮		
		榴弹炮			自动炮		
		加榴炮		按瞄准方式分	直瞄火炮		
		迫击炮			间瞄火炮		
		迫榴炮		按口径大小分	小口径火炮		
		火箭炮			中口径火炮		
	反坦克火炮	坦克炮			大口径火炮		
		反坦克炮		按隶属关系分	营炮		
		无后坐炮			团炮		
	高射炮	野战高射炮			师炮		
		城防高射炮			军炮		
	舰炮				集团军炮		
	航炮（航空自动炮）				统帅预备队炮		
	要塞炮（海岸炮）			新型火炮	前冲炮		
按运动形式分	固定炮（铁道炮）				燃烧轻气炮		
	驮载炮				液体发射药火炮		
	牵引炮	不带辅助推进装置			电炮	电磁炮	导轨炮
		带辅助推进装置					线圈炮
	车载炮					电热炮	纯电热炮
	自行炮	轮式					电热化学炮
		履带式			激光炮		
				其他			

　　自动炮能进行连续自动射击（连发射击，简称"连发"）；半自动炮和非自动炮则只能进行单发射击。

2. 按运动形式分

火炮按动形式可以分为固定炮、驮载炮、牵引炮、车载炮和自行炮。

（1）固定炮，一般泛指固定在地面上或安装在大型运载体上的火炮。例如，1942 年德国制造的杜拉巨型炮，口径 800 mm，炮身长 32.48 m，全炮质量 1 329 000 kg，弹丸质量 7 100 kg，它只能安置在特制的车台上，用机车牵引，在铁道上运行和发射，这一类火炮称为铁道炮，如图 4.4 所示。

图 4.4　杜拉巨型炮

（2）为了适应在山地或崎岖地形上作战，有时需要将火炮迅速分解成若干大部件，以便人扛马驮，这类火炮称为驮载炮，也称山炮、山榴炮。

（3）牵引炮，是指依靠机械车辆（一般是军用卡车）或骡马牵引着走的火炮。牵引炮均有运动体和牵引装置，有的还带有前车。运动体包括车轮、缓冲器和制动器等。牵引炮结构简单，造价低，易于操作和维修，可靠性好。为了提高火炮在阵地上近距离内的运动机动性能，有些牵引炮还加设了辅助推进装置。带辅助推进装置的牵引炮也称自运炮（或自走炮）。自运炮可以在阵地短距离运行，其远距离运动还需要牵引车的牵引。自运炮还可以利用其动力来实现操作自动化。

（4）车载炮，是指为了提高火炮在战场上的战术机动性能，将火炮结构基本不作变动（或简单改动后）安装在现有（或稍作改动的）车辆上，形成牵引炮与牵引车合二为一，不需要外力牵引而能自行长距离运动的火炮。对小口径火炮可以在行进中进行射击，对大口径火炮只要支上千斤顶就可以实施射击。车载炮巧妙地结合了自行火炮"自己行动"和牵引火炮"简单实用"的优点，在大口径压制火炮战技性能和列装成本的天平上取得了良好的平衡。

（5）自行炮，是指为了进一步提高火炮在战场上的战术机动性能和自身防护能力，将火炮安装在战斗车辆的底盘（轮式或履带式）上，不需要外力牵引而能自行长距离运动的火炮。自行炮把装甲防护、火力和机动性有机地统一起来，是一个独立作战系统，在战斗中对坦克和机械化步兵进行掩护和火力支援。一般的自行火炮最大时速为 30～70 km，最大行程可达到 700 km，具有极好的越野能力，能协同坦克和机械化部队高速机动，可执行防空，反坦克和远、中、近程对地面目标攻击等任务。自行炮按行驶方式可分为轮式和履带式两种，按装甲防护程度可分为全装甲式、半装甲式和敞开式。

3. 按内膛结构分

火炮按内膛结构可以分为滑膛炮、线膛炮和锥膛炮。

（1）身管内膛有膛线（在身管内壁加工有螺旋形导槽）的火炮称为线膛炮。

（2）身管内膛为光滑表面而没有膛线的火炮称为滑膛炮。

（3）为了能可靠地密封火药气体，防止外泄，将身管内膛加工成直径从炮尾到炮口均匀缩小的锥膛炮。随着弹丸向前运动，膛径逐渐缩小，弹带不断受到挤压，能可靠地密封火药气体，并大幅度提高初速，但是制造这种火炮，特别是加工带锥度的身管具有极大的难度。

4. 按弹道特征分

火炮按弹道特征可以分为平射炮（如加农炮）、曲射炮（如榴弹炮、迫击炮等），如图4.5所示。

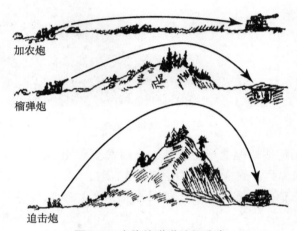

图4.5　火炮按弹道特征分类

（1）加农炮，是指弹道平直低伸、射程远、初速大（大于 700 m/s）、身管长（大于 40 倍口径）、射角小（小于 45°）的火炮，也称平射。加农炮属地面炮兵的主要炮种，常用于前敌部队的攻坚战，主要用于射击远程目标、活动目标、直立目标、装甲目标等。

（2）榴弹炮，是指弹道比较弯曲、射程较远、初速较小（小于 650 m/s）、身管较短（20～40 倍口径）、射角较大（可到 75°）的中程火炮。榴弹炮属地面炮兵的主要炮种。榴弹炮口径较大，杀伤威力大，弹丸的落角很大，弹片可均匀地射向四面八方，主要用于杀伤远程隐蔽目标及面目标。榴弹炮采用变装药变弹道，可在较大纵深内实施火力机动。

（3）迫击炮，是指弹道十分弯曲、射程较近、初速小（小于 400 m/s）、身管短（10～20 倍口径）、射角较大（45°～85°）的火炮，俗称"隔山丢"。迫击炮是支援和伴随步兵作战的一种极为重要的常规兵器。迫击炮一般发射"滴形"炮弹，操作简便，变装药容易，弹道弯曲，几乎不存在射击死角，主要用于杀伤近程隐蔽目标及面目标。

榴弹炮和迫击炮弹可统称为曲射炮。通常，将兼有加农炮和榴弹炮弹道特点的火炮称为加农榴弹炮，简称"加榴炮"，近年来研制的许多"榴弹炮"实质上是加榴炮；将兼有榴弹炮和迫击炮弹道特点的火炮称为迫击榴弹炮，简称"迫榴炮"。

5. 按用途分

火炮按用途可以分为压制火炮、反坦克火炮、高射炮、舰炮、航炮、要塞炮等。

（1）压制火炮，主要是指以地面为基础，用于压制和毁伤地面目标或以火力伴随和支援步兵、装甲兵的战斗行动的火炮，通常包括中大口径加农炮、榴弹炮、加榴炮、迫击炮、迫榴炮等，有些国家还包括火箭炮。压制火炮主要用于杀伤有生力量，压制敌方火力，摧毁装甲目标、防御工事、工程设施、交通枢纽等，还可以用于发射特种用途炮弹。

（2）反坦克火炮，主要是指用于攻击坦克和装甲车辆的火炮，通常包括坦克炮、反坦克炮和无后坐炮。坦克炮是配置于现代坦克的主要武器。反坦克炮是指专门配备反坦克弹药，用于对坦克、步兵战车等装甲目标作战的火炮。反坦克火炮由于要与快速机动的坦克、装甲战车作战，因此一般具有初速大、射速高、弹道低伸、反应快等特点。无后坐炮是发射时炮身不后坐的火炮。无后坐炮在发射时利用后喷物质（一般为高速喷出的火药燃气）的动量抵消弹丸及部分火药燃气向前的动量，使炮身受力平衡，不产生后坐。无后坐炮主要用于直瞄打击近距离装甲目标，也可以用于压制、歼击有生力量。

（3）高射炮，是指从地面对空中目标射击的火炮，简称"高炮"。高射炮主要用于对中低空飞机、直升机、无人机、导弹等空中目标作战，必要时也可攻击地面有生力量、坦克等地面装甲目标或小型舰艇等水面目标。高射炮要与高速飞行的目标作战，必须机动灵活，炮架结构要能快速进行 360°回转，高低射界 −5°~90°，弹丸初速大，飞行速度快，弹道平直，一般是能自动射击的自动炮，射速一般为 1 000~4 000 发/min，有的可高达 10 000 发/min。高射炮又分野战高射炮和城防高射炮。野战高射炮伴随地面部队行动；城防高射炮主要驻防重要城市和军事目标。

（4）舰炮，是指以水面舰艇为载体的火炮。现代舰艇的中小口径舰炮反应快速，发射率高，与导弹武器配合，可遂行对空防御、对水面舰艇作战、拦截掠海导弹和对岸火力支援等任务。舰炮武器系统已经成为舰艇末端防御的主要手段之一。舰炮一般是自动炮。舰炮的炮弹一般布置在甲板之下，通过外能源的扬弹机输送到甲板之上的舰炮中。

（5）航炮，是指安装在飞机上的小口径自动炮，也称航空机关炮。航炮主要用于攻击空中和地面目标，必要时也可攻击海上目标。航炮具有口径小、射速高、结构紧凑、自动化程度高等特点。

（6）要塞炮（含海岸炮等），主要是指配置在海岸要塞、岛屿、岸防阵地和陆地要塞上的火炮，主要用于攻击海上目标和支援在濒海方向作战的己方舰船和陆军部队，保卫重要城市、交通枢纽、重大建筑、战略要地等。要塞炮一般具有口径大、射程远、精度高、威力大等特点。要塞炮的部署方式可以分为固定炮塔、固定阵地与移动阵地三大类。

6. 新型火炮

有一类火炮在工作原理和结构上都不同于传统火炮，称为新型火炮，也称为新概念火炮。研制中的新型火炮有前冲炮、燃烧轻气炮、液体发射药火炮、电磁炮、电热炮、激光炮等。

（1）前冲炮。传统火炮在发射前，炮身一般处于近似静止状态，在火药气体压力作用下，炮身开始后坐，后坐结束后再回复待发射状态。在炮身复进过程中击发，利用炮身复进时的前冲能量抵消部分后坐能量的火炮工作原理，称为复进击发原理，也称为软后坐。复进击发原理的应用可以大大减小后坐力，有利于提高射速和射击稳定性，有利于减轻火炮全重。复进击发原理应用于大口径火炮时，往往在发射前，炮身处于后位，先释放炮身使其向前运动，在炮身前冲过程中达到预定的速度或行程时击发，以击发时的前冲动量抵消部分火药燃气压力产生的向后冲量，从而大大减小作用于炮架上的力，使火炮的质量和体积减小，这种火炮称为前冲炮。

（2）燃烧轻气炮，是一种利用低分子量的可燃混合气燃烧膨胀做功的方式来推进弹丸，使之获得较高速度的发射系统。燃烧轻气炮使用两种或多种反应气体，如可燃轻质气体（通常为氢气）和氧化剂气体（通常为氧气），以代替普通火炮的发射药。可燃轻质气体和氧化剂气体在压力作用下按给定配比进入燃烧室进而合成混合气体。发射时，通过点火（通常是多点点火）点燃混合气体，混合气体燃烧形成高温高压轻质燃气，推动弹丸在炮膛内运动。由于利用轻质燃气推动弹丸，因此弹底与膛底的压力减小，膛内燃气的声速大，当身管足够长时，便可以获得足够大的弹丸初速。

（3）液体发射药火炮。传统火炮用的是固体发射药。固体发射药是一种具有固定形状、燃烧速度很快、均相化学物质，而液体发射药是一种没有固定形状、燃烧速度很快的化学物质。液体发射药火炮是用液体发射药为发射能源的火炮。平时可以将发射药与弹丸分开保存，在发射过程中分别装填。液体发射药火炮有整装式、外喷式和再生式三种形式。

整装式液体发射药火炮与常规药筒定装式固体发射药火炮类似，液体发射药装填在固定容积的药筒内，经点火后整体燃烧。整装式液体发射药火炮结构简单、装填方便，但液体发射药整体燃烧的稳定性较差，内弹道重复性不易保证。

外喷式液体发射药火炮，依靠外力在发射过程中适时地将液体发射药喷射到燃烧室进行燃烧，由于膛内压力很高，所以外喷压力很大，但用于完成液体发射药喷射的高压伺服机构相当复杂，控制困难。

再生式液体发射药火炮，在发射前液体发射药被注入储液室。点火具点火后，点火药燃烧生成的高温高压气体进入燃烧室，使燃烧室内压力升高，推动再生喷射活塞并挤压储液室中的液体发射药，迫使储液室中的液体发射药经再生喷射活塞喷孔喷入燃烧室，在燃烧室中迅速雾化、被点燃并不断燃烧，使燃烧室压力进一步上升，继续推动活塞并挤压储液室中的液体发射药，进而使其不断喷入燃烧室，同时推动弹丸沿炮管高速运动，形成再生喷射循环，直到储液室中的液体发射药喷完为止。可以通过控制液体发射药的流量来控制内弹道循环。

液体发射药与传统固体发射药相比，装填密度大、内弹道曲线平滑、初速高，从而能大幅度提高射程；而且液体发射药不需要装填和抽出药筒，使火炮的射速也得到大大提高；液体发射药储存方便、存储量大，能减少火药对炮管的烧蚀、延长炮管使用寿命、减小炮塔空间；生产液体发射药的成本比较低廉。

（4）电磁炮。电磁炮是完全依靠电磁能发射弹丸的一类新型超高速发射装置，又称为电磁发射器。电磁炮是利用运动电荷或载流导体在磁场中受到的电磁力（通常称它为洛伦兹力）去加速弹丸的。根据工作原理的不同，电磁炮又分为导轨炮（又称轨道炮）和线圈炮两种。

轨道炮是由一对平行的导轨和夹在其间可移动的电枢（弹丸）以及开关和电源等组成的。开关接通后，当一股很大的电流从一根导轨经炮弹底部的电枢流向另一根导轨时，在两根导轨之间形成强磁场，磁场与流经电枢的电流相互作用，产生强大的电磁力（洛伦兹力），推动载流电枢（弹丸）从导轨之间发射出去，理论上初速可达 6 000 ~ 8 000 m/s。

线圈炮主要由感应耦合的固定线圈和可动线圈以及储能器、开关等组成。许多个同口径同轴固定线圈相当于炮身，可动线圈相当于弹丸（实际上是弹丸上嵌有线圈）。当向炮管的第一个线圈输送强电流时，形成磁场，弹丸上的线圈感应，产生电流，固定线圈产生的磁场与可动线圈上的感应电流相互作用产生推力（洛伦兹力），推动可动弹丸线圈加速；当炮弹到达第二个线圈时，向第二个线圈供电，又推动炮弹前进，然后经第三个……，直至最后一个线圈，逐级把炮弹加速到很高的速度。

（5）电热炮。电热炮是全部（或部分）利用电能加热工质，采用放电方法产生离子体来推进弹丸的发射装置。这种等离子体属高温等离子体，又称电弧等离子体，因此早期的电热炮称为电弧炮。从工作方式上，电热炮可以分为两大类：用等离子体直接推进弹丸，称为直热式电热炮或单热式电热炮；用电能产生的等离子体加热其他更多轻质工质成气体而推进弹丸的，称为间热式电热炮或复热式电热炮。从能源和工作机理方面考虑，直热式电热炮仅利用电能来推进弹丸的，是一类"纯"电热炮；而绝大多数间热式电热炮发射弹丸时，既使用电能又使用化学能，故又称为电热化学炮。通常所说的电热化学炮，主要是指使用固体推进剂或液体推进剂的电热化学炮，除了由高功率脉冲电源和闭合开关组成的电源系统和等离子体产生器外，其很像常规火炮，只不过它的第二级推进剂多采用低分子量"燃料"。当闭合开关后，高功率脉冲电源把高电压加在等离子体产生器上，使之产生低原子量、高温、高压的等离子体，并以高速度注入燃烧室，在燃烧室内，等离子体与推进剂及其燃气相互作用，向推进剂提供外加的能量，使推进剂气体快速膨胀做功，推动弹丸沿炮管向前运动。

（6）激光炮。把光作为武器，可以追溯到古希腊。阿基米德在古希腊锡拉丘兹保卫战中，建议士兵用数百块手持的盾牌来反射太阳光，点燃了入侵的罗马舰队。在我国的古代神话小说《封神演义》中，也有过关于照妖镜和番天印之类的朴素光武器的描述。由于激光具有能量集中、传输速度快、作用距离远等显著特点，用激光来制作武器是很自然的事。激光武器是利用定向发射的激光束，以光速传输电磁能，直接毁伤目标或使之失效的光束武器。由于激光武器的主要部件——激光发射器一般呈圆筒状，貌似传统火炮的炮身，因此人们常将激光武器称为激光炮，如图 4.6 所示。

图 4.6　激光炮

4.2　火炮的发展及其趋势

4.2.1　火炮的发展简史

火炮的发展与社会进步是分不开的。火炮技术的发展与战争也是密不可分的。科学技术发展带动着军事技术发展，军事技术发展带动着火炮技术发展；而火炮技术发展推动着军事技术发展，军事技术发展又推动着科学技术发展。

1. 萌芽时期（12 世纪初叶以前）

1）砲（"礮"，音 pào）

我国是火炮的发源地。在中国象棋中，就有个棋子称为"砲"，其威力巨大，但是在吃子时，"砲"与被吃子之间需隔一个棋子（该棋子称为"砲架"）。其实，汉语的"砲"便是古汉语动词"抛"的名词形式。起初"砲"就用于指抛石机。公元前 5 世纪，中国就发明了抛石机。抛石机利用杠杆原理将石头抛射出去，它将人体所能攻击的距离延伸，可以打击人体够不到的目标，改变了之前面对面的"肉搏"战斗方式。抛石机的基本形式是固定式，后来又出现了运动式。1273 年，自动抛石机在战斗中得到使用，由于是机械抛射，抛射力的突发性和方向性一致，因此抛射距离远且不受体力限制、发射节奏快、节省人员、威力大，这是兵器发展史上的一次革命。

2）炮

公元 7 世纪，唐代炼丹家孙思邈发明了黑火药，并用于武器。抛石机除了抛射石块外，还抛射带有燃爆性质的火器（如震天雷、霹雳炮等），使武器由冷兵器逐渐转变为热兵器。热兵器的出现，不仅提高了兵器的威力，更重要的是使作战模式由"点打击"变为"面打击"。抛石机抛射的石块被可爆炸的抛射物代替后，"炮"自然取代了"砲"，即用"炮"来指抛石机投射出的爆裂物。

2. 火炮的诞生（12 世纪初叶至 19 世纪中叶）

1）火筒

1132 年，陈规镇守德安城时发明了火筒。火筒用粗毛竹筒制成，内装火药，临阵点燃，喷火烧敌。这种竹矢制抛射火器具备了火药、身管、弹丸三个基本要素，可以认为它就是火炮的雏形。这种身管射击火器的出现，对近代火炮的产生具有重要意义。

2）火铳

由于火筒是用毛竹制成的，因此承载内压有限，不仅威力受到限制，而且不安全。我国古代金属冶炼铸造技术成就辉煌，随着金属冶炼技术的发展，逐步用铜、铁等金属制作管形火器，称为火铳。

3）火炮

明代火铳逐渐演变出两种形式，一种是需架在架子上使用的大型管型射击火器，称为火炮；另一种是在铳身后可装入木柄以手持的小口径的管型火器，称为手铳。内蒙古蒙元文化博物馆收藏的一件"元大德二年"（1298 年）铜火铳为迄今所发现的最早有明确纪年的铜火铳，也是迄今所知世界上最早的"火炮"。大型金属管型抛射火器（火炮）的出现，标志着火炮技术实现了第一次质的飞跃。火炮的射程更远，威力更大，使用更安全。这一时期，火炮已广泛用于战场。

3. 现代火炮（19 世纪末叶以后）

1）火器西传与现代火炮

我国的火药和火器沿着丝绸之路西传之后，在战争频繁和手工业发达的欧洲得到迅速发展。科学技术的进步创造了空前的生产力，同时也推动火炮在结构上发生了深刻的变革。

　　欧洲在 14 世纪上半叶研制出一种发射石弹的短粗身管火炮——臼炮。15 世纪，伽俐略等科学家得出弹丸飞行的轨迹是抛物线形这一正确结论，弹道学开始得到应用，为炮兵学的理论研究奠定了基础。16 世纪中叶，欧洲出现了口径较小的青铜长管炮和熟铁锻成的长管炮，代替了以前的臼炮。16 世纪末，出现了将子弹或金属碎片装在铁筒内制成的霰弹，用于杀伤人马。1600 年前后，一些国家开始用药包式发射药，提高了发射速度和射击精度。17 世纪，伽利略的弹道抛物线理论和牛顿对空气阻力的研究，推动了火炮的发展。1697 年，欧洲用装满火药的管子代替点火孔内的散装火药，简化了瞄准和装填过程。17 世纪末，火炮已发展为弹道低伸平直的加农炮和弹道弯曲的榴弹炮两大主类。17 世纪以后，古代火炮逐渐向近现代火炮演变。18 世纪中叶，普鲁士王弗里德里希二世和法国炮兵总监 J·B·V·格里博沃尔曾致力于提高火炮的机动性和推动火炮的标准化。19 世纪初，英国采用了榴霰弹，并用空炸引信来保证榴霰弹的适时爆炸，提高了火炮威力。

　　直到 19 世纪中叶，典型的火炮仍为炮口装填、光滑炮膛，发射球形弹，射速小，射程近。因为只靠炮管赋予炮弹飞行的方向，所以早期这种滑膛炮的射击精度不高。为了增大火炮射程，19 纪初，欧洲各国进行了线膛炮的试验。最初的线膛炮是直膛线的，主要目的是前装弹丸方便。这种火炮的发射速度慢，射击精度低，射程近。1845 年，意大利陆军少校 G·卡瓦利发明了世界上第一门后装线膛炮，炮管内有两条螺旋膛线，使发射后的弹丸旋转，飞行稳定，提高了射击精度，增大了火炮射程。卡瓦利为该炮设计了新型的炮尾、炮闩，实现了炮弹的后膛装填，发射速度明显提高。卡瓦利还一改过去的球形弹丸形状，发明了与后装式线膛炮匹配的具有圆柱形弹体、船尾形弹尾、锥形弹头的炮弹，这也是世界上最早的与现代炮弹外形相似的卵形炮弹。卡瓦利的一系列发明和设计在火炮发展史上具有极其重要的意义，是古代火炮向现代火炮迈进的关键一步。尤其是线膛炮的采用，这是火炮结构上的一次重大变革，直到现在，线膛炮身还被广泛而有效地使用。滑膛炮身则为迫击炮等继续使用。

　　19 世纪末期，炮身通过耳轴直接与炮架相连接，这种火炮的炮架称为刚性炮架。在火炮发射过程中，火药燃气压力向前加速弹丸的同时，还要向后作用于火炮。发射时，作用在膛底的合力直接通过刚性炮架传到地面，火炮发射时受力大，火炮笨重，机动性差，发射时破坏瞄准，发射速度慢，威力的提高受到限制。随着火炮威力不断增大，自身质量剧增，发射时，全炮的跳动和后移猛烈，严重影响操作使用。

　　1872 年以后，陆续出现将炮身与炮架弹性连接的火炮，这种炮架称为弹性炮架，炮身可以运动，从而得到缓冲，发射时作用在膛底的合力通过弹性炮架的缓冲再传到地面，可大大缓冲发射时的后坐力，使火炮射击后不致移位，使发射速度和精度得到提高，并使火炮的质量得以减轻。炮身与炮架之间弹性连接并控制运动和受力的装置称为反后坐装置。火炮反后坐装置的出现，缓和了增大火炮威力与提高机动性的矛盾，火炮结构趋于完善，标志着火炮技术实现了一次质的飞跃，确立了现代火炮的基本构架。1894 年，法国从德国人豪森内手中购买了长后坐原理专利，由戴维尔将军、德波尔上校和里马伊奥上尉组成的法国火炮研制小组在 1897 年研制出了第一门具有现代反后坐装置的 75 mm 野战炮，该炮采用了具有液压气动式制退复进装置的弹性炮架。之后，各国纷纷效仿，陆续出现了几种带有弹簧和液压缓冲装置的弹性炮架的火炮。

　　19 世纪末期，缠丝炮身、筒紧炮身、强度较高的炮钢和无烟火药的相继采用，提高了火炮性能。采用猛炸药和复合引信，增大了弹丸质量，提高了榴弹的破片杀伤力。20世纪初，火炮还广泛采用了周视瞄准镜、测角器和引信装定机。第一次世界大战期间，为了对隐蔽目标和机枪阵地射击，广泛使用了迫击炮；为了对付空中目标，广泛使用了高射炮；飞机上开始装设航空炮；随着坦克的使用，出现了坦克炮和反坦克炮。机械牵引火炮和自行火炮的出现，对提高炮兵的机动性有重要影响。火炮性能不断改善，通过改进弹药、增大射角、加长身管等途径增大了射程。改善炮闩和装填机构的性能，提高了发射速度。采用开架式大架，普遍实行机械牵引，减轻火炮质量，提高了火炮的机动性。由于火炮威力增大，因此采用自紧炮身和活动身管炮身，以解决炮身强度不够和寿命短的问题。高射炮提高了初速和射高，改善了时间引信；反坦克炮的口径和直射距离不断增大。

2）火炮武器系统

跨入20世纪，科学研究步入组织化发展的道路，科学家集中起来对武器进行广泛研究，成果累累，推动火炮快速前进。在第一次世界大战中，战场上出现了坦克、军用飞机和军舰，为火炮在这些战斗平台上的应用提供了条件。在第二次世界大战及以后的局部战争中，战斗机、导弹相继投入使用，技术兵器的种类日益增多，战场的正面和纵深显著拓展，隐蔽目标、装甲目标、运动目标等层出不穷，火炮自身的作战任务更加繁重，要求不断提高，从而促使火炮继续发展。

火炮威力的大小，性能的优劣，不仅取决于火炮本身，还取决于与之配套的其他装备的性能。因此，必须从系统出发，综合协调所有作战组成部分。火炮武器系统就是为保证作战效能而以火炮为中心有机组合起来的一整套技术装备的总称。火炮武器系统能在全天候条件下连续测定目标坐标，计算射击诸元，使火炮自动瞄准和射击。火炮武器系统一般包含火炮火力分系统、火控分系统、运行分系统等。火炮火力分系统（有时简称"火炮系统"）是指完成发射并取得最终战斗效果的技术装备的总和，主要包括火炮本体（发射装置，简称"火炮"）、弹药等。火控分系统主要包括目标探测子系统、目标跟踪子系统、射击控制与指挥子系统、操作瞄准控制子系统等。运行分系统主要包括运动体（底盘）、发动机等，有时也将运动体的部分包括在火炮本体之内。在作战过程中，火炮武器系统的炮瞄雷达根据目标指示雷达提供的目标信息，搜索、识别和跟踪目标，测量出目标现在坐标（目标的距离、方位角和高低角等），并将其不断传给火控计算机。火控计算机根据目标现在坐标和有关参数来决定对目标射击的提前点位置，算出射击诸元（提前方位角、射角和引信值），并将其不断传送给火炮随动装置。随动装置根据射角和方位角诸元驱动火炮，使炮身处于发射位置，以便进行射击。

火炮武器系统可以是分散式的，如牵引高射炮系统一般由炮瞄雷达、射击指挥仪、电源机组和多门火炮构成；也可以是三位一体式的，如自行火炮武器系统由装于同一车体内的炮瞄雷达、光电跟踪和测距装置、火控计算机以及火炮构成。

4. 未来火炮

随着高新技术在战场上的大量应用，战争形式在不断发生变化。战场对火炮的战术技术性能提出新的要求，促使火炮领域也在发生深刻的变化。火炮从初期的前装式滑膛金属身管和刚性炮架到集目标探测与跟踪、瞄准指挥与控制、火力发射等于一身的火炮系统，其实只是火炮外延的不断扩展。

随着兵器科学技术的发展以及现代科技在兵器科学中的应用，火炮已由原来的纯机械发展成集机、液、气、电、信息等于一体的复杂系统，使火炮技术成为多种技术融合的综合体，它涉及能源、机械、材料、控制、光学、电子、通信和计算机等诸多学科。科学技术的发展和战争的需求，不但进一步扩展火炮外延，而且将不断拓宽火炮的内涵。

为适应未来战争需求，火炮仍将不断提高性能。一方面，继续扩展火炮外延，在自动化、自行化、自主化、数字化、智能化等方向深入发展；另一方面，不断拓展火炮内涵，形成各种新概念火炮，如液体发射药火炮、电磁炮、电热炮、激光炮等。新概念、新能源、新原理、新结构、新材料、新技术的应用，将促使火炮技术不断发展，出现更多新型火炮。

4.2.2　火炮的发展趋势

1. 未来战争对火炮的要求

火炮的发展必须满足未来战争的需求，未来高新技术战争对火炮的要求主要包括以下几方面：

（1）不断提高火炮的体系对抗能力。无间隙，有梯次，能协调，适应动态发展，经济性好。

（2）不断提高火炮的纵深打击能力。超远程，精确打击，杀伤威力大。

（3）不断提高火炮的综合作战能力。机动作战能力、协同作战能力和自主作战能力强；战场指挥畅通，反应快速，自主作战。

（4）不断提高火炮的战场生存能力。反探测与反干扰；隐身；具有进行电子战的能力；对制导弹药的防护与对抗能力；三防（核、生、化）能力；对空自卫能力；快速反应与机动能力；等等。

2. 火炮发展趋势

为适应未来战场环境和作战需求，火炮作为炮兵的主要武器装备，其发展将主要是提高防空反导能力、提高对装甲目标与中远程地面目标的精确打击能力和快速反应与快速机动能力。火炮的主要发展趋势有以下几方面：

（1）提高火炮总体综合性能，包括自动、自主、抗干扰、远程精确打击等。

（2）提高初速，增大射程，提高远程打击能力，如发展新概念火炮、发展新弹药等。

（3）提高射速，增强火力，提高突袭能力，如弹药自动装填、模块装药、多管联装等。

（4）提高射击精度、毁伤效果、精确打击能力，如发展火控系统、制导技术等。

（5）提高快速反应能力，如发展人工智能、自动化、自主化。

（6）提高机动性，增强防护，提高生存能力，如轻量化、隐身、防护、自行化等。

（7）提出并发展新概念、新原理、新材料、新工艺等。

4.3　火炮技术

火炮的发展与战争密不可分，火炮的发展应适应未来战争的需要。高新技术战争需求火炮：远、准、狠、轻、快。火炮技术发展主要围绕着这几方面进行：火炮系统总体技术、提高初速与射程技术、提高射速技术、轻量化和新结构技术、信息化和控制技术、新概念、新原理研究等。

4.3.1　火炮系统总体技术

火炮武器系统是以火炮为中心的，因此火炮系统总体技术不仅涉及火炮本身的相关问题，还涉及火炮武器系统的相关问题。火炮系统总体技术是运用系统工程方法论和计算机辅助技术等来实现火炮系统整体性能、效能和效益优化的技术。广义上可以认为，火炮系统总体技术是用系统的观点、优化的方法，综合相关学科的成果，进行所研发的火炮武器系统的总体性能相关的综合技术，其中包括立项论证、战技要求论证、总体方案论证、功能分解、技术设计、生产、试验、管理等。狭义上可以认为，火炮系统总体技术是用系统的观点、优化的方法，综合相关学科的成果，进行所研发的火炮系统的本质方面的设计技术，其中包括系统组成方案、总体布置、结构模式、系统分析、人机工程、可靠性、安全性、检测、通用化、标准化、系列化等涉及火炮系统总体性能方面的设计。

总体技术是火炮武器的顶层技术，是火炮行业在装备研制中的主要薄弱环节之一。火炮武器系统总体技术的主要研究内容包括：

（1）火炮武器系统概念研究。
（2）系统总体综合与优化技术研究。
（3）火炮系统综合电子技术。
（4）火炮系统模拟仿真技术。
（5）火炮武器系统先期技术演示验证技术。
（6）系统性能综合评价技术。
（7）系统总体测试技术。
（8）火炮总体设计准则与规范。

4.3.2　提高初速技术

提高初速是火炮技术永恒的主题。对于压制火炮，提高初速可以增加射程、增强火力灵活性；对于高射炮，提高初速可以增加有效射程（高）、缩短弹丸飞行时间、提高命中概率；对于反坦克炮，提高初速可以增加直射距离、提高穿透深度、提高穿甲威力。

提高初速的主要技术途径有：减轻弹丸质量；增大炮膛面积；增长身管；增大装药量；减小弹后压力梯度；提高膛压曲线充满度；新发射原理；等等。

提高膛压曲线充满度，通过控制火药的燃烧规律来实现。火药的燃烧规律取决于火药线燃速（火药特性）和燃烧表面积。对给定火药，主要依赖装药设计。对固体火药，控制非常有限。而液体的流动性提供了可能性，因此研究液体发射药火炮是一种不错的选择。

燃烧轻气炮，采用液态或近液态氢气和氧气作发射药；燃烧后，轻质气体推动弹丸发射，可以大大提高初速极限。美国 100 倍口径 45 mm 燃烧轻气炮 1.1 kg 弹丸的炮口初速为 1 700 m/s。美国 54 倍口径 155 mm 燃烧轻气炮的预测射程达 222 km 。

电能易于控制，可利用电能来发射炮弹，形成电炮，它是使用电能代替（或辅助）化学推进剂发射弹丸的发射装置，是火炮内涵的拓展。电热化学炮既与传统火炮有较好的继承性，又具有大幅度提高初速的潜力，是最有希望武器化的电炮。

4.3.3　提高射程技术

未来战争是脱离接触式，因此"长一寸"就"狠一分"。

提高射程的技术途径分别有发射药、内弹道、火炮等方面，主要包括：通过提高初速来提高射程；从减小弹丸阻力角度，通过提高外弹道性能来提高射程；从增强弹丸飞行动力方面，通过火箭增程、滑翔增程等措施来提高射程。

"远"与"准"往往矛盾，因此，在提高射程的同时，应注意提高射击精度，力求"远"与"准"协调发展。

目前，国外正在研制超远程火炮系统。超远程火炮系统是指以中大口径常规火炮发射增程制导弹药，并采用各种增程手段，使射程达到 100 km 以上的火炮系统。例如，美国海军 Mk45 Mod4 式 127 mm 超远程火炮系统的射程可达 116.5 km。

超远程火炮系统的主要技术有：

（1）提高炮口动能所必需的结构改进，如发射质量增加和装药量增加后带来的药室加大和身管加长等。

（2）提高射击精度所必需的结构改进，如弹丸上增加了大量电子设备，使弹丸的过载能力下降，要求火炮发射尽可能降低过载等。

4.3.4　提高射速技术

现代战争对火炮射速提出了更高要求。

高射速是相对的，但提高射速是火炮技术发展的永恒主题。通常，高射速特指自动武器具有很高的理论射速。

影响射速的主要因素有：需求（射速与目标的关系）、技术（射速与自动机工作原理、射速与口径、射速与自动机工作协调性、自动机主要机构构成、弹药等）、条件（射速与操作及使用）。

制约射速提高的主要因素有：技术难度（技术实现的可能性）、射击密集度（射速与精度）、后坐力（威力与机动性）、寿命（射速与可靠性）。

提高射速的主要技术途径：

（1）提高理论射速。提高构件运动速度，如减轻构件质量、缩短运动行程、增加作用力、提高初始速度等；并联自动动作，如采用新原理（如转膛、转管等）、采用新结构；减少自动动作，如采用新原理（如开膛原理、可燃药筒发射、金属风暴等）；等等。

（2）提高实际射速。提高人员素质；多自动机联装；提高火炮的反应能力；提高火炮的操作能力；等等。

当目标越来越小，火炮命中概率就会越来越低，加上目标飞行速度越来越快，则每次攻击的机会越来越小。为了抓住这样的机会，就只有在最短的时间内发射尽可能多的炮弹，形成有效弹幕，以提高毁伤概率，这就要求火炮具有非常高的射速。对小口径自动炮，低于 1 000 发/min 的射速称为低射速，1 000～4 000 发/min 的射速称为中射速，4 000～6 000 发/min 的射速称为高射速，高于 6 000 发/min 的射速称为超高射速。

为使武器达到更高的射速，许多国家都在积极探索全新概念的小口径火炮武器，试图以新的发射机理突破传统火炮的射速极限，夺取近程反导作战的绝对优势。目前，主要从以下

几方面来研制超高射速火炮:

（1）万发炮。从自动原理上看，要实行超高速，转管原理是可行的技术途径。万发炮可以是专门研制的单门自动炮，射速达到每分钟万发以上，也可能采用串行发射原理。

（2）并行发射。利用多管并联，采用整体式炮尾和炮闩，并共用一套自动供输弹系统，形成批次发射，构成并行发射万发炮。例如，俄罗斯将两座 AK630 并联安装，在同一套火控系统作用下工作，形成射速超过 10 000 发/min 的万发炮。

（3）串行发射。串行发射就是将一定数量的弹丸装在身管中，弹丸与弹丸之间用发射药隔开，弹丸在前，发射药在后，依次在身管中串联排列。发射时，通过电子控制的电子脉冲点火头，可靠地点燃最前面一发弹的发射药，发射弹丸。在前一发弹启动一定时间后，后一发弹的发射药被点燃，依次类推，每发弹按顺序从身管中发射出去。

（4）串并行发射。20 世纪 90 年代中期，澳大利亚人提出了"金属风暴"超射速小口径火炮的概念。

4.3.5　轻量化和新结构技术

"消灭敌人，保存自己"是永恒不变的作战原则。火炮的威力与机动性是一对相互制约的矛盾。解决威力与机动性之间的矛盾是其永恒的主题。火炮轻量化技术就是在满足一定的威力需求下，解决使用方对火炮的质量和体积的要求，并取得良好的射击效果。

火炮轻量化，可以提高行走能力、对各种运输方式的适配能力，能提高快速反应及时打击敌人的能力；火炮轻量化，可以提高迅速脱离战斗和战场生存能力。

火炮轻量化的主要技术途径有以下几种：

（1）创新的结构设计：多功能零部件、紧凑合理的结构布局、符合力学原理的构形等。

（2）反后坐技术：弹性炮架、炮口制退器、无后坐原理、膨胀波原理、复进击发原理、最佳后坐力控制技术等。

（3）材料技术：高强度合金钢、轻质合金、非金属、复合材料、功能材料、纳米技术材料等。

超轻型火炮系统是指适应机载、机吊的中大口径常规火炮系统，尤其指适应直升机吊运的中大口径常规牵引火炮系统。例如，UFH 超轻型榴弹炮是世界上最轻的 M777 式 155 mm 火炮，其战斗全重为 3 745 kg，最大射程为 30 000 km。

4.3.6　信息化和智能控制技术

以信息技术为核心的高技术迅速发展，引发出一场世界新军事变革。世界新军事变革的核心是信息化，信息化的主体是武器装备的信息化。智能化是信息化发展的必然趋势。智能化，是指使对象具备灵敏准确的感知功能、正确的思维与判断功能，以及行之有效的执行功能而进行的工作，是信息技术、计算机、人工智能、专业技术等在专业的应用。

智能化火炮，是具有人工智能，可自动寻找、识别、跟踪和摧毁目标的现代高技术火炮。智能化火炮可以"有意识"地寻找、辨别需要打击的目标，有的还具有辨别自然语言的能力，是一种"会思考"的火炮，可实现战场感知、智能决策和精确打击。

智能化火炮系统武器平台，是指将以计算机为核心的数字化技术装备与指挥人员相结合，能对火炮武器系统实施智能指挥与控制的"人 - 机"系统，尤其指装备了 C^4I（指挥、控制、通信、计算机与情报）系统的火炮武器系统。它采用数字化电子体系结构，整合火炮武器系统的监视、诊断/预测和指挥控制等子系统，共享战场数据；通过智能化定位和导航系统，提高战场环境感知能力；通过智能化目标探测、跟踪、识别系统，提高目标发现和目标截获能力；通过智能化信息传送、接收、存储、处理系统，提高战场态势处置能力；通过智能化信息显示系统，提高武器操控能力；通过智能化状态自动诊断，提高武器使用和维持能力。信息化作战能力包括指挥控制能力、信息攻防能力、精确打击能力、快速机动能力、战场生存能力、综合保障能力等，这些都是通过先进的信息技术把各作战要素有机整合起来的。作为火炮本身的信息化和智能化，对武器系统的信息化作战能力有较大影响。实现机械化武器平台与信息技术的融合，应充分发挥信息化对机械化的带动和提升作用，通过信息化技术向机械化武器平台的嵌入与渗透，使信息能量与物质能量交汇，使机械化功能与信息化功能融合，进而向以信息化为主导的方向转化。

火炮智能化控制技术，是指利用信息技术、计算机技术、控制技术、人工智能技术、火炮专业技术等，提高火炮对战场的感知能力和控制能力，进而提高火炮武器系统的作战能力。火炮智能化控制技术主要包括：

（1）火炮故障智能化诊断与控制技术，包括射前诊断、过程控制、射后预防维修等。

（2）火炮状态智能化监视、诊断与控制技术，包括性能实时测量、分析、控制等。

（3）火炮性能智能化改进提升技术，包括功能部件改造、控制等。

4.3.7　新概念、新原理技术

常规火炮在发射过程中会受到自身的固有局限，如高膛压、极限初速、威力与机动性之间存在尖锐的矛盾、固体发射药的易毁性和易损性等。要进一步提高火炮系统的性能，摆脱常规火炮发展所面临的困境，就必须变革常规火炮的发展思维和模式，主动拓宽火炮内涵，积极发展新概念火炮。

新概念火炮，是指运用新原理、新能源、新结构、新材料、新工艺、新设计而推出的、有别于传统火炮系统概念并可大幅度提高作战效能的新式火炮。各种新概念火炮的形成和推出是创新的结果，既可以是突破传统火炮系统概念的创新，也可以是在现有制式火炮基础上利用现代高新技术与总体优化技术进行改造而使火炮性能大幅度提高所取得的创新和突破。

新概念火炮的研究，一部分仍处于概念研究阶段，另一部分已经进入技术研究阶段。新概念火炮主要有：高初速火炮（如燃烧轻气炮、随行装药火炮、液体发射药火炮、电热炮、电磁炮等）、超高射速火炮（如万发炮、金属风暴、并行发射火炮等）、超远程火炮、超轻型火炮、数字化火炮、其他火炮（如激光炮、粒子束火炮等）。

第 5 章　火箭武器及其发射技术

5.1　概　　述

"火箭"一词最早见于《三国志·魏明帝纪》之注引《魏略》。魏明帝太和二年（228年），诸葛亮出兵攻打陈仓（今陕西省宝鸡市东），魏守将郝昭"以火箭射其云梯，梯燃，梯上人皆烧死"。但那时所谓的"火箭"，只是在箭杆靠近箭头处绑缚浸满油脂的麻布等易燃物，点燃后用弓弩发射出去，用以纵火。火药发明后，这类易燃物被燃烧性能更好的火药取代，就出现了火药箭。这种"火箭"曾在军队中长期使用。北宋后期，民间流行的能高飞的"流星"（或称"起火"）就利用了火药燃气的反作用力。

靠火药燃气反作用力飞行的现代火箭问世后，虽沿用"火箭"这一名称，但其含义已根本不同。一般意义上的现代火箭，其飞行轨迹分为主动段和惯性段。在主动段，火箭在火箭发动机推力、空气阻力及重力作用下运动。在惯性段，火箭仅在空气阻力及重力作用下运动。对于具有控制能力的火箭而言，一般在主动段不对其实施控制，仅在惯性段进行控制，利用其自身的空气舵或者燃气舵、调姿发动机、微推偏火箭发动机等提供的侧向力，使其在飞行中改变轨迹。

为火箭提供发射环境的装置称为火箭发射装置。早期用于发射各类"火箭"的发射装置非常简陋，初期只是一种"叉形"架，后来出现竹筒导向器。明代的赵士桢进一步发明了"火箭溜"，形状类似短枪，火箭在其滑槽上滑行发射，能更好地控制方向。多发齐射火箭则是通过火箭桶（筒、柜）实现的，上下两层格板为单支火箭定位、定向，手控调节火箭筒方向。戚继光率军作战时，曾将这样的"火箭柜"固定在车上，提高了机动能力，并用火箭车布成车阵，颇似现代火箭炮的发射方式。发射装置和发射方式的改善，使火箭的射向、射程和火力范围得到较好的控制，从而提高了作战威力。

5.2　火箭武器技术及其发展

5.2.1　火箭武器的基本知识

1. 火箭武器

航空和航天是当今人类认识和改造自然过程中最活跃、最有影响力的科学和技术领域，是人类文明高度发展的重要标志，也是衡量一个国家科学技术水平，以及综合实力的重要标志。航空是指载人或不载人的飞行器在地球大气层中的航行活动。航空活动的范围主要限于离地面 30 km 的大气层内。在大气层中航行的飞行器（航空器），只要克服自身的重力就能升空。航天是指载人或不载人的飞行器在太空的航行活动，也称为空间飞行或宇宙航行。航天活动的范围要比航空活动的范围大得多。太阳系内的航行活动称为航天；在太阳系以外的航行活动称为航宇。航天不同于航空，航天要在极高真空的太空以类似于自然天体的运行规律飞行。因此，航天首先必须有不依赖空气且具有巨大推力的运载工具——火箭。

火箭是一种依靠火箭发动机喷射工作介质产生的反作用力来推动前进的飞行器。火箭的飞行原理是它借助了物体的反作用力。因自身携带氧化剂，所以火箭可以飞出大气层，在真空条件下飞行。这种飞行器携带战斗部时，就称为火箭武器。

火箭可分为两类：一类称为无控火箭（简称“火箭”），其飞行轨迹在其飞行过程中不可控制；另一类称为可控火箭，其飞行轨迹在其飞行过程中有制导系统导引和控制。无控火箭武器习惯上称为火箭弹（或常规火箭武器），广泛用于装备陆、海、空各军兵种，已成为一种有效的武器装备。世界各国军队都很重视火箭弹的发展和应用，研制和装备了各种用途的火箭弹。

导弹是“导向性飞弹”的简称，是一种依靠制导系统来控制飞行轨迹的可以指定攻击目标（甚至追踪目标动向）的无人驾驶武器，其任务是把战斗部装药在打击目标附近引爆并毁伤目标，或在没有战斗部的情况下依靠自身动能直接撞击目标，以达到毁伤效果。简而言之，导弹是依靠自身动力装置推进，由制导系统导引、控制其飞行路线，并导向目标的武器。大多数导弹是以火箭发动机为动力装置，属于可控火箭武器范畴，有些导弹以空气喷气发动机为动力装置，不属于火箭武器。本章主要介绍火箭武器的相关内容。

2. 火箭武器的主要组成部分

现代火箭武器主要由动力装置、战斗部、弹体、制导系统和弹上电源等部分组成，如图 5.1 所示。其中，无控火箭武器通常不含制导系统和弹上电源。

1）动力装置

动力装置是以发动机为主体，为火箭武器提供飞行动力的装置，也可称这部分为推进分系统。它保证火箭武器获得需要的射程和速度。火箭武器上的发动机大多是固体火箭发动机，既可

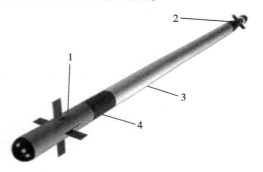

图 5.1　导弹主要组成
1—制导系统；2—动力装置；3—弹体；4—战斗部

在大气层中飞行，又可在大气层外飞行，适合于火箭弹、高空导弹或低空导弹。有的导弹用两台（或单台双推力）发动机：一台作起飞时助推用的发动机，用于使导弹从发射装置上迅速起飞和加速，因此称为助推器；另一台作主要发动机，用于使导弹维持一定的速度飞行，以便能追击目标，因此称为续航发动机。远程导弹、洲际导弹要用多级火箭，每级火箭需要一台或几台火箭发动机。

2）战斗部

战斗部是导弹上直接毁伤目标，完成其战斗任务的部分。它通常被放置在导弹的头部，人们习惯称其为弹头。由于火箭武器所攻击的目标性质和类型不同，因此相应地有各种毁伤作用和不同结构类型的战斗部，如爆破战斗部、杀伤战斗部、聚能战斗部、核战斗部等。此

外，还有具有特殊作用的战斗部，如化学弹头、细菌弹头、军用毒剂弹头、生物战剂弹头等。对于大型火箭武器，为了提高效果，往往采用多弹头，即一枚母弹头携带若干枚子弹头，母弹头到达一定高度后，释放子弹头，释放出的子弹头可沿不同轨迹攻击同一军事目标，或沿不同轨迹攻击不同的军事目标。

3）弹体

弹体是指将战斗部系统、动力系统和制导系统有机连成一体，使之形成整体的结构。弹体是火箭武器的主体，由各舱、段、空气动力翼面、弹上机构及一些零部件连接而成，用以安装动力装置、战斗部、推进剂、控制系统及弹上电源等。有时，战斗部、固体火箭发动机的壳体就是弹体外壳的一部分。空气动力翼面包括产生升力的弹翼、产生操纵力的舵面及保证稳定飞行的安定面（尾翼）。由于火箭武器工作环境复杂多变，为使其能在各种复杂条件下工作，弹体必须具有良好的空气动力外形，以减少空气阻力；还应具有高质量的内部空间，为各工作系统和仪器设备创造一个良好的工作环境和保护条件。弹体应采用具有足够强度的结构和材料，并应使强度、刚度好，质量轻，成本低，来源广。

4）制导系统

制导系统是导引和控制导弹准确飞向目标的仪器、装置和设备的总称。为了能够将导弹导向目标，一方面，需要不断地测量导弹实际运动情况与所要求的运动情况之间的偏差，以便向导弹发出修正偏差或跟踪目标的控制指令；另一方面，需要保证导弹稳定地飞行，并根据导引系统送来的信息和自身敏感元件提供的信息及时修正导弹的飞行角度，操纵导弹改变飞行姿态，使其处于良好的受控状态，保证控制导弹按所要求的方向和轨迹飞行而命中目标。完成前一方面任务的部分是导引系统，完成后一方面任务的部分是控制系统。两个系统合在一起构成制导系统。制导系统的类型很多，它们的工作原理也多种多样。制导系统按其引导的不同特点，可分为自主式制导、遥控式制导、寻的式制导、复合式制导。

5）弹上电源

弹上电源是供给弹上各分系统工作用电的电能装置。除电池外，通常还包括各种配电和变电装置。除采用电池外，有的导弹还采用小型涡轮发电机来供电。采用有线制导的导弹，弹上可以没有电源，由地面电源供弹上使用。

2. 火箭武器的特点

目前，固体火箭武器广泛用于装备陆、海、空各军兵种，已成为一种有效的武器装备。世界各国军队都非常重视火箭武器的发展和应用，研制和装备了各种用途的火箭武器。与身管武器相比，火箭武器有以下特点：

（1）飞行速度快，射程远。

（2）发射时没有后坐力。

（3）发射时的过载系数小。

（4）制导火箭武器命中精度高，可实现精确点打击；无控火箭弹的密集度较差，主要用于面打击。

（5）容易暴露发射阵地。

（6）消极载荷大，成本高。

5.2.2　火箭武器的类型

1. 火箭弹的分类

第二次世界大战后，随着工业技术水平的提高和战备需要，火箭弹有了很大发展。目前，世界各国研制成的火箭弹种类很多，为了科研、设计、生产、保管及使用的方便，可从以下几方面对火箭弹加以分类。

（1）按战斗使用范围分类，火箭弹可以分为炮兵火箭弹、反坦克火箭弹、空军火箭弹、海军火箭弹、防空火箭弹和其他军用火箭弹（如开路火箭弹、布雷火箭弹等）。

（2）按火箭弹用途分类，火箭弹可以分为主用弹（供直接杀伤敌人有生力量和摧毁非生命目标）、特种弹（专供完成某些特殊战斗任务，如照明弹、烟幕弹、干扰弹和宣传弹）、辅助弹（供学校教学和部队训练使用）和民用弹（如抛绳救生火箭、高空气象火箭、火箭锚等）。

（3）按稳定方式分类，火箭弹可以分为尾翼式火箭弹和旋转式稳定火箭弹。

（4）按获得速度的方法分类，火箭弹可以分为普通火箭弹和火箭增程弹。

2. 导弹的分类

导弹的分类方法有很多，但每一种分法都应概括地反映出它们的主要特征。

1）按照射程分类

按照射程分类，导弹可以分为近程导弹（射程小于 1 000 km）、中程导弹（射程为 1 000 ~ 3 000 km）、远程导弹（射程为 3 000 ~ 8 000 km）和洲际导弹（射程大于 8 000 km）。

2）按照发射点和目标位置分类

发射点和目标位置可以在地面、地下、水面（舰船等）、水下（潜艇等）和空中（飞机、导弹、卫星或空间站等）。一般约定地面（包括地下）和水面（包括水下）统称为面。这样，导弹可分为面对面导弹、面对空导弹、空对面导弹和空对空导弹四大类。

3）按作战使命分类

按作战使命分类，导弹可以分为战略导弹和战术导弹。

4）按飞行弹道特点分类

按飞行弹道特点，导弹可以分为弹道导弹和巡航导弹。

（1）弹道导弹。

弹道导弹的飞行轨迹一般事先经过严格计算，由火箭发动机将弹道导弹送至预定高度并达到预定速度后发动机关机，弹头靠其惯性沿着预定弹道飞向目标。弹道导弹的整个弹道分为主动段和被动段。主动段弹道是导弹在火箭发动机推力和制导系统作用下，从发射点到火箭发动机关机时的飞行轨迹；被动段弹道是导弹从火箭发动机关机点到弹头爆炸点，按照在主动段终点获得的给定速度和弹道倾角作惯性飞行的轨迹。弹道导弹一般是从地面、海面或水下发射，打击地面固定目标的地对地导弹，大部分弹道处于稀薄大气层或外大气层内，是实现远程精确打击的首选和主导武器之一，一般作为战略武器使用，洲际弹道导弹发射如图5.2 所示。

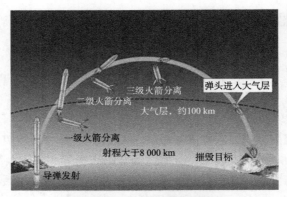

图 5.2　洲际弹道导弹发射示意

为提高突防和打击多个目标的能力，战略弹道导弹可携带多弹头（集束式多弹头或分导式多弹头）和突防装置；有的弹道导弹弹头还带有末制导系统，用于机动飞行，准确攻击目标。弹道导弹的主要特点：弹体庞大（起飞质量可达220 t）、速度快（高空飞行速度可达 13 Ma ~14 Ma，在入大气层后飞行速度可达到 6 Ma ~7 Ma 及以上）、射程远（洲际弹道导弹射程可达16 000 km）、精度高（11 400 km 射程的误差仅为120 m）、打击威力大（最大TNT 当量可达2 500 万吨）。弹道导弹按作战应用可分为战略弹道导弹、战役弹道导弹和战术弹道导弹；按发射点与目标位置，可分为地地弹道导弹和潜地弹道导弹；按射程，可分为近程弹道导弹、中程弹道导弹、远程弹道导弹和洲际弹道导弹；按使用推进剂，可分为液体推进剂弹道导弹和固体推进剂弹道导弹；按结构，可分为单级和多级弹道导弹；按发射方式，可分为地下井发射弹道导弹、地面机动发射弹道导弹和水下机动发射弹道导弹；等等。弹道导弹按射程、弹头数、动力系统和作战应用的分类如图 5.3 所示。

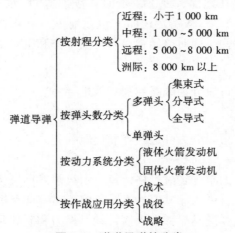

图 5.3　弹道导弹的分类

（2）巡航导弹。

巡航导弹（又称飞航导弹、有翼导弹），是指通过弹体、弹翼和舵面产生空气动力，控制和稳定导弹在稠密大气层内飞行，使导弹在飞行过程中始终保持匀速状态或等高的巡航状态。巡航状态指的是导弹在火箭助推器加速后，主发动机的推力与阻力平衡，弹翼的升力与重力平衡，以近于恒速、等高度飞行的状态。在这种状态下，单位航程的耗油量最少。其飞行弹道通常由起飞爬升段、巡航（水平飞行）段和俯冲段组成。图 5.4 所示为一种反舰巡航导弹的典型弹道示意图，分为助推爬升段、平飞段以及捕捉到目标后的攻击段。

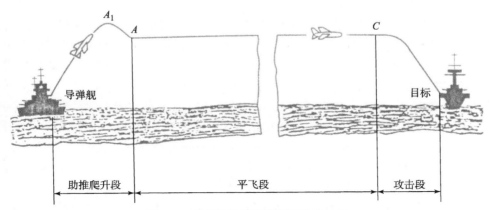

图 5.4　反舰巡航导弹的典型弹道示意

巡航导弹可以从地面、空中、水面或水下发射（部分潜艇也可发射），攻击固定目标或活动目标，既可作为战术武器，也可作为战略武器。战斗部为普通装药或核装，多安装在导弹前段或中段。战略巡航导弹多携带威力大的核战斗部。战术巡航导弹多携带常规战斗部，也可携带核战斗部。现代巡航导弹体积小，质量轻，弹翼可折叠，便于各种机动平台发射，因而提高了武器系统的机动性和生存能力。巡航导弹在巡航段时，红外辐射特性不明显，加之它实行飞行高度控制，利用地形地物进行隐蔽飞行和绕道飞行，从而对其实施巡航段拦截十分困难，即其突防能力强。巡航导弹命中精度高，可有效攻击目标。

巡航导弹按作战使用可以分为战略巡航导弹和战术巡航导弹；按载体平台不同可以分为车载、机载、舰（潜）载巡航导弹；按射程可以分为近、中、远程巡航导弹；按飞行速度可以分为亚声速、超声速、高超声速巡航导弹；按隐身性能可以分为隐形与非隐形巡航导弹；按发射位置和目标位置的不同可以分为地地、舰（潜）地、空地、舰舰和岸舰巡航导弹。著名的巡航导弹有美国战斧巡航导弹。远程巡航导弹一般采用惯性－地形匹配制导系统，利用地形匹配制导来修正惯性制导的误差。

除了以上 4 种分类方法，导弹还可以按照所攻击的目标分为攻击固定目标的导弹和攻击活动目标的导弹；按所攻击目标的特征，可以分为反卫星导弹（专门用于攻击卫星的导弹）、反飞机导弹（专门用于攻击飞机的导弹）、反弹道导弹（专门用于攻击弹道导弹的导弹）、反坦克导弹（专门用于攻击坦克的导弹）、反舰导弹（专门用于攻击舰艇的导弹）、反潜导弹（专门用于攻击潜艇的导弹）、反辐射导弹（专门用于攻击雷达的导弹）等；按发射点特征，可以分为机载导弹、舰载导弹、车载导弹、炮射导弹等。

5.2.3　反导系统

1. 美国战略防御计划

美国战略防御计划，是反弹道导弹防御系统之战略防御计划的简称，也称星球大战计划（SDI）。该计划以各种手段攻击敌方的外太空的洲际战略导弹和外太空航天器，以防止敌对国家对美国及其盟国发动的核打击，其技术手段包括在外太空和地面部署高能定向武器（如微波、激光、高能粒子束、电磁动能武器等）或常规打击武器，在敌方战略导弹来袭的各个阶段进行多层次的拦截。美国的许多盟国，包括英国、意大利、以色列、日本等，也在美国的要求下不同程度地参与了这项计划。

星球大战计划是一个以宇宙空间为主要基地，由全球监视、预警与识别系统，拦截系统以及指挥、控制和通信系统组成的多层次太空防御计划，分为"洲际弹道导弹防御计划"和"反卫星计划"两部分。拦截系统由天基侦察卫星、天基反导弹卫星组成第一道防线，用常规弹头或定向武器攻击在发射和穿越大气层阶段的战略导弹；用陆基或舰载激光武器摧毁穿出大气层的分离弹头；用天基定向武器、电磁动能武器或陆基或舰载激光武器攻击在再入大气层前阶段飞行的核弹头；用反导导弹、动能武器、粒子束等武器摧毁重返大气层后的"漏网之鱼"。经过这4道防线，可以确保对来袭核弹的99%摧毁率。同时，在核战争发生时，以反卫星武器摧毁敌方的军用卫星，打击、削弱敌方的监视、预警、通信、导航能力。

"星球大战计划"的出台背景是冷战后期，美、苏两个超级大国的"核平衡"战略。美国在已经花费了近千亿美元的费用后，虽然于20世纪90年代宣布中止"星球大战计划"，但实际上并没有停止，而是以新的导弹防御系统来替代，主要包括战区导弹防御系统和国家导弹防御系统等。许多该计划中进行的研究、实验装置现在仍然发挥着作用。

2. 美军战区导弹防御系统

美国战区导弹防御系统（TMD），是一个多层、有效协作的导弹防御体系，旨在保护美国海外各战区的重要设施、前沿部队及盟友免遭战区弹道导弹攻击。它是美国为在全球建立军事优势，特别是在东亚建立以美国为主导的安全合作体系而推出的军事防御系统。美国认为所有威胁不到美国本土的弹道导弹都属于"战区弹道导弹"，只有能够打到美国本土的弹道导弹才是"战略弹道导弹"。因此，战区导弹防御系统是"用于保护美国本土以外一个战区免遭近程弹道导弹、中程弹道导弹或远程弹道导弹攻击的武器系统"。

美国军方对于战区导弹的防卫有以下4种主要策略：

（1）在来袭导弹发射前，侦察到并将其摧毁，使其不能构成潜在威胁（先行拦截）。

（2）在来袭导弹发射升空时，将其摧毁在发射国内（助推段拦截）。

（3）在来袭导弹尚在大气层外或刚返回大气层飞行途中，予以摧毁（中段拦截）。

（4）在来袭导弹重回大气层的弹道飞行末段（已进入保护区），予以摧毁（末段拦截）。

美国战区导弹防御系统的设想由低层防御和高层防御两部分组成。低层防御包括"爱国者-3""扩大的中程防空系统""海军区域防御系统"；高层防御包括"陆军战区高空区域防御系统"（THAAD系统，萨德系统）、"海军战区防御体系""空军助推段防御"。其中，"爱国者-3""海军区域防御系统""陆军战区高空区域防御系统""海军战区防御体系"构成战区导弹防御系统的核心。

萨德系统是TMD的关键部分，是专门用于对付大规模弹道导弹袭击的防御系统，如图5.5所示。萨德系统主要用于阻截远程战区级弹道导弹，其目标是要在远处高空将导弹击落，以提高防范战区弹道导弹威胁的能力，尤其是对一些有较大杀伤力的武器，可以在远处和高空就把它们击落，以防后患。萨德系统由携带8枚拦截弹的发射装置、AN/TPY-2 X波段雷达、火控通信系统及作战管理系统组成。萨德系统的八联装导弹发射装置安装在一辆

10×10 重型扩展机动战术卡车上，拦截弹由一级固体助推火箭和作为弹头的 KKV（动能杀伤飞行器）组成，全弹起飞质量约 600 kg，飞行速度为 2 000 m/s。THAAD 雷达能满足能力更强的宽域防御雷达的迫切需求，具有威胁攻击预警、威胁类型识别、拦截导弹火控、外部传感器提示、发射和弹着点判断等功能。THAAD 的标准雷达配置是一台 AN/TPY－2 型 X 波段固体有源多功能相控阵雷达，是世界上性能最强的陆基机动反导探测雷达之一。该雷达对反射面积（RCS）为 1 m²（典型弹道导弹弹头的反射面积）的目标的最大探测距离约为 1 200 km。

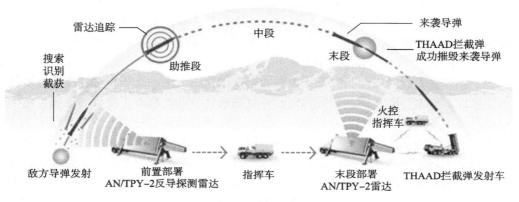

图 5.5　萨德系统示意

3. 美国国家导弹防御系统

美国国家导弹防御系统（NMD），是用于拦截攻击美国的远程和洲际弹道导弹，保卫美国全境安全的防御系统、指挥系统和拦截系统，旨在保护美国本土免遭战略弹道导弹攻击的武器系统。美国国家导弹防御系统由拦截导弹、雷达、空基传感器、改进型预警雷达以及作战、管理、指挥和通信系统等组成，有 2 处发射阵地、3 个指挥中心、5 个通信中继站、15 部雷达、30 颗卫星、250 个地下发射井和 250 枚拦截导弹系统，构成预警卫星、预警雷达、地基雷达、地基拦截导弹和作战管理指挥控制通信系统 5 大部分。该系统将形成一个囊括太空、陆地和海洋的"天网"，对有可能袭击美国的战略弹道导弹实施全过程、多层次的拦截，从而保证美国的"绝对安全"。

（1）预警卫星，用于探测敌方导弹的发射，提供预警和敌方弹道导弹发射点和落点的信息。这些卫星都属于天基红外系统，也就是通过探测敌方发射导弹时喷射的烟火的红外辐射信号来探测导弹。

（2）预警雷达，是国家导弹防御系统的"眼睛"，能预警到 4 000 ~ 4 800 km 远的目标。

（3）地基雷达，是一种 X 波段、宽频带、大孔径相控阵雷达，将地基拦截导弹导引到作战空域。

（4）地基拦截导弹，是美国国家导弹防御系统的核心，由助推火箭和拦截器（弹头）组成。助推火箭将拦截器送到目标邻近，拦截器靠携带的红外探测器盯上来袭导弹，自动调整方向和高度，竭尽全力在太空上（靠动能）与它相撞，与对方同归于尽。

5.2.4　火箭武器的发展

1. 火箭武器的发展简史

我国古代劳动人民是火箭的发明者。早在公元 969 年，冯继升和岳义方等人将装满黑火药的竹筒绑在普通的箭上，黑火药点燃后，箭便由弓射出去，这样就提高了箭的飞行速度和射程，这就是最早的火箭。11—13 世纪，宋与金、元交兵时，宋军就使用了火箭。后来元军西征，将火箭技术传到阿拉伯地区，后来传到欧洲。14—17 世纪，尤其是在我国明代，制造火箭的技术有了发展。当时为了提高火箭杀伤威力，制造了一种许多支火箭齐射的火箭束；后来，还又制造了一种名叫"火龙出水"的水上火箭，它在离水面 1 m 多高时点火，能够在水面飞行 1.0～1.5 km。

14 世纪初，欧洲将火箭用于军事。17 世纪，印度、英国都使用过火箭作战。19 世纪 60 年代，由于发明了射程和射击精度都比火箭强得多的线膛火炮，于是火炮在战争中取代了火箭。虽然如此，科家学对火箭的研究和实验一直在进行，而且取得了很大的进展。由于火炮发射时要承受很高的膛压和很大的后坐力，因此火炮比较笨重。特别是随着射程增加，炮弹质量加大，矛盾就更加突出。20 世纪二三十年代，无烟火药的出现为火箭提供了高能火药，同时发动机的结构和原理也日益完善，于是人们又转向发展火箭作为武器。第二次世界大战期间，苏联军队在反法西斯战争中大量使用的火箭弹发挥了巨大的威力。第二次世界大战后，苏联仍然重视火箭弹的发展，美、德、意等国也十分注重火箭弹的研制工作。20 世纪 50 年代，火箭弹的最大射程约为 10 km；20 世纪六七十年代，大多数火箭弹的最大射程为 20 km；而 20 世纪 80 年代新发展的火箭弹的射程已超过 30～40 km，苏联研制的 300 mm 火箭弹射程达到 70 km，中国研制的 WM－80 型火箭弹的最大射程超过 80 km。21 世纪初，随着火箭技术、制导技术的发展，出现了简易制导的火箭弹，其射程达到 150 km 以上，密集度得到大幅度提高。

战争要求使用的武器射程远、命中准确度高、威力大，促使人们研究对火箭的进一步改进。20 世纪 30 年代，电子技术取得了新的进展，为导弹的发展提供了条件。希特勒为了准备侵略战争，积极从事火箭与导弹武器的研究工作，在 1933 年特别建立了火箭和导弹研究中心，终于在 1942 年研制成使用液体火箭发动机的射程为 320 km 的"Ⅴ－2"弹道式导弹。"Ⅴ－2"导弹的出现是火箭技术发展进入一个新阶段的标志。第二次世界大战后，各国都十分重视发展导弹。美、苏两国都在德国"Ⅴ－2"等导弹的基础上制成了射程达数百千米以上的弹道式导弹和飞航式导弹。20 世纪 50 年代以后，科学技术取得了飞跃发展，为导弹提供了进一步发展的基础。苏联于 1957 年 10 月成功发射了第一颗人造地球卫星和洲际弹道式导弹，在世界处于领先地位。美国为了赶上苏联在导弹方面的优势，从 1957 年开始，加紧发展中程导弹和洲际导弹，迅速弥补了当时与苏联在导弹方面的差距。美、苏两国在发展远程战略导弹的同时，也大力发展各种战术导弹，其中以防空导弹最受重视、发展最快。从 20 世纪 50 年代开始，美、苏两国相继发展并装备了地（舰）对空导弹。到目前为止，美、俄在地（舰）对空导弹方面，已经发展到了可以攻击超低空、低空、中低空、高空、超高空目标以及反洲际导弹的各种导弹。美、俄两国还发展了多种型号的空对空导弹、空对地（舰）导弹、反舰（潜）导弹、巡航导弹及反坦克导弹。与此同时，英、法、德和意等国也研制了不同类型的导弹，并且在战术导弹的某些方面还处于先进地位。

我国自 1966 年 10 月 27 日发射弹道导弹并试验成功之后，多次向太平洋海域和其他海域发射运载火箭；此外，还由潜艇从水下发射了运载火箭；自 1970 年 4 月 24 日发射第一颗地球卫星之后，也多次发射了其他地球卫星、科学实验卫星、试验通信卫星，并多次成功地进行了国际商用卫星发射等。这些事实说明，我国当前在火箭技术、导弹技术、空间技术等方面获得了巨大的成就，特别是在回收技术、静止卫星、一箭多星和载人航天技术等方面进入了世界先进行列。

2. 火箭武器的发展趋势

为满足未来现代化战争对火箭武器装备的需求，还需要对相关关键技术开展更深入的研究，突破关键技术以后，开展一些综合性能更好的火箭武器型号的研制工作。

分析火箭武器的研制和发展过程，目前主要存在的问题有以下几方面：

（1）单兵火箭使用的改性双基推进剂的燃速较低、安全性较差，无法满足大装填密度发动机设计的需求。

（2）高能效性双基和复合推进剂机械性能较差，无法满足过载发射增程火箭发动机设计的需求。

（3）简易制导技术的一些关键问题还需要突破。

（4）药柱包覆、燃烧室和喷管的热防护材料及工艺技术还需要进一步研究。

（5）在恶劣环境下，火箭发动机的工作可靠性还有待提高。

为了使火箭武器向远程化、高精度、大威力以及低成本方向发展，未来在火箭武器及其相关技术方面，将主要开展以下几方面的研究工作：

（1）加强简易制导及弹道修正技术的研究。重点研究惯性器件、导引头、控制及导航器件的低成本、小型化和抗高过载技术，用于姿态修正的电、气动舵机及脉冲矢量发动机技术等。

（2）加强高能固体推进剂、药柱包覆及结构件热防护材料和制造工艺研究。提高固体推进剂的力学性能和燃速范围，包覆及热防护材料的力学性能和温度适应范围，改进相关制造工艺，提高包覆及隔热的可靠性。

（3）开展高强度、轻质复合材料在火箭武器结构件制造中的应用技术研究。主要解决材料、制造工艺及低成本等技术问题。

（4）开展新型推进动力装置设计及应用技术研究。主要研究凝胶推进剂火箭发动机、多脉冲火箭发动机等技术。

（5）开展远程单兵火箭武器的型号研制。采用双脉冲火箭发动机技术和末制导技术等，使单兵火箭的有效射程达到 800 ~ 1 000 m。

（6）开展制导火箭武器的型号研制。采用低成本全程制导和末制导技术，大幅度提高火箭武器的射击精度。

（7）开展超远程制导火箭武器的型号研制。采用高能推进剂、高强度低密度复合材料和低成本制导技术，使野战火箭的射程达到 300 km 以上。

（8）开展超远程制导炮弹的型号研制。采用火箭/滑翔复合增程和低成本制导技术，使炮弹的射程和精度大幅度提高。

（9）在现有发射平台上，开展不同射程、不同战斗部类型的新弹种研制，以满足不同作战任务的需求。

5.2.5 火箭武器技术

1. 总体设计技术

火箭导弹系统是一项复杂系统，其中任何一部分又有多种选择方法。导弹总体方案设计就是将其各部分有机地组合为一个整体，并能满足给定的战术技术指标要求。运用计算机进行火箭导弹的总体方案设计，可大大提高导弹总体设计的质量、缩短设计周期。火箭导弹总体设计一般包括：分析目标特性及战术技术指标；导弹总体方案设计；导弹性能的计算；方案的评估；选出最佳方案。通常，分别建立数据文件库和数学模型，将其有机地联系在一起，通过运行可得到火箭导弹总体参数、各分系统的主要参数，以及各分系统之间的协调参数，从而完成导弹总体设计。

2. 推进技术

动力装置是火箭武器系统的重要组成部分，它的发展必须适应火箭武器发展的要求，尤其应适应未来战术导弹攻击多目标、快速机动、全天候作战、垂直发射、飞行控制、三军通用、集装箱化的发展特点。

1）火箭发动机技术

（1）提高火箭发动机性能，即提高发动机比冲、质量比、装填系数、壳体效率。为了达到这些要求，不应过分追求单项高指标，而应着眼于最佳的综合性能，使每部分的性能都充分发挥。

（2）简化发动机结构。无喷管发动机是一种新型发动机，由于它结构简单，因此能提高发动机的工作可靠性。在能量损失、压力时间曲线和重现性等方面得到进一步完善后，无喷管发动机还可能用于中小型战术导弹。此外，固体发动机结构简化也是提高发动机性能的重要途径之一。

（3）组合（混合）应用。组合（混合）应用也将是弹箭动力装置发展的一个重要途径。目前，已经出现了整体式固体火箭冲压组合发动机、固体火箭发动机与小型涡轮喷气发动机的组合应用，以及涡轮冲压组合发动机，还可能出现新的混合应用。发动机各部件、组件的混合应用也是极重要的发展方面，如采用不同几何形状的混合装药结构、复合改性双基推进剂等。若发动机部件模式化，则可以将不同发动机的先进部件或结构在较短时间内组拼成新型发动机。

（4）推力控制技术。它包括推力大小调节与推力矢量控制两方面。弹箭的飞行和机动性能的改善都需要推力控制系统。

（5）材料与工艺。弹箭发动机的金属结构材料和喷管喉衬材料技术主要是稳定、完善材料性能，进一步改善工艺性及降低成本。纤维缠绕的壳体将逐渐在弹箭发动机中获得应用。要解决复合材料壳体的刚度、外部承力件的连接及对广泛环境条件的适应性，焊接、缠绕及整体旋压仍将是壳体成型的重要工艺途径。此外，装药、包覆工艺和产品质量控制都有待进一步提高。

2）推进剂

为适应各种弹箭动力和能源装置发展需要，在大力发展火箭推进剂的同时，还应积极开展冲压推进剂、燃气发生器推进剂的研制工作。提高推进剂能量、完善质量控制、降低成本、扩大燃速范围、调节压力指数、降低温度敏感系数、提高性能精度和提高使用寿命等，无疑都将是推进剂发展的重要课题。

3. 战斗部技术

为了适应对付各类目标的需要，随着火箭导弹发展，战斗部在毁伤机理、终点效应、结构设计、测试技术、设计方法等方面皆有很大发展。同时，随着目标的发展，对战斗部也提出一些急待解决的课题。从战斗部的发展历史来看，战斗部技术主要是研制成满足所对付目标的要求、符合战斗使用、性能优越的战斗部，并与全弹各分系统性能参数协调，使武器系统的性能达到最优，包括反空中目标的战斗部、反装甲战斗部、反地面目标战斗部、反海上目标战斗部等。

4. 制导技术

决定未来导弹制导系统发展趋势的主要刺激性因素是战争威胁。因此，未来制导系统的特点将大部分取决于所出现的威胁。除了命中精度、存活能力等性能在量上的提高外，还可能出现某些质的新变化。涉及未来威胁目标系列包括：具有新的质和量的变化情况；高机动性、无人驾驶的、超声速飞行器。其具有代表性的武器是全高速、超声速反舰导弹，并包含高加速度值的随机机动飞行。这些特性大大增加了防御区域目标的困难。此外，对防御系统的挑战是协调的大规模攻击，在许多情况下，威胁来自所有方向，并可能和假目标混合在一起，几乎在任何气候条件下，广泛使用具有高的频谱密度或具有伪装的信号形式（智能干扰）电子干扰（ECM）和光学干扰（OCM），亦可能发动攻击。从所考虑的威胁情况可以得出导弹防御系统的需求，包括高度机动目标寻的能力、短的反应时间、拦截多目标的能力、覆盖全方位（360°）的能力、强大的火力、全天候的能力、高度抗光学和电子干扰等。

5. 姿态控制技术

姿态控制，是指自动稳定和控制弹（箭）绕质心运动，其主要功能是克服弹（箭）体飞行中的各种干扰，确保弹（箭）飞行稳定，并根据预先拟订的飞行姿态程序角或制导系统给出的导引指令，实时准确控制弹（箭）的飞行姿态，以达到预定的控制目的。未来战争对弹（箭）在机动性、可靠性、控制精度方面都提出了更高的要求，现有的控制方案难以完全适应，因此必须寻求新的控制方案，以适应日趋复杂的被控对象。姿态系统的研究方向及研究内容有：先进控制理论应用研究；姿态控制系统可靠性设计技术；姿态控制系统 CAD 技术研究；控制系统仿真技术；弹（箭）控制方法研究；等等。

6. 安全技术

国内外在火箭导弹系统安全工程研究方面投入了大量人力、物力和财力，取得了一系列成果，促进了战斗力的提高，同时火箭导弹安全性研究工作也逐渐步入系统安全工程的成熟阶段。安全性设计是系统安全性研究的起点，也是重中之重。火箭导弹安全性研究要把安全性设计综合到武器系统中，而不是出于使用考虑而事后增加，还应当将系统安全风险管理纳入整个系统工程和风险管理程序。军用软件安全性研究是系统安全性研究的一个重大课题。随着各种新技术、新材料、新方法的创新发展，系统安全性研究将更加网络化、自动化和智能化。在借鉴航空事故统计和预防经验的基础上，将系统工程学的原理、方法、步骤等引用到火箭导弹安全性研究工作中，形成系统安全理论，已制定了一系列系统安全性工作标准。

例如：对系统方案的选择进行安全性与可靠性比较和评价，从中选择最佳方案；研究系统在研制过程及生产、使用中的安全性保障措施；进行安全性设计复核及安全性地面验证试验，并监督安全性要求的实施情况。

5.3 火箭武器发射技术及其发展

5.3.1 火箭武器发射的基本概念

发射方式是指由火箭武器的发射基点、发射动力、发射姿态和发射装置所综合组成的发射方案，是发射时火箭武器所处的状态和采用的技术手段的统称。它是由火箭武器的类型和战术技术要求所决定的。不同的发射方式各有优点，又各有不足。

1. 按发射位置分类

按发射位置，发射方式可以分为地面发射、地下发射、水面发射、水下发射和空中发射。

（1）地面发射分为固定发射和机动发射。地面固定发射，是指利用固定在地面上的发射系统实施发射。早期的中、远程地地导弹和地空导弹多采用这种发射方式。为了提高导弹的生存能力，后来有的采用发射前在地下储存。地面机动发射，是指利用车载或便携式发射装置，实施行进间或快速定点发射，通常有越野机动发射、公路机动发射和铁道机动发射等方式。其中，越野机动发射灵活性好，便于转移。现在战术导弹和火箭弹大多采用地面机动发射。

（2）地下发射，通常是指地下井发射，是利用地下井储存并实施发射。远程、洲际地地弹道导弹主要采用这种发射方式。

（3）水面发射，是指利用各种舰（船）载发射系统实施发射。采用这种发射方式的有舰载火箭弹、舰地导弹、舰舰导弹、舰空导弹等。

（4）水下发射，是指利用潜艇发射系统在水下实施发射。这种发射方式隐蔽、机动，活动海域广阔，具有较高的生存能力。潜地导弹采用这种发射方式。

（5）空中发射，是指利用各种机载发射系统在空中实施发射。这种发射方式活动空域广阔，机动性好，生存能力和攻击能力强，广泛应用于机载火箭弹、空地导弹、空空导弹、空舰导弹和空潜导弹等。

2. 按起飞姿态分类

按起飞姿态，发射方式可以分为水平发射、倾斜发射和垂直发射。

（1）水平发射，是指火箭武器呈水平状态的发射。空中发射、地面反坦克火箭导弹、水面利用鱼雷管发射的火箭导弹等，一般采用这种发射方式。

（2）倾斜发射，是指火箭武器处于倾斜状态下的发射。陆军使用的火箭炮基本上采用倾斜发射方式，地空导弹、舰空导弹、反潜导弹和巡航导弹等，一般地采用这种发射方式。

（3）垂直发射，是指火箭武器呈垂直状态的发射。地地和潜地弹道导弹，某些地空导弹、舰空导弹和巡航导弹等，采用这种发射方式。

3. 按发射时所用的动力分类

按发射时所用的动力，发射方式可以分为自力发射（又称热发射）和外力发射（又称冷发射或称弹射）。

（1）自力发射，是指火箭导弹在发射装置上利用自身的发动机直接点火的发射。在地下井内采用这种发射方式，需排除导弹发射时所产生的大量高温燃气流的影响，因此，导弹发射井需设排焰系统或增大井径。

（2）外力发射，是指靠外部动力使火箭导弹弹出飞离发射装置到达一定距离时，发动机点火而实施的发射，用于潜射导弹的水下发射、陆基弹道导弹的井内发射和机动发射。这种发射方式可使导弹在发动机点火前获得一定初速，无高温燃气流的影响，导弹装在发射筒内能改善储存条件，但发射装置比较复杂。

本书主要以火箭炮为主来介绍地面机动发射装置。

5.3.2　火箭导弹发射装置及其主要作用

火箭导弹发射装置是指用来发射火箭弹、导弹的硬件系统与软件系统。典型火箭导弹发射装置的构成示意如图 5.6 所示。

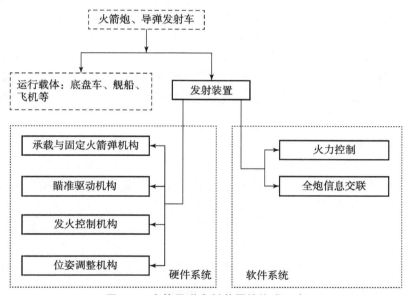

图 5.6　火箭导弹发射装置的构成示意

1. 硬件系统

火箭导弹发射硬件系统主要包括：承载与固定火箭弹机构（包括定向器（含定向管、导向滑轨）、闭锁挡弹等机构）、瞄准驱动机构（包括高低机、方向机、能量源（电机、液压马达）、传动机构等）、发火控制机构（包括检测火箭弹状态、提供点火能量、分配点火顺序等功能部件）、位姿调整机构（包括车体的调平、行军固定器、底架固定器等机构）。

2. 软件系统

火箭导弹发射软件系统主要包括：火力控制（包括射角、方位角的调整及其精度保障，射击诸元的计算，发射方式的选择等）、全炮信息交联（基于总线或者网络的全炮信息收集、传递、分配以及与上级指挥系统的信息沟通等）。

发射装置作为火箭武器系统的一个重要组成部分，其主要作用有：

（1）在运输和行军过程中，承载和保护火箭弹。

（2）在瞄准过程中，快速、精确定位火箭弹的射击方向。

（3）在发射过程中，可靠点火，提供火箭弹一定初速和尽可能小的扰动，以保证射击密集度。

5.3.3 火箭发射装置结构类型

在众多火箭发射装置种类中，根据不同的需要，发展出了不同类型的结构形式。例如，以定向器种类区分，有筒式、滑轨式、笼式、箱式等。

1. 筒式定向器

筒式定向器的定向筒由无缝钢管制成或用钢板卷压焊接而成；也可采用整体旋压和冷压、冷拔等方式生成毛坯，然后精加工而成。由于它有闭合的圆柱面，故导流性能好，燃气射流引起的振动较小，且弹在定向器内运动是平滑的，冲击程度小，因而有利于密集度的提高。其次，它可保证火箭弹不受外界物体的损害。此外，它的制造工艺性较好，检查、涂油均较方便。但是，口径较大的筒式定向器单位长度的质量较大，且它难以用来发射不可折叠的超弹径的尾翼弹。因此，筒式定向器可用来发射口径较小的涡轮弹，也可用来发射同口径尾翼弹或折叠尾翼弹。反坦克火箭筒通常使用筒式定向器，因为它有封闭燃气射流、保护射手的优点。为了快速火力覆盖敌集群目标，火箭发射筒式定向器常采用发射管束式联装，即管束式发射装置。所谓管束式发射装置，就是用前后护板和紧定束带将数十根发射管固定成一个统一的发射管束，如图 5.7 所示。

2. 滑轨式定向器

滑轨式定向器的滑轨一般用普遍热轧型钢加工而成。它对于重型火箭弹能实现由上方装弹，但若从后方装弹，则不如笼式、筒式定向器方便。滑轨式定向器的横断面较小，燃气射流作用力也小，但由于滑轨仅从一个方向反射燃气射流，因而发射装置的振动仍然不小，这将影响射击密集度。滑轨式定向器一般用来发射各种口径的尾翼弹，最适宜于发射尾翼较大的尾翼弹。БМ–13"喀秋莎"火箭炮是最为出名的火箭炮之一，是滑轨式发射装置的代表，如图 5.8 所示。火箭弹依靠定向钮与滑轨间的配合来保证运动方向，定向钮既是导向钮又是吊钩，上下两排共 16 枚火箭弹，可依次连续发射，也可按照需要逐一发射。

图 5.7 俄 БМ–21 "冰雹" 40 管火箭炮

图 5.8 БМ–13 "喀秋莎" 火箭炮

3. 笼式定向器

笼式定向器，也称框架式定向器，一般用导杆和套箍焊接加工而成，如图 5.9 所示。由于它没有闭合圆柱面，发射装置受燃气射流冲击引起的振动较大，火箭弹与导杆的撞击也较大，故不利于密集度的提高。为了提高密集度，可将笼式定向器的四周用薄钢板封闭，以减小发射装置受燃气射流冲击所引起的振动。此外，笼式定向器的焊缝分布复杂，焊接工作量大，生产效率低；它自身结构刚度较差，机械加工不易达到较高精度。但它与筒式定向器相比，更便于发射尾翼弹，且单位长度质量小，因此通常用于发射中口径（200～400 mm）的涡轮弹和尾翼弹。

图 5.9　笼式定向器

4. 箱式定向器

管束式发射装置发射完毕后，必须由炮手向每一根定向管重新装弹，不但耗费体力，也容易贻误战机。箱式定向器设计，也称储运发箱式定向器，是指把一门火箭炮的所有定向器集成在焊接结构的框架式箱体内，以实现储存、运输和发射一体化。发射完毕后，这种箱体只要用专门配属的弹药运输车上安装的起吊机整体吊装即可更换，摇架上的箱式定向器固定座设有快速解脱与快速定位/精确固定的装置，这样不仅免去了人工再装填的繁重体力劳动，还能大大加快再装填速度，迅速进行第二次齐射，并能够根据不同的作战任务，组成不同的弹药模块。箱式定向器的定向管一般采用复合材料，其刚度和强度完全可以与金属定向管媲美，使整个定向器组的质量减轻许多，并能够满足一次性使用、"打完即扔"的成本要求。在工厂生产时，就预先将整个火箭弹容纳于定向器中，前后利用定向破碎的塑料端盖进行密封。这样一来，每一根定向器既可用于发射，又可作为包装和运输的储存器。这种发射 – 储存器能够防潮湿、防盐雾、防霉变，在出厂后库存很长一段时间内都不必做任何维护，从而减少日常勤务工作。在储藏期间、运输途中、战场吊装过程中，都无须进行任何调整，大大简化了阵地发射准备过程，其带来的优越性不言而喻。美国 M270 火箭炮是世界上第一种采用储运发箱式发射技术的火箭炮（图 5.10），发射装置可装入 2 个储运发射箱，或同时装入 1 个火箭储运发射箱和 1 枚陆军战术导弹的发射箱。储运发射箱内固定 6 根发射管，容纳 6 枚火箭弹。储运发射箱用于储存、运输和发射火箭弹。

图 5.10　美国 M270 式 227 mm 多管火箭炮

5.3.4　火箭武器发射装置的发展

1. 火箭与导弹发射装置的发展简史

几百年前，用于控制火箭飞行方向的是一段开口的竹筒，这是火箭发射装置的雏形。火药的发明使热兵器逐渐成为战争的主宰和武器发展的热点，两次世界大战成就了火炮这一"战争之神"。20 世纪 40 年代诞生的以"喀秋莎"为代表的现代火箭炮，则赋予了传统"火炮"概念以新的内涵。1941 年，苏联在对德国的作战中首次成建制地使用了当时最为先进的火箭炮 БМ－13，又称"喀秋莎"，其凶猛的火力对德国军队造成了身体和心理的巨大打击。随着火箭炮在这次战役中一战成名，迅速引发了世界各国对火箭炮研制的投入。近些年来，火箭武器发展极其迅猛，世界各国都在研发种类繁多的火箭炮，其使用范围覆盖陆、海、空；口径从 40 mm 到约 600 mm；射程也由原来的几千米延伸至几百千米；作战功能由单纯杀伤演化为以杀伤为主，兼具攻坚、防空、反坦克和反轻型装甲等目标，同时还诞生了大量用于非作战目的的多功能火箭武器系统。我国火箭炮经历了从引进、仿制到自主研发的发展历程，各时期的先进武器装备不仅满足了我军自需，还出口到世界各国。107 mm 火箭炮在目前仍被世界各国视为经典，被赋予火箭炮中的"AK47"美称。现代火箭炮的发射装置始于滑轨式，用于发射低速旋转尾翼式火箭弹。为提高发射精度、缩短再装填时间，又发明了筒式定向器和储运发箱式定向器。高低方位调整在经历了手动、电驱动、电控和随动的发展阶段后，其自动化程度和控制精度大幅提高。运行体从牵引式、轮式到履带式，经历了轻型、中型到重型的发展过程，使武器系统的适应性不断提升。武器系统的集成化、信息化和智能化程度的不断提高及其综合性能的逐步改善，引起火箭武器系统的"体积"越来越庞大、结构越来越复杂，因而其设计难度也越来越大。

2. 火箭与导弹发射装置的发展趋势

为了满足现代战争的需要，结合现有火箭武器的特点，未来火箭导弹发射装置的发展将极大程度地围绕通用发射平台展开，与其相关的技术将得到广泛而深入的研究。发展方向和内容如下：

（1）通用发射平台技术。例如，大质量、大惯量变化对平台的影响；平台适应不对称发射环境的能力，如单边装载弹药发射、行军带来的结构刚强度问题。

（2）储运发箱技术。使用通用发射平台发射各种类型的火箭弹，必须结合储运发箱技术。不同弹径、不同长度的火箭弹和导弹借助储运发箱而拥有了统一的"接口"，根据不同作战目的装配不同的储运发箱，以实现不同弹药的发射。

（3）高机动性发射平台技术。未来战争要求武器装备具有更高的机动性，包括战术机动、战役机动。其中，战役机动要求武器装备必须具备空投空降的能力。受限于运载飞机的承载能力，要求武器装备必须具有较轻的全重质量。

（4）信息交联技术。将武器发射平台与指控系统应用数据链系统进行有机连接，把分布在作战区域的指控系统与武器发射平台联系在一起，实现战术信息快速交换和态势信息共享，使得指战员能够实时掌握战场态势，从而缩短决策时间，提高指挥速度和协同能力，对敌方快速、精确、连续地实施打击。

（5）故障在线检测技术。应用自动化技术和信息技术进行现场故障状态分析，并发出故障类型信号，使维护人员快速反应并排除故障。

5.3.5 火箭武器发射技术

火箭武器发射具有其特殊性，如初速较低、弹长较长、质量较大。因此，对于无控火箭弹而言，发射时发射装置对火箭弹的起始扰动等成为火箭弹散布的主要原因。为了设计性能优良的火箭发射装置，需主要研究和解决以下关键技术。

1. 发射系统总体设计技术

火箭武器的显著特点之一就是可借助多个定向器在短时间内发射足量的战斗部质量，以形成比其他武器更强大的威力，可见，定向器的多少是反映武器系统威力的重要指标。同时，定向器是承受发射时燃气射流强大冲击力的主要结构件。所以，定向器的数量、集束形式以及在发射系统中的布局位置等将对武器系统的总体性能起到至关重要的作用。

1）定向器的数量

定向器的数量决定了装弹量的多少，继而决定终点的毁伤程度。因此，在进行总体布局设计时，应该先知道使用多少定向器为宜。定向器的数量可通过以下两种方法确定。

（1）根据战术技术指标，通过对终点毁伤效果的计算和分析来确定定向器数量。这种方法的优点是可以通过定量化分析来确定定向器的数量，但是该方法的使用前提是设计者需掌握弹药专业的相关知识。应该承认，在目前武器系统研发已广泛采用多学科配套的形势下，这种方法的思想比较符合高技术条件下武器系统的研制规律。

（2）依据运行体的承载能力和运动性能来确定定向器数量。当运行体载重量一定时，应设计尽可能多的定向器数量，以便能一次装填尽可能多的火箭弹。但是装弹量的多少要根据车体承载发射系统后剩余的载重量来决定，而发射系统的质量在设计未完成时是未知的。由此看来，这种情况下由发射系统质量直接推算定向器的数量是行不通的，此时可以根据概略计算方法来确定定向器的数量。

2）定向器的集束形式

在定向器数量确定后，为了保证各定向器的轴线一致，并增强其整体刚性，通常采用隔板或框架将多管定向器"加固"成定向器集束。采用这种集束形式后，定向器的每个模块可拆卸开，便于运输，这样即使是在路况复杂的山区甚至山间小道上，也可以通过人员肩背和牲畜背驮等方式实现运输，因而采用这种集束形式的火箭炮特别适用于地形复杂的作战环境。

另一种比较通用的定向器集束形式是夹板集束形式。这种形式的集束可以最大限度地减小武器系统的结构外形尺寸，因而空间利用率高。在这类定向器集束系统中，通常有一个托架与定向器集束紧密精确地配合，共同组成俯仰体。

除了以上两种常见的定向器集束形式外，近年来另一种发展较快的定向器集束形式是储运发箱式。储运发箱式集束形式将定向器和火箭弹（含引信）集于一体，储运发箱既是包装箱，又是发射箱，因而能极大地缩短弹药的再装填时间，并可实现共架发射（即一个发射架可用于发射不同口径的火箭弹甚至导弹）。在储运发箱式集束形式中，各定向器轴线的空间相互位置关系由箱体的加工和装配精度来保证；轴线与托架之间的关系则靠精确定位装置来保证，这种精确定位装置具有快速紧定和释放功能，可满足快速装填的需要。

3）耳轴与俯仰体结构和定向器布置

定向器在定向器系统中的布局方式决定俯仰体结构形式。无论采用何种布局形式，所有定向器都必须保证射线一致。受耳轴位置和射界等因素限制，定向器的系统布局并不拘于一种形式，在设计时，应在充分论证和协调的基础上，合理地规划定向器的布局。

常见的定向器布局形式有以下 4 种：

（1）整体顶置式布局——定向器集束在托架之上，整个定向器集束处于发射装置的顶层。

（2）龙门式布局。

（3）"U"字形布局。

（4）"侧挂"式布局。

2. 倾斜发射与垂直发射技术

通常情况下，倾斜发射技术发射的火箭弹是无控火箭弹，火箭弹遵照自然弹道飞行，当需要改变射击方位时，必须借助发射系统的回转机来实现方位角的调整。

垂直发射技术发射的主要是导弹，由于导弹具备自主控制弹道的能力，当导弹飞离发射装置后，依靠推力矢量技术（如空气舵、燃气舵、矢量喷管、侧喷发动机等机构）迫使导弹改变飞行轨迹。垂直发射不需要调整方位角即可实现对 360°周向位置目标的打击。

倾斜发射时，燃气射流沿发射筒或者发射轨道向斜后方喷射，排泄在火箭弹的后方，燃气射流基本上不会影响火箭弹的飞行。垂直发射时，导弹可以在发射管内点火发动机，也可以借助于弹射系统先将导弹弹射出筒，然后在一定高度点火发动机。前者必须考虑燃气射流的导流问题。

导流问题的解决可以借助于同心筒形式，内筒起导弹定向滑动作用，内外筒之间的空隙用于排泄燃气流。

3. 通用发射平台与储运发箱技术

虽然火箭炮发射的火箭弹口径不同、功效不同，但是其主要的动作和功能是相同的，就是赋予火箭弹/导弹一定的射向和射角。随着军队对于战役、战术机动性要求的不断提高，各种武器装备纷纷运用到各种各样的运行底盘上，造成部队的车辆数量和种类急剧膨胀，给部队的日常维护带来严重困难。为了更好地发挥武器装备的能力，人们越来越多地提出建设通用发射平台，以应对这种变革。通用发射平台，是指可以在一个平台上发射不同口径、不同种类的弹药，以实现不同的作战目的。在这方面，美国的 M270 火箭炮是最先达到这一要求的。

火箭炮的突出特点是多管，现代野战火箭炮的管数基本都在 10 管以上。如何将这么多的发射管整合在一起，是火箭炮的一项关键技术。目前，定向的技术形式有两种：集束式和箱式。其主要区别在于：集束式需要逐个装填火箭弹，可以借助于人工或者机械；箱式则是在火箭弹厂就已经预先装填好的，在装填时只需借助于机械一次吊装安放即可。储运发箱技术的优点有：

（1）可实现通用平台的共架发射。

（2）缩短再装填时间，提升快速打击能力。

（3）有利于火箭弹/导弹的长期储存。

4. 燃气射流冲击效应实验与仿真技术

火箭弹的推进方式不同于枪炮。发动机点火后，燃气射流不断地向后排泄，一直持续到发动机工作完毕。因此，燃气射流对于火箭武器而言具有一定的特殊性。

1）燃气射流与发射系统

对于野战火箭炮而言，为了达到一定的射程，发动机的主动段相对较长，在火箭弹出炮口后一定时间内，发动机仍处于工作状态。这样，在火箭弹出炮口近距离内，强烈的燃气射流冲击效应作用在发射系统上，对发射系统造成力冲击和热冲击破坏。力冲击可对发射系统的振动造成影响，除去燃气流冲击力外，发射过程还有其他因素可造成发射系统的振动，但是冲击力影响的量级更大，危害更大。通常，在喷管出口截面，燃气流的压力 $p_e = 1 \sim 3$ atm，$T_e = 1\,800 \sim 2\,300$ K，$Ma = 3$。燃气本身压力高于环境的压力，使燃气的压力在流出喷管出口截面后有进一步降低趋向环境压力的能力。依据超声速燃气射流的性质，沿轴线方向，压力逐渐降低，速度进一步增加，温度降低等。

2）火箭运动时燃气流的作用

定向器作为承载火箭弹的工具，还具有赋予和保持火箭弹既定射击方向以及燃气导流的功用。对于管式定向器，由于其内壁光滑，导流的效果在所有定向器形式中是最好的，目前广泛使用的野战和单兵火箭武器大多采用管式定向器。燃气流对发射装置产生的作用力主要体现在面冲击和黏性。对于面冲击，火箭弹喷管后方一定范围内，燃气射流的压力分布比较复杂，超压值较大，单位面积上产生的力较大。因此，一般要求发射装置设计时要考虑迎气面的流线型设计，即要求良好的燃气流导流效果。单兵使用的武器系统，要求发动机的工作过程在火箭弹运行在发射管期间完成，这样燃气射流不会作用在射手身上。由于火箭弹出定向器后，发动机工作已经停止，因此燃气射流对定向器管口截面的正面冲击不存在，即燃气射流的面冲击不存在。但由于燃气的黏性作用，因此在定向器的壁面上仍然存在一定的黏性摩擦力。

3）燃气射流对发射装置的冲击

动力冲击：即作用力的冲击，是造成发射装置破坏的主要因素，也是发射装置设计时需要知道的参数之一。

热冲击：燃气射流作用于发射装置上的时间非常短，所造成的系统结构表面的温度升高有限，所造成的热冲击主要体现在高温环境下的冲刷和烧蚀。

4）燃气射流冲击与发射起始扰动

火箭武器系统在发射时受到的作用力主要有：火箭弹相对于定向器的作用载荷、闭锁机构解脱时的瞬态力、带有螺旋导槽定向器的导转侧压力、燃气流的黏性摩擦力、燃气流的正面冲击力等。这些力综合成发射系统振动的激励源，燃气射流的冲击力通常占据重要地位。因此，有效地降低燃气射流冲击力，是克服或降低发射起始扰动的主要解决途径。为了设计性能稳定的发射系统，对于燃气射流的性质就必须清楚明了。这方面可借助于实验和数值仿真的方法加以解决。实验测量主要是借助于各种传感元件（如测压传感器、测温传感器等），直接测量获取燃气流场的压强、温度及其分布；数值仿真则借助于数值分析方法对各种各样的流动进行数值计算，可以揭示实验测量无法取得的特殊点的流动状况，可以和实验测量互补。

5. 行军、发射过程的动力学仿真技术

动力学问题围绕着所有机械系统。火箭炮中突出的动力学过程主要是：行军过程、调炮启动过程、闭锁机构的解脱过程、发射时的燃气射流冲击过程、连续射击时的发射装置振动过程。目前的动力学问题都可以借助于成熟软件进行求解，只是不同的软件适合于求解不同的问题。例如，求解长时程仿真问题可借助于 Adams、Algor；求解瞬态问题可利用 Abaqus、LS－DYNA等。动力学仿真研究已经开展了 20 多年，研究方法和手段趋于成熟，要求分析人员在处理边界条件、载荷施加等环节精益求精，在正确设置这些参数的情况下，计算所得结果，就可以满足工程设计的需要。

第6章　装甲车辆技术

6.1　概　　述

6.1.1　装甲车辆的基本概念

战争的根本法则是：消灭敌人，保护自己。如何"消灭敌人，保护自己"呢？在冷兵器时代，主要靠矛尖盾硬，打不赢就跑，这就需要金戈铁马。在现代战争中，主要体现在火力、机动性、防护能力。

1. 火力

火力，是指武器系统形成的杀伤、摧毁、压制和阻拦目标的能力，即指武器的杀伤力、破坏力。枪、炮、弹药是火力的象征。

2. 机动性

机动，本意是指动力驱动实现的运动。军事上，机动是指军队为争取主动或为形成较敌有利的态势，有组织地移动兵力和火力的行动。机动性是指具有机动能力。武器装备的机动性分为运行机动能力和火力机动能力两方面。

1）运行机动能力

运行机动能力，通俗而言，就是快速移动，进入阵地和转换阵地的能力，包括行走能力、行军战斗变换能力和运输适配能力。行走能力和行军战斗变换能力是武器装备的战役和战术机动能力。行走能力，是指快速移动和越过障碍的能力，通过在不同路面上能够达到的行驶速度、距离、越障能力等来描述，如公路最大行驶速度、公路平均行驶速度、越野平均行驶速度、水上最大行驶速度、最大行驶距离、最大爬坡度、最大侧倾行驶坡度、过垂直墙高、越壕宽等。这对各军、兵种联合作战非常重要。行军战斗变换能力，是指快速、安全地进入阵地时由行军状态变换为战斗状态（也称放列），以及撤出阵地时由战斗状态变换为行军状态（也称收列）的能力。运输适配能力，主要指武器装备的战略机动能力，是当部队进行大范围或远距离、特殊的紧急调动，需要用各种运输手段实施时，如火车、飞机、船只的载运，直升机的吊运，对武器装备的质量、体积、外形尺寸、质心位置、固定或结合的接口都有明确要求，研制时都应满足，以提高武器装备的适应性，包括空运、空降、空吊适应性，铁路运输、公路运输适应性，船运、涉渡、浮渡、潜渡适应性等。

2）火力机动能力

火力的机动能力，是指在同一个阵地或射击位置上，迅速而准确地捕捉目标和跟踪目标并转移火力的能力，包括时间、空间和时空机动性。系统的射界、瞄准操作速度和多发同时弹着等是衡量火力机动性的标志。

3. 防护能力

防护，是为免受或减轻伤害而采取的防备和保护措施。防护分为主动防护和被动防护。主动防护就是采取施放烟幕、诱骗、干扰或强行拦截等措施，以避免被瞄准或被击中。被动防护就是采取一定保护措施以减轻伤害。装甲防护是被动防护的主要形式。装甲，是指用于抵消或减轻攻击，保护目标避免和减轻伤害的保护壳。装甲防护，一般是指利用装甲来抵抗破片、子弹、导弹或炮弹的袭击，保护内部的人员和设备，避免和减轻敌人火力的伤害。

4. 装甲车辆

装甲车辆，是集火力、机动性、防护能力和信息于一体的武器系统，是指装有武器和拥有防护装甲的一种军用车辆，是坦克、步兵战车、装甲输送车等各种带装甲的自行武器的统称，是用于地面突击与反突击作战的集强大火力、快速机动力、综合防护力和信息力于一体的武器系统。装甲车辆在科学技术的推动下，在实战的考验中不断发展，形成了包括坦克、步兵战车、装甲输送车等在内的装甲车辆战斗系列，成为现代陆军的主要突击装备。

6.1.2　装甲车辆的组成

装甲车辆主要由武器系统、推进系统、防护系统、通信系统和电气系统等组成。

1. 武器系统

装甲车辆的武器系统是构成装甲车辆火力的武器及火控系统的综合体，用于迅速、准确地发现、瞄准和摧毁目标。武器用以发射战斗部并摧毁目标，包括火炮、机枪、高射机枪、导弹以及为乘员配备的自卫武器等。火炮是装甲车辆的主要武器。火控系统用以搜索目标和控制武器瞄准和射击，缩短射击反应时间，提高射击精度，一般包括观察瞄准仪器、测距仪、计算机、稳定器和操纵机构等。

2. 推进系统

装甲车辆的推进系统是将燃料燃烧产生的热能转变为机械能，经过传输、控制，使车辆获得机动性能的联合装置，包括动力装置、传动装置、行动装置等。动力装置是将化学能、电能等转化为机械能的能量转化系统，主要用于为装甲车辆运动以及其他装置设备提供动力。

（1）动力装置，由发动机和保障其工作的冷却、加温、润滑、空气供给和排气、燃料供给、起动等系统组成。

（2）传动装置，是一种实现装甲车辆各种行驶及使用状态的各装置的组合，主要用于将发动机发出的功率传递到行动装置。它根据行驶地面条件来改变牵引力和行驶速度，为转向装置提供转向时所需的功率等。传动装置主要包括变速箱、离合器、转向器、制动器等及其操纵系统。

（3）行动装置，也称行走装置或行驶装置，是保证装甲车辆行驶、支撑车体、减小装甲车辆在各种地面行驶中颠簸与振动的机构与零件的总称。装甲车辆行动装置有履带式和轮式两类，以履带行驶的称为履带式装甲车辆，以车轮行驶的称为轮式装甲车辆。行动装置由推进装置和悬挂装置组成。履带推进装置由履带、主动轮、负重轮、托带轮、诱导轮和履带调整器组成。车轮由轮胎、轮毂、轮辐和轮辋组成。悬挂装置包括弹簧、减振器、限制器、平衡肘等。对于水陆两栖装甲车辆，还配有水上推进装置。

3. 防护系统

装甲车辆的防护系统是装甲壳体和其他防护装置、器材的总称，用以保护车辆自身和内部乘员与机件、设备，一般由装甲防护、伪装与隐身、三防、综合防御和二次效应防护构成。装甲防护是由坚强装甲的车体和炮塔来保证的，一般由前部装甲、侧部装甲、后部装甲、顶部装甲和底部装甲组成。现代装甲车辆涂有吸收红外、激光、雷达波的伪装涂层，配备有能防核武器、防化学毒剂、防细菌生物武器的三防装置，为综合防御配有红外干扰装置和烟幕释放装置等。装甲车辆还配备有灭火、抑爆装置。

4. 通信系统

装甲车辆的通信系统是乘员进行车内外联络的通信工具的总称，由车内和车际两部分组成，一般包括天线、电台、车内车际通话器（车通）以及信号枪和信号旗等。随着电子技术的发展，现代高技术条件下的战场将是信息化战场，要求装甲车辆具有指挥、控制、通信、侦察的能力。以多路传输数据总线为核心，将车内原有通信设备、电气设备和新增的指挥、控制、计算机、情报监视、侦察等设备综合成一个系统，实现车内、车际信息共享和以单车为基础的指挥自动化，进而构成装甲车辆综合电子信息系统。

5. 电气系统

装甲车辆的电气设备是车上供电、耗电装置、器件和仪表的总称，一般包括电源装置（蓄电池、发电机）、用电设备（起动电动机、通话器、火控、三防设备、照明、信号灯等）、辅助器件（开关、继电器、熔断器等）、检测仪表和全车电路。

6. 其他特种设备和装置

装甲车辆除了上述各系统和设备外，为保障在野战条件下完成遂行特殊任务，还装备各种专用制式辅助设备和装置。例如，潜渡装置、浮渡设备、扫雷装置、架桥车装备的桥体及架桥与收桥设备；抢救牵引车装备的起吊装置及绞盘等。此外，还应在车内外装备随车工具、备品和附件等。

6.1.3　装甲车辆的特点

装甲车辆是集火力、防护与机动性于一体的武器系统。火力、机动性和防护能力是现代装甲车辆战斗力的三大要素。

作为战场主要进行近距离战斗的坦克，其主要任务是对付敌方坦克等装甲车辆，因此其火力无疑是装甲车辆中很强的；自行火炮更是以火力强著称；其他装甲车辆主要是对付有生力量或自卫，其火力相对较弱。坦克炮的命中精度和导弹相差不大，且穿甲、破甲和碎甲威力大大优于导弹，所以各国主战坦克仍以火炮为主要攻击武器。

近距离战斗的坦克直接面对的是敌方坦克等装甲车辆，其防护能力无疑是装甲车辆中最强的；其他装甲车辆主要是对付有生力量或自卫，其防护能力相对较弱。

极强的机动能力是装甲车辆的主要特点。其动力多采用涡轮增压、中冷、多种燃料发动机，有的采用电子控制技术。发动机功率通常为 883~1 103 kW。行动装置多采用带液压减振器的扭杆式悬挂装置，有的采用液气式或液气–扭杆混合式悬挂装置。最大速度为 55~72 km/h，越野速度为 30~55 km/h，最大行程为 300~650 km。通行能力：最大爬坡度约为30°，越壕宽为 2.70~3.15 m，过垂直墙高为 0.9~1.2 m，涉水深为 1.0~1.4 m。多数装有导航装置等。

6.1.4 装甲车辆的地位与作用

装甲车辆是 20 世纪战争发展与科学技术进步的产物。在装甲车辆的发展历程中，装甲车辆在第一次世界大战后期"初出茅庐"就"一鸣惊人"，将人类带入了机械化战争的新时代。在第二次世界大战中，使用装甲机械化兵团的大纵深机动作战所向披靡，装甲车辆成为夺取战役、战斗胜利的重要形式，装甲车辆的大量使用，对战争的进程和结局产生了重大影响。第二次世界大战时期，交战双方生产了 30 余万辆坦克和自行火炮，坦克被称为"陆战之王"。

第二次世界大战后，根据战争的经验，各军事大国相继开始研制和加速生产新型主战坦克。为了解决战斗中的步坦密切协同问题，在装甲输送车基础上发展出了便于乘车作战的步兵战车。随着核威胁不断增长，特别是战术核武器装备部队以后，装甲车辆的作用更加受到青睐。军事大国纷纷加快了陆军机械化、装甲化的进程，陆军在现代战争中的地位和作用得到进一步提高。

随着现代科学技术的不断进步，战争的形态也在不断演变，反坦克武器的精确制导化使战场火力效能剧增，而远程投射手段的发展又大幅度地提高了战场火力的覆盖范围，使装甲机动战受到火力战的严峻挑战。突击进攻从来都是一种主要战斗手段，装甲车辆仍然是陆军主要的机动作战工具，是现代战争中完成重要任务的有效兵器，仍然是地面部队中出类拔萃的武器系统。反坦克导弹改装到坦克装甲车辆上，使坦克装甲车辆车族增加了新成员。装甲车辆能在相当远的距离范围内击毁包括敌人最坚强的坦克在内的所有重要目标，以小的伤亡代价"进"和"攻"，和步兵一起彻底击溃和歼灭敌人并占领阵地，或高速推进，大纵深地扩大战果，以达到作战的最后目的。

在未来战场上，装有轻装甲的武器直升机的作用越来越大，但它不能扼守阵地，不便于保护地面力量，也不能全天候持续长期突击，因此不能代替装甲车辆与地面的各种力量密切配合，而坦克、步兵战车、自行火炮等地面突击武器与直升机优势互补、地空配合、协同作战，将会成为未来战场进攻的先锋和核心力量。在合成兵种战斗中，装甲车辆主要支援或配属步兵作战，也可在其他军（兵）种协同下独立执行战斗任务。在未来战场上，装甲兵不再局限于传统的"战术机动作战能力"的强化，而需要在整个战区范围内都具有高度的"战役机动作战能力"，甚至还需具有较高的跨战区"战略机动作战能力"。轻型装甲兵可为后续装甲兵部队的"兵力投入"和"进入交战"赢得时间和创造条件，但它也离不开重型装甲兵近战机动突击的有力配合。

信息技术在军事领域广泛应用，装甲车辆火力、机动性、防护能力不断提高。信息作为一种重要的杀伤力因素和效能倍增器，将提高传统的装甲车辆的作战效能。信息系统嵌入装甲车辆后，可使未来的装甲车辆具有一定智能，从而使装甲机械化部队的侦察、指挥控制、通信联络、火力打击、战场机动、部队防护和战场管理等领域的信息处理网络化、自动化和实时化，大大增强部队的作战能力。信息化所赋予装甲机械化部队的实时信息共享，将大大提高装甲兵部队指挥官的快速决策和综合使用部队的能力，未来的装甲车辆将采用新的技术途径全面提高火力、机动性、防护能力和指挥控制能力，以信息化装甲车辆的崭新面貌，在未来的战场上发挥更大的作用。

在未来战场上，装甲车辆通常具有以下作用：

（1）突击进攻：快速勇猛冲击，歼灭防御之敌。

（2）防御防护：歼灭突入之敌，保护自己免受伤害。

（3）运动运输：快速机动，进攻突然灵活，撤退销声匿迹，战场人员和物资的快速输送。

（4）协同作战：兵种协同、空间协同、时间协同，发挥系统优势。

（5）压制歼毁：强大火力支援，远程打击与歼毁。

6.2　装甲车辆的类型

俄罗斯和东欧国家的装甲车辆，分为战斗车辆和辅助车辆两大类。战斗车辆包括坦克战斗车辆、炮兵战斗车辆、防空战斗车辆和导弹部队战斗车辆等。辅助车辆有工程保障车辆、技术保障车辆、炮兵战斗保障车辆、防化车辆和后勤保障车辆等。

北约军队将装甲车辆分为主战装甲战斗车辆、装甲战斗支援车辆、特殊用途装甲车辆、装甲兵器运输车和两栖装甲车辆。

（1）主战装甲战斗车辆，是指直接参加第一线战斗的车辆，如主战坦克、步兵战车、装甲人员输送车、坦克歼击车、空降战车等。

（2）装甲战斗支援车辆，是指装备火炮或导弹的薄装甲车辆，是以间瞄射击为主的野战炮兵及高射炮兵的主要装备。

（3）特殊用途装甲车辆，是指根据不同用途装载各种特殊设备的轻型装甲车辆，如装甲指挥车、装甲通信车、装甲救护车、装甲救援车等。

（4）装甲兵器运输车，是指用于运载迫击炮、火箭、导弹等的履带式或轮式装甲车辆。

（5）两栖装甲车辆，是一种装备在海军陆战队中，具有海上和陆上两用性能的装甲车辆。

我国装甲车辆的分类如图6.1所示。

装甲车辆按用途分为装甲战斗车辆和装甲保障车辆两大类。

装甲战斗车辆装有武器系统，可直接用于战斗，一般分为地面突击车辆、地面支援车辆和电子信息车辆三类。地面突击车辆在进攻和防御战斗中担负一线突击和反突击任务，是装甲机械化部队战斗行动的主要攻防武器，包括坦克、自行突击炮、步兵战车和装甲输送车等。地面支援车辆以车载火力系统支援、掩护地面突击车辆的作战行动，共同完成战役、战斗任务，是装甲机械化部队战斗行动的火力战武器，包括各类自行压制火炮、自行高射炮和导弹发射车等。电子信息车辆在装甲机械化部队体系中，以电子信息技术为主，对部队和武器系统实施指挥与控制，包括侦察、指挥、通信、电子对抗等装甲车辆。

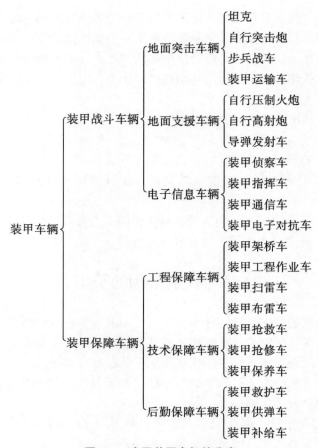

图 6.1 我国装甲车辆的分类

装甲保障车辆装有专用设备和装置,用于保障装甲机械化部队执行任务或完成其他作战保障任务,一般分为工程保障车辆、技术保障车辆和后勤保障车辆三类。工程保障车辆执行克服沟渠障碍、运动保障、阵地作业和扫雷及布雷等工程保障任务,包括架桥、布雷、扫雷、工程作业等装甲车辆。技术保障车辆在野战条件下执行抢救、修理、技术救援等保障任务,包括抢救、抢修、保养等装甲车辆。后勤保障车辆执行野战救护和输送等任务,包括救护、供弹、补给等装甲车辆。

6.2.1 坦克

坦克一词是英文"tank"的音译,原意是储存液体或气体的容器。在首次参战前,为了保密,英国将这种新式武器说成是为前线送水的水箱,这个名称一直沿用至今。

坦克是搭载大口径火炮以直射为主的全装甲履带式战斗车辆,具有强大的直射火力、高度的越野机动性和坚固的防护力,是地面作战的主要突击兵器和装甲兵的基本装备,主要用于与敌方坦克和其他装甲车辆作战,也可以压制、消灭反坦克武器,摧毁野战工事,歼灭有生力量。可以说,坦克推动了陆战史上的一场重大革命。在第二次世界大战中,坦克八面威风,称雄战场,获得了"陆战雄狮""陆战之王"等美称。

20 世纪 60 年代以前,坦克多按战斗全重和火炮口径分为轻型、中型、重型。通常,轻型坦克重 10 ~ 20 t，火炮口径不超过 85 mm，主要用于侦察、警戒，也可用于在特定条件下作战；中型坦克重 20 ~ 40 t，火炮口径最大为 105 mm，用于遂行装甲兵的主要作战任务；重型坦克重 40 ~ 60 t，火炮口径最大为 120 mm，主要用于支援中型坦克战斗。英国曾一度将坦克分为步兵坦克和巡洋坦克，因此坦克就有了"陆地巡洋舰"的美称。步兵坦克装甲较厚，机动性能较差，用于伴随步兵作战。巡洋坦克装甲较薄，机动性能较强，用于机动作战。

20 世纪 60 年代以后，第二次世界大战时期的坦克逐步退役，新研制的坦克在现代化程度上大大提高，多数国家将坦克按用途分为主战坦克和特种坦克。习惯上，把在战场上执行主要作战任务的坦克统称为主战坦克（取代了传统的中型和重型坦克），将装有特殊设备、担负专门任务的坦克统称为特种坦克（多数是轻型坦克），如侦察坦克、空降坦克、水陆坦克、喷火坦克等。有些国家仍将支援作战用的轻型坦克称为轻型坦克。

根据生产年代和技术水平，坦克也被分为三代。从出现坦克到第二次世界大战中期，主流的坦克类型称为第一代坦克，相当于机动的火炮，以短停射击为手段，在近距离内可以不停车开火，采用均质装甲，半圆形炮塔；从第二次世界大战中期到 20 世纪 60 年代的主流坦克称为第二代坦克，火炮双向稳定，可以在沿直线匀速行驶时射击动静目标，不再需要短停，采用均质装甲，外形得到较大改善；20 世纪 60 年代以后研制的坦克称为第三代坦克，采用三向稳定或全向稳定，火炮射击摆脱了车体必须沿直线匀速行驶的限制，消除来自车体变速和转向的干扰，目标一旦被确定，其他一切就都交给火控计算机，从而可实现在运动中射击运动目标，采用复合装甲，则优化了外形结构。目前，世界上先进的主战坦克主要是 20 世纪 80 年代以后研制的，这些坦克的战斗全重一般为 40 ~ 60 t，越野速度为 35 ~ 55 km/h，最高速度为 72 km/h，载有 2 ~ 4 名乘员。坦克的主要武器是一门 105 ~ 125 mm 口径火炮，有效直射距离一般为 1 800 ~ 2 000 m，射速为 6 ~ 9 发/min。通常采用复合装甲或贫铀装甲，部分还可以披挂外挂式反应装甲，并多数装备了导航系统、敌我识别系统、夜战系统，以及三防系统（防核/防化学/防生物）。

火力、机动性和防护能力是现代坦克战斗力的三大要素。火力的强弱主要取决于坦克的观瞄系统、火炮威力和弹药的威力。现代坦克一般采用先进的计算机、红外、微光、夜视、热成像等设备对目标进行观察、瞄准和射击。坦克炮可以发射穿甲、破甲、碎甲和榴弹等类型的炮弹，还可以发射炮射导弹。不同类型的穿甲弹对目标的破坏程度有所不同，一般在 2 000 m 距离上能够穿透 400 mm 厚的装甲，在 1 000 m 距离上能够穿透 660 mm 厚的装甲，破甲厚度可达 700 mm。除具有较大的破坏威力外，坦克炮的命中精度也很高，2 000 m 原地对固定目标射击可达 80%，1 500 m 行进间对活动目标射击能达到 60% 以上。如果配合使用激光半主动制导炮弹，那么命中精度还会大大提高。不难看出，坦克炮的命中精度和导弹相差不大，且穿甲、破甲和碎甲威力大大优于导弹，所以各国主战坦克仍以火炮为主要攻击武器。

6.2.2　装甲输送车

装甲输送车是设有乘载室的一种轻型装甲车辆。装甲输送车主要用于在战场上运送步兵和输送物资器材，是名副其实的现代战场运输之星。在保障要求日益高技术化的战场上，无论是坦克兵，还是炮兵，抑或是步兵，都离不开装甲输送车的保障。如果没有装甲输送车源源不断地前运后送，任何现代战争都将困难重重，难以为继。

装甲输送车具有高度机动性、一定防护能力和火力，在必要时可用于战斗，且造价较低，变型性能较好，在机械化步兵（摩托化步兵）部队中，装备到步兵班。装甲输送车上通常没有供乘车步兵使用的射击孔，到达战场后，步兵需下车徒步战斗，这就使步兵在某些战场条件下难以协同坦克前进、攻击，且容易受到敌方火力杀伤。装甲输送车通常只装备机枪或小口径机关炮，但火力较弱，不具备反装甲能力；另外，它的装甲较薄，仅能防枪弹。

装甲输送车有履带式和轮式两种，大多数为水陆两用，由装甲车体、武器、通信设备、观察瞄准装置和推进系统等组成。动力装置一般位于车的前部，车后部为乘载室。

多数装甲输送车的战斗全重为 6 ~ 16 t，车长为 4.5 ~ 7.5 m，车宽为 2.2 ~ 3.0 m，车高为 1.9 ~ 2.5 m，乘员 2 ~ 3 人，载员 8 ~ 13 人，最大爬坡度为 25° ~ 35°，最大侧倾行驶坡度 15° ~ 30°。履带式装甲输送车陆上最高速度为 55 ~ 70 km，最大行程为 300 ~ 500 km。轮式装甲输送车陆上最高速度可达 100 km/h，最大行程可达 1 000 km。履带式和四轴驱动轮式装甲输送车越壕宽约 2 m，过垂直墙高 0.5 ~ 1.0 m。多数装甲输送车可水上行驶，用履带或轮胎划水，最高速度可达 5 km/h 左右；装有螺旋桨或喷水式推进装置的，最高速度可达 10 km/h。

6.2.3 步兵战车

步兵战车是供步兵机动作战用的装甲战斗车辆，由装甲输送车发展而来。为使步兵能乘车协同坦克作战，增强对敌方装甲目标和反装甲武器的作战能力，提高作战部队进攻速度，自 20 世纪 50 年代起，一些国家开始研制步兵战车。

步兵战车真正实现了步兵乘车作战，具有一定的反装甲目标能力，其装甲通常可防小口径炮弹和炮弹碎片。步兵战车主要用于协同坦克作战，也可以独立执行战斗任务。步兵战车里的步兵既可以乘车战斗（车辆两侧和后门设有射击孔），也可以下车战斗，非常灵活。步兵下车战斗时，留在车上的乘员可以利用车上的武器来支援作战。步兵战车的任务是快速机动步兵分队，消灭敌方轻型装甲车辆、步兵反坦克火力点、有生力量和低空飞行目标。在机械化步兵（摩托化步兵）部队中，步兵战车装备到步兵班。现装备的多数步兵战车的战斗全重为 12 ~ 28 t，乘员 2 ~ 3 人，载员 6 ~ 9 人；车载武器通常有 1 门 20 ~ 40 mm 高平两用机关炮、1 ~ 2 挺机枪和 1 具反坦克导弹发射器等；其火力通常能毁伤轻型装甲目标、火力点、有生力量和低空目标，装有反坦克导弹的步兵战车还具有与敌坦克作战的能力。车载机关炮可以发射穿甲弹、脱壳穿甲弹、穿甲燃烧弹和杀伤爆破弹等，射速为 550 ~ 1 000 发/min，最大射程为 2 000 ~ 4 000 m；反坦克导弹的射程为 3 000 ~ 4 000 m，破甲厚度为 400 ~ 800 mm。

步兵战车按结构可以分为履带式和轮式两种，除底盘不同外，总体布置和其他结构基本相同。履带式步兵战车越野性能好，生存能力较强，是现装备的主要车型。轮式步兵战车造价低，耗油少，使用维修简便，公路行驶速度高。步兵战车的机动性能高于（或相当于）协同作战的坦克，一般能水陆两用，有的因战斗全重较大，不能自浮，需借助浮渡围帐或浮囊才能浮渡。履带式步兵战车，陆上最高速度为 65 ~ 75 km/h，水上最高速度为 6 ~ 10 km/h，陆上最大行程可达 600 km，最大爬坡度约 62%，越壕宽 1.5 ~ 2.5 m，过垂直墙高 0.6 ~ 1.0 m。轮式步兵战车，道路速度最高可达 100 km/h 以上，水上两栖速度为 8 ~ 10 km/h，最大行程可达 800 km 以上，最大爬坡度为 60%，最大侧爬坡度为 40%，越壕宽 1.5 ~ 2.0 m，过垂直墙高 0.5 ~ 0.8 m。

步兵战车属于轻型装甲车辆，装甲较薄，最大装甲厚度为 14~30 mm，通常由高强度合金钢或轻金属合金材料制成，有的采用间隔装甲或复合装甲。车体和炮塔的正面可抵御 20 mm 穿甲弹，侧面可抵御普通枪弹及炮弹破片，为增强防护能力，有的还装有反应装甲。车上通常装有抛射式烟幕装置和三防装置，有的还采用热烟幕装置。车体表面涂有伪装涂料。有的在车内还装有灭火装置、取暖和通风排烟设备。

6.3　装甲车辆的发展及其趋势

6.3.1　装甲车辆的发展简史

装甲车辆作为战争机器的钢牙铁齿，经历了历次战争的烽火磨砺，至今仍然是各国陆军的主力作战兵器。装甲车辆促进了现代战争由徒步步兵向工业时代摩托化、机械化作战的演变，并在人类社会进入信息时代之际，为今后陆军主战装备的跨世纪发展提供了重要的武器平台。

1. 萌芽

车的发明，是人类文明史上的重大事件，它使人类第一次克服了距离上的障碍和运力上的极限。我国早在夏代，就有了从狩猎用的田车演变而来的马拉战车。战车的第一个鼎盛时期是春秋战国时期，另一个鼎盛时期是明代。在明代，为了对付来去迅猛的北方游牧民族的骑兵，以及适应大量使用火器的需要，研制出了各种战车，希望用战车这一"有足之城"，发挥火器的效用，抵御北方骑兵的入侵，如图 6.2 所示。

图 6.2　"有足之城"

1800 年，英国人将机枪装到三轮车上，并加上防弹板，制成了"机动火力车"，成为装甲车诞生的前奏。内燃机、充气轮胎、弹簧悬架等技术的发明，成为汽车出现的技术基础。汽车是人类现代文明史中最重要的发明之一，它使现代社会进入了"汽车时代"，极大地改变了现代人的生活方式，也使战争进入了机械化战争的新时代。汽车为机枪和火炮提供了武器平台，将武器和装甲装到机动车上，便制成了最初的装甲车。1899 年，英国人西姆斯将"马克沁"机枪装到四轮机动车上，并加上防盾，制成了最初的机动火力车。

2. 艰难诞生

1902 年，在伦敦的水晶宫，西姆斯展出了经过改进的更加结实的车辆——具有船形装甲壳体的"战斗机动车"，其成为世界上装甲车的先驱。1903 年，奥地利人研制成功的"戴姆勒"装甲车，全重约 3 t，有半球形机枪塔，可以 360°旋转，装 1 挺机枪，动力装置为戴姆勒 4 缸水冷汽油机，最大功率为 30 马力①，装甲板的厚度为 3 mm，机枪塔部分为 4 mm，最大速度达到 40 km/h。20 世纪初期如雨后春笋般出现的装甲车，已经具有火力、机动性、防护能力这三大能力，成为装甲车辆出现的先驱。

1914 年，第一次世界大战爆发，为支援空军在法国的作战行动，英国组建了世界上的

―――――――――

① 1 马力 = 735.499 W。

第一个装甲车师。当时，各国利用普通卡车底盘改装的轮式装甲车，主要用于执行侦察和袭击作战任务。第一次世界大战期间，出现了纵深梯次配置的坚固阵地，机枪与铁丝网障碍物、堑壕等防御工事相结合，使防御阵地变得异常坚固，交战双方为突破由堑壕、铁丝网、机枪火力点组成的防御阵地，打破阵地战的僵局，迫切需要研制一种火力、机动性、防护能力三者有机结合的新式武器。英国人E·D·斯文顿发现民用拖拉机的履带推进系统表现出很强的越野特性，建议在拖拉机上装备火炮或机枪。1915年2月，英国政府采纳了E·D·斯文顿的建议，结合汽车、拖拉机、枪炮制造和冶金技术，于1915年9月制成样车，进行了首次试验并获得成功，样车被称为"小游民"，装甲厚度为6 mm，配有1挺7.7 mm "马克西姆"机枪和几挺7.7 mm "刘易斯"机枪。1916年生产的"马克"Ⅰ型坦克，外廓呈菱形，刚性悬挂，车体两侧履带架上有突出的炮座，两条履带从顶上绕过车体，车后伸出一对转向轮，如图6.3所示。1916年9月15日凌晨，"马克"Ⅰ型坦克投入索姆河战役，其作为历史上首次参战的坦克而被载入史册。"马克"Ⅰ型坦克靠履带行走，能驰骋疆场、越障跨壕、不怕枪弹、无所阻挡，很快就突破了德军防线，从此开辟了陆军机械化的新时代。坦克的出现，改变了战争原有的样式。曾经的骑兵、步兵被披着坚硬铠甲的"铁甲怪兽"取代；人数上的优势

图6.3　"马克"Ⅰ型坦克

在呼啸的坦克群面前瞬间消逝。第一次世界大战时期，坦克的使命主要是克服堑壕铁丝网障碍物、引导步兵冲击、消灭敌人的步兵、摧毁机枪掩体和土木质发射点，而不是与敌人的坦克相对抗，因此坦克配备的主要武器是机枪和短炮管榴弹炮。随着坦克的诞生，火力、防护性和越野性都比较弱的轮式装甲车辆失去了在战场上为步兵提供火力支援的地位，于是它转向其他用途发展，如装甲输送车、装甲指挥车、装甲侦察车等。

3. 称雄战场

第一次世界大战后，百废待兴，各国都忙于修复战争带来的创伤、振兴经济，再加上受世界性经济大萧条的影响，武器装备的研制进度明显放慢。然而，军方有识之士却认为，坦克作为在第一次世界大战中出现的新武器装备，显示出了极大的发展潜力。这期间，是坦克发展史上的轻型坦克时代。到第二次世界大战爆发前，世界上的坦克已有2万余辆。其中，苏联已成为第一坦克大国，拥有坦克15 000余辆，德国跃居第二坦克大国，拥有坦克3 500辆，原来的老牌坦克王国英国和法国发展坦克的势头已经减弱，分别拥有坦克1 150辆和2 200辆。此时的美国陆军由于保守势力占了上风，没有认识到坦克的强大突击作用，因而没有引起重视，只有470辆轻型坦克。

第二次世界大战爆发前，始终对称霸欧洲虎视眈眈的德国加紧生产装甲车辆，进行战争准备，频频研制出新车型。第二次世界大战促进了装甲车辆技术的迅速发展，装甲车辆的性能得到全面提高，结构形式趋于成熟，并逐步摆脱了从属于步兵和骑兵的观念，开始重视综合性能的提高，使其成为地面作战的主要突击兵器，形成坦克对坦克的"肉搏战"。由于坦克在第二次世界大战中成为地面作战部队的主要突击力量，其巨大的威力无人可敌，因而登上了"陆战之王"的宝座。同时，也造就了如德国的古德里安、隆美尔，美国的巴顿，苏联的朱可夫，法国的勒克莱尔等一批以运用装甲兵著称的名将。闪电战是坦克战最辉煌的表现。

4. 威风不减

第二次世界大战后，装甲输送车得到迅猛发展，许多国家把装备装甲输送车的数量看作衡量陆军机械化、装甲化的标志之一。在欧洲，德国、英国和法国陆军一直非常重视轮式装甲车的发展，他们改变了两次世界大战期间利用卡车简单改造装甲车的做法，而是通过精心的设计，制造了一系列全新车型。20 世纪 60 年代以后，在发展主战坦克的同时，一些国家从现代条件下协同作战（尤其是从核条件下加强步兵与坦克的协同作战）出发，研制了步兵战车。将坦克和步兵战车混合编组后，坦克的高速冲击和纵深追击可以得到步兵的协同和支援；以美、苏为首的两大军事集团，为了在战争中取得主动权，都积极发展新式武器装备。在各国陆军由摩托化向装甲机械化发展的历程中，坦克也随着时代的变迁和军队现代化建设的需要，经历了不断改进和更新换代的演变过程，"陆战之王"的发展也出现了一次飞跃，以主战坦克为标志的现代坦克出现在世人面前。主战坦克集重型坦克和中型坦克的任务于一身，在火力和装甲防护方面达到或超过了重型坦克，并具有中型坦克机动性强的特点，从而成为各国陆军机械化部队的基本装备和地面作战的主要突击力量，也是一种重要的常规威慑力量。

现代坦克广泛采用计算机电子技术、光电技术和新材料技术，火力控制、通信和装甲防护性能较之早期的坦克都取得了飞跃式的进步，新技术的广泛应用使它们如虎添翼，对传统的作战样式产生了巨大的影响。在海湾战争和 21 世纪初的伊拉克战争中，美军的 M1A1、M1A2 和英军的"挑战者"主战坦克凭借技术优势和空中支持，纵横战场，攻城拔寨，对战争的最后结局发挥了决定性的作用。

坦克仍然是未来地面作战的重要突击兵器，许多国家正依据各自的作战思想，积极利用现代科学技术的最新成就，发展 21 世纪初使用的新型主战坦克。坦克的总体结构可能有突破性的变化，出现如外置火炮式、无人炮塔式等布置形式；火炮口径有进一步增大的趋势，火控系统将更加先进、完善；动力传动装置的功率密度将进一步提高；各种主动与被动防护技术、光电对抗技术以及战场信息自动管理技术，将逐步在坦克上推广应用。各国在研制过程中，十分重视减轻坦克质量、减小形体尺寸、控制费用增长。可以预料，新型主战坦克的摧毁力、生存力和适应性将有较大幅度的提高。这也是坦克未来的发展方向。

坦克装甲车辆家族还有不断增长的趋势。现代战争已演变为不同技术装备之间的对抗，一些国家针对现代作战特点，又研制出一些新型的坦克装甲车辆，突出各种车辆特点或功能。例如：利用新概念火炮（电热化学炮、电磁炮等）和新概念弹药（电磁脉冲弹等）提高坦克装甲车辆的火力；利用新概念防护系统（电磁装甲、主动防护系统、立体综合防护系统等）提高坦克装甲车辆的防护能力；利用新概念驱动方式（全电驱动、全电传动等）提高坦克装甲车辆的机动性。

6.3.2　装甲车辆的发展趋势

1. 采用基型底盘的装甲车族

为了进一步提高陆军机械化部队装甲车辆标准化的程度，各国都利用装甲车的基型底盘，以车族形式发展新型装甲车。新型装甲车族具有多种用途、结构简单、生产容易等特点，从而能大大缩短研制周期、降低生产使用成本。例如，德国研制了"美洲狮" ACV 车族，有变形车 20 多种，可以完成除主战坦克之外的全部装甲车辆所担负的任务，如输送、指挥、侦察、监视、反坦克、防空、火力支援、布雷、抢修和救护等作战任务。

2. 火力进一步增强

火力进一步增强的主要表现：车载火炮口径增大，身管加长，采用自动装填来提高射速、新概念火炮、新概念弹药；坦克炮的口径从 120 mm 增大到 125 mm，甚至可能增大到 140 mm；步兵战车火炮口径从 20 世纪 80 年代的 25 mm 增大到 90 年代的 50 mm；提高初速，配备新弹种，以提高穿甲能力。

3. 机动性进一步提高

机动性进一步提高主要是指研制、开发高功率密度发动机，研究新型总体结构，广泛采用减重技术，广泛研制和生产轮式装甲车辆。轮式和履带式装甲人员输送车各有优缺点，前者的优点是成本低，后者的优点是越野性能好，所以两者同时发展，轮式装甲车辆发展得更加迅速。目前，世界上能研制、生产轮式装甲车辆的国家超过 25 个，使用、装备轮式装甲车辆的国家超过 80 个。着重发展战斗全重为 14～16 t、驱动方式为 6×6 的装甲车辆；车体外形、车内布置、主要部件能适应越野行驶；多数采用大型单胎，轮胎既能防弹又能调节气压；采用玻璃纤维、芳纶纤维和碳纤维的增强塑料等新型非金属复合材料，主要用于制造零部件，减轻车重。

4. 提高生存能力

提高生存能力主要是指提高装甲防护能力、采用主动防护技术、隐身技术等。坦克普遍采用复合装甲，以提高抗弹性能；采用集体"三防"与个人"三防"设备、自动报警和灭火装置；增设饮水桶、口粮带、救生背心等生活保障装备；车内总体布置便于乘员、载员具有 48 小时作战能力；采用无人驾驶车辆和军用机器人技术等。

5. 提高信息化作战能力

提高信息化作战能力主要是指广泛采用目标自动探测、识别、跟踪技术，光电对抗技术，车辆定位与导航技术，自动诊断技术和战场信息自动管理技术等。为了缩短反应时间和提高射击精度，车载主要武器有可能配备简易火控系统。例如，瑞典 CV90 装甲车族的步兵战车均配备火控计算机、激光测距仪和热成像仪。

6.4　装甲车辆技术

6.4.1　总体技术

1. 火力、机动性、防护能力三大性能的提高和综合平衡

随着科学技术的发展和作战使用要求的提高，装甲车辆的性能也不断得到改进。但是，坦克火力、机动性和防护能力三大性能之间，三大性能与战斗全重、寿命周期、费用之间既有互相统一、促进的一面，也有互相矛盾的一面。因此，装甲车辆总体技术就是保证实现战术技术性能，解决三大性能的综合平衡。装甲车辆的发展表明，火力、机动性、防护能力三大性能的提高和综合平衡，始终贯穿着装甲车辆总体技术研究和发展的全过程，是装甲车辆

研制中首要的研究内容。科学技术的不断进步发展，为装甲车辆三大性能的不断提高和综合平衡开辟着新的前景。

2. 新技术成果在装甲车辆上的应用

装甲车辆是多种技术专业的综合产品。相关专业最先进、最尖端的新技术都应用到装甲车辆上，而装甲车辆技术性能提高的需求又能大大促进相关新技术的研制和发展。现代装甲车辆已装备了以弹道计算机为核心的完善的火控系统。激光技术、电子技术的应用，夜视、夜瞄技术的应用，使坦克具备了进行昼间和夜间作战的能力。采用高强度火炮身管、高能炸药和发射药，以及高密度材料制成弹芯的超速脱壳穿甲弹、空心装药破甲弹、预制破片榴弹等新技术成果，使火炮威力大大提高。自动装弹技术的应用，既提高了火炮发射速度又提高了安全性。超高增压柴油机、燃气轮机、静液无级转向双流传动装置、高强度扭杆弹簧、油气弹簧等推进系统新技术的应用，使坦克机动性能得到很大提高。装甲材料和轧制工艺的改进，特别是复合装甲的应用、主动反应装甲的发明，大大提高了装甲车辆的防护能力。隐身技术和主动防护技术的发展，大大提高了作战人员在战场上的生存能力。当今世界已进入信息时代，电子信息系统等新技术将广泛应用在装甲车辆上。

3. 新概念装甲车辆研究

随着装甲车辆性能的不断改进，作战使命对装甲车辆作用要求的发展和改变，往往要求装甲车辆的研制能突破传统模式，设计出具有创新概念的装甲车辆。由于战争的需要，出现了许多种特种用途的装甲车辆，这也是装甲车辆设计上的一种新概念。今后，研制新概念的装甲车辆仍然是重要的研究课题。

4. 装甲车辆技术理论研究

装甲车辆理论研究是性能提高和技术发展的基础，包括总体技术、防护理论、行驶理论、使用技术、可靠性、维修性理论等。总体技术研究如何实现战术技术指标和三大性能的综合平衡。根据防护性能要求，设计装甲防护能力；针对敌方装甲防护能力，设计火力威力。经过靶场试验来不断研究改进、完善理论计算方法。装甲车辆行驶理论是一套较完整的、系统的理论，它包括车辆直线行驶理论，转向理论，行驶平稳性、通过性，水陆坦克水上性能理论等。

6.4.2　提高火力技术

1. 车载武器技术

车载武器系统趋向大威力、高效能化，主要有以下几种趋势：

（1）现代坦克的火炮口径一般采用120~125 mm滑膛炮，呈现出增大火炮口径的趋势。

（2）进一步提高发射初速，长身管化，增大火炮药室容积，增加发射药量，改善装药结构等。

（3）采用高新发射技术，开发液体发射药火炮、电磁炮和电热炮。

（4）通过创新的结构设计，有效提高发射速度，提高命中概率和打击效果。

（5）进一步完善和提高变射速自动机结构技术，可以确保首发命中且不过分消耗弹药。

（6）采用单炮多发同时弹着发射技术，以获得更大的"爆发射速"，从而进一步提高火炮与自动武器的火力突然性。

2. 弹药技术

对目标的毁伤效果直接取决于弹药的作用方式、使用效能与威力等特性，因此，弹药技术的发展是常规武器系统发展的关键，完善和发展弹药技术是提高现有武器系统效能行之有效、经济节约的途径。

（1）弹药技术进一步向远射程、高精度、大威力、灵巧化和智能化发展。

（2）合金弹芯钢穿甲弹、尾翼稳定脱壳穿甲弹和空心装药弹等常规弹药广泛使用。

（3）许多新原理、新技术用于远程弹药的研制，使其性能得到大幅度提高。现代远程榴弹采用的增程技术有：减小空气阻力技术、增速技术、提高断面密度（存速能力）技术、滑翔技术以及复合增程技术等。在弹药中采用弹道修正技术是现代战争中提高弹药命中精度的重要措施，通过比较基准弹道与飞行中的弹丸实际弹道，给出修正量来修正实际弹道，以提高弹丸命中精度。采用制导型或智能型炮弹以及弹炮结合，以提高远程精确打击能力，末制导炮弹、炮射导弹、末敏弹等智能弹药逐步成为装甲车辆用弹的主力军。不仅硬杀伤弹药发展迅速，软杀伤弹药也已经成为弹药家族的新贵。

3. 火控技术

采用全自动火控系统，可以进一步提高武器首发命中率和反应速度。地面作战车辆的最终目标是完成对敌的有效火力打击，因此作战车辆需要不断提高昼夜间探测和识别目标的能力、快速捕获和指示目标的能力、运动中打击目标的能力。现代车载火控技术在提高火控的总体性能和综合作战能力方面，着重研究导弹火炮一体化、防空反导能力、远距离高精度射击能力等；在提高火控系统的综合化、模块化、标准化方面，在功能扩展、性能提高的同时，着重提高系统的可用性；在提高对目标的打击能力方面，着重研究目标运动特性和对目标的搜索、捕获、识别、瞄准技术，并能对其进行准确打击。

6.4.3 提高机动性技术

1. 发动机技术

发动机是装甲车辆的动力源，是装甲车辆最重要的部件。对于战斗车辆，发动机的重要性不仅在于提供驱动功率、决定车辆机动性，而且在于它的外形尺寸、燃油经济性以及在车辆上的安装位置，这与战车的生存力有着密切关系。

装甲车辆发动机的发展方针是：改进老发动机和研制新发动机并举，以研制新发动机为主；在机型上，发展新型发动机和柴油机并举，而以发展柴油机为主；在技术上，采用常规技术和新技术并举，而以采用新技术为主。随着装甲车辆单位功率增长的要求，各国发动机的功率和单位体积功率都大大提高。主要技术措施包括：燃烧系统改进（直接喷射式燃烧系统）；冷却系统改进（采用环形散热器等）；涡轮增压中冷技术（可变截面涡轮增压器、顺序增压系统、超高增压系统等）；低散热技术（隔热技术、排气能量回收技术、高温摩擦磨损技术等）；电子控制技术（电喷技术等）。在设计方法上，应用动力装置整体化设计技术，把发动机、传动装置、冷却系统作为整体进行设计，从而使动力装置结构紧凑、装拆方便，保证车辆整体性能。

2. 传行操技术

装甲车辆传动装置是随着车辆行驶要求的不断提高和科学技术的不断进步而发展的。现代战争要求装甲车辆传动装置具有高功率密度、高集成度、高可靠性,以及系列化、模块化、通用化。装甲车辆操纵装置逐渐由机械式、液压式发展为电液式。将传递功率、变速、转向、制动和操纵 5 种功能集于一体的综合传动装置,能提高车辆的可靠性,增大推进系统单位体积的功率,同时可以在野战条件下整体吊装。装甲车辆的越野行驶性能(特别是悬挂性能)与行动装置的结构密切相关。可调节式液气式悬挂装置比扭杆式有更大的负重轮行程和更好的非线性悬挂特性,通过油泵调节蓄压器内的油量可使车体升降、俯仰、倾斜,从而提高车辆的战斗性能。

3. 轻量化技术

在未来,快速反应、机动部署需要高机动性、高可部署性的地面作战平台和武器系统。轻型化是提高常规武器系统机动性和可部署性的重要途径。各国正通过研制和选用新型轻质材料、改进武器系统设计和系统配置,实现武器系统轻量化和高机动性的目标。对于武器系统,轻量化技术就是在满足一定威力和取得良好射击效果的前提下,使武器的质量和体积尽可能小。轻量化技术包括:

(1)创新的结构设计。机械产品设计都是始于结构、终于结构的设计。轻量化技术中一个十分重要的途径就是创新结构设计,如新颖的多功能零部件的构思,紧凑、合理的结构布局,符合力学原理的构件外形、断面、支撑部位及力的传递路径等。

(2)减载技术。长后坐、前冲、膛口制退器仍然是火炮的主要减载措施。减载技术现在已发展到一个新阶段,需要综合应用武器系统动力学、弹道学、人机工程学,结合结构设计和配套装具设计,以解决伴生的射击稳定性、可靠性和有害作用防范等问题。

(3)轻型材料的选择与应用。材料技术是轻量化技术中一项非常重要的技术。合理选择高强度合金钢、轻合金材料、非金属材料、复合材料、功能材料和纳米技术材料是实现轻量化的有效技术途径。

6.4.4 提高防护性技术

装甲装备面临着从空中武器到地面武器、从近程武器到远程武器、从非制导武器到精确制导武器、从硬杀伤武器到软杀伤武器,以及从常规武器到核武器等全方位的、立体的威胁,这些威胁的存在使装甲装备的综合防护概念应运而生。综合防护系统一般包括主、被动装甲防护和声、光、电高技术防护措施,以及高水平隐身技术。

1. 装甲防护

装甲防护是装甲车辆在战场上获得生存力的主要手段之一。装甲防护,是装甲车辆在现代及未来战场上生存的基础,装甲防护能力取决于装甲的材料性能、厚度、结构、形状及其倾斜角度。装甲的基本作用是降低各种反装甲武器击毁的概率,减小命中弹丸的杀伤破坏作用,保护车内部成员、弹药、武器和各种机件设备免遭破坏。装甲经历了均质装甲、间隔装甲、屏蔽装甲、复合装甲、爆炸反应装甲、贫铀装甲、模块装甲以及用各种被动附加装甲和辅助设施加强主体装甲的发展历程。

2. 主动防护

装甲车辆主动防护系统是指通过探测装置获得来袭弹药的运动特征,然后通过计算机控制对抗装置使来袭弹药无法直接命中被防护目标的一套装置,主要由探测装置、计算机处理/控制器和对抗装置三部分组成。其中，探测装置用于获取威胁的特征信息；计算机处理/控制器用于对探测装置获取的威胁特征信息进行分析，产生控制信号；对抗装置用于解除威胁。

主动防护系统分为干扰型、拦截型和综合型三种。干扰型主动防护系统一般采用光学传感器探测威胁方位，通过烟雾或激光等光学手段来干扰来袭弹药，以达到自卫目的。拦截型主动防护系统一般使用雷达来获取来袭弹药的运动特征，然后发射弹药进行拦截，使其侵彻能力丧失或显著下降。综合型主动防护系统一般采用雷达和光学传感器进行复合探测，当威胁来临时，车载计算机根据威胁的类型，控制对抗装置对其进行干扰或拦截，或同时采取这两种措施进行复合防护。

3. 隐身技术

隐身技术作为提高武器系统生存能力和突防能力的有效手段，已经成为集陆、海、空、天、电、磁六维于一体的立体化现代战争中最重要、最有效的战术技术手段，并受到各国的高度重视。隐身技术（又称为目标特征信号控制技术）是通过控制武器系统的信号特征，使其难以被发现、识别和跟踪打击的技术，主要包括雷达隐身、红外隐身、声隐身、视频隐身等。

随着隐身技术研究的不断深化，且现代战争对武器提出了全天候作战要求，以往不是很重要的视频隐身（用肉眼/光学仪器不能看到）也已提上日程，并日益得到重视，主要研究工作集中在特殊照明系统、适宜的涂色、奇异的蒙皮、电致变色材料和烟幕伪装等方面。

6.4.5 综合电子技术

发展装甲车辆综合电子系统，既是未来高技术战争的要求，又是技术发展的必然趋势，也是装甲车辆实现跨越性发展的主要标志。

1. 通信指挥与战场信息管理

未来战争最明显的特征是信息化。装甲车辆作为地面战场 C^4IRS 网络系统中的一个重要节点，在局部战斗中，机械化部队从指挥机关到每一辆单车，每时每刻都需要处理来自车内外的大量的实战信息，并进行信息交换和共享，信息成为决定战争胜负的至关重要的因素。为了适应未来战争的需求，新一代装甲车辆必须具有优良的战场实时信息处理和交换能力，这就要求采用具有战场实时信息管理功能的综合电子系统。通信指挥要求能提供语音、电报、传真、数据以及图像等综合业务数字通信；采用包括猝发通信和跳频通信在内的通信新技术；提高功率，缩小体积，实现保密、安全、抗干扰和远距离的通信。战场信息管理，就是通过良好的 C^4IRS 接口，对各种有关实战信息进行综合处理，帮助指挥员（车长）进行决策、指挥和控制。

2. 火力（综合防御）系统的指挥控制

对火炮及炮射导弹的指挥控制，一方面要依靠原有的火控系统，另一方面通过战场信息管理提供的有关信息（如敌方态势、目标分配排序、作战命令等），使火控系统的性能得到延伸和发展。同时，大大增加战场透明度，使车长能够更全面了解战场态势和战斗情况，及时做出正确的决策。对于不同的目标采用不同的攻击手段和方法，包括火炮/导弹直接攻击，实施光电对抗、超近反导或施放烟幕等。

3. 导航/定位系统

在未来局部战争中，装甲机械化部队可能要以较小的分队（甚至单车）独立去执行难度较大的战斗任务，其活动范围可达几百千米。因此，乘员和上级指挥机关都需要及时了解车辆所在的位置以及到达目的地的最佳路线，以便更好地协调行动，统一指挥，快速有效地调动部队（火力）。导航/定位系统可以大大提高抵达预定地点和位置的精度，缩短到达指定地区的时间（距离），降低耗油量，有效地避开核、生、化沾染地区，提高战场生存能力。

4. 后勤保障

未来的战场消耗急剧增加，装甲车辆的后勤保障和可靠性显得十分重要。综合电子系统包括了弹药/油料储备显示、故障诊断测试等功能，同时可将这些情况通知有关的弹药/油料仓库、车辆修理部门，使他们事先做好准备，以便及时补充弹药/油料，快速修复损坏车辆，尽快投入战斗。系统随时检测各个电子系统和主要部件的功能以及故障情况，并将检测和诊断的结果及时显示给乘员，从而采取相应的对策和措施，保证战斗任务的胜利完成；还可将这些信息发送给后勤维修部门，令其预先做好准备工作，加快野战维修速度，进而提高装备的战时可用性。

5. 乘员综合显示器

配置乘员综合控制显示装置是装甲车辆综合电子系统的一大特色。车长综合控制显示装置最为重要，它与数据总线和通信设备接口，使车长具有各种战术信息和后勤信息的处理、编制、控制和传输能力。显示的信息包括来自车内的有关信息和车际间的有关信息。炮长综合显示器，主要显示目标捕捉信息、火控故障和威胁排序信息等。驾驶员综合显示器，主要给驾驶员提供导航/定位信息，监视从动力传动电控装置传送过来的工况状态，也可以完成驾驶员仪表板和报警信号的功能。

6. 电源管理、控制和分配

随着装甲车辆技术的发展及自动化程度的提高，车内的电子设备将越来越多，需要用电的设备和装置将迅速增加，用电的数量和品种将增加，质量将提高。综合电子系统具有电源的管理、控制和分配功能，它能按照用电设备的实际需要，及时准确地提供高质量的电力，而且当出现故障或在战斗中受损时，它能自动进行线路布局的重新组配，保证基本用电。

第7章 弹药工程

7.1 弹药与毁伤

7.1.1 弹药及弹药工程

1. 弹药的概念

弹药通常是指在金属或非金属壳体内装有火药、炸药或其他装填物，能对目标起毁伤作用或完成其他作战任务（如电子对抗、信息采集、心理战、照明等）的军械物品。

弹药包括枪弹、炮弹、手榴弹、枪榴弹、火箭弹、导弹、鱼雷、水雷、地雷、爆破筒、发烟罐、炸药包、核弹药、反恐弹药以及民用弹药（如灭火弹、增雨弹）等。

2. 弹药的组成

从结构上讲，弹药由很多零部件组成。从功能角度讲，弹药通常由战斗部、引信、投射部、导引部、稳定部等组成。这些功能部分有的是通过很多零部件共同组成，有的是由单个零部件构成，有的部件还承担多种功能。

1）战斗部

战斗部是弹药毁伤目标或完成既定战斗任务的核心部分。某些弹药（如普通地雷、水雷等）仅由战斗部单独构成。战斗部通常由壳体和装填物组成。

（1）壳体，是容纳装填物并连接引信，使战斗部组成一个整体结构。在大多数情况下，壳体也是形成毁伤元素的基体，如杀伤类的炮弹、导弹、炸弹等。

（2）装填物，是毁伤目标的能源物质或战剂。通过对目标的高速碰撞，或装填物（剂）的自身特性与反应，产生或释放出具有机械、热、声、光、电磁、核、生物等效应的毁伤元（如实心弹丸、破片、冲击波、射流、热辐射、核辐射、电磁脉冲、高能离子束、生物及化学战剂气溶胶等），作用在目标上，使其暂时或永久、局部或全部丧失其正常功能。有些装填物是为了完成某项特定的任务，如宣传弹内装填的宣传品、侦察弹内装填的摄像及信息发射装置等。

2）引信

引信是能感受环境和目标信息，从安全状态转换到待发状态，适时作用控制弹药发挥最佳作用的一种装置。

3）投射部

投射部是弹药系统中提供投射动力的装置，使射弹具有射向预定目标的飞行速度。投射部的结构类型与武器的发射方式紧密相关。最典型的弹药投射部有两种：发射装药药筒——适用于枪、炮射击式弹药；火箭发动机——自推式弹药中应用最广泛的投射部类型。某些弹药（如手榴弹、普通的航空炸弹、地雷、水雷等）是通过人力投掷或工具运载、埋设的，无须投射动力，故无投射部。

4）导引部

导引部是弹药系统中导引和控制射弹正确飞行运动的部分。对于无控弹药，简称导引部；对于控制弹药，简称制导部，它既可能是一个完整的制导系统，也可能与弹外制导设备联合组成制导系统。

导引部使射弹尽可能沿着事先确定好的理想弹道飞向目标，实现对射弹的正确导引。火炮弹丸的上下定心突起或定心舵形式的定心部为其导引部；无控火箭弹的导向块或定位器为其导引部。

导弹的制导部通常由测量装置、计算装置、执行装置三个主要部分组成。根据导弹类型的不同，相应的制导方式也不同。制导方式通常有以下四种：

（1）自主式制导，是指全部制导系统装在弹上，制导过程中不需要弹外设备配合，也无须来自目标的直接信息就能控制射弹飞向目标，如惯性制导。

（2）寻的制导，是指由弹上的导引头感受目标的辐射能量或反射能量，自动形成制导指令，控制射弹飞向目标，如无线电寻的制导、激光寻的制导、红外寻的制导等。

（3）遥控制导，是指由导弹的制导站向导弹发出制导指令，由弹上的执行装置操纵射弹飞向目标，如无线电指令制导、激光指令制导等。

（4）复合制导，是指在射弹飞行的初始段、中间段和末段，同时（或先后）采用两种以上方式进行制导。例如，利用 GPS 技术和惯性导航系统全程导引，加上末段寻的制导等。

5）稳定部

弹药在发射和飞行中，受到各种随机因素的干扰和空气阻力的不均衡作用，导致射弹飞行状态的变化不稳定，使其飞行轨迹偏离理想弹道，形成射弹散布，命中率降低。稳定部用于保持射弹在飞行中具有抗干扰特性，以稳定的飞行状态、尽可能小的攻角和正确姿态接近目标。稳定部的典型结构形式有以下两种：

（1）急螺稳定，是指按陀螺稳定原理，赋予弹丸高速旋转的装置，如一般炮弹上的弹带、某些射弹上的涡轮装置。

（2）尾翼稳定，是指按箭羽稳定原理的尾翼装置，在火箭弹、导弹及航空炸弹上被广泛采用。

3. 弹药工程及其研究对象

弹药工程是一个涉及面极广的工程性学科，内容包括常用弹药及新型弹药的构造、作用原理、毁伤原理与效应、弹药总体设计以及引信技术、火工烟火技术、外弹道和气动力等专业技术基础知识。

弹药工程的研究对象有：各类弹药从投射至终点毁伤全过程中所发生现象的本质；各组成部分的工作原理；结构零部件的运动规律；弹药的设计理论及方法。此外，从弹药工程出发，还必须研究直接涉及的相关理论与技术，如爆炸动力学、燃烧学、高速碰撞及侵彻力学、材料及结构动态响应、核物理、化学与生物学等学科中的相关应用基础理论。控制与遥感、推进及驱动、减阻、无源干扰、瞬态信息检测等相关技术，分别作为弹药设计的理论基础及弹药新产品研制的技术基础。

7.1.2 弹药的类型

弹药的种类有很多，不同类型弹药的投放方式、作用原理、组成及结构也千差万别。弹药的分类方法很多，下面以常用的几种方式对弹药进行分类。

1. 按用途分

根据弹药的用途，可将弹药分为主用弹、特种弹和辅助用弹。

（1）主用弹，是指直接杀伤敌人有生力量和摧毁非生命目标的弹药。

（2）特种弹，是指为完成某些特殊战斗任务用的弹药，如照明弹、烟幕弹、宣传弹、电视侦察弹、信号弹、诱饵弹等。特种弹与主用弹的根本区别是其本身不参与对目标的毁伤。

（3）辅助用弹，是指用于靶场试验、部队训练和进行教学目的的弹药，如教练弹、训练弹等。

随着新型弹药的出现，这种划分的界限也逐渐模糊。

2. 按投射运载方式分

按投射运载方式，可将弹药分为射击式弹药、自推式弹药、投掷式弹药和布设式弹药。

（1）射击式弹药，是指从各种身管武器发射的弹药，包括枪弹、炮弹、榴弹发射器用弹药，其特点是初速大、射击精度高、经济性好，是战场上应用最广泛的弹药，适用于各军兵种。

（2）自推式弹药，是指自带推进系统的弹药，包括火箭弹、导弹、鱼雷等。由于自推式弹药发射时过载较小，发射装置对弹药的限制因素少，射程远且易于实现制导，因此具有广泛的战术及战略用途。

（3）投掷式弹药，是指靠外界提供的投掷力或赋予的速度实现飞行运动的弹药，包括从飞机上投放的航空炸弹、人力投掷的手榴弹、利用膛口压力或子弹冲击力抛射的枪榴弹等。

（4）布设式弹药，是指采用人工或专用工具、设备将其布投于要道、港口、海域航道等预定地区，构成效力场的弹药，包括地雷、水雷等。

3. 按装填物类型分

按装填物类型，可将弹药分为化学（毒剂）弹药、生物（细菌）弹药、核弹药、常规弹药四种。

（1）化学弹药，是指战斗部内装填化学战剂（又称毒剂），专门用于杀伤有生目标的弹药。战剂借助爆炸、加热或其他手段，形成弥散性液滴、蒸气或气溶胶等，黏附于地面、水中或悬浮于空气中，经人体接触染毒、致病或死亡。

（2）生物弹药，是指战斗部内装填生物战剂（如致病微生物毒素或其他生物活性物质），用以杀伤人、畜，破坏农作物，并能引发疾病大规模传播的弹药。

（3）核弹药，是指战斗部内装有核装料，引爆后能自持进行原子核裂变或聚变反应，瞬时释放巨大能量的弹药，如原子弹、氢弹、中子弹等。

（4）常规弹药，是指战斗部内装有非生、化、核填料的弹药总称，以火炸药、烟火剂、子弹或破片等杀伤元素、其他特种物质（如照明剂、干扰箔条、碳纤维丝等）为装填物。

生、化、核弹药由于其威力巨大，杀伤区域广阔，而且污染环境，属于"大规模杀伤破坏性弹药"，国际社会先后签订了一系列国际公约，限制这类弹药的试验、扩散和使用。本书所讲弹药都属于常规弹药。

4. 按配属分

按配属于不同军兵种的主要武器装备，弹药可分为炮兵弹药、航空弹药、海军弹药、轻武器弹药、工程战斗器材。

（1）炮兵弹药，是指配备于炮兵的弹药，主要包括炮弹、地面火箭弹和导弹等。

（2）航空弹药，是指配备于空军的弹药，主要包括航空炸弹、航空炮弹、航空导弹、航空火箭弹、航空鱼雷、航空水雷等。

（3）海军弹药，是指配备于海军的弹药，主要包括舰炮炮弹、岸炮炮弹、舰射或潜射导弹、鱼雷、水雷及深水炸弹等。

（4）轻武器弹药，是指配备于单兵或班组的弹药，主要包括各种枪弹、手榴弹、肩射火箭弹或导弹等。

（5）工程战斗器材，是指配备于工程兵的弹药，主要包括地雷、炸药包、扫雷弹药、点火器材等。

5. 按控制程度分

根据对弹药的控制程度，可将弹药分为无控弹药、制导弹药和阶段控制弹药。

（1）无控弹药，是指整个飞行弹道上无探测、识别、控制和导引能力的弹药。普通的炮弹、火箭弹、炸弹都属于这一类。

（2）制导弹药，是指在外弹道上具有探测、识别、导引跟踪并攻击目标能力的弹药，如导弹。

（3）阶段控制弹药介于上述两类弹药之间，在外弹道某段上或目标区具有一定的控制、探测、识别、导引能力，如弹道修正弹药、传感器引爆子弹药、末制导炮弹等。阶段控制弹药是无控弹药提高精度的一个发展方向。

7.1.3　弹药对目标的毁伤作用

弹药对目标的毁伤一般是通过其在弹道终点处与目标发生的碰撞、爆炸作用，利用自身的动能或爆炸能或其产生的作用元对目标进行机械的、化学的、热力效应的破坏，使之暂时（或永久）丧失其局部（或全部）正常功能，失去作战能力。影响目标毁伤程度的主要因素是目标自身的易损性和弹药的威力——使目标失去战斗功能的能力。

1. 榴弹的作用

榴弹是一类完成杀伤、爆破、侵彻或其他作战目的且应用广泛的弹药。杀伤爆破弹、杀伤弹、爆破弹统称为榴弹。榴弹对目标的毁伤是杀伤作用（利用破片的动能）、侵彻作用（利用弹丸的动能）、爆破作用（利用爆炸冲击波的能量）、燃烧作用（根据目标的易燃程度以及炸药的成分而定）等效应综合而致。

1）杀伤作用

杀伤作用是利用弹丸爆炸后形成的具有一定动能的破片实现的，其杀伤效果由目标处破片的动能、形状、姿态和密度来决定，而这些又与弹体的结构与材料、炸药装药类型与药量、弹丸爆炸时的姿态与存速等密切相关。由于弹丸是轴对称体，榴弹在静止爆炸后其破片在圆周上的分布基本上是均匀的，但从弹头到弹尾的破片纵向分布是不均匀的。70%~80%的破片由圆柱部贡献。在轴向上破片呈正态分布，在弹丸中部破片较密，在头部和尾部破片较少且以大质量破片为多。榴弹在空中爆炸后，弹丸的落速越大，爆炸后破片就越向弹头方向倾斜飞散。弹丸的落角不同，破片在空中的分布也不同。当弹丸以垂直地面的姿态爆炸时，破片分布近似一个圆形，具有较大的杀伤面积，如图7.1（a）所示；当弹丸以倾斜地面的姿态爆炸时，只有两侧的破片起杀伤作用，其杀伤区域大致为矩形，如图7.1（b）所示。

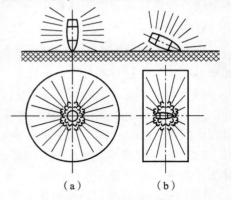

图7.1 空爆破片分布

（a）垂直爆炸；（b）倾斜爆炸

2）侵彻作用

榴弹的侵彻作用是指弹丸对土石等各种介质的侵入过程，依靠其动能和引信装定方式来获得。榴弹破坏地面或半地下工事主要依靠爆破作用，在适当的引信装定方式下，侵彻作用可以获得最大爆破效果。尤其是当攻击土木工事等目标时，其侵彻作用的意义更为重大。

3）爆破作用

榴弹的爆破作用是指弹丸利用炸药爆炸时产生的高压气体和冲击波对目标进行摧毁。弹丸壳体内炸药引爆后，产生的高温、高压爆轰产物迅速向四周膨胀，使弹丸壳体变形、破裂，形成破片，并赋予破片以一定的速度向外飞散。另外，高温、高压的爆轰产物作用于周围介质或目标本身，使目标遭受破坏。

对土木工事等目标攻击时，先将引信装定为"延期"，榴弹击中土木工事后并不立即爆炸，而是凭借其动能迅速侵入土石介质中。在弹丸侵彻至适当深度时爆炸，便可获得最有利的爆破效果。炸药爆炸时形成的高温、高压气体猛烈压缩并冲击周围的土石介质，将部分土石介质和工事抛出，形成漏斗状的弹坑（称为"漏斗坑"）。若引信装定为"瞬发"，弹丸将在地面爆炸，大部分炸药能量消耗在空中，炸出的弹坑很浅；相反，如果弹丸侵彻得过深，不足以将上面的土石介质抛出地面，则会造成地下坑（出现"隐坑"），且不能有效地摧毁目标。

弹丸在空气中爆炸时，爆轰产物猛烈膨胀，压缩周围的空气，产生空气冲击波。空气冲击波在传播过程中将逐渐衰减，最后变为声波。空气冲击波的强度，通常用空气冲击波峰值超压来表征。空气冲击波峰值超压越大，其破坏作用就越大。冲击波峰值超压在0.02~0.05 MPa范围时，便可伤及人员，可使各种飞机轻微损伤；在0.05~0.10 MPa范围时，可致人重伤或死亡，可使活塞式飞机完全破坏，可使喷气式飞机严重破坏；大于0.10 MPa时，可使各种飞机完全破坏。

4）燃烧作用

榴弹的燃烧作用是指弹丸利用炸药爆炸时产生的高温爆轰产物对目标进行引燃，其作用效果主要根据目标的易燃程度以及炸药的成分而定。在炸药中含有铝粉、镁粉或锆粉等成分时，爆炸时具有较强的纵火作用。

2. 穿甲弹的作用

穿甲弹是以弹丸的动能碰击硬或半硬目标（如坦克、装甲车辆、自行火炮、舰艇及混凝土工事等），从而毁伤目标的弹药。由于穿甲弹靠动能来穿透目标，所以也称动能弹。一般穿甲弹穿透目标，以其灼热的高速破片杀伤（毁伤）目标内的有生力量，引燃或引爆弹药、燃料、破坏设施等。穿甲弹是目前装备的重要弹药之一，已广泛配用于各种火炮。

穿甲弹靠弹丸的碰击侵彻作用穿透装甲，并利用残余弹体、弹体破片和钢甲破片的动能或炸药的爆炸作用毁伤装甲后面的有生力量和设施。整个作用过程包含碰撞侵彻作用、杀伤作用或爆破作用，但主要是碰撞侵彻作用（穿甲作用）。不同的弹丸对不同强度和厚度的钢甲射击时，钢甲将产生不同的破坏形态，主要有以下几种基本破坏形态。

（1）韧性穿甲。当尖头穿甲弹垂直碰击机械强度不高的韧性钢甲时，钢甲金属向表面流动，然后沿穿孔方向由前向后挤开，钢甲上形成圆形穿孔，孔径不小于弹体直径，出口有破裂的凸缘，如图 7.2（a）所示。当钢板厚度增加、强度提高，或法向角增大时，尖头穿甲弹将不能穿透钢甲，或产生跳弹。

（2）冲塞式穿甲。钝头穿甲弹和被帽穿甲弹碰击中等厚度的均质钢甲以及渗碳钢甲时，由于力矩的方向与尖头弹不同，出现转正力矩，弹丸不易跳飞。碰击时，弹丸首先将钢甲表破坏，形成弹坑，然后产生剪切，靶后出现塞块，如图 7.2（b）所示。

（3）花瓣型穿甲。当锥角较小的尖头弹和卵形头部弹丸侵彻薄装甲时，弹头很快戳穿薄板，随着弹头部向前运动，靶板材料顺着弹头表面扩孔而被挤向四周，穿孔逐步扩大，同时产生径向裂纹，并逐渐向外扩展，形成靶背表面的花瓣型破口，如图 7.2（c）所示。

（4）破碎型穿甲。弹丸以高着速穿透中等硬度或高硬度钢板时，弹丸产生塑性变形和破碎，靶板产生破碎并崩落，大量碎片从靶后喷溅，如图 7.2（d）所示。

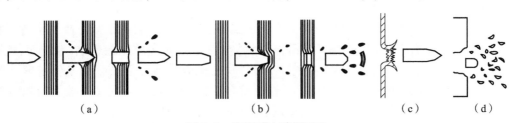

图 7.2　穿甲基本破坏形态

（a）尖头弹的韧性穿甲；（b）钝头弹的冲塞式穿甲；（c）花瓣型穿甲；（d）破碎型穿甲

真实穿甲过程一般呈上述基本穿甲形态的综合型穿甲形态。

3. 破甲弹的作用

破甲弹是利用成型装药的聚能效应来完成作战任务的弹药。这种弹药靠炸药爆炸释放的能量挤压药型罩，形成一束高速的金属射流来击穿钢甲。因此，它与穿甲弹不同，不要求弹丸必须具有很高的速度，这就为它的广泛应用创造了条件。成型装药破甲弹也称空心装药破甲弹，或聚能装药破甲弹。

高温、高压的爆轰产物近似沿装药表面法线方向飞散，不同方向飞散的爆轰产物的质量可在装药上按照爆炸后各方向稀疏波传播的交界来划分。柱状炸药向靶板方向飞散的药量（常称为有效装药量）不多，而对靶板的作用面积较大，所以能量密度小，炸坑很浅。当装药带有锥形凹槽时，爆炸后凹槽附近的爆轰产物向外飞散时，将在装药轴线处汇聚，形成一股高速、高温、高密度的气流，如图 7.3 所示。它作用在靶板较小的区域内，形成较高的能量密度，致使炸坑较深。这种利用装药一端的空穴来提高爆炸后的局部破坏作用的效应，称聚能效应。

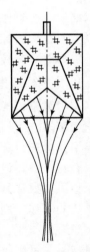

图 7.3　聚能效应

装药凹槽内衬金属药型罩时，装药爆炸时，汇聚的爆轰产物驱动金属药型罩，使药型罩在轴线上闭合并形成能量密度更高的金属流，使侵彻加深。如果将此装药离开靶板一定距离爆炸，金属流在冲击靶板前将进一步拉长，靶板上形成的穿孔更深。装药从底部引爆后，爆轰波不断向前传播，爆轰的压力冲量使药型罩近似沿其法线方向依次向轴线塑性流动，其速度可达 1 000 ~ 3 000 m/s，称为压垮速度。药型罩随之依次在轴线上闭合。闭合后，前面一部分金属具有很高的轴向速度（高达 8 000 ~ 10 000 m/s），呈细长杆状，称为金属流或射流；在其后边的另一部分金属，速度较低，一般不到 1 000 m/s，直径较大，称为杵体。射流直径一般只有几毫米，其温度为 900 ~ 1 000 ℃，但尚未达到铜的熔点（1 083 ℃）。因此，射流并不是熔化状态的流体。药型罩呈锥形，金属质量由顶部到口部逐渐增大，其对应的有效药量则由多到少。因此，药型罩在闭合过程中，其压垮速度是顶部快、口部慢，形成的金属射流也是头部速度快、尾部速度慢。所以，当装药距离靶板一定距离时，射流在向前运动的过程中，不断被拉长，致使侵彻深度加大。但当药型罩口部与靶板的距离（简称"炸高"）过远时，射流在冲击靶板前因不断拉伸，断裂成颗粒而离散，从而影响穿孔的深度。所以，装药有一个最佳炸高（或称有利炸高）。

4. 新型弹药

随着未来高技术战争的目的及目标的变化，武器攻击的主要目标是敌方武器装备、发射平台、指挥中心、地下工事、道路桥梁等。对目标的毁伤程度要求也在变化，如对人员从要求"致死"到"致伤"，对车辆从"毁伤"到"功能失效"等。毁伤学已从传统毁伤学的"硬毁伤"发展到新毁伤学的"软毁伤"。这就要求探索新的毁伤机理（硬毁伤与软毁伤），根据要求建立新的毁伤准则，以指导与促进新弹药与新防护技术的发展。

1）战术微波武器

战术微波武器与微波束能武器不同，它不是定向能武器。作为战术武器，其作用距离有限，主要用于干扰敌方雷达或通信、破坏敌方电子设备使其失效等。微波弹属于"软杀伤"弹药。

2）战术激光武器毁伤机理

激光对人及目标的作用机理十分复杂。不同波长、不同输出方式的激光对目标的破坏效应不同，且其对动态条件与静态条件下物体的作用机理也不相同。激光对目标的破坏可分为

"硬毁伤"和"软毁伤"。例如：激光束烧穿飞机或导弹的燃料舱，使之爆炸，即所谓的"硬毁伤"；对较远目标，因能量不够，只能将人员致盲、将光电设备致盲等，即"软毁伤"。

3）次声波毁伤机理

次声波就是频率低于 20 Hz 的声波。人的内脏器官、大脑及血管等的自振频率为 4 ~ 18 Hz。次声波作用于人体时，产生共振，使器官、血管等产生扭曲与错位，造成伤害，甚至致命。次声波弹药属于"软杀伤"弹药。

4）非致命弹药作用与毁伤机理

随着高新技术武器弹药的不断出现以及对目标毁伤程度要求的变化，出现了各种非致命弹药。为了给研究非致命弹药及提高装备的防护能力提供理论基础，就必须研究非致命弹药的作用与毁伤机理及毁伤判据。在 21 世纪初开展的相关研究有：碳纤维弹、粉末润滑弹、胶黏剂弹和失能弹。

（1）碳纤维弹。碳纤维是电的良导体，撒布在电网上，使电网短路，破坏电力设施。

（2）粉末润滑弹。粉末润滑弹的摩擦系数极小，将其撒在路面或者跑道上能使人员和车辆无法行走、飞机无法起飞和降落。

（3）胶黏剂弹。胶黏剂弹用于将黏剂撒在装甲车辆、飞机的视窗上阻碍其向外观察，或黏剂被吸到车辆发动机内使之黏结。

（4）失能弹。失能弹能利用人员失能剂造成人员精神障碍、躯体功能失调等，使人员暂时丧失战斗力。

7.2　弹药及其发展

7.2.1　弹药的发展简史

弹药的发展分为三个历史时期：19 世纪上半叶以前，称为古代弹药时期；19 世纪 40 年代至第一次世界大战结束，随着后装线膛武器弹药的出现，其发展进入近代弹药时期；此后，进入现代弹药发展时期。

古代弹药包括抛射弹、火药和射击式弹药。雏形弹丸以及从抛石机、弩弓等抛射出的射弹、箭等，属于冷兵器范畴。其特点是，投射动力直接源于人力、畜力和简单机械，射弹的杀伤力小。火药的发明及其军事应用促进了弹药发展。黑火药最初以药包的形式置于箭头射出，或从抛石机抛出。12 世纪，中国出现了利用火药燃气喷流反作用原理制成的火箭。13 世纪，中国出现了可发射"子窠"的"突火枪"，子窠是最原始的子弹。随后有了铜和铸铁的管式火器，用黑火药作为发射药；并利用火药密闭燃烧的爆发特性，制成了铁壳爆炸弹，又称"铁火炮"或"震天雷"；后来，火药技术及火器技术陆续经阿拉伯地区传至欧洲。14 世纪，铁火炮已在欧洲各国应用。15 世纪，具有科学配比的粒状黑火药在欧洲出现，标志着弹药进入一个新的发展阶段。至 15 世纪，枪炮弹药是战场上使用得最普遍的弹药。早期的火器是滑膛的，发射的弹丸主要是石块、木头、箭，以后普遍采用了石质或铸铁实心球形弹，从膛口装填，依靠发射时获得的动能去毁伤目标。16 世纪初，出现了口袋式铅丸和铁丸的群子弹，对人员、马匹的杀伤能力大大提高。16 世纪中叶，出现了一种爆炸弹，由内装黑火药的空心铸铁球和一个带黑火药的竹管或木管信管构成，先点燃弹上信管，再点燃膛内火药。17世纪，出现了铁壳群子弹，到17世纪中叶发现和制得了雷汞。19世纪，后膛与线膛武器的进展，击发火帽及击发点火方式、旋转式弹丸结构、金属壳定装式枪弹结构、雷汞雷管起爆方式、无烟火药、苦味酸、TNT炸药的发明和应用等，是这一时期弹药最重要的发展，这些成就全面提高了武器系统的射程、射击精度、威力和发射速度，使弹药进一步完善。与此同时，随着目标的不断发展，弹药类型增多。射击武器弹药除了爆炸弹、榴霰弹和燃烧弹外，还出现了对付舰艇装甲的穿甲弹。当时，在海战中已普遍使用水雷，并于19世纪后半叶出现了鱼雷。

现代弹药主要包括反坦克弹药、火箭弹药、制导弹药及核弹药。第二次世界大战期间及以后，坦克大量参战，且装甲厚度与性能不断提高，坦克成为战场上弹药的首选目标。在第二次世界大战中，德军首先使用空心装药聚能破甲弹，其侵彻能力较普通穿甲弹大幅度提高，成为反坦克弹药中的主系之一。20世纪50年代，出现了一种新型反坦克弹药，即利用炸药接触爆炸而在甲板背面产生崩落效应的碎甲弹。在第二次世界大战中，苏联、德国、美国研制出了不同类型的火箭武器，包括航空火箭弹、对空火箭弹及各种射程的地－地火箭弹。中国从20世纪60年代以后陆续研制成功并装备了一系列不同口径及射程的无控火箭弹。20世纪50年代发展了第一代巡航式与弹道式战略导弹。20世纪六七十年代发展了第二代战略导弹。战术导弹包括地空导弹、反坦克导弹、航空制导炸弹和制导炮弹。从20世纪50年代至60年代后期，美国、苏联、英国、中国、法国等国先后成功进行了氢弹爆炸试验，创造了第一代核弹药。

7.2.2 弹药的发展趋势

现代战争是海、陆、空、天一体化，以信息战和纵深精确打击为核心的高技术战争，主要特点是作战范围大、时间和空间转换快、作战样式多。为了适应现代化战争的需要，弹药正在朝着远程化、精确化、高效能、多用途、小型化和微型化、智能化等方向快速发展。

1）远程化

高新技术条件下的局部战争，要求弹药在更远的距离上歼灭敌人，因此增大弹药的射程成为各国弹药发展的首要目标。为了实现这一目标，发展了各种各样的技术，如底部排气、火箭增程、滑翔增程以及其复合增程技术，采用高能发射装药并增大发射药量等。预计未来在射程方面，坦克炮将从3~4 km增至近10 km；野战火炮将从30 km以下增至50 km以上，甚至达到100 km以上；火箭炮系统的射程将增至150 km以上，甚至300 km。

2）精确化

在纵深、立体化、信息化的现代战争中，精确打击可起到无法估量的作用，能够以极少的伤亡代价来换取决定性的胜利。所以，未来弹药向精确化方向发展是一个必然趋势。提高弹药命中目标精度的技术主要有简易控制技术、末端敏感技术、弹道修正以及GPS/INS制导的航向修正技术、炮弹的末端制导技术等。用一发炮弹即可摧毁一辆坦克，与过去需用大量常规炮弹才能击毁一辆坦克相比，其精度与效能分别提高了十几倍、上百倍。

3）高效能

一方面，为了适应现代战争的需要，弹药的发展不断追求远射程、高精度，而弹药的射程、精度和威力三大技术指标往往是相互制约、相互矛盾的，射程和精度的提高在一定程度上必然影响威力，同时弹药又在向小型化方向发展。另一方面，战场目标的防护能力也在不断提高与增强，为了有效打击和毁伤目标，必须大幅度提高弹药的毁伤效能，研究新型高效毁伤技术。

提高弹药效能的途径有以下几种：

（1）开发新结构战斗部技术，如多级的战斗部串联技术、新型的装药技术等。

（2）采用新材料。例如：应用高强度、低密度的复合材料，以减小弹药的消极质量；研究新型高能的含能材料，进一步提高弹药的威力。

（3）采用子母弹技术提高弹药的杀伤范围，采用先进的高效子弹药提高对目标的命中和毁伤能力，如传感器引爆子弹药、末敏子弹药等。

（4）发展新型的引信技术，如抗高过载的引信、自适应的引信、多种装定模式的引信等。

（5）探索新的毁伤机理，开发新原理战斗部技术，高效地毁伤目标，如电磁弹药、激光弹药等。

4）多用途

未来战争要求弹药能够对付各类目标，既可提高弹药的作战效能，又可节省作战时间，多用途弹药则是满足这一要求的典范。发展多用途弹药，主要采用模块化结构、带各种类型子弹药的子母弹、多用途炮弹、非致命炮弹以及配用多种选择引信等方法。

5）小型化和微型化

小型化和微型化是弹药系统发展的总趋势。随着微机电技术、纳米技术和新型材料技术的发展，各种微小型器件不断出现，为今后弹药向小型化和微型化方向发展提供了有利的空间，如炮射小型无人侦察机、小型无人攻击机、地面攻击机器人、蜂群压制者微型弹药等。

6）智能化

智能化弹药，以弹体为运载平台，通过高新技术的应用，具有战场态势感知、电子对抗、战场侦察、精确打击、高效毁伤和毁伤评估等功能，能够实现弹药模块结构、远程作战、智能控制、精确打击等。与普通弹药相比，智能弹药的作战效能可提高 100～1 000 倍，效费比可提高 30～40 倍。

7.3　弹药技术

7.3.1　远程压制弹药技术

1. 滑翔增程技术

滑翔增程技术是指对炮弹弹体进行优化设计，使其具备良好的气动力学结构，当炮弹进入下降弹道阶段后，弹丸近似水平滑翔，从而达到增程的目的，如图 7.4 所示。该项技术的优点是技术较成熟，容易应用到炮弹增程中；其缺点是滑翔阶段飞行速度慢，飞行时间相对较长，易受干扰。目前，国外大多数增程炮弹采用火箭助推与滑翔增程技术相结合。例如，美国 ERGM 弹药和法国超远程"鹈鹕"炮弹，射程普遍达到 100 km 左右。

2. 固冲发动机增程技术

用于火炮发射弹药增程的固体冲压发动机技术于 20 世纪 70 年代末开始研究。目前，美国、俄罗斯、南非等国研制的中大口径冲压增程炮弹，其射程都达 70 km 以上，增程率为 100%。可以说，冲压增程炮弹是未来陆军低成本、远程打击武器弹药的主要弹种之一。

3. 底排火箭复合增程技术

底排火箭复合增程技术是 20 世纪 90 年代出现的一种新型增程技术，主要应用于大口径炮弹领域。采用底排火箭复合增程后，155 mm 炮弹的最大射程可达到 50 km 以上，远远高于现役的底排增程弹和火箭增程弹。

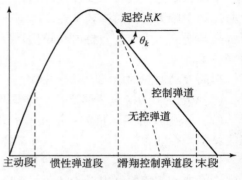

图 7.4　滑翔增程原理示意

θ_k—起控点弹道倾角，也称超控角

4. 二次点火固体火箭发动机增程技术

在弹丸快爬升到弹道顶点时，由控制系统将弹体后部的固体火箭发动机点火启动，使炮弹向上再爬升一段，这样会使弹道顶点更高，目的是让带滑翔功能的炮弹在弹道降弧上飞行更远，从而大大延长炮弹射程。例如，美国海军 127 mm 增程弹药的火箭发动机在弹道升弧段的最佳时机点火，可使弹体获取 10 MJ 的附加能量，射程将超出 117 km。

5. 微推偏喷管增程技术

该技术通过优化喷管长度、高速喷管方向来减少发动机推力偏心，达到减少火箭弹的飞行阻力，实现火箭弹增程和减少地面散布的目的。

7.3.2　精确打击弹药技术

1. 半主动激光制导技术

半主动激光制导需要位于弹体之外的激光目标指示器照射目标，弹上的激光导引头跟踪目标反射的激光信号，并由此信号解算出目标的视线角和视线角速度，再由弹上计算机综合弹体姿态信号并按照给定的制导律处理成控制信号，输入执行机构，使武器跟踪目标，直至命中目标。其优点是：制导精度高，抗干扰能力强，结构简单，武器系统成本低。然而，在摧毁目标之前需要一直用指示器照射目标，不具有"发射后不管"的能力，激光指示器的运载平台有可能遭受敌方的攻击。半主动激光制导技术现已广泛应用于导弹、航空炸弹和炮弹。半主动激光制导武器是各国装备的主要制导武器之一。

2. 脉冲发动机修正弹道技术

脉冲发动机修正弹道技术，通过弹头部或中部安装通过火药气体产生推力脉冲的小型助推器，凭借喷流的反作用力为弹丸提供控制力，以改变弹体飞行姿态修正弹道。弹道修正系统使用的是一次性小型助推器，能够形成脉冲推力，具有响应极快、零件数目少、构造简单的特征，但是每个小型助推器一次燃烧后便不能再次使用，所以当在同一方向再次发生推进力时就要使用另外的助推器，因此采用这种控制方式的弹丸通常采用旋转稳定的飞行方式。这种弹道修正方法的优点是反应时间短，无活动部件和伺服机构，无气动控制面，简单易行，成本低，效率高，具有实时姿态控制和弹道修正能力；缺点是作用时间有限，命中精度相对较低。对于将炮兵武器当作主要面压制武器而言，采用这种方法既能满足作战对炮弹精度的要求，也满足了大规模生产和使用的经济性要求，因此成为世界各国弹药修正弹道普遍采用的技术。

3. MEMS 陀螺仪和加速度计技术

随着制导弹药（特别是制导炮弹）发展的需求不断上升，制造体积更小、更耐冲击、更可靠且适于批量生产的微机械陀螺仪（MEMS）正在成为各国研究的热点。微机械陀螺是微电子与微机械组相结合的微型振动陀螺，是根据受激振动在有科氏加速度时存在模态耦合效应的原理来工作的，由于科氏加速度由旋转产生，且和旋转速率成比例，所以通过测量感测模态的振幅大小就能测量输入角速度的变化。随着各向异性刻蚀与显微光刻技术的发展，微机械加工技术的加工精度不断提高，在硅衬底上加工微机械结构不仅适合批量生产，而且硅材料具有机械性能好、断裂点高、弯曲强度高、无可塑性变形、耐冲击等优点，驱动和检测也较为方便，因此硅微机械陀螺仪逐渐成为研发低成本微机电惯性测量装置的主流。硅微机械陀螺的实现方案可归结为框架式、音叉式、振动轮式、振动梁式、振动环式和四叶式等。

4. 弹体姿态磁探测技术

弹体姿态磁探测技术，是以地球自身产生的磁力线作为测量基准的一种弹体姿态探测技术。由于地球自身产生的磁力线具有在一定区域恒定不变、不可能受人为干扰的特点，因此可通过在弹体内固定地磁探测传感器来测量地磁方向，用于确定弹体相对于地磁方向的变化，使弹能够自身感知其飞行姿态。

5. 简易弹道修正技术

简易弹道修正技术是一种能根据火控系统指令，在飞行过程中对弹丸进行简易控制的技术。火控雷达发现目标，由火控系统提供一个提前量，对来袭目标未来交汇点进行射击，并跟踪弹丸的飞行轨迹，同时对目标飞行参数和弹丸飞行轨迹进行解算，计算出弹丸弹道高低修正参数和方向修正参数，并将计算出的修正量编码后传送给弹上指令接收装置，由弹载处理器根据接收到的信息和弹丸飞行姿态信息解算出执行指令，执行机构动作，产生侧向控制力，从而修正弹道，实现炮弹对目标的精确打击。

6. 小型化图像制导技术

小型化图像制导技术是制导弹药的关键技术之一，用于弹药制导。小型化图像制导技术的关键在于小型化图像导引头制造技术和图像自动识别技术。小型化图像导引头一般采用红外类型的图像导引头。

7.3.3 高效毁伤弹药技术

1. 多模战斗部技术

多模式战斗部可根据目标类型的不同自适应起爆，形成对目标的最佳毁伤元来毁伤目标。多模式战斗部也称为可选择战斗部，包括多模式爆炸成形弹丸（EFP）战斗部和多模式聚能装药（SC）战斗部。一般有以下 5 种作用模式。

（1）分段/长杆式 EFP（或射流）模式，形成射流或呈线状飞行的金属段或延长的弹丸，可近距离对付重型装甲目标。

（2）飞行稳定 EFP 模式，形成一个或几个飞行稳定的 EFP，可远距离攻击轻型装甲目标。

（3）定向破片模式（或多枚 EFP），在特定方向上形成破片群，可对付武装直升机、无人机、战术弹道导弹等目标。

（4）全方位破片模式，可形成大范围破片，有效杀伤地面人员。

（5）掩体破坏模式，形成扇状射流或长径比小的 EFP 侵彻体，用于破障和攻击混凝土工事目标。

多模式战斗部可将弹载传感器探测、识别并分类目标的信息（确定目标是坦克、装甲人员输送车、直升机、人员还是掩体）与攻击信息（如炸高、攻击角、速度等）相结合，通过弹载选择算法确定最有效的战斗部输出信号，使战斗部以最佳模式起爆，从而有效对付所选定的目标。

2. 大长径比 EFP 技术

对于给定质量和速度的 EFP 弹丸而言，侵彻深度和侵彻孔的容积主要取决于弹丸的长度，弹丸形状的影响是第二位的，且侵彻深度和侵彻孔的容积不与弹丸的动能成正比。因此，发展大长径比的 EFP 弹丸也是 EFP 战斗部技术的重要研究方向。

3. MEFP 战斗部技术

自 20 世纪 80 年代以来，各国一直在研究多爆炸成形弹丸（MEFP）战斗部技术。典型的 MEFP 战斗部包括的基本部件有：钛钢（或铜质）药型罩、钢质战斗部壳体、卡环、炸药、起爆管和传爆管。MEFP 战斗部起爆后可形成许多 EFP 弹丸，用于攻击轻型器材目标。而 EPF 战斗部只能形成一个杆状或球状 EFP 弹丸，用于摧毁重型装甲目标。

4. 伸出式新型穿甲弹技术

伸出式新型穿甲弹的穿甲部分由芯杆、套筒两段组成，发射前芯杆缩于套筒中，发射后芯杆从套筒伸出。根据穿甲机理的研究，除了芯杆有正常的侵彻穿甲作用之外，套筒也具有同样相当杆长的侵彻穿甲能力，从而达到增大穿甲能力的目的。试验证明，伸出式新型穿甲弹侵彻装甲板深度可比普通穿甲弹增加 25% 以上。

5. 横向增效穿甲弹技术

横向增效穿甲弹（PELE）是一种具有穿甲弹和榴弹特点的新型弹药，兼具穿甲弹的穿甲效应和杀爆弹的破片杀伤效应。由于无须引信和装药，PELE 弹还具有结构简单、安全性好、成本低廉的特点。弹丸的作用原理：基于弹丸的内芯和外层弹体，使用不同密度的材料的物理效应。外层弹体由钢或钨制成，对付钢板时有良好的穿透性能；内芯用塑料（或铝）制成，不具有穿透性能。在侵彻过程中，低密度装填材料被挤压在弹坑和弹体的尾端部分之间。这导致压力升高，低密度装填物材料周围的弹体膨胀，因此扩大了弹坑直径，并最终使高密度的外层弹体分解为破片。

6. 易碎穿甲弹技术

易碎穿甲弹技术的关键在于易碎弹体材料技术。易碎弹体材料技术是通过控制弹体材料的成分和工艺，实现对弹体材料破碎性能的控制，在撞击装甲目标时，利用冲击波在弹体中的作用，使易碎弹体材料形成均匀破片，无须开槽或破片预制。这种高密度破片在弹丸自旋离心作用下，能够以膨胀的破片群形式攻击目标，通过破片冲击和侵彻作用毁坏目标及其部件。在打击铝（或钛）制飞机结构时，这种高密度、高速度破片群的撞击会使铝（或钛）形成粉尘，造成金属粉尘氧化爆炸，产生超高压并释放出大量热，进一步加强破坏效果。如果弹芯与锆、钛或贫铀合金等自燃金属组合在一起，则可进一步加强对飞机的纵火破坏作用。自燃金属会破碎，并因冲击载荷引燃而发生放热式反应，产生燃烧温度达 3 000 ℃ 的纵火效应，进而引燃各种可燃物（如汽油和喷射燃料），从而加强易碎弹的终点效应。其关键技术包括研究弹体材料的组分、工艺、密度、动静态力学性能、微观结构、材料的复合、终点效应、破碎特性及其相互关系等。

7. 复合侵彻战斗部技术

复合侵彻（钻地）战斗部主要由前置聚能装药、随进杀伤爆破钻地弹和灵巧引信系统等组成，主要配用巡航导弹。复合战斗部的前置装药在碰撞到目标防护层或距离防护层一定高度上先行起爆，产生金属射流在目标防护层内穿孔，为随进杀伤爆破钻地弹钻入目标内部开辟通路。当随进杀伤爆破钻地弹进入目标内部后，其所配用的引信经预定延期后起爆，重创目标。与动能钻地战斗部相比，复合钻地战斗部虽然结构设计复杂，但能以较轻的质量完成攻击指定类型的目标。

8. 复合材料（自锐钨合金）穿甲弹技术

贫铀弹芯因贫铀材料撞击标靶时，弹芯头部形状具有自动磨锐的特性，而能够得到良好的侵彻威力。但贫铀材料具有放射性，会使环境受到污染，因此贫铀弹的使用受到限制。而传统的钨合金弹芯撞击靶板时，弹芯头部变形为蘑菇状，使侵彻孔径变得很大，其侵彻深度（长度）有限。利用纳米材料制造技术，用钨合金纳米材料制作弹芯，当弹芯撞击靶板时，其头部的形状也可做到自动磨锐。通过应用这种技术，新材料的钨合金弹芯的侵彻能力将得到大幅度提高，用钨合金弹芯来取代贫铀弹芯是可取的。

9. 分段杆式弹芯技术

在分段杆式动能战斗部中，杆式穿甲弹芯由许多有间隔的小段组成，可应用于反坦克武器中。

第8章 水中兵器技术

8.1 概 述

海洋占地球表面积的 70.8%，它自古以来就是人类生存和发展的重要领域，也是作战角逐的重要场所。海战是战争的一个重要组成部分，其主要目的是消灭敌方海军兵力，夺取制海权、海上制空权和制电磁权。现代战争强调各军兵种联合作战，海战通常由海军诸兵种协同进行，有时也可由海军某一兵种单独进行。海战的基本类型是海上进攻战和海上防御战，主要作战样式有海上袭击与反袭击战、潜艇战与反潜战、海上封锁与反封锁战、海上破交战与保交战、水雷战等。

海战的主要武器平台是军舰。根据作战使命的不同，军舰分为各种类型，每一类按其基本任务的不同，区分为不同的舰种。在同一舰种中，按其排水量、武器装备和战术技术性能的不同，又区分为不同的舰级和舰型。

随着科学技术的进步，使用冷兵器的撞击战和接舷战发展到了使用火炮、鱼雷、深水炸弹和导弹武器的海战；水面舰艇部队单一兵种作战发展到了有潜艇部队和航空兵诸兵种参加的协同作战，以及陆、海、空、天多军种联合作战。

各种舰艇仅仅是实施武器发射和投放的水中平台，而舰载武器才是决定海战效能的关键因素。舰载武器通常包括固定安装的舰载火炮、舰载导弹、舰载火箭炮、鱼雷、水雷和舰载机等，其中既有非制导瞄准式武器，也有制导武器。在近年来的局部战争中，各种精确制导弹药已经成为海战中火力打击的主角。德国海军名将提比茨曾经认为，击沉敌舰的最好方法就是攻击其吃水线以下的部分，使之丧失浮力而沉没。而攻击吃水线以下部分的最有效武器就是水中兵器。

水中兵器是指能在水中毁伤目标的武器，一般指鱼雷、水雷、深水炸弹等。水中兵器主要用于破坏水面（或水下）舰船、码头设施、水坝和堤防，封锁港口、航道等，也是进行反潜战的主要兵器。水中兵器可由舰艇、飞机携载与使用，有的也可由岸台发射或布放，用以攻击、阻挠、对抗和毁伤水中或水面目标，在海战中广为应用。鱼雷、水雷和深水炸弹在水中爆炸时，由于水的密度大于空气密度数百倍，水的可压缩性又远比空气的小，致使爆炸的冲击波前压力比在空气中爆炸时增大许多倍，冲击波传播的衰减速度也远比在空气中慢，通过产生高压球形气团的脉动来循环破坏作用，对目标造成严重毁伤。这是水中兵器独具的特性，其发展受到多国海军的重视。

8.2　鱼　　雷

8.2.1　鱼雷及其基本知识

1. 鱼雷的基本概念

鱼雷，从字面意思来理解，是一种能像鱼那样在水中运动，能主动攻击和摧毁水中目标的攻击型武器。国军标对鱼雷的表述：鱼雷是一种水中自动推进、引导，用以攻击水面或水下目标的水中兵器。由此可知，鱼雷具有三个基本属性，即自航性、导引性、破坏性。自航性，是指鱼雷能在水中自动推进；导引性，是指鱼雷能在水中自动游向目标；破坏性，是指鱼雷能主动攻击和摧毁水中目标。鱼雷的破坏性不难实现，主要通过引信和炸药来解决。如何让鱼雷动起来，而且能自动地游向目标，这才是人们最关注的，也是鱼雷技术的关键。

鱼雷是一种最常见的攻击型水中兵器，在发射后可自己控制航行方向和深度，若遇到舰船，只要接触就可以爆炸。现代鱼雷主要用于攻击潜艇，也用于攻击大中型水面舰船，还可以用于封锁港口和狭窄水道。鱼雷主要用舰船携带，必要时也可用飞机和直升机携带，还可配置在要塞、港口和狭水道两侧的岸基发射台，用于攻击入侵的敌方舰艇。鱼雷在水中航行的速度为 70～90 km/h。现代鱼雷具有航行速度快、航程远、隐蔽性好、命中率高和破坏性大的特点，可以说是"水中导弹"。

2. 鱼雷的工作原理

鱼雷在水中的运动，受到重力与浮力、推力与阻力两对力的共同作用。沿水平方向发射的鱼雷，若重力大于浮力，将向斜下方运动；若重力小于浮力，将向斜上方运动。要使鱼雷瞄准目标沿一定方向运动，就必须使浮力和重力的大小相等，恰当地选择鱼雷的体积，就可以调整重力和浮力的关系。鱼雷在水中运动遇到的阻力比弹丸在空气中遇到的阻力大得多。若推力大于阻力，鱼雷将做加速运动；若推力小于阻力，鱼雷将做减速运动；若推力等于阻力，鱼雷将做匀速运动。鱼雷能运动的关键就在于它的动力系统，这也是决定鱼雷速度和航程的重要性能指标。

将鱼雷稳定地导向目标，需要解决导引和控制两方面的问题。鱼雷上有控制方向和深度的两组舵，即直舵和横舵。控制直舵的是方向仪，控制深度的是定深器。以前，方向仪采用陀螺仪，利用高速旋转时的指向性，使鱼雷保持初始运动方向不变的原理来攻击目标；定深器则是采用水压盘等敏感元件来感应鱼雷航行深度，并使鱼雷始终保持在初始设定的深度上。这种鱼雷只能直航，无法在未命中目标后改变方向追踪目标，机动性差，故命中概率低。现代鱼雷多采用能够自动跟踪目标的装置（即制导系统），自动捕获目标信息，控制和操纵鱼雷改变方向和深度，稳定地导向目标。

当目标碰撞或进入鱼雷引信作用范围时，引信就引爆炸药形成毁伤元，对目标实施毁伤。

3. 鱼雷的组成与类型

1）鱼雷的组成

鱼雷由雷头、雷身和雷尾三部分组成，如图 8.1 所示。它的前部为雷头，装有寻标头和战斗部（包括炸药、引信）等；中部为雷身，装有导航及控制装置，以及燃料等；后部为雷尾，装有动力装置（包括发动机、推进器）、控制舵等。雷身形状似柱体，雷头呈半圆形，以避免航行对阻力太大。

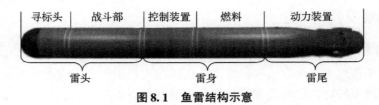

| 寻标头 | 战斗部 | 控制装置 | 燃料 | 动力装置 |

雷头　　　　　　　　　雷身　　　　　　　雷尾

图8.1　鱼雷结构示意

（1）动力系统。

鱼雷的动力系统主要分为两大类：热动力和电动力。在鱼雷航速、体积、质量一定的前提下，航程取决于动力系统的比功率和能源的比能，而热动力在这两项指标上都比电动力具有更大的优势。

①热动力系统一般包括能源（燃料）、发动机和推进器三部分。发动机的种类繁多，有多缸往复或凸轮活塞发动机、斜盘发动机、涡轮发动机、燃气轮机及固体火箭发动机等。它们的位置一般设在鱼雷的后段。热动力系统采用的燃料有普通燃料（燃油）、单组元燃料（如奥托燃料）、多组元燃料（如奥托－Ⅱ＋过氧化氢＋海水三组元燃料）和固体燃料。由于鱼雷在水下航行，不可能从周围取得氧气，因此它携带的燃料不但有燃烧剂还有氧化剂。鱼雷推进器在传统上是指将发动机（或电动机）的机械功转变为鱼雷前进推力的装置。最常见的鱼雷推进器是螺旋桨，分单桨和双桨两种。新发展的推进器采用先进的泵喷射螺旋桨和导管对转螺旋桨。推进器一般设在雷尾。热动力鱼雷的最大特点就是功率大、航程远、速度快，其缺点是受海水背压影响，航深浅、噪声大，而且航行中排出的废气等可形成航迹，易被敌方发现并规避。为此，开发出了闭环系统，其最大的特点就是整个循环均在系统内部完成，没有任何废气物排入大海，因此它既无排气噪声，又无排气航迹，大大提高了鱼雷的安静性和隐蔽性，更重要的是采用这种系统的鱼雷不受背压的影响，可以大大提高鱼雷的航行深度。

②电动力系统由推进电机、电池组和推进器三大部分组成。目前普遍使用的推进电机基本上是单转（或双转）的串励直流电机，性能较优的是永磁电机。鱼雷用的电池类型繁多，常用的有铅酸电池、镍镉电池、银锌电池、镁－氯化银海水电池等，此外还有铝－氧化银电池、锂亚硫酰氯电池、塑料电池、全固态电池等。采用电动力系统的鱼雷，在航行中无废气排出、无气泡、无航迹、噪声小，所以隐蔽性好；不受海水背压影响，适于深水航行，且对自导装置干扰小；结构简单，便于维修。然而，因雷体容积有限，电池的电容量小，故功率不如热动力鱼雷大，影响鱼雷的航速和航程，所以电动力系统更适合短航程的轻型鱼雷。

（2）制导系统。

现代鱼雷多采用能够自动跟踪目标的装置（即制导系统）将鱼雷稳定地导向目标。目前广泛采用的制导方式有声自导、线导、尾流自导等。

①声自导，是在雷头安装一套能形成和发射多个波束的自导装置，整个波束可形成大角度的扇面，当这些波束接收到目标的噪声信号后，即可操舵跟踪目标。声自导系统按声场的

利用方式可分为被动自导、主动自导和主被动联合自导三种。

②线导，是利用鱼雷和发射平台之间的一条专用导线来传递信号和操舵指令，将鱼雷导向目标的制导方式。由于线导系统的精度不高，故现代的鱼雷多采用线导、末端声自导相结合的方式，即由线导将鱼雷引导到目标附近，当声自导发现目标后，改由声自导系统追踪目标。

③舰船在水中航行时，由于螺旋桨的搅动、船体和水的相互作用，以及排出物质等，会在船体后方水平面约 2°的张角和 2 倍于舰船吃水深度的范围内形成一条近千米长的具有热效应、声效应的尾流。尾流自导，就是利用不同的尾流传感器对尾流的温度、声效应进行检测，并导向目标。由于水面舰艇的尾流难以模拟，所以尾流自导鱼雷的最大特点是抗干扰性强，其缺点是蛇形弹道使鱼雷的航程损失过大。为了克服这一缺陷，大都采用尾流、末端声自导相结合或线导、尾流自导、末端声自导相结合的制导方式。由于潜艇的尾流强度弱、长度短、保留时间短，故尾流自导鱼雷难以用于攻击潜艇。

（3）战斗部。

鱼雷战斗部包括烈性炸药和引信。鱼雷在水下爆炸的威力远大于在空气中爆炸的威力。鱼雷战斗部的威力大小以及对目标的毁伤程度与装药的数量、质量、爆炸方式等有关，也与鱼雷命中目标的位置、舰艇结构有关。受到空间和质量的限制，在装药有限的情况下，要增加鱼雷的破坏威力，就必须从提高炸药性能和定向爆炸技术入手。各种新型的高能炸药纷纷用于鱼雷，如聚能炸药、塑胶炸药，目前还正在研制一种新型燃料气体炸药——环氧乙烷气体炸药。鱼雷炸药引爆方式通常有碰炸和非碰炸（多为近炸）两种。碰炸就是当鱼雷与目标碰撞，触发和引爆鱼雷战斗部内部的炸药而达到攻击的目的。目前最先进的鱼雷采用的是定向聚能爆炸技术。定向聚能爆炸技术能使有限的炸药爆炸能量定向释放，向目标方向集中，从而有效摧毁外壳坚固的新型舰艇。采用聚能爆炸的鱼雷只能采用触发引信。近炸就是一旦鱼雷感知到附近一定范围内的物理场信息变化，就引爆鱼雷战斗部内部的炸药而达到攻击的目的。由于近炸可以借助不可压缩的海水的压力，因此对目标造成的毁伤更为严重。近炸利用信息的方式包括压力、声响、磁性等。

2）鱼雷的类型

（1）按携载平台，鱼雷可分为潜射鱼雷、舰射鱼雷、岸射鱼雷和空射鱼雷。

（2）按攻击对象，鱼雷可分为反舰鱼雷、反潜鱼雷和反鱼雷鱼雷等。现代鱼雷主要用于攻击潜艇，也用于攻击大中型水面舰船，还可以用于封锁港口和狭窄水道。

（3）按装药，鱼雷可分为常规装药鱼雷和核装药鱼雷。

（4）按推进动力，鱼雷可分为热动力鱼雷、电动力鱼雷和喷气鱼雷等。

①热动力鱼雷携带燃料和氧化剂，通过燃烧产生高压气体，推动热力发动机旋转，驱动螺旋桨。热动力鱼雷又可分为开式循环、半闭式循环和闭式循环。开式循环鱼雷由于要向海水排出废气，因此带来航迹及静差问题。半闭式循环鱼雷将一部分不溶于水的气体排出雷外，而将溶于水的气体储存起来。闭式循环鱼雷完全不向雷外排出气体，不过这与热动力燃料有很大的关系。

②电动力鱼雷靠电池提供电力，通过电动机驱动螺旋桨。电动力鱼雷不存在气体的排放，可以潜到很深的水域，航行隐蔽。其缺点是电池容量还不够大，使航程和航速受到限制。

③喷气鱼雷使用火箭点燃后产生的燃气向后喷射产生推动力，驱动鱼雷前进。还有一种火箭助飞鱼雷，利用火箭助推器使鱼雷先在空中高速飞行到目标区域，再让鱼雷入水攻击目标，如图 8.2 所示。这种鱼雷在空中飞行的航速可达声速以上，且射程远。

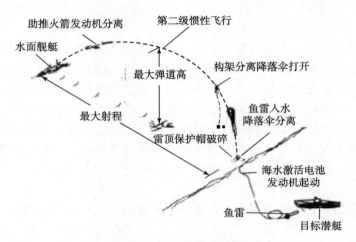

图 8.2　火箭助飞鱼雷作用原理示意

（5）按制导方式，鱼雷可分为无制导鱼雷、程序控制鱼雷、线导鱼雷、自导鱼雷、复合制导鱼雷。

①无制导鱼雷又称直航鱼雷，根据鱼雷发射位置和速度、目标位置和速度，通过射击原理计算提前角即可。直航鱼雷虽然命中准确度不高，但是结构简单、价格低廉，尤其在攻击不太重要的目标方面具有优势。

②程序控制鱼雷简称"程控鱼雷"，通过事先编制的固定程序实现自动控制，按照事先设定的攻击程序来自动攻击目标。

③线导鱼雷，利用鱼雷和发射平台之间的一条专用导线来传递信号和操舵指令，将鱼雷导向目标。

④自导鱼雷，是利用自导装置自动搜索、跟踪和导向目标的鱼雷。自导鱼雷按物理场的特性，主要有声自导、尾流自导等。随着采用微型计算机，自导鱼雷逐步向智能化方向发展，使其具有识别真假目标，并对多个目标进行分类处理、选择和确定攻击目标的能力，自导鱼雷的航速、自导作用距离、导引精度、抗干扰能力和浅水性能等也将进一步提高。

⑤复合制导鱼雷，是利用两种及以上制导方式联合制导，以弥补单种制导方式的不足，现多采用线导和自导相结合的方式。

（6）按雷体直径，鱼雷可分为大、中、小三种类型。直径在 533 mm 以上的为大型鱼雷，直径为 400 ~ 450 mm 的为中型鱼雷，直径在 324 mm 以下的为小型鱼雷。

除了上述各种鱼雷之外，曾经有一种特殊鱼雷，由人坐在鱼雷中直接操纵控制，称为"有人操控鱼雷"，简称"人操鱼雷"。在第二次世界大战期间，德国、日本都先后推出了人操鱼雷。

8.2.2　鱼雷的发展

1. 鱼雷的发展过程

鱼雷的前身是一种诞生于 19 世纪初、称为"撑杆雷"的水下爆炸物。撑杆雷由一根长杆固定在小艇艇艏，海战时小艇冲向敌舰，并将撑杆雷撞击爆炸敌舰。1864 年，奥匈帝国海军的卢庇乌斯舰长把发动机装在撑杆雷上，利用压缩空气来推动发动机活塞工作，进而带动螺旋桨，使雷体在水中航行，并攻击敌舰。英国工程师罗伯特·怀特海德于 1866 年成功研制出一种新的水中兵器，用压缩空气发动机来带动单螺旋桨推进，通过液压阀操纵鱼雷尾部的水平舵板来控制鱼雷的艇行深度，由于其外形很像鱼，故称为"鱼雷"，并根据怀特海德的名字（意译为"白头"）将这种鱼雷命名为"白头鱼雷"。几乎同时，俄国发明家亚历山德罗夫斯基也研制出类似的鱼雷装置。1899 年，奥匈帝国的海军制图员路德格·奥布里将陀螺仪安装在鱼雷上，用它来控制鱼雷定向直航，制成世界上第一枚控制方向的鱼雷，大大提高了鱼雷的命中精度。1904 年，美国人 E·W·布里斯发明了热力发动机来代替压缩空气发动机的第一条热动力鱼雷（又称蒸汽瓦斯鱼雷），这大大提高了鱼雷的航速和航程。1938 年，德国首先在潜艇上装备了无航迹电动鱼雷，它克服了热动力鱼雷在航行中因排出气体形成航迹而易被发现的缺点。1943 年，德国首先研制出单平面被动式声自导鱼雷，它可以通过接收水面舰艇的噪声自动导引鱼雷，从而提高了命中率。第二次世界大战末期，德国又发明了线导鱼雷，发射舰艇通过与鱼雷尾部连接的导线进行制导，因而不易被干扰。到20 世纪 50 年代中期，美国制成双平面主动式声自导鱼雷，它可在水中三维空间搜索，攻击潜航的潜艇。1960 年，美国首先研制出"阿斯罗克"火箭助飞鱼雷。到 20 世纪 70 年代后，在鱼雷上采用了微型计算机，改进了其自导装置的功能，加强了其抗干扰和识别目标的能力。俄罗斯研制了暴风雪超空泡鱼雷，速度高达 200 kn，航程达 10 km。

鱼雷问世近 200 年，其发展大体可以分为三个阶段。从第一条鱼雷诞生到第二次世界大战结束为第一阶段。这一阶段的鱼雷为直航鱼雷，主要目的是攻击水面舰船。从第二次世界大战末期起，各海军强国纷纷研制自导鱼雷，这时鱼雷发展进入第二阶段。从 20 世纪 80 年代起，微型计算机在鱼雷上的应用明显提高了鱼雷对环境的自适应能力和对目标的识别能力，通过导线实现了对鱼雷的遥测、遥控，于是鱼雷技术发展跨入了一个崭新的阶段——第三阶段。鱼雷在这三个阶段的战斗使用上有着本质不同，分别对应近、中、远不同的射击距离。直航鱼雷通常在近距离采用多雷齐射，攻击一个目标；自导鱼雷和线导鱼雷分别在中、远距离用一雷攻击一个目标，可取得大体相同的攻击效果。尽管随着反舰导弹的出现，鱼雷的地位有所下降，但它仍是海军的重要武器，特别是在攻击潜艇方面，鱼雷是最主要的攻击武器。目前各国都非常重视鱼雷的研究、改进和制造，目的是使鱼雷更轻便，并进一步提高其命中率、爆炸力和捕捉目标的能力。

2. 鱼雷的发展趋势

21 世纪反潜、反舰形势更加严峻，各种舰艇主要以提高航速、提高声呐探测能力、装备先进的作战系统、增大下潜深度、采用隐身和水下电子对抗技术等攻击能力为发展方向。因此，现代鱼雷总的发展趋势是高航速、远航程、大深度、大威力、隐身化、智能化等。

1）高航速、远航程

鱼雷的航速和航程应与其主要攻击对象的发展相适应。根据潜艇对水面舰艇的对抗要求，潜用鱼雷的航程应与发射艇探测距离相适应，尽量远距离发射鱼雷，至少也能在目标的声呐有效探测距离之外发射鱼雷，这样才能快速反应，力争先敌发现、先敌机动、夺取攻防行动的主动权和战术上的优势。为了有效攻击目标，鱼雷航速应达到目标速度的 1.5 倍以上，否则无法保证绝对能逮住"猎物"。目前的水面舰艇和潜艇都具有很高的航速。利用超空化技术，可极大地减小鱼雷雷体航行的阻力，使鱼雷速度产生一个大的飞跃，还可以大大提高鱼雷的动能，从而提高打击威力。

2）大深度

常规潜艇可潜到 400 m，核潜艇可潜到 600 m，最大航行深度甚至可达 900 m。为了提高潜艇的隐蔽性和生存率，目前潜艇在向大深度发展，在水深 400～1 000 m 处采用"隐形"及先进的水下对抗技术参与作战。

3）大威力

战斗部是鱼雷武器的唯一有效载荷，可直接实现摧毁目标的战斗使命。随着对现代舰艇在结构设计及材料选择方面研究的不断深入，其抗爆能力不断提高。因此，要达到摧毁目标的目的，就要从三方面提升鱼雷的威力：一是增加装药量；二是提高装药质量；三是采用新的爆炸方法。在装药量和炸药质量受到限制的情况下，只能采用新的爆炸技术。在提高爆炸威力方面，各国除了继续研究新炸药外，还发展定向聚能爆炸技术、多模式战斗部技术等。

4）隐身化

隐蔽性好是鱼雷的主要特点。随着声呐技术和反鱼雷技术的发展，鱼雷隐身攻击已成为水下隐身作战的重要组成部分。降噪是鱼雷最主要的隐身技术。低噪声鱼雷不但可以提高鱼雷的隐蔽性，而且可以提高鱼雷制导系统的导引精度和作用距离。鱼雷减振降噪技术主要有主动噪声控制技术、集成电机推进技术、低噪声混合推进技术、智能壳体噪声控制技术、鱼雷振动能量再生利用技术等。

5）精确制导和智能化

未来海战（特别是水下战斗）实际上是探测与反探测、对抗与反对抗的较量。鱼雷制导系统除了必须具有自导作用距离远、搜索扇面大、导引精度高之外，更为重要的是具有较强的抗自然干扰，尤其是抗人工干扰的能力。同时能够更有效地攻击目标要害部位和薄弱环节。鱼雷智能化制导技术主要是通过制导系统应用高速数字微处理机，采用自适应技术、最优控制技术来实现精确控制和智能控制，有效地进行目标识别，增强电子对抗能力，提高攻击效果和命中精度。

6）鱼雷设计新技术

鱼雷是一个复杂的机电一体化系统，研制周期长，耗资大，这严重影响了产品的更新换代和性能的提高。鱼雷设计应重点开展开放式结构设计技术、多学科优化设计技术、数字设计及仿真技术的研究，以提高鱼雷技术水平、缩短研制周期、降低成本。

8.2.3 鱼雷技术

相对于反舰导弹，鱼雷不仅具有自动寻的精确制导能力，而且隐蔽性强，水下爆炸威力大。因此，各国都非常重视鱼雷武器的发展。现代高新技术战争对鱼雷动力、自导与控制、引信与战斗部等技术提出了更高要求。

1. 鱼雷总体技术

鱼雷总体技术涉及众多技术领域，值得关注的有流体动力特性及推进技术、结构声学设计技术、降噪隐身技术、弹道优化技术、可靠性技术以及一体化设计技术。总体技术追求的主要目标是最佳战技性能、最优设计方法。当今水下对抗实际上就是水声对抗，鱼雷尤其需要提高自己的隐蔽性。因此，应主要在鱼雷雷体线型、结构设计、动力装置减振、降噪设计、推进器噪声等方面采取有效措施，包括新能源的动力系统和推进装置、新材料和创新结构设计、智能弹道、综合制导系统等，以提高鱼雷隐蔽性能。

2. 提高鱼雷航速、航程与深度技术

在舰艇侦察探测能力不断提高的情况下，鱼雷的航程应与发射舰艇探测距离相适应。

（1）要发展高航速、远航程的鱼雷，最关键的就是动力技术。因此，应研究新型热动力鱼雷燃料和高效发动机，采用新型高能电池和永磁材料电机技术，以及开发超导技术、陶瓷技术来用于鱼雷发动机。

（2）提高鱼雷推进装置性能，开发新型推进器，如超空泡螺旋桨、喷水推进器、喷气推进器、集成电机泵喷推进器、超导电磁推进等。

（3）减小鱼雷运动阻力是提高鱼雷速度和航程的重要措施之一，可通过低阻外形优化设计或采取表面减阻涂层（高分子降阻、海豚皮降阻）等方法来减小鱼雷阻力。

（4）研究超空泡鱼雷是提高鱼雷速度的最有效途径。超空泡鱼雷就是运用了空泡产生技术，在鱼雷雷体周围制造一层小气泡，而且能维持足够的空泡长度，将鱼雷包裹在气体中，与海水隔开，使其类似于在空气中运动，从而大大减少阻力，提高鱼雷速度和航程。超空泡鱼雷结构如图 8.3 所示。

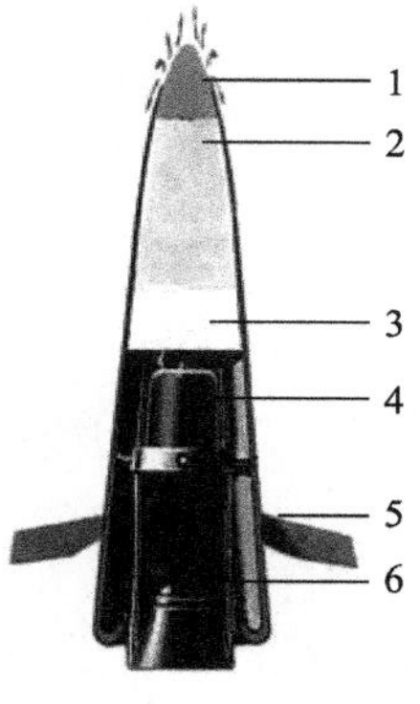

图 8.3　超空泡鱼雷结构示意
1—头部空泡发生器；2—战斗部；
3—发动机系统；4—固体燃料箱；
5—弹出式导向舵；6—火箭发动机

（5）提高鱼雷航程和续航时间还可以在鱼雷运动方式上寻求改进。鱼雷是在水下航行的，阻力大，速度和航程难以大幅度提高，火箭助飞鱼雷可以弥补它的不足。水阻力与航速关系密切，在燃料一定的前提下，航程和航速基本上成三次方关系。采用多航速制，将鱼雷的整个航程分为航行段、搜索段和攻击段等阶段，在航行和搜索阶段可以采用低航速，捕获目标之后的攻击阶段再采用高航速，对于增加鱼雷航程和续航时间非常有效。

（6）要使鱼雷增大航行深度，就必须提高鱼雷壳体的耐压强度，必须采用新型材料与结构，如轻质高强度合金、新型复合材料、特种耐压的壳体结构。

3. 战斗部技术

鱼雷最终的作战威力及对目标的毁伤效果取决于战斗部的爆炸威力。为了提高战斗部的爆炸威力，采用新型战斗部结构是提高战斗部毁伤水中目标能力的重要手段。在提高爆炸威力方面，除继续研制新型的高能炸药以外，应重点研究新的装药结构及起爆方法，充分利用炸药能量。采用定向战斗部技术和聚能战斗部技术是增大鱼雷作战威力的现实可行的技术途径。

4. 鱼雷导航与控制技术

命中目标是鱼雷的最终目的，精确控制与准确导引是提高命中率的基本保证。在现代复杂战场环境下，对鱼雷控制系统提出了精确定位和精确控制的要求。当今控制技术发展日新月异，新理论和新方法不断涌现，这大大提高了各类控制系统的性能。鱼雷是一个复杂的受控对象，为实现精确控制，就必须研究先进控制理论与方法及其在鱼雷上的应用，如自适应控制技术、模糊控制技术、智能控制技术等。提高鱼雷的自导性能，主要是提高鱼雷的浅水性能、抗干扰能力、识别能力、作用距离和导引精度等，关键是提高其目标识别能力和自导的作用距离，使之成为智能鱼雷。

5. 降噪隐身技术

随着声呐技术和反鱼雷技术的发展，鱼雷降噪隐身技术已成为关键技术。鱼雷主要降噪措施包括：通过低噪声外形优化设计，采用特种表面降噪技术，以降低水流噪声；通过动力系统低噪声优化设计，采用新材料和隔振措施；开发低噪声新型推进器（如泵喷射推进器、导管螺旋桨、磁流体推进技术等）和用于螺旋桨的高强度、高阻尼复合材料等，降低推进器噪声；鱼雷壳体的低噪声结构设计，降低鱼雷噪声；采用气幕降噪技术；等等。

8.3　水　　雷

8.3.1　水雷的基本知识

1. 水雷概念

水雷，是指布设于水中，用于封锁海区、航道、待机打击敌舰船或阻滞其行动，或用于破坏桥梁、码头、水中建筑等设施的一种爆炸装置。水雷就好比水中的地雷，是预先施放于水中，由水中目标靠近或接触而引发的，用于毁伤敌方舰船或阻碍其活动。水雷在进攻中可以封锁敌方港口或航道，限制敌方舰艇的行动；在防御中则可以保护本方航道和舰艇，为其开辟安全区。

水雷是海军古老的武器，也是现代海军的常规武器。由于水雷主要用于构成雷障，属于静态攻击方式，它常被称为威慑性防御武器。现代化战争强调的是"精确打击"，被动性较强的水雷虽然威风不再，但随着科学技术的进步，水雷向智能化、精确打击的方向发展，变被动为主动，由水下跃升至空中，可根据作战目的和海区的不同，使用不同类型的水雷作战，使水雷武器焕发青春。

水雷的施放方式多种多样，既可以由专门的布雷艇施放，也可以由飞机、潜艇等施放，以及火箭或其他工具运载布设，甚至可以在本方控制的港口内手工施放。水雷的低造价和易于铺设，使其成为非对称战争中经常使用的一种武器。

水雷具有以下特点：

（1）破坏力大。雷体内装的炸药多，战斗威力大。一枚大型水雷即可炸沉一艘中型军舰或重创一艘大型战舰。

（2）隐蔽性好。特别是沉底雷布设在海底，难以发现和探测到，且水雷可构成对敌较长时间的威胁，有的甚至达几十年。

（3）布设简便。海军的水面舰艇、潜艇和航空兵器都可用来布放水雷，且商船、渔轮在战时也可征用来布放水雷。

（4）造价低廉。水雷被称为"穷国的武器"。

（5）发现和扫除困难。一般来说，水雷清除成本是铺设成本的 10～200 倍。

水雷有两大缺点：动作被动性；受海区水文条件影响大。

2. 水雷的引爆方式

水雷的引爆方式有以下几种：

（1）接触引爆，是指当物体与水雷碰撞，触发引信继而引爆内部的炸药而达到攻击的目的。

（2）压力引爆，是指当船只通过时，水雷内部的传感器在判断压力发生变化时就会启爆水雷。

（3）声响引爆，是指利用船只发出的声音信号作为引爆的依据而适时启爆水雷。

（4）磁性引爆，是指利用水雷内部的传感器判读船只引起水雷附近区域磁场的变化来决定引爆的时机。

（5）数目引爆，是指在非接触引信的基础上，加上数目记忆的功能，记录侦测到的目标数目，直到累积的数量与预先设定相符合时才启爆水雷。

（6）遥控引爆，是指利用有线或者无线的方式，由岸上或者船上的管制中心在适当的时机引爆水雷。

3. 水雷的类型

1）按在水中所处位置分类

按在水中所处位置的不同，水雷可以分为系留雷、漂浮雷、沉底雷，如图 8.4 所示。

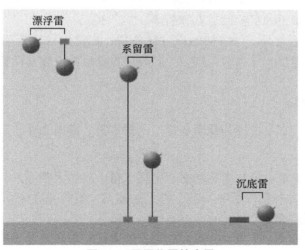

图 8.4　不同位置的水雷

随着科学技术的迅速发展，又出现了许多新雷种，如上浮水雷、自航水雷、反直升机水雷、导弹式水雷等。

（1）系留雷（又称锚雷），是指在水雷下方加上长索与重物，施放水雷之后，长索与躺在海底的重物保持连接，让水雷能够保持一定的深度与位置，不会因潮流的变化而移动。

（2）漂浮雷（简称"漂雷"），是指布设后没有任何系留，漂浮于水面或水中设定深度的水雷。

（3）沉底雷，是指布设后直接沉在水底，依靠自身的重量与地面的接触来维持部署的位置，当舰船进入引信作用范围时原地爆炸的水雷。

（4）上浮水雷，是指布设后，沉于水底或锚系水中，在其引信发现并确认目标后，能自动上浮打击目标的水雷。

（5）自航水雷，是指布设后，能自航至预定海区或雷位，变为沉底雷或锚雷的水雷。

（6）反直升机水雷，是指布设后系留或漂浮于水面，在其引信接收到直升机的空中或水下噪声信息，并确认目标后，以对空导弹或子母弹为战斗部，打击直升机（反潜、扫雷直升机）的水雷。

（7）导弹式水雷，是指一般以锚雷雷体（装有传感器与引信的密封壳体）为运载器，以封装在雷体内的近程导弹为战斗部的水雷。

此外，还有自掩埋水雷、网络水雷等。

2）按发火方式分类

按发火方式不同，水雷可分为触发水雷、非触发水雷、控制水雷、自导水雷。

（1）触发水雷，是只有当敌舰与水雷直接碰撞才能引爆的水雷，漂雷和锚雷大多属于触发水雷。

（2）非触发水雷，是只要敌舰航行至水雷引信的作用范围内就可引爆的水雷。非触发水雷，按引爆机制又可分为音响水雷、磁性水雷、水压水雷，以及各种联合引信的水雷等。

（3）控制水雷，是通过遥控或自动控制方式引爆的水雷，因此分为遥控水雷、自控水雷。遥控水雷，由控制台用预先设定的水声信号或低频无线电信号启动，一个控制台可遥控多枚水雷。自控水雷，雷载计算机通过预编程序可控制雷上传感器对目标进行探测和评估，以及选择目标、估计最近的目标接近点和引爆。

（4）自导水雷，通常是一种锚泊的声自导鱼雷，水雷的目标探测识别和控制系统可对水下目标进行探测、定位、分类和识别，一旦确定攻击目标，就自动控制鱼雷发射和导向目标，并实施攻击。

3）按布雷工具分类

按布雷工具不同，水雷可分为舰布水雷、空投水雷、潜布水雷、火箭水雷等。

4）按装药量分类

按装药量不同，水雷可分为大型水雷、中型水雷、小型水雷等。

（1）大型水雷，是指装药量在 200 kg 以上的锚雷、装药量在 150 kg 以上的漂雷、装药量在 700 kg 以上的沉底雷。

（2）中型水雷，是指装药量为 100 ~ 200 kg 的锚雷、装药量为 100 ~ 150 kg 的漂雷、装药量为 250 ~ 700 kg 的沉底雷。

（3）小型水雷，是指装药量在 100 kg 以下的锚雷、漂雷，以及装药量在 250 kg 以下的沉底雷。

5）其他

随着科技的发展，各国在提高水雷的机动性和主动攻击能力方面都做了大量工作，开发出了许多新型水雷，如子母锚雷、软体水雷、模块式水雷、定向攻击水雷、主动攻击水雷、"海胆"水雷、智能水雷等。

（1）定向攻击水雷，是一种火箭上浮短索锚雷，当目标探测装置探测到目标时，水雷就自动启动并计算出火箭战斗部的弹道和相应的火箭后翼的舵角，然后火箭发动机点火，战斗部按照预定的弹道飞向目标，如图 8.5 所示。

（2）主动攻击水雷，可探测和识别目标，推算出目标的航向和航速，建立相应的截击弹道，然后发射由火箭助飞鱼雷改装的雷体，主动攻击目标。

（3）智能水雷，是一种极其敏感，又具有智能的新型水雷，能探测和识别目标，并能"理智"地控制水雷，等待最佳时机，才发起攻击，与敌舰艇同归于尽。

图 8.5 定向攻击水雷示意

8.3.2 水雷的发展

1. 水雷的发展历史

最早的水雷是由中国人发明的。1558 年，明代的唐顺之在其编纂的《武编》中详细记载了一种"水底雷"的构造和布设方法，主要用于打击侵扰我国沿海的倭寇。这是最早的人工控制、机械击发的锚雷。它用木箱作雷壳，里面装黑火药，木箱下坠有 3 个铁锚，控制雷体在水中的深度，其击发装置用一根长绳索连接，由人拉火引爆。1590 年，我国发明了最早的漂雷——水底龙王炮（图 8.6），以燃香为定时引信，将牛膀胱连接在木板之下，下坠以合适的石块，使之重心稳定，不会翻覆。1599 年，我国的王鸣鹤发明以绳索为碰线的"水底鸣雷"；1621 年，又改进为碰线引信的触发漂雷，这是世界上最早的触发漂雷。

图 8.6 水底龙王炮

欧美从 18 世纪开始实战使用水雷。在 1769 年的俄土战争期间，俄军使用漂雷炸毁了土耳其的浮桥。在北美独立战争中，北美人民把火药和机械击发引信装在小啤酒桶里制成水雷，顺流漂下，试图用水雷攻击停泊在费城特拉瓦河口的英国军舰"西勃拉斯"号。在第九次俄土战争中，沙俄已经把水雷作为港口防御的主要手段。到工业化的近代，结构简单的水雷能够被大量制造，成为一种廉价而有效的兵器。19 世纪中期，俄国人 В·С·亚图比发明了电解液触发锚雷。此后，各型水雷不断被研制和改进，并广泛使用。1904—1905 年日俄战争时期，已开始大量使用自动定深触发锚雷。第一次世界大战期间，大量使用触发水雷并开始使用非触发水雷。第二次世界大战期间，水雷的使用达到高峰，使用了大量技术先进的非触发水雷，如磁性水雷、音响水雷、水压水雷以及联合引信水雷。

第二次世界大战以后，水雷武器的发展受到各国的高度重视。当时美国军事专家认为："水雷是美国战略防御的支柱。"在现代海战中，水雷是不可缺少的武器。一枚所费无几的老式水雷就足以致一艘造价数千万乃至上亿美元的现代化军舰于死地。20 世纪 60 年代以后，美国陆续成功研制并装备部队多种新型水雷。俄罗斯拥有的水雷品种齐全，数量众多，包括自航水雷、自导水雷、火箭上浮水雷、定向攻击水雷等。目前，据不完全统计，至少有 30 多个国家和地区可以研制和生产水雷，现役水雷型号近百种。俄、美、意、法、瑞典是水雷武器的出口大国。

2. 水雷的发展趋势

水雷是一种威力强大、可广泛使用的海战武器，不仅可用于战术目的，也可用于战略目的。随着现代科技在军事上的应用，水雷武器总是不断采用电子、仪表、火箭、化工、材料、物理场等学科的先进技术和新成就。未来的水雷将以提高战斗力和生存力为主要目的，向制式化、智能化、精确打击的方向发展。

1）智能化

现代水雷利用计算机技术、微电子技术及信号处理技术，已逐步向智能化方向发展。水雷智能化，能按照打击对象、布放水深及环境条件自动实现引信最佳组合；能对目标进行识别、分类及抗各种自然干扰和人工干扰；能对目标进行最佳发火控制。引信微机电化、智能化是水雷引信发展的主流。水雷武器的智能化使水雷武器的使用范围更加广泛，对敌人造成的威胁和破坏也更严重。

2）主动攻击性

传统水雷的主要缺点之一是被动性，因此需要大量布放。为了克服这一缺点，科研人员积极研制带有各种动力装置的主动攻击性水雷，一改传统水雷的被动性，使其具备主动攻击能力，从而大大提高水雷的打击效果，使军事经济效益更加显著。第二次世界大战时期要用数百枚锚雷才能控制的海域，现在一枚机动自导水雷就能做到。

3）进一步提高爆炸威力

随着舰船防护能力的提高和抗沉性的增加，为满足作战需求，必须增大水雷的爆炸威力。提高爆炸威力主要通过改变水雷装药来实现，包括加大炸药量、采用高能炸药、新型装药技术等方法。对主动攻击的特种水雷，积极研制适合水雷的定向聚能爆炸装药技术是最有效的方法。

4）提高水雷防探抗猎能力

在反水雷手段中，探雷、扫雷、猎雷是其主要手段。随着探雷、扫雷技术的发展，水雷与之进行对抗的能力也应得到提高。在技术上，反探雷就是隐身。水雷隐身技术主要包括：改变雷体外形，使之较好地适应海底地貌，猎雷声呐对其难以识别；采用非磁性材料、吸声材料等特殊材料来制造雷体外壳，或在雷壳上涂上各种保护层，人为地改变物理特性，不但外观与海底岩石相类似，而且可衰减超声波的再反射；通过计算机控制的抛沙机，实现自掩埋，以达到隐蔽自身的目的。在水雷引信中完善抗扫装置，使之能识别舰船物理场和扫雷具模仿的物理场，使扫雷具对水雷的非触发引信不起作用，提高抗扫能力。为了对抗猎雷手段，保护雷区的效能，还应发展反猎水雷，它在原理上类似于反辐射导弹，利用舰艇声呐的波束来引导水雷沿着反水雷舰艇的声呐波束去攻击反水雷舰。

5）模块化设计

采用模块化结构，为水雷的标准化、通用化和系列化创造条件。可根据战时需要，任选不同的模块进行组合，以提高水雷作战效能。

6）扩大打击范围

传统水雷主要从水下打击水面舰船和潜艇。随着科学技术的发展，尤其是微机电技术、计算机技术、控制技术、人工智能技术等技术成果应用于水雷，水雷的作用方式也发生了变化，变水下被动待伏为主动出水攻击，扩大打击范围。出水攻击水雷是水、空结合的新一代水雷兵器，赋予水雷突然跃出水面，在水面、空中对敌航母战斗群或者猎潜、猎扫雷直升机实施攻击的功能。

8.3.3　水雷技术

水雷的发展和进步，不仅取决于海军作战的需要，而且与水雷的对立面——反水雷装备的现状与发展趋势相关。水雷必须针对反水雷的挑战，采取对策，不断完善自己。

1. 抗扫与反扫技术

水雷的抗扫性是水雷对付反水雷较好的一项措施，除了采用定时、定次、抗扫电路设计以外，多种引信的综合利用与开发，使沉底雷可做到基本上不会被扫除。声磁引信预置，使其具有选择性，即使不采用水压引信也难被扫除。水下电场引信和地震波引信的相继应用以及舰艇低频电磁辐射传感器的开发完全可使水雷成为不可扫除的。另外，其他物理场的开发与应用，为水雷抗扫提供了更强的能力。水雷从抗扫到反扫也是一种新途径，如子母水雷。

2. 防猎与反猎技术

水雷的防猎技术主要是采取隐身措施，如采用玻璃钢或铝合金雷体、异形雷体、涂覆吸声或无反射涂料等。水雷从防猎向反猎技术发展是一种新途径。在舰壳式猎雷声呐开机搜索水雷时，即可使水雷处于警戒状态。当它再次搜索或探测时，或在较近的距离识别时，水雷可沿声呐射束攻击猎雷舰艇，不给反水雷舰艇以猎雷机会。在雷阵中混布几枚反猎水雷，既可以保护整个雷区，又可以打击反水雷舰艇。

3. 防炸技术

防炸，特别是防邻雷爆炸是对水雷的要求之一，最小布雷间隔是水雷的抗炸指标。在能引爆普通高爆炸药距离的30%的近距离上才能引爆极不敏感炸药。研究不敏感高爆炸药和极不敏感炸药及其引爆装置是防炸技术的主要内容。

4. 抗灭技术

水雷在被猎雷声呐发现后，往往被动等待被灭雷具识别、定位和被灭。与其任其宰割，不如共存亡。即使对付廉价的一次性使用的灭雷具也同样有意义。反灭水雷是不难实现的，根据灭雷具上所装的传感器，在现役的沉底雷上联合使用光和高灵敏度磁引信或高频声传感器，可百发百中地消灭近在咫尺的各种灭雷具。

5. 反直升机技术

直升机无论是扫雷，还是猎雷，都是一种较为安全的平台。直升机扫雷、猎雷时的工况，为水雷反直升机提供了良好的条件。打击反水雷直升机的水雷关键是对直升机进行声探测和定位。利用水声传感器，采用多普勒频率分析方法及其声探算法可实现粗探测和定位；再将直升机使用的吊放式探雷声呐和声扫雷具、电磁扫雷具的声场和磁场作为参考点，可对反水雷直升机进行精确探测和定位。窄带声传感器、高频声接收器、磁传感器以及激光接收机多种传感器的优化组合，可为水雷提供准确的动作信号。此外，就是设计火箭上浮水雷及其控制系统。

6. 微功耗数字信息处理器技术

水雷的能源是水雷能长期在水下工作的重要保证。微电子技术的应用以及引信和组件的模块化可以降低水雷的功耗。增大能源能量密度，可延长水雷的服役期。为了提高检测能力与智能水平，现代水雷普遍采用了数字信号处理器。数字信号处理技术在设备体积、功耗、精度，特别是设备功能与性能升级换代的柔性方面明显超过了模拟处理技术。

7. 水雷装药技术

一般水雷装药占沉底雷总体质量的 70%。同质量的不同装药，则有不同的破坏威力。复合炸药、塑胶炸药的机械强度较高，爆炸性能好，化学稳定性优越，处理时敏感性较低，冲击敏感性低，是最佳的抗炸抗冲击水雷炸药。采用不同的装药形式，也可提高水雷的破坏效果，特别是主动攻击式特种水雷采用聚能装药，增加了射流效应，可提高打击效果。炸药选型、装药形式、云爆药以及核装药都是改善水雷破坏威力的选择途径。

8. 超空泡射弹式水雷技术

水中的流体动力阻力为空气的 800 倍，所以水下物体的运动速度受到限制。超空泡，即物体在水中运动时，自行地或人为地沿运动物体的表面产生的空穴包层，可使运动物体与水隔离，允许物体包在空泡中运动，这样便为提高水下运动体的速度提供了理论依据。空泡包层内的水下运动体所受到的阻力要比普通的全环流运动体所受到的流体动力阻力低 1~2 个数量级。借助超空泡原理，水下运动体或水下射弹的运动速度可达 100~300 m/s。

9. 遥控技术

水雷采用远距离遥控技术是改善水雷可控性的重要措施之一。有线遥控距离为 12~15 km，无线声遥控距离为 40 km，电磁遥控可超过 100 km。通过远距离遥控，可对己安全、对敌危险、控制自毁，无须为清除水雷花费代价，便于战后处理等。由于海水介质的特点，在海洋中声波能够实现远距离传播，因此利用声信号可实现较远距离的水雷遥控技术。

10. 智能化技术

随着现代技术的发展，水雷性能也在不断提高，朝着智能化方向发展。在水雷设计中，越来越多地尝试利用模式识别技术对舰船目标进行识别。充分利用检测到的舰船各物理场信号所包含的目标信息，进行目标吨位、航速、航向、横距的判别，进而推断目标的类型，充分发挥特种水雷的封锁与打击效果。

此外，还有许多技术需开发和应用。例如：利用相关技术研究自适应信号处理方法，改善水雷的识别能力和选择性；开发发火判据算法，实现最佳起爆点的选择；采用弱信号检测技术，有效地从背景噪声中检测出目标信号；等等。

8.4　深水炸弹

8.4.1　深水炸弹的基本知识

1. 深水炸弹的概念

深水炸弹（简称"深弹"），是一种在水下一定深度爆炸，专门用于攻击潜艇的水中兵器，也可用于攻击水面目标、突破雷阵、开辟航道、扫清登陆滩头等。深水炸弹通常装有定深引信和大量高爆炸药，在投入水中后下沉到一定深度会自动爆炸，在被引爆后产生大量的冲击波，通过海水的传导来破坏敌方潜艇的船体或损伤舰内的船员而实现战术目的。

深水炸弹是一种传统的反潜武器，它具有成本低、使用方便、装药填充系数高、浅水性能佳、不受水声干扰和诱饵干扰的特点，可以大量使用，攻潜效果较好。深水炸弹是一种高效反潜武器，同时具备软硬双重反鱼雷、水雷功能，既可通过深水炸弹强烈的爆炸声响明显地干扰和破坏自导系统，也可使鱼雷丧失攻击能力。此外，深水炸弹是强行开辟水雷封锁通道以及开辟登陆作战的上路通道时，消除水雷和障碍的有效器材，有时深水炸弹也可作为反舰的应急手段。

2. 深水炸弹的构成

深水炸弹通常由弹头和弹尾构成。

1）弹头

弹头是一个密封的金属壳体，内装炸药和引信。炸药分为常规装药和核装药。引信分为定深引信、定时引信、触发引信、非触发引信和联合引信等。一般一个弹上装有两种不同类型的引信，分别装于头部、侧向或尾部。

2）弹尾

弹尾包括动力部分和稳定器，对深弹提供动力使深弹向前运动，并保持深弹弹道稳定。动力部分有两种，一种使用药筒，另一种使用火箭发动机。用药筒发射的深弹，在尾部装有发射管，发射时将药筒装入发射管，药筒点燃后产生高温高压的火药燃气，将深弹发射出去。用火箭发动机作为动力部分的深弹，用固体燃料作为发动机的能源，利用发动机喷气产生的反作用推力推动深弹向前运动。稳定器又称深水炸弹尾翼，通常装在发射管或火箭发动机的后部，用于保持深水炸弹在空中和水中稳定运动。

3. 深水炸弹的工作原理

深水炸弹被投到水里会一直下沉，炸弹的引信是接触式和定深式，当碰到潜艇或到达一定深度就会自动爆炸。深水炸弹的定深引信主要是一个水压传感器，通常可以设定爆炸深度，但是一般不会超过 $350\sim500\,\mathrm{m}$。设定深度就是相应水深的压力值，当达到这个压力时，引信接通引爆雷管，起爆深水炸弹。声呐可提供潜艇的深度、航向和方位。投放深水炸弹的深浅度通过人工设定到潜艇的深度后，在潜艇的上方投放。

4. 深水炸弹的类型

（1）按其装备对象，深水炸弹可分为航空深弹和舰用深弹两大类。由飞机和直升机投放的深水炸弹称为航空深弹，由水面舰艇投放的深水炸弹称为舰用深弹。

（2）按发射方式，深水炸弹可分为轨道投放式深弹（如航空投放式深弹、舰用投放式深弹）、发射式深弹和火箭式深弹。航空投放式深弹，一般在弹尾装有降落伞装置和稳定器。舰用投放式深弹，一般直接从舰尾轨道投放到水中。发射式深弹直接从发射管中发射，全弹略近流线型。火箭式深弹是利用火箭发动机产生的推力来发射的深水炸弹，弹尾的发射部分是固体火箭发动机，如图 8.7 所示。

（3）按组成系统，深水炸弹可分为传统深弹（无制导无动力）、无动力制导深弹、有动力制导深弹。

（4）按射程大小，深水炸弹可分为小射距深弹（射程小于或等于 1 200 m）、中射距深弹（射程大于 1 200 m，小于 4 500 m）和大射距深弹（射程等于或大于 4 500 m）。

（5）按在水中的下沉速度，深水炸弹可分为低速深弹（下沉速度小于或等于 6 m/s）、中速深弹（下沉速度大于 6 m/s，且小于 15 m/s）、高速深弹（下沉速度大于或等于 15 m/s）。

（6）按装药量，深水炸弹可分为小型深弹（装药量小于或等于 50 kg）、中型深弹（装药量大于 50 kg，且小于 100 kg）、大型深弹（装药量大于或等于 100 kg）。

图 8.7　火箭式深弹示意

8.4.2　深水炸弹的发展

1. 深水炸弹的发展历史

在潜艇登上历史舞台的第一次世界大战中，当时大部分武器都难以对付潜艇，在此背景下，英国人发明了深水炸弹。1915 年 6 月，英国皇家海军就开始对 D 型深水炸弹进行作战试验，主要装备在水面舰艇用于对潜作战，使用的是舰尾投放式。这种炸弹是由在金属罐内装满炸药制成的，装有水压引信和触发引信。为便于小型舰艇使用，又设计了小型深弹，它们是深弹的鼻祖。开始，深弹是从船尾通过一个轨道直接抛射下去，后来发展出一个特殊的深弹发射器，可以将深弹从船的一侧发射出去约 50 m 的距离。这两种方式相结合，可以同时抛射几个深弹，大大提高散布范围和杀伤效率。

第二次世界大战初期，深弹几乎保留了第一次世界大战结束时的状态，仍然装舰使用。深弹及其发射装置等多为人工操纵，各自独立，不构成完整的武器系统，发射速度慢，命中概率不高。第二次世界大战期间，虽然深弹武器变化不大，但是由于探测潜艇的装备——声呐的应用为深弹反潜提供了保障条件，另外，飞机的广泛应用为航空深弹创造了条件。第二次世界大战结束前，深弹反潜一直是最主要的反潜手段，在战争中反潜战绩居水雷、航弹和舰炮之首。

第二次世界大战以后，由于自动控制、电子和计算机技术的发展，深弹与其他组成部分连接成完整的武器系统，提高了自动化程度、快速反应能力和攻潜效果，并进一步完善、改进探测系统的性能。尤其是火箭推进技术应用于深弹后，在弹体后面安装一个固体火箭发动机，发射时没有后坐力，并可多管齐射，作为近程反潜武器在战后继续得到发展，从舰尾投放型圆筒式深弹，经过利用投放器来发射的近程深弹，直到火箭式深弹与发射装置。值得特别注意的是，航空深弹发展了核装药深弹。

20 世纪 60 年代初至 70 年代，随着各种反潜鱼雷相继出现、反潜导弹的问世和发展以及水面舰艇装备了直升机，反潜作战半径大大增加，反潜效果也得到了很大程度的提高，因此各国海军对深弹在反潜战中的作用产生了分歧。在 20 世纪七八十年代，随着潜艇技术的发展，深弹的投掷方式和投射距离很难满足现代反潜战的需要，从而使深弹在整个反潜战中下降到次要地位。尽管如此，深弹在近海反潜仍有一定的经济性和有效性，对付 30 m 以内的潜艇效费比极高。

除了反潜外，深弹还有突破雷阵、开辟航道、扫清登陆滩头等用途。因此，深弹并不属于要淘汰的水中兵器。一些国家则采取不同的发展道路，继续开发不同类型的深弹。2004年，德国公开了研制的廉价反潜武器 LCAW，并将其命名为"海矛"，可舰载和空投两用。"海矛"是一种带有推进装置的制导深弹。在攻潜阶段，舰艇可将"海矛"发射到空中，在火箭推进段的助推下可在空中飞行，在接近潜艇目标的水域上空弃掉助推段，打开降落伞减速入水，入水后位于头部的前视声呐开始对目标进行搜索，达到一定水深时，位于弹体上的环形扫描声呐工作，发现目标后，深弹可以转向对准目标进行攻击，如图 8.8 所示。空投则省去舰艇发射和助推两个阶段。

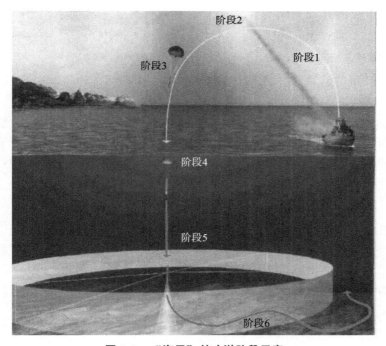

图 8.8　"海矛"的攻潜阶段示意

随着现代潜艇机动性能和防护水平提高，深弹只使用传统的定时、触发引信攻潜已显得力所不及，不少国家正向触发引信以及使深弹向短程自导方向发展。深弹引信的发展使深弹成为近海攻深效费比最高的水中兵器。

2. 依然存在的深水炸弹需求

1）高效反潜深水炸弹

飞机和水面舰艇搜潜探测手段不断进步，发现目标的能力不断增强。常规深弹能力越来越显得不足，为了打击现代先进的潜艇，需要开发效率高、命中概率高、抗干扰能力强、打击深度范围大的廉价智能反潜武器。使用反潜深弹在某些情况下进行反潜更为有利。远程大面积反潜要求使反潜武器系统具有高度灵活的反潜战术，并能快速打击水下目标，作战平台配备的深弹、水雷及鱼雷等诸多武器，出动一次可以进行快速、持续的反潜作战，深弹、水雷作为鱼雷反潜的补充，形成高低搭配，构成互为补充的反潜武器体系。因此，反潜武器存在对深弹的需求。

2）港口和近海浅水反潜的需求

港口及近海是潜艇实现特种战和潜艇封锁的主要战场，由于潜艇活动的区域水深较浅且水底情况比较复杂（如航道狭窄、礁石、沉底废船等），使空投和水面舰艇反潜鱼雷使用困难，因此需要一种专门的浅水工作、可以具有较高的目标识别能力、短距离的有动力制导深弹，可以空投或火箭发射，以作为解决特定环境下的反潜武器。

3）舰船编队内反潜的需求

当潜艇突入舰船编队时，由于鱼雷声学环境相对恶劣，且鱼雷航程较大可能误伤己方舰船，飞机和舰船的鱼雷都难以使用，深弹是唯一可以使用的反潜武器，开发一种作用距离和航程短、命中精度高的有动力制导深弹，通过空投（或火箭发射）打击突入舰船编队的潜艇。

4）水面舰艇防御鱼雷的需求

水面舰艇对抗来自导弹的威胁手段日益成熟，从干扰、诱骗到速射火炮和低空导弹拦截，手段齐全。同样对抗反舰鱼雷，除了使用声诱骗和干扰压制声自导鱼雷，还需要有效地对抗非声制导鱼雷。面对多样化组合制导鱼雷对水面舰艇越来越大的威胁，建立鱼雷硬杀伤防御系统是水面舰艇的必然选择，水面舰船鱼雷告警声呐探测距离提高，使硬杀伤鱼雷成为可能，火箭深弹系统成为鱼雷硬杀伤防御系统的主要角色，尤其是火箭深弹成为水面舰艇鱼雷防御的重要作战系统——拦截、阻拦和诱杀多样化的鱼雷硬杀伤。

5）反潜战中的新作战样式

随着科学技术的发展，无人驾驶潜航器（UUV）技术日益成熟，UUV已经成为潜艇武器装备之一。潜艇战中的UUV战术使用为深弹反潜带来了新的挑战，第二次世界大战以来，反潜典型作战模式被改变，如何快速有效地"去除"潜艇前方护驾的无人潜器是反潜战的最新命题，作为传统的反潜深弹将再次成为"可用"的武器。那么，航空和水面舰艇如何使用深弹打击无人潜艇或UUV，将成为历史的新一页。

3. 深水炸弹的发展趋势

作为反潜武器之一，深水炸弹依然是重要的反潜手段。高效反潜是深弹发展的必然，制导化和有动力方向发展是价格低廉的制导深弹的发展趋势。

（1）增加深弹射程。加大投掷距离，提高深弹的沉降速度，减轻发射装置的质量，简化操作，提高反潜高效性。

（2）配装多种引信以提高对潜杀伤率。深弹除装有触发引信、水压引信或定时引信外，对于制导深弹，其还装有声引信，并使引信、自导系统一体化，可以提高系统自动化水平，缩短系统反应时间，提高深弹的毁伤概率。

（3）发展有动力自导装置的深弹。随着深弹射程不断增大，为了保持和提高攻潜的杀伤概率，深弹可采用被动声自导系统。有动力自导装置深弹相当于微小型鱼雷，与鱼雷相比，系统相对简单，价格低廉。

（4）采用聚能定向装药技术来提高破坏威力。在不增加深弹体积和质量的条件下，提高深弹爆炸威力的办法是研制新型高能炸药或采用定向爆炸技术。

（5）采用共架发射技术提高保障性。用同一座发射装置可以发射不同用途的弹药，以提高保障性。

（6）向多用途发展。深弹向多功能、多用途发展，使其具有除攻潜外的其他功能。例如：拦截来袭鱼雷（硬杀伤或软杀伤）；反水雷；拦截掠海飞行的反舰导弹；轰击来偷袭的蛙人以及破坏各种水下设施等；水声对抗；电子战；等等。

8.4.3　深水炸弹技术

1. 深水炸弹总体技术

深水炸弹适装性强，几乎可装备所有水面舰艇和反潜直升机，但是由于装载条件会限制某些武器的配备，因此深水炸弹的类型选择应与载体相适应。深水炸弹主要用于反潜。由于现代潜艇自身携带了声呐以及导弹、自导鱼雷等武器，能在较远距离上发现并攻击舰艇，因此深水炸弹载体应能在潜艇武器有效射程之外"先发制人"，这样最大射程要与载体装备的声呐探测能力匹配。在设计深水炸弹的结构时，要考虑自导装置、水下动力装置和引信等部件的抗过载能力和精度。为了提高对潜艇的毁伤概率，一般要求发射一定数量的深水炸弹，使之构成一定的散布面积来覆盖潜艇，应正确处理毁伤概率与弹药消耗量的关系。

为了确保深水炸弹在储存和发射时的安全，防止并杜绝安全事故的发生，在设计时就要考虑深水炸弹各个部件连接可靠、战斗部与发动机的密封以及包装的牢固等，确保深水炸弹在发射管内运动、空中飞行以及对目标的作用可靠。此外，还要提高深水炸弹武器系统的快速反应能力，提高输供弹速度与发射装置的调转速度，实现武器系统的自动化。

深水炸弹的战术技术要求不是互相孤立的，而是紧密联系的，在设计时必须综合、全面地考虑，且射程、威力、精度要匹配。

2. 提高精确打击技术

深水炸弹的一个重要发展方向是打击精确化。为了解决深水炸弹在大射程时的落点散布问题和声呐捕获目标的定位精度问题，深水炸弹向自导化方向发展是必然的，这是提高深水炸弹命中概率最有效的途径。

3. 提高远程打击技术

1）增大火箭深水炸弹射程

在现代海战中，随着自导鱼雷在潜艇上的使用，潜艇的攻击距离已大大扩展，提高深水炸弹射程已非常迫切。火箭深水炸弹在朝大射程方向发展的过程中，除了要提高舰载声呐的性能外，其本身需要解决高比冲固体燃料火箭和减小散布等关键技术。

2）增大航空深水炸弹投放距离

早期的航空反潜在空潜对抗中占有绝对优势，随着潜用防空武器（导弹）的出现，航空反潜在空潜对抗中的优势被打破，应开展高空反潜武器（HAAW）的研究、增大航空深水炸弹的投放距离。

3）加装水下动力，增大水下打击距离

潜艇和鱼雷的机动性能都在不断提高，深水炸弹也必须相应提高机动性能，以适应其作战对象性能的提高。加装水下动力是扩大深水炸弹水下打击范围的主要措施。为保证在攻击敌人的同时，避免己方遭受对方的反击，火箭深水炸弹的射程越来越大，航空深水炸弹的投放高度越来越高，随着射程的增大、投放高度的增高，深水炸弹落点散布也在增加。因此，必须加装水下动力，使深水炸弹在水下有一定的机动能力，以弥补散布增加而影响深水炸弹的作战效能。

4. 提高毁伤效果技术

由于潜艇防御技术的提高，壳体能承受的压力越来越大，深水炸弹的现有爆炸威力相对不足。提高爆炸威力的措施有增加装药量、研制新型高能炸药、采用聚能战斗部技术。

（1）要增加现有炸药的装药量，就必须增加深水炸弹的体积和质量，因此作用有限。

（2）采用新型高能炸药是比较好的方法。

（3）采用聚能战斗部技术可以在装填较少炸药的情况下，让聚能射流穿透壳体。自导深水炸弹能导向目标潜艇，炸药爆炸后就能用聚能射流穿透潜艇，采用聚能战斗部技术的作用比较明显。

5. 扩展深水炸弹功能以适应不同作战需求

1）深水炸弹对抗鱼雷攻击

水面舰艇所受到的威胁是来自空中的导弹和水下鱼雷的攻击。对于水下来袭的鱼雷所采用的手段目前不多，主要有反鱼雷鱼雷（ATT）、声诱饵、拦阻网等。深水炸弹对抗鱼雷攻击是个不错的技术手段，主要技术途径有气幕干扰深水炸弹、声模拟干扰深水炸弹、悬浮拦截深水炸弹、硬毁伤深水炸弹等。

2）开辟雷障

水雷是各种舰艇的主要威胁之一。由于深水炸弹武器具有造价低、爆炸威力大、舰艇使用方便等特点，因此可利用深水炸弹来清除水中雷障。

3）攻击陆上目标和水面目标

深水炸弹武器系统只做稍许改进即可成为舰载火箭弹系统，不但可对岸上目标、海面目标实施突然而猛烈的攻击，而且可以压制和歼灭敌方海岸炮兵、电子设备、雷达、滩头阵地、仓库、集群坦克和装甲车辆，并可进行火力延伸，封锁和破坏公路、机场，压制和歼灭海上作战舰艇、登陆舰艇，封锁、袭击敌海上交通及设施。对火箭深水炸弹武器系统稍作改进，则可成为威力更大的云爆弹和子母弹等。

第9章 目标探测与引信技术

9.1 目标探测与识别

武器系统中的探测主要有两大类：一类是武器系统（或作战平台）对目标的远程探测，主要实现对目标的发现、跟踪、锁定等，典型的有雷达、声呐等探测系统；另一类是近程探测，主要用于在高速弹目交汇过程中对目标的出现、交汇过程特征的判断，用于引信对弹药实施精确起爆控制。在本章，对目标探测主要以近程探测为主进行介绍。

目标探测与识别是一门多学科综合的应用技术，它涉及的学科领域有传感器技术、测试技术、激光技术、毫米波技术、红外技术、近代物理学、固态电子学、人工智能技术、陆海空武器系统、引信技术等，它的主要目的是采用各种物理方法来探测固定的或者移动的目标，通过识别技术，完成对受控对象（火力系统、引信等）的控制任务。

9.1.1 目标特征与探测

目标具有磁场、静电场、声场、水压场、热辐射以及力学强度等固有特性，此外还有对电磁波、光波照射的响应特性，如电磁波散射、激光反射及散射等。这些特性均可用来作为探测目标的物理基础。

引信探测目标的方式主要有以下4类。

（1）接触目标：引信或弹体与目标直接接触，依靠力学或者其他效应感觉目标。

（2）感应目标：引信或弹体与目标不接触，而是感应由目标出现导致的物理场变化来感觉目标。

（3）预先装定：根据测得的从武器到预定起爆点的距离或从发射（投放或布设）开始到预定起爆的时间或按目标位置的环境信息在发射（投放或布设）前装定。

（4）指令控制：根据武器系统中其他目标探测系统感觉的目标信息发出的指令而直接作用。

其中，前两种探测以引信自身的目标探测为主，后两种探测依赖于武器系统或平台对目标的探测结果。由于预先装定可能产生较大的弹目交汇误差，影响对目标的毁伤效能，所以又发展了实时装定技术。实时装定是将预先装定的信息量缩短至弹丸发射瞬间（甚至发射后），并由武器系统中的火控控制系统来完成，因此也可以认为实时装定是一种特殊的指令控制。控制指令在弹丸发射瞬间或弹道飞行中发出。在预先装定和指令控制方式中，引信并不探测目标，实质上是由武器系统中的探测系统来完成目标探测的，引信只是被动地执行系统。

除了传统的以接触力作为接触探测目标的手段以外，以无线电探测为非接触探测的最早形式，出现了各种利用物理场的存在来探测目标的方式。典型的目标探测包括以下几类。

1. 声探测技术

声探测技术利用目标发出或者反射的声波，对其进行测量、识别、定位和跟踪等。声探测理论上可以是主动的、被动的或者半主动的，但在实际中使用的主要是主动式或被动式。主动式是探测器发出特定形式的声波，并接受目标反射的回波，以发现目标和对其的定位，主要用于探测水面和水下目标，通常采用超声波，常见的有声呐探测系统。空气中的超声波衰减很严重，除了近距离外，很少使用。被动式则直接接收目标发出的声音，可以在水中和空气中使用，但极易受到其他声源的干扰。反直升机智能雷达探测以多元声探测为主来实现对目标的定方位。

2. 地震动探测技术

人员、装备等在地面上运动时，必然会引起地面振动等物理场变化，地面传感器可通过探测这些物理量的变化来发现这些目标。其中，地震动探测是实现对装甲车辆、人员等地面行进目标探测的主要方式。通过对地震动信号的预先处理与分析，建立不同类典型目标的地震动特征数据库，可用于后续地震动探测系统的目标识别。

3. 磁探测技术

当铁磁性材料出现时，会引起磁场的变化，利用该原理可以实现对铁磁性材料组成的目标的磁探测。磁探测涉及的范围很广，其方法多样。根据测量所依据的不同的基本物理现象，大致可分为以下几种：

（1）磁力法。磁力法是利用在被测磁场中的磁化物体或通电流的线圈与被测磁场之间相互作用的机械力（或力矩）来测量磁场的一种经典方法。

（2）电磁感应法。电磁感应法是以电磁感应定律为基础测量磁场的一种经典方法。可通过探测线圈的移动、转动和振动等多种方法产生的磁通变化来测定磁场。其中，冲击法主要用于测量恒定磁场；伏特法主要用于测量高频磁场；电子磁通法用于测量恒定磁场、交变磁场或脉冲磁场（或磁通）；旋转线圈法和振动线圈法是电磁感应法的直接应用，主要用于测量恒定磁场。

（3）电磁效应法。电磁效应法是利用金属或半导体中流过的电流和在外磁场同时作用所产生的电磁效应来测量磁场的一种方法。其中，霍尔效应法应用最广，可以测量 $10^{-7} \sim 10$ T 范围内的恒定磁场；磁阻效应法主要用于测量 $10^{-2} \sim 10$ T 的较强磁场；磁敏晶体管法可以测量 $10^{-5} \sim 10^{-2}$ T 范围内的恒定磁场和交变磁场。

（4）磁共振法。磁共振法是利用物质量子状态变化而精密测量磁场的一种方法，其测量对象一般是均匀的恒定磁场。其中，核磁共振法主要用于测量 $10^{-2} \sim 10$ T 范围内的较强磁场；流水式核磁共振可测量 $10^{-5} \sim 25$ T 范围内的磁场，还可以测量不均匀的磁场；电子顺磁共振法主要用于测量 $10^{-4} \sim 10^{-3}$ T 范围内的较弱磁场；光泵法用于测量 10^{-3} T 以下的弱磁场。

（5）超导效应法。超导效应法是利用弱耦合超导体中的约瑟夫森效应的原理来测量磁场的一种方法，可以测量 0.1 T 以下的恒定磁场或交变磁场。超导量子干涉期间，具有从直流到 10^{12} Hz 的良好频率特性。

（6）磁通门法。磁通门法也称为磁饱和法，是利用被测磁场中磁芯在交变磁场的饱和激励下其磁感应强度与磁场强度的非线性关系来测量磁场的一种方法。这种方法主要用于测量恒定的或缓慢变化的弱磁场，在测量电路稍加变化后也可以测量交变磁场。

（7）磁光效应法。磁光效应法是利用磁场与光和介质的相互作用而产生磁光效应来测量磁场的一种方法，可用于测量恒定磁场、交变磁场和脉冲磁场。其中，利用法拉第效应可测量 0.1 ~ 10 T 范围内的磁场；利用克尔效应法可测量高达 100 T 的强磁场。

（8）巨磁阻效应法。传导电子的自旋相关散射是巨磁阻效应的主要原因。巨磁阻传感器具有体积小、灵敏度高、响应频率宽、成本低等优点，是多种传统的磁传感器的换代产品。

磁探测技术除了用于弹道末段对目标的探测，还可用于弹丸转数、弹丸姿态等的测量，实现引信对弹药的定距起爆、弹道修正等控制功能。

4. 激光探测技术

激光具有方向性好、亮度高、单色性好、相干性好且频率处于光波频段等本质属性，因此利用激光作为探测手段的各种探测系统在探测精度、探测距离、角分辨率、抵抗自然和人为干扰能力等方面都有较强的优势。在现代战场中，电磁环境日益恶化，特别是人为电磁干扰使无线电近炸引信的生存能力和正常作用能力受到极大的威胁，激光探测技术恰恰为无线电探测提供了必要的补充。

几何截断定距是适合近程引信定距探测的一种精确定距技术。几何截断定距体制激光探测的作用原理如图 9.1 所示，其发射与接收光轴存在一定夹角，该方法利用固定距离区域内目标出现时才能有回波被接收到的原理，进行精确定距探测。激光近程探测在常规弹药引信中应用时，解决抗发射冲击问题非常重要。

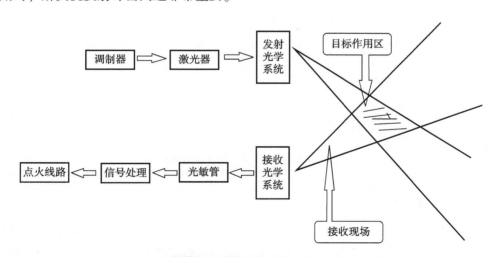

图 9.1　几何截断定距体制激光探测的作用原理示意

5. 电容探测技术

有绝缘介质隔开的导电体之间会形成电容，当导电体之间的间距发生变化或有第三导体接近时，电容值会发生变化。电容探测技术依靠设计电容电极与电容量变化检测电路来实现对目标的探测。根据电容变化的原理，电容探测主要有三种类型的探测方式，即变间隙式、变面积式、变介质式。电容近炸引信是一种比较普遍使用的近炸引信，其探测目标的基本原理是引信探测器利用一定频率的振荡器，通过探测电极在其周围空间建立起一个准静电场，当引信接近目标时，该电场便产生扰动，电荷重新分布，使引信电极间等效电容量产生相应的规律性变化，引信则利用探测器将这种变化的信息以信号的形式提取出来，实现对目标的探测。双电极的电容近炸引信电路原理框图如图 9.2 所示。当目标出现时，电容 C_{10}、C_{20} 随之出现。

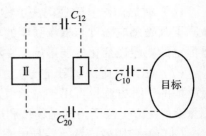

图 9.2　电容近炸引信电路原理框图

6. 毫米波探测技术

毫米波探测是以毫米波为物理基础的探测技术，由传统无线电探测发展而来。毫米波属于无线电波的一个波段，介于微波到光波的电磁频谱波段。与微波相比，其主要区别有：

（1）任何物质在一定温度下都要辐射毫米波，可通过用被动方式探测物体辐射毫米波的强弱来识别目标。

（2）毫米波的波束窄，方向性好，有极高的分辨率。

（3）多普勒频率高，测量精度高。与激光和红外波段相比，毫米波具有穿透烟雾、尘埃的能力，基本可以全天候工作。

（4）毫米波段的频率范围正好与电子回旋谐振加热所要求的频率相吻合，许多与分子转动能级有关的热性在毫米波段没有相应的谱线，因此噪声较小。

常用的毫米波探测系统有毫米波雷达、毫米波辐射计等。图 9.3 所示为毫米波探测系统的简化原理框图。

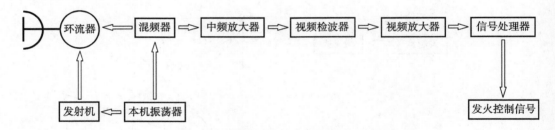

图 9.3　毫米波探测系统的简化原理框图

7. 红外探测技术

红外线是波长介乎微波与可见光之间的电磁波，又称为热射线。高于绝对零度的物质都可以产生红外线。红外线的物理本质是热辐射，这种辐射的量主要由这个物体的温度和材料的性质决定，尤其是热辐射的强度及光谱成分主要取决于辐射体的温度。红外探测是以红外物理学为基础，对产生红外辐射的目标进行探测和识别的技术。一个完整的红外探测器包括红外敏感元件、红外辐射入射窗口、外壳、电极引出线以及按需要而加的光阑、冷屏、场镜、光锥、浸没透镜和滤光片等。图 9.4 所示为红外仪器的基本组成框图。

红外探测器可分为热探测器和光子探测器两大类。热探测器是利用入射红外辐射引起敏感元件的温度变化，进而使其有关物理参数或性能发生相对变化，通过测量有关物理参数或性能的变化可确定探测器所吸收的红外辐射。光子探测器是一种新型高精度红外探测器，利用某些半导体材料在红外辐射的照射下产生光子效应，使材料的电学性质发生变化，通过测量电学性质的变化，从而确定红外辐射的强弱。

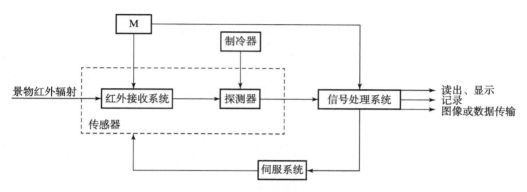

图 9.4　红外仪器的基本组成框图

9.1.2　目标识别

目标识别，是人类实现对各种事物或现象进行分析、描述、判断的过程。目标识别属于模式识别的范畴。

为了能机器执行和完成识别任务，首先必须将关于识别对象的有用信息输入计算机。为此，应对识别对象进行科学抽象，建立相关模型，用以描述和代替识别对象，这种对象的描述称为模式。对具体对象的特征属性进行测量，可以得到表征它们特征的一组数据，为了使用方便，将它们表示成矢量形式（称为特征矢量）；也可以将对象的特征属性作为基元，用符号表示，从而将它们的结构特征描述成一个符号、图或某个数学表达式。通俗地讲，模式就是事物的代表，是事物的模型之一，它的表示形式是矢量、符号串、图或数学关系。

一般而言，只要认识某个集合中有限数量的有代表性事物或者现象，就可以识别属于这个集合的任意多的事物或者现象。所谓模式识别，是指根据研究对象的特征或属性，利用计算机为中心的机器系统，运用一定的分析算法认定它的类别，系统应使识别的结果尽可能地符合真实情况。

一个较为完整的模式识别系统及识别过程的原理如图 9.5 所示，虚线上部是识别过程，虚线下部是学习、训练过程。当采用的分类识别方法以及应用的目的不同时，具体的分类识别系统和过程将有所不同。

通常，识别过程主要包括以下几方面。

1）数据采集和预处理

为了使计算机能够对各种现象进行分类识别，就要用计算机可以运算的符号来表示所研究的对象。通常，输入的信息有三种类型：二维图像，如地图、照片等对象；一维波形，如声信号、地震动信号等；物理参量和逻辑量，如目标个数、惯性参量、是否触发等。通过测量、采样和量化，可以用矩阵或矢量来表示二维图像或一维波形，这就是数据获取过程。预

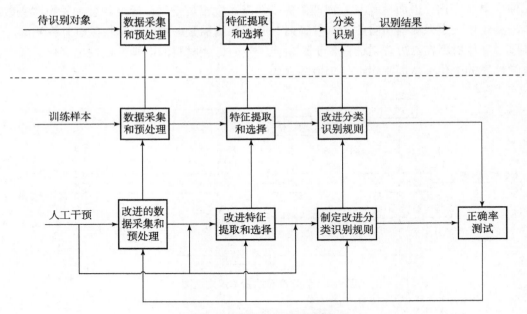

图 9.5　模式识别系统原理框图

处理的目的是去除噪声、强化有用的信息，并对测量仪器或其他因素所造成的退化现象进行还原。

2）特征提取和选择

由图像或波形所获得的数据量是相当大的，如一幅文字图像可以有几千个数据，一个坦克声信号波形也可能有几千个数据，一幅卫星遥感图像的数据量更大。为了有效地实现分类识别，应该对原始数据进行变换，得到最能反映分类本质的特征，这就是特征提取和选择的过程，一般把由原始数据组成的空间称为测量空间，把进行分类识别的空间称为特征空间，通过变换可以把在维数较高的测量空间中表示的模式变为在维数较低的特征空间中表示的模式。

3）机器学习和训练

为了让机器具有分类识别功能，首先应该对它进行训练。将人类的识别知识和方法以及关于分类识别对象的知识输入机器，产生分类识别的规则和分析程序，这个过程相当于机器学习。一般这一过程要反复进行多次，不断地修正错误、改进不足，其工作内容主要包括修正特征提取方法、特征选择方案、判决规则方法及参数，最终使系统的正确识别率达到设计要求。目前，这一过程通常是人机交互式。

4）分类识别

分类识别就是在特征空间中用某种方法把被识别对象归为某一类别。基本做法是在样本训练集的基础上确定某个判决规则，使按这种判决规则对被识别对象进行分类所造成的错误识别率最小或引起的损失最小。

在武器系统中（特别是引信中），对目标的识别要求要有快速性，进行在弹目高速交会过程中的实时识别。引信中对目标的识别一般仅包括目标出现、目标相对速度、目标距离、侵入目标深度或侵入目标层数等，以决定最佳起爆时机与起爆方位，实现对目标的最佳毁伤。在导弹等高价值弹药的特殊引信中，还要识别目标的其他特征，如目标的方位、目标类别、目标薄弱环节等，用于定向起爆控制等特种战斗部。在现代战争中，引信目标识别还包括为后续作战提供毁伤评估等的识别能力。

9.1.3 目标探测与识别系统

目标探测主要研究目标信号的获取手段以及信号的预先处理等问题。在得到各种探测技术探测到的某种信号之后，就要对信号进行识别，从而判断其特征以及是否属于哪一类目标，这就涉及目标信号的特征提取和目标识别问题。图 9.6 所示为目标探测与识别流程示意。

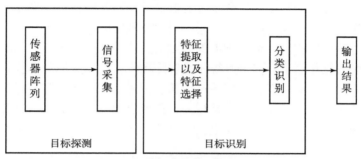

图 9.6 目标探测与识别流程示意

根据引信专业的需要，对目标探测与识别主要是对固定或移动目标的非接触测量，测量的信号中包含距离、位置、方位角或高度信息等，将测量到的信号经过特殊的识别方法，正确地给出目标相关的信息。实现这一过程的系统称为目标探测与识别系统。

9.2 引信及其工作原理

9.2.1 引信及其组成

1. 引信的概念

炮弹、炸弹、地雷等弹药上都有一种对自身性能至关重要的引爆装置——引信。引信，又称信管，是指利用环境信息、目标或目标区信息，按照预先设定的条件，在保证勤务处理和使用安全性的前提下，在能使弹丸战斗部对目标造成最大限度损伤的最佳时空（时机或位置）起爆或引燃弹丸战斗部装药的系统（或装置）。

引信可以是武器系统的分系统，但在很多情况下则是武器系统弹药（或弹丸战斗部）分系统的子系统。引信对战斗部的作用发挥起到控制作用，控制战斗部对预定的目标造成最大限度的损伤或破坏。引信能使弹药在对付不同目标时适时起爆，以达到最佳毁伤效果。引信的任务一方面是保证弹药飞达目标区之前不引爆，即安全性；另一方面，根据需要，选择最有利的时机将弹药引爆，以达到最佳毁伤效果，即可靠性。引信被誉为弹药的"眼睛"和"大脑"，足见它在弹药中的重要地位。

2. 引信的组成

引信一般由目标探测与发火控制系统、安全系统、爆炸序列、能源装置等组成。

（1）目标探测与发火控制系统的作用是感受目标信息或目标所处的环境信息，处理识别，对起爆时机、起爆方向等做出决策，在战斗部能发挥最佳战斗效果的时机使起爆源发火。它主要由信息敏感（接收）装置、信息处理装置、执行（发火）装置等组成。发火控制系统感受目标信息有直接和间接两种方式。直接感受的方式是由引信本身的信息感受装置来感受目标信息。间接感受的方式是利用弹药以外的设备（如火控系统）来感受和处理目标信息，引信只需接受控制指令，并根据指令工作。

（2）安全系统是引信中为确保战斗部进入目标区前的平时及使用中引信安全的系统，主要用于对爆炸序列的隔爆、对隔爆机构的保险、对发火控制系统的保险等。安全系统主要包括隔离机构、环境敏感装置、保险机构、执行装置等，有些引信还根据实战需要，在发火控制系统中设置一些专门的装置。安全系统的保险机构和保险线路在平时使发火控制系统处于不敏感或不工作的状态。隔离机构将传爆序列中较敏感的火工品与其下一级隔开，处于隔爆状态，引信的这种状态称为安全状态或保险状态。在发射、投放、飞行或进入目标区时，在预定出现的环境信息作用下，安全系统才能解除保险，使发火控制系统处于敏感状态或工作状态，传爆序列处于畅通状态，引信的这种状态称为待发状态或解除保险状态。使引信解除保险的环境信息有后坐力、离心力、爬行力、空气阻力、气动加热的温度、燃气温度和压力、人工的特定操作和制导指令等。安全系统对环境信息有一定的识别能力，以保证保险和解除保险的可靠性。

（3）爆炸序列负责初始发火、能量的放大和输出等。爆炸序列由各种感度不同、威力不同的火工品组成，用于将起爆源产生的初始激发冲量有控制地加以放大，使战斗部装药被完全地引燃或引爆，主要包括火帽、雷管、导爆药、传爆药等。

（4）能源装置是引信工作的动力，主要包括引信环境能、引信内储能、引信物理或化学电源，还可以直接利用弹上能源。机械引信中用到的多是环境能，包括发射、飞行以及碰撞目标的机械能，实现引信的解除保险与起爆。引信内储能是指预先压缩的弹簧、各类做功火工元件等储存的能量。引信物理或化学电源是电引信工作的主要能源，包括发电机、储备式化学电池、锂电池、热电池等。

引信在平时通过隔离敏感火工元件、保险机构来保障弹药的安全；在发射时（或发射后飞行中），依靠对发射、飞行的敏感保险机构来解除保险，隔离机构解除隔离；在敏感到目标信息、目标环境信息或接收指令后，引信适时发火，通过传爆序列输出足够的能量，完全地引爆战斗部。

3. 引信的作用原理

引信为发挥最佳作用，采用的主要手段包括：

（1）实现最佳起爆点的控制。

（2）与武器系统进行协调，实现终端威力的发挥。

（3）与弹药系统协调，实现落点控制。

（4）与目标交互，实施重点目标、重点部位打击。

（5）毁伤效果反馈，为后续打击提供参考。

引信是武器系统终端威力发挥的倍增器，是最终实现有效作战效果的直接控制"神经元"。现代引信已经具有与武器系统、弹药系统信息交互的能力，以充分发挥系统的整体作战效能。

　　引信的作用原理如图 9.7 所示。引信平时处于安全状态。发射后，安全系统解除保险，引信处于待发状态。遇到目标时，发火控制系统感受目标信息而发火，经传爆序列引爆战斗部，摧毁目标。正因为引信结构上的特殊性，引信的工作过程包括解除保险、目标信息作用和引爆（引燃）三个阶段，而首个阶段就是解除保险。根据战斗部的结构和装药的引爆要求，引信既可以装配成一个整体，也可以分散成几个相对独立的部件，装在战斗部的不同部位。在导弹或航空炸弹的大型战斗部中，还可同时配用几个引信，这种配置也称引信系统。

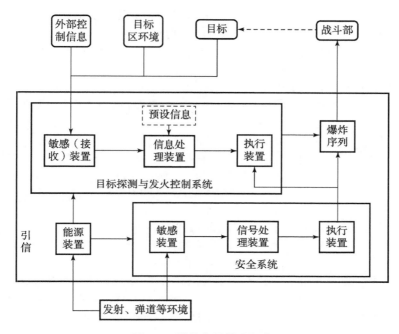

图 9.7　引信作用原理示意

9.2.2　引信的分类

　　引信的种类多样，可通过不同的方法进行分类。根据所研究问题的需要，引信可以有很多种分类方法。图 9.8 列出了分别按照与目标的关系、与战斗部的关系、配用的武器系统以及安全程度给出的引信分类。

　　下面介绍引信的一些分类方法。

　　引信的作用与输入的起爆条件直接相关，可以按照使引信起作用的方式不同来进行分类。按与目标的关系，引信可以分为直接察觉引信、间接察觉引信和多选择引信。直接察觉引信分为触发引信和非触发引信。触发引信，指碰着物体即可起爆的引信，俗称接触引信、着发引信和碰炸引信，包括压发引信和拉发引信。按作用时间的快慢，触发引信可进一步区分为瞬发引信、延期引信和随机作用引信。而延期引信又分为固定延期引信和自调延期引信。固定延期引信可以是计时延期引信（固定延时引信），也可以是计行程、计间隔层次或计埋深的智能型延期引信。固定延时引信可分为短延期引信和长延期引信。惯性触发引信可视作一种特殊的短延期引信。非触发引信，是指当弹丸等飞行至

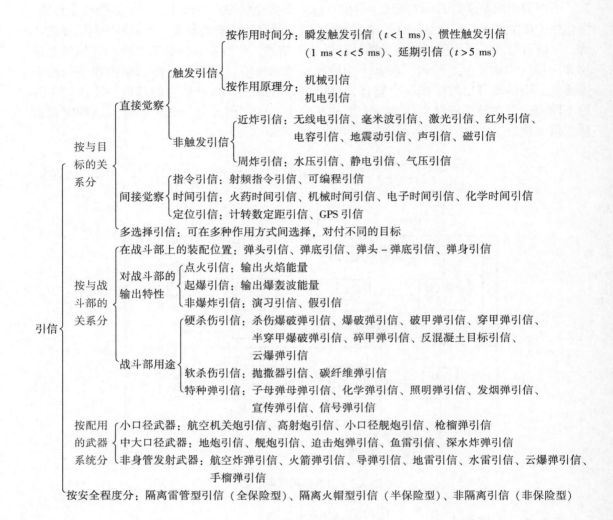

图 9.8　引信分类

接近目标一定距离时，利用物体对电磁波的反射或物体放出的红外线、声波等信息而起爆的引信，俗称非接触引信，包括近炸引信、周炸引信。非接触引信的典型代表是近炸引信，近炸引信按物理场源的性质又可分为主动式、半主动式、被动式和半被动式近炸引信。在近炸引信中，以无线电近炸引信的应用时间为最早也最为成熟。周炸引信，又称环境引信，是指不依靠目标自身的任何特性，而依靠感受目标所处周围环境的特征而工作的引信，如感受地面目标上空一定高度气压的高度引信（定高引信）和感受水下目标所处深度水压的深度引信（定深引信）。间接察觉引信，又称执行引信，包括时间引信（定时引信）、距离引信（定位引信）和指令引信（遥控引信）等。时间引信，一般利用钟表、火道等原理在预定的时间起爆。距离引信，是指引信按预先设定的距离起爆。指令引信，是指发火控制系统利用弹药以外的设备（如火控系统）来感受和处理目标信息，然后向引信传送时间指令或起爆指令，引信根据指令工作。如果引信按时间指令工作，则有时特称为电子时间引信。目前，电子时间引信已在军事上得到广泛应用。多选择引信又称多用途引信、多功能引信、多作用引信和多作用方式引信。

　　引信与武器系统相关，配用于同类武器系统的引信有相同与相似之处。按配用的弹药种类，引信分为炮弹引信、迫击炮弹引信、火箭弹引信、导弹引信、手榴弹引信、航空炸弹引信、深水炸弹引信、地雷引信、鱼雷引信等。按配用火炮身管内膛结构，引信可分为线膛火炮引信和滑膛火炮引信。按配用弹丸战斗部是否旋转，引信可分为旋转弹药引信和非旋转弹药引信。线膛火炮引信几乎都是旋转弹药引信，而滑膛火炮引信多为非旋转弹药引信。如果线膛火炮弹丸无弹带，则其引信也为非旋转弹药引信。

　　引信的输出直接对象是弹药的战斗部，按其在弹药上的装配位置，引信可分为弹头（头部）引信、弹底（底部）引信、弹尾（尾部）引信、弹身（中间）引信，以及弹头激发弹底起爆引信（系统）。

　　按对战斗部的输出功能不同，引信可分为起爆引信、点火引信、非爆炸性引信（如假引信与摘火引信）。按输出点数量，引信可分为单点起爆引信、两点起爆引信、多点起爆引信。按输出对中性，引信可分为严格对中起爆引信、不严格对中起爆引信、偏心起爆引信。按附带功能，引信可分为发动机点火引信、弹道修正引信。

　　按探测目标的工作原理，引信可分为机械引信、机电引信、制导引信、电容引信、电感引信、无线电引信、静电引信（电场引信）、磁引信、声引信、光引信、地震波引信、气压引信、水压引信、重力引信、宇宙射线引信、射流引信、化学引信和火药引信等。常见的药盘引信和延期索引信都是火药引信，而压电引信是一种机电引信，钟表引信是一种机械引信。无线电引信利用无线电波获取目标信息，与雷达工作原理相同，故又称为雷达引信。按工作波段，无线电引信可分为米波引信、微波引信、毫米波引信；而按组成特征（体制），无线电引信可分为多普勒体制引信、调频体制引信、脉冲体制引信、噪声调制体制引信、编码体制引信。光引信可分为红外光引信和激光引信等。按探测目标的体制，引信可分为单一探测体制引信和复合探测体制引信，其中复合探测体制引信简称复合引信，又称联合引信。

　　传爆序列中被隔离火工品不同，所对应的起爆安全程度也不同。按安全程度，即按隔离特性，引信可分为隔爆型引信、无隔爆型引信、隔火型引信、未隔爆（火）型引信。隔爆型引信，一般指隔离雷管型引信（又称为保险型引信），将雷管与下一级传爆元件隔离。隔火型引信，一般指隔离火帽型引信（又称为半保险型引信），火帽与下一级传爆元件隔离。无隔爆型引信是指不需要隔爆的引信，未隔爆（火）型引信是指应该隔爆（火）而未能隔爆（火）的引信，这些无隔离机构的引信又称为非保险型引信（当引信处于保险状态时，传爆元件均不隔离开）。某些引信安全系统必须有两个独立的保险件，且每个保险件都必须能防止意外解除保险，而解除这两个保险件的力必须从不同的环境获得，因此这种引信称为双环境力全保险型引信。现代引信多为隔离雷管型引信。

　　引信还有其他分类方法。例如：按是否有自毁功能，引信可分为自毁型引信、非自毁型引信；按解除保险时机，引信可分为发射基解除保险引信、目标基解除保险引信；按配用身管武器口径的大小，引信可分为小口径引信、中口径引信和大口径引信；按发展年代，引信可分为古代引信、近代引信和现代引信；按发展状态，引信主要可分为退役引信、现役引信、在研引信。

美国 MIL – HDBK – 145A《现役引信产品手册》按所配用武器弹药系统种类进行分类，将引信分为小口径弹引信、大口径炮弹引信、子弹药引信、航空炸弹引信和机载布撒器引信、火箭弹引信、导弹引信、地雷引信和爆破器材引信、手榴弹引信和发烟罐引信、其他引信。

9.3　引信的发展及其趋势

9.3.1　引信的发展历史

我国是引信的发源地。引信的发展大体上可以分为古代、近代和现代三个不同的阶段。18 世纪以前是古代引信的发展期，18—19 世纪末是近代引信的发展期，20 世纪以后是现代引信的发展期。

古代引信的发展历史可以追溯到公元 9 世纪的唐宪宗元和年间（806—821 年）。在火药发明后，人们便将它应用到军事上，研制成各种用途的弹药，为了使弹药不在使用者手中爆炸，使用过各种控制或延缓弹药作用时机的装置。《宋史》记载的公元 970 年冯继升向朝廷进献的"火箭""火球""火蒺藜"，以及《武经总要》（1040 年）中提到的"蒺藜火球""毒药烟球""霹雳火球"等弹药，都采用了引火线（称为药捻子）等点火、引爆装置，史料对这些引爆装置进行了详细的记述，这些点火、引爆装置可以说就是最早的引信。12 世纪末、13 世纪初的南宋末年，在我国出现了采用铁壳装黑火药的爆炸性弹药，用防潮、防水的药捻子点燃和起爆。在宋元战争中广泛使用的"震天雷"（又称为铁火炮），就是一种采用生铁铸成壳体，内装火药，再装上一根引火线（药捻子）的弹药，该药捻子实际上是起一个延期控制机构（延期引信）的作用。明永乐十年（1412 年）成书的《火龙经》称这种有防潮、防水性能的捻子为"信"或"药信"，书中在描述"钻风神火流星炮"的引火装置时这样写道："……分四信引于外，中流空藏一信，盘曲于中，以矾纸裹信，藏久不潮。"《武备志》中详细记载了"信"的制作方法，这种"信"或"药信"就是引信的雏形。在《天工开物》一书中，不仅出现了"引信"的名称，还将"信"与"引信"通用。但是，这些早期的引信在结构上与现代引信是有明显区别的，从古代引火的"信"发展到当代性能先进的引信，经历了深刻而巨大的变革，集聚了无数武器研制者的辛勤劳动与血汗。

在欧洲，直到 16 世纪才出现用在铸铁球上的引信。这种引信是将火药装在芦苇管或木管内，由发射药的火焰点燃。到 1835 年，出现了采用药盘延时的引信。19 世纪中叶，触发引信在战场上出现。19 世纪 80 年代，苦味酸炸药应用在弹药中，使引信的发展产生了质的飞跃，随后便出现了含有雷管及传爆药的引信。1893 年，出现了雷管隔离型引信，即所谓的保险型引信。

19 世纪末，欧洲机械工业已经发展到相当高的水平，随着精确钟表的问世，人们便考虑在引信中使用钟表机构。到 20 世纪初，便成功研制出了采用钟表机构的时间引信，这种时间引信的效果要比药盘时间引信好得多。但使用这种引信对付空中目标时，往往出现弹丸离目标最近时，引信的延期时间却没有到，从而贻误了战机的状况。因此，人们希望引信能在弹丸距离目标最近的地方作用，但研制这种"近炸"引信的理想直到第二次世界大战后期才成为现实。到 20 世纪 40 年代中期，无线电电子学、电子技术和雷达技术得到充分发展，超小型电子管等电子元件和微型米波雷达收发机的研制成功，为无线电近炸引信的研制提供了技术基础，不久便出现了无线电近炸引信。尽管无线电近炸引信已经完全不是时间引信了，可在它问世的初期，人们仍然称其为"可变时间引信"，简称"VT 引信"。由于坦克、飞机、导弹和其他运动目标的发动机在运动中喷出的高温气流成为引信接收目标信息的一个途径，于是便出现了红外线近炸引信。20 世纪 70 年代后期，出现了具有延期、近炸和触发功能的多用途引信。随着电子计算机和芯片、数字电路等微电子技术的发展，一些国家在 20 世纪末开始研制不仅能接收人工指令和目标环境信息，而且能对信息进行自动处理的智能引信。

对引信的战术需求不同、发射武器差别和配用弹丸战斗部的差异，且引信是大批量消耗产品，要求可生产性与低成本，决定了引信在结构、形状、尺寸和原理上的多种多样，其发展日新月异。引信技术的发展与战场目标、弹丸战斗部、武器系统、作战方式以及科学技术的发展变化密切相关。引信既可能是一个比较简单的起爆装置，也可能是一个由若干子系统组成的高度复杂的系统，至今也没有十分成熟的结构和原理能得到广泛通用。引信技术已成为一个技术体系完整的巨大的独立行业。根据引信技术的发展，引信爆炸序列技术、引信安全控制技术在引信中逐渐相对独立，成为引信技术发展的关键。

9.3.2　引信的发展趋势

通过提高引信性能从而提高整个武器系统的综合效能，是现代武器系统和引信的发展趋势之一。引信的发展趋势表现为"三高三化"，即高安全性、高可靠性和高有效性与智能化、多功能化和低成本化。其中，高可靠性和低成本化涉及整个引信；高安全性由引信安全系统实现；高有效性、灵巧化（智能化）和多功能化主要取决于引信发火控制系统；高有效性和多功能化还与引信爆炸序列有关。高可靠性、高有效性和灵巧化（智能化）、多功能化直接为弹药的精确打击、高效毁伤提供支撑。而广义上的高有效性和多功能化可将引信"在能使弹丸战斗部对目标造成最大限度毁伤的最佳时空（时机或位置）起爆或引燃弹丸战斗部装药"的功能目标，进一步扩大到使武器系统整体效能最优、战争对抗结局最佳，具体包括战后安全（引信自毁、绝火和爆炸物处理特性）、引信环境信息和目标信息的有效利用（如发动机点火引信、弹道修正引信和敌我识别引信）等。

现代引信的技术本质是通过探测识别环境与目标，实现对弹丸战斗部的控制引爆。现代引信与古代引信、近代引信的区别在于，现代引信与环境、与目标建立了直接联系，所利用的环境信息与目标信息越来越多，从而能实现安全控制和炸点控制。

引信的特点包括微小型化、精密化、一次性、耐冲击性和高安全性。而引信工作过程的特点是瞬时性、动态性和一次性。引信技术是技术与知识密集度较高、综合性很强的应用技术学科，它的发展不但与相邻学科（如武器系统、弹药工程、火工品技术、火炸药技术、弹道学）密切相关，而且涉及系统工程学、机械学、力学、材料学、电子学、光学、声学、磁学、热学、信息学、控制工程学以及方兴未艾的微机械学、微电子学、微机电学、微型计算机等学科。很多自然科学原理都有可能在引信及其技术中得以应用，很多高新技术都在引信中得以迅速体现。引信技术是世界各国最保密的技术领域之一，它涉及的学科之广，实属罕见。

现役和在研的大多数引信采用的都是机械原理，一小部分在目标探测系统采用了机电原理或无线电原理，而其他原理的引信（如光引信、声引信、磁引信等）目前只是极少数。各种各样的技术途径主要是用于目标探测与识别。引信总体和引信安全系统（爆炸的安全控制）仍是机械原理。引信目标探测与识别、引信环境识别、引信能源采用的是机械原理、电力原理、电子原理或机电一体化原理。从机械本体、动力、检测传感、控制及信号处理，一直到执行，引信具备了现代机械系统（机电一体化系统）的所有功能特征。麻雀虽小，五脏俱全，因此也可将引信称为一次性工作的微小型机械（机电）系统。

随着微电子技术、微机电技术、先进光电技术和信号处理技术等在引信系统中的应用，引信技术从传统技术向智能化方向发展，关键在于实现引信技术的信息化。引信技术信息化的内涵是通过采用先进的微电子技术、光电技术、微机电技术、信号处理技术、仿真技术和系统集成技术等取代传统的机械、机电技术，开发引信新的探测和控制功能，实现引信技术与装备的跨越式发展。实现引信技术的信息化，将在发展新型武器系统和改造传统武器装备方面产生巨大作用和影响。

为应对未来的一体化联合作战模式、未来具有信息化与多功能化的新武器系统、未来高速/高机动/隐身/强防护等新的目标、未来自然和电磁环境更加恶劣的新环境，引信必须具有四大能力——大幅提高毁伤控制能力（炸点控制、起爆模式控制、命中点控制）、信息交联能力（信息交联、一体化联合作战）、恶劣环境下正常工作能力（超高速、新发射平台）、安全可靠作用能力（适应发射飞行环境、复杂背景干扰），才能满足弹药精确打击与高效毁伤发展的需要。

9.4　引信技术

9.4.1　引信爆炸序列技术

1. 爆炸序列概念

爆炸序列，是指在引信内，按激发感度递减而输出功率或猛度递增次序排列的一系列爆炸元件的组合。它的作用是将小冲量有控制地增大到满足弹丸、战斗部爆炸所需要的冲量。

爆炸序列在引信中起能量传递与放大的作用，从初始发火的首级火工品到最后引爆（或引燃）战斗部主装药的传爆药或抛射/点火药，是引信不可缺少的组成部分。随着引信类型和配用弹种的不同，爆炸序列的组成可有各种不同的形式。

爆炸序列按弹药或爆炸装置所用主装药的类型或输出能量的形式，分为传爆序列和传火序列两种。传爆序列最后一个爆炸元件输出的是爆轰冲量，传火序列最后一个爆炸元件输出的是火焰冲量。传火序列与传爆序列在组成上的主要区别是，前者无雷管、导爆药和传爆药。因此，传火序列可看成是传爆序列的一种特别形式。

典型的爆炸序列由以下爆炸元件组成：

（1）转换能量的爆炸元件，包括火帽和雷管。

（2）控制时间的爆炸元件，包括延期管和时间药盘。

（3）放大能量的爆炸元件，包括导爆管和传爆管。

2. 引信爆炸序列的发展

引信爆炸序列的发展与引信技术、火工品技术的发展密切相关。弹药的作战多用途化促进了引信爆炸序列的发展；组合式爆炸元件、逻辑火工品等的出现带来了引信爆炸序列的多样化发展；钝感起爆技术的发展促进了直列式爆炸序列的应用。引信爆炸序列将向直列式、组合式以及智能化方向发展。

1）直列式爆炸序列

直列式爆炸序列是以冲击片雷管为前提的，爆炸序列无须隔断，大大简化了引信结构设计，是未来引信爆炸序列的发展方向。目前，直列式爆炸序列主要应用于高价值弹药引信中。随着技术的发展与电子安全系统的发展，直列式爆炸序列将会得到更广泛的应用。

2）组合式爆炸序列

随着延期雷管、柔性延期索等组合型爆炸元件的出现，引信中的爆炸序列将出现组合化趋势。在引信爆炸序列的设计中，各级火工品的性能满足引信设计的可靠性与安全性要求，是爆炸序列设计的基本原则。组合爆炸序列是在现有引信爆炸序列的基础上，以火工品为单元进行的性能与结构的新探索，它利用现有的火工产品，根据其结构与性能的特点进行搭配组合，每一种组合都自成体系，完成从输入到输出的转换。接受一个起爆冲能，提供一个或多个爆轰输出，满足爆炸序列各种功能与结构的需求。随着组合火工品的进一步发展，将更多的火工品与火工药剂组合，形成不同的组合爆炸序列，既推动火工品技术的发展，又简化引信结构的设计，并为引信设计提供新结构、新思想。

例如，柔性发火延期雷管是将针刺火帽、导爆金属延期索和火焰雷管三件火工品密封连接而成的组合式雷管，自身就是一个具有针刺发火、点火、延期和起爆多项功能的爆炸序列。在击发端的轴向和径向均可实现针刺发火，雷管的延期索部分可在弯曲半径大于 3 mm条件下任意弯曲后，仍能可靠传爆。发火管与输出管之间的距离可调。它可看作对传统的刚性针刺延期雷管的技术延伸和创新设计。用柔性发火延期雷管可以取代引信中的自毁爆炸序列，如针刺火帽、时间药盘、火焰雷管等，除可完全替代其功能以外，还实现了爆炸序列一体化，密封性得到提高，且传爆更可靠、结构更简单。

3）爆炸逻辑网络与"智能"爆炸序列

爆炸逻辑网络是具有逻辑功能的爆炸序列，一般由导爆索、爆炸元件（雷管、延期元件、传爆管等）和爆炸逻辑元件等组成。爆炸逻辑网络是具有自我判断能力的"智能"爆炸序列。

随着微电子技术的发展，出现了对目标或引爆信号有识别能力的"智能"火工品，它不仅能在低电压、低能量输入时可快速点燃和起爆下一级装药，还具有静电安全性能。未来战争将是全方位、大纵深、高精度、高强度的立体战争，使得精确制导弹药与灵巧智能弹药大幅度增加；对于定向起爆、同步起爆以及判断目标薄弱环节等引信新功能，均需要相应的"智能"爆炸序列与之适应。引信爆炸序列在未来引信发展中必将发挥更加重要的作用。

9.4.2　引信安全系统技术

引信安全系统技术是引信的关键技术，用于确保弹药以及引信自身平时的安全。引信安全性设计准则规定，引信安全系统平时的失效概率为不大于百万分之一。在引信中，主要通过隔爆与冗余保险等技术来保障引信的安全性。

1. 引信隔爆技术

引信隔爆技术，是指在勤务处理过程中，使引信的爆炸序列中的敏感火工元件与下一级火工元件隔离，并能保证在敏感火工元件偶然提前作用时下一级火工元件不作用；同时，当弹药发射（或投掷）后运动到一定安全距离时，此机构应能解除隔离，以使爆炸序列对正。隔爆动作需要相应机构来完成，该机构称为隔爆机构。

对隔爆机构的基本要求有：安全状态时，要可靠隔离；作用时，要可靠解除隔离，而且要保证起爆完全。隔爆机构平时被保险机构限制在安全状态，当保险机构动作解除保险后，它才运动到使爆炸序列对正的状态。隔爆机构运动到位的时间（即解除保险时间），有时由该机构本身或保险机构来保证，有时用专门设计的远解机构或与电路联合起来控制。

隔爆机构的基本运动形态有滑动和转动两种。属于滑动的有滑块式隔爆机构和空间隔爆机构，滑块的运动方向可以垂直于弹轴或与弹轴成某一角度，空间隔爆机构的运动方向通常是沿着弹轴。属于转动的有各种转子式隔爆机构，转子形式有转轴垂直于弹轴的垂直转子、转轴平行于弹轴的水平转子、绕定点转动的球转子等。

滑块式隔爆机构是典型的隔爆机构，其基本特征是滑块的滑动方向或运动方向的主要分量垂直于弹轴。滑块可设计成多面体的，与滑块座呈平面接触；也可以设计成圆柱状的，称为"滑柱"，与滑柱孔呈圆柱面接触。按移动的动力，滑块大致分为弹簧滑块和离心滑块两类。离心滑块（图9.9）只能用于旋转弹引信。为了保证足够的起始偏心距，这种机构要求引信的径向尺寸较大，多用于大中口径弹引信中。

弹簧滑块既可用于旋转弹的引信，也可用于非旋转弹的引信。这种机构也要求引信有较大的径向尺寸，但可不考虑偏心距，因而径向尺寸较离心滑块的小些。如果用在旋转弹上，则要保证在任何位置时弹簧预压抗力都能克服离心力的作用，弹簧多用圆柱簧，如图9.10所示。

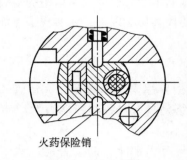

火药保险销

图9.9 离心滑块

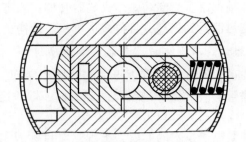

图9.10 用圆柱簧驱动的滑块

2. 引信保险技术

引信的保险是通过各种保险机构实现的，它保障引信的发火机构、隔爆机构、内含能源在平时处于保险状态，发射（投掷、布置）后在弹道的某点上，由保险状态向待发状态过渡并最终进入待发状态，即解除保险。保险机构的基本功能是防止引信意外解除保险或作用，并在预定条件下解除保险。根据引信中保险机构的保险以及解除保险的原理不同，保险机构可以分为机械式保险机构和机电式保险机构以及电保险机构，其中以机械式保险为主，机械式保险机构又包括惯性保险机构、钟表保险机构、气体动力保险机构、火药保险机构等。

保险机构应用的原理较多，其结构差异也很大，对于各种不同的保险机构，均有不同的性能要求。通常，引信保险机构应满足以下基本要求：

（1）保险机构设计必须作用可靠，当引信处于保险状态时，其保险件必须将爆炸序列中的隔爆件或能量隔断件机械地锁定在保险位置；当引信满足预定解除保险条件时，保险件必须可靠地将被保险件或被保险机构释放，确保引信能进入待发状态。

（2）保险机构通常是同引信一起经受各种环境与性能试验，应根据战术技术指标选用《引信环境与性能试验方法》（GJB 573A—1998）和有关试验。

（3）《引信安全性设计准则》（GJB 373A—1997）中要求引信必须具有冗余保险。引信中必须具有两套以上保险机构，且这两套保险机构的启动要来自引信使用过程中出现的不同的环境激励。

（4）当引信隔爆机构不具有延期功能时，一般要求至少一个保险机构具有延期解除保险特性，以确保引信及弹药的安全距离。

（5）电引信、电子引信还应满足《电引信和电子引信安全设计准则》（GJB 1244—1991）的要求。

图 9.11 所示为某迫击炮弹引信的保险机构，它由涡轮机构与差动轮系构成，其击针杆作为保险件约束水平转子隔爆件（未画出）转正。平时由击针深入转子的盲孔，约束转子不能转动，以确保引信安全。工作过程：弹道飞行中，涡轮高速旋转，带动击针杆高速旋转，与击针杆由导向销、传动筒径向约束的上齿轮片通过轴齿轮带动下齿轮高速旋转，由于上、下齿轮相差 1 个齿，因此上、下齿轮产生相对旋转，使击针从与下齿轮片固连的螺母中缓慢旋出，从而达到延期解除保险的目的。

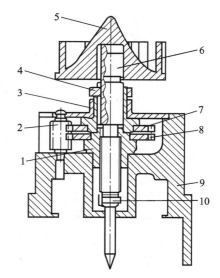

图 9.11　涡轮机构与差动轮系构成保险机构
1—螺母；2—轴齿轮；3—传动筒；4—导向销；
5—涡轮；6—击针杆；7—上齿片；
8—下齿片；9—支座；10—销钉

9.4.3　目标探测与起爆控制技术

引信目标探测与起爆控制决定了引信的起爆适时能力，主要由引信中的目标探测与识别系统进行目标判断以及与弹目交汇状态的实时识别，并结合发火控制系统实现。

现代战争打武装直升机、打巡航导弹、打隐形飞机（简称"三打"）和防侦察、防电子干扰、防精确打击（简称"三防"）战术发展，要求目标探测与识别系统具有快速识别与抗干扰能力。高新技术弹药的发展，要求引信具有高精确目标探测与识别能力和准确起爆控制能力。在精确打击武器系统中，在弹目交汇瞬间快速探测到要攻击的目标，并根据目标的特性来决定攻击时刻、攻击位置是十分重要的。近年来，随着现代科学技术的飞速发展，目标探测与识别技术发生了日新月异的变化，在军事需求的牵引下，毫米波探测、激光定距探测、主被动声探测、磁探测、地震动探测以及目标分类与识别技术等都有了极大的进步。现代电子技术高度集成，在有限的引信空间也能实现复杂的目标探测与识别功能。精确起爆控制一般以控制弹目姿态与轨迹复合交汇下的毁伤元精准命中为前提，主要通过建立弹药及其毁伤元与目标运动模型，综合利用武器系统获取的弹目交汇和目标特性等弹目信息，结合引信自身探测获取的目标信息，根据毁伤算法预测战斗部最佳炸点，采取引战配合控制策略，控制引信产生起爆战斗部的启动信号，精准控制起爆时机，以获取最佳打击效果。对于制导弹药，准确起爆控制中还涉及弹体姿态自适应控制问题。现代控制理论与方法发展很快，尤其是智能控制，包括模糊控制、专家系统、神经元网络、遗传算法等方面的研究取得许多新进展，各种控制理论、控制策略、控制方法和技术在引信控制中都可以得到应用。

9.4.4 引信信息化和智能化技术

引信信息化是武器系统信息化的"最后环节"。引信已从机械、机电、近炸发展到灵巧与智能产品，其内涵在原有功能的基础上扩展为"五个输入"与"四个输出"，即输入信息包括环境与目标信息、平台信息、网络信息、多维坐标控制信息与其他引信交联信息，输出信息包括起爆战斗部信息、续航与增程发动机点火信息、反馈起爆时机用于毁伤评估信息、反馈给弹上多维坐标信息。

引信是弹药终端毁伤控制子系统。弹药（或其他载体）要求引信具有灵巧化、智能化的功能，且适配性好。因此，引信在具有高的安全性与作用可靠性的前提下，应提高信息化和智能化水平，提高对各类目标实时快速精确探测、识别，以及抗各种干扰的能力。

灵巧弹药介于常规弹药与制导弹药之间，是智能弹药的初级产品，具有通过弹上接收系统（或引信）进行信息交联的功能、具有对目标的探测功能、具有对自身弹道的修正功能或具有对不同目标选择不同的起爆功能。通过发射前装定信息，采用单一或复合探测手段来获取环境与目标信息，通过单片机、可编程控制器或DSP处理器等方式进行起爆控制的引信称为灵巧引信（可装定、可探测、可处理、可控制）。

智能弹药一般指的是能"发射后不管"，弹药通过弹上探测系统获取弹道信息，进行弹道辨识与修正，同时探测系统能获取目标信息、识别目标、跟踪目标、选择目标薄弱部位进行攻击，直至在一定的区域内毁伤目标。通过发射前或发射后自动装定，能自动探测、跟踪、识别目标，具有自主分析、双向沟通能力，能配合战斗部自主区分、优选攻击目标，在最佳位置起爆战斗部的引信称为智能引信（自动装定、探测识别、自主选择、最佳起爆）。

随着硬目标灵巧引信、激光/红外引信、微波/毫米波引信、多选择引信等一大批采用了微电子技术、先进光电技术和微机电技术引信产品的出现，引信产业已是名副其实的信息产业，精密机械加工技术已退居次要地位，取而代之的是微电子技术、微机电技术和先进的光电子技术。

充分利用武器系统的信息，通过提高引信性能从而提高整个武器系统的综合效能，是现代武器系统和引信技术的发展趋势之一。将引信作为武器系统信息链的一部分统一协调设计，能有效提高武器系统的综合作战效能。导弹制导系统可以为引信提供更多的目标位置信息，有利于提高引战配合性能。现代防空反导火炮系统在设计中注重火控系统与引信一体化设计和信息交联化设计。

由于微机电技术在尺寸、质量、性能方面的优势特别适合在引信系统中应用，因此引信开始大量采用微机电技术。例如：硬目标灵巧引信中采用三维 MEMS 加速度传感器；弹道修正引信中采用 MEMS 惯性测量组合装置和微机电驱动的鸭舵；高爆榴弹空炸引信中采用了 MEMS 碰炸开关和 MEMS 安全系统。现代新型引信中采用微电子集成电路与 MEMS 技术相结合的安全系统。

　　在光电对抗技术日益剧烈的战场环境中，引信系统的抗干扰能力成为衡量引信性能的重要指标。新的近炸引信广泛采用频率捷变、随机噪声调制、软件可编程等抗干扰技术；在体制上采用性能更好的频率调制体制；在工作频段上向全波段拓展；红外近炸引信已从能量型发展到简易成像型，从被动型发展到主动型。此外，引信系统采用新的物理场（如静电场）和多模复合探测技术及信息融合、自适应等先进信号处理技术，弥补单一物理场探测的不足，提高引信对目标探测与识别的能力，进一步提高引信的抗干扰性能。

第10章　指挥与控制科学与技术

10.1　战场指挥与信息化

10.1.1　战场指挥信息化

信息化条件下，作战控制能力得到了极大提高，传统的以作战计划为主的指挥控制方法已经不适应信息化战场情况的快速变化，作战控制的重心也已经由聚焦于计划转向基于行动和效果，高效灵活的作战指挥已呈现出新的趋向。

1. 指挥主体

在早期战争中，指挥的主体主要是统兵的将帅，军队指挥表现出浓厚的个性色彩。随着司令部的出现，"人–人"结合的群体指挥取代了"个体指挥"。对于现代战争，信息技术的广泛运用为体系与体系的对抗奠定了物质基础。网络技术的运用，可以从各节点到各类指挥中心，包括太空、空中、海上、水下、地上、地下的广阔领域，形成全球性自动化军队指挥信息网。作战信息的共享性进一步增强，"人–机"结合的互动式指挥成为现实。尤其是C⁴ISR系统在作战指挥领域中的运用和改进，加速了指挥系统的"合网"，信息流动更加顺畅，作战节奏更加快捷，战场透明度明显增大。因此，应简化指挥层次、减少指挥系统内耗，将指挥形式由传统的"树状"结构变为现在的"扁平网状"结构，变传统"指挥链条"上的"环节"为现在的"指挥网络"上的"节点"，变"人–人"结合的群体指挥为现在的"人–机"结合的网络指挥，增强指挥的稳定性、时效性和隐蔽性，以确保作战指挥整体效能的发挥。

2. 指挥对象

工业革命催生了机械化军队，为军队提供了大量的武器装备。受工业时代"集体化、技能化、专职化"等特征的影响，指挥艺术变得机械化和教条化。在当今的信息时代，作战指挥将一改以往的以体能、技能支付为主，变成以智能支付为主。随着思维科学、决策科学、认知科学的发展及计算机技术的日趋成熟，以军事专家系统和军事决策系统为支持的指挥智能化水平将迈向更高级阶段。智能化武器大量装备后，信息化条件下的军队指挥对象将由机械化军队变成装备精良、反应迅速的智能化军队，并将在很大程度上支持、延伸乃至解放人的脑力活动，使各级指挥员能最大限度地进行创造性的指挥活动。

3. 指挥手段

机械化时代的战争，主要以有线、无线电通信装备与指挥车辆等机械化指挥工具为主。

在信息化条件下，作战系统的无缝连接日趋紧密，使指挥手段产生了质的跃迁，逐步形成集信息收集、传递、处理功能于一体的新型指挥系统，促使指挥手段由"机械化"向"自动化"转变。指挥手段"自动化"能缩短指挥反应周期，极大地提高指挥效能。

4. 指挥触角

以往，作战行动在总体上表现为一种"平面二维"的性质。指挥位置一般处在整个军队部署的适中位置。各种指令从一个中心发向四周，来自四面八方的反馈信息最后也汇集于这一中心。在信息化战争中，作战空间日趋扩大，作战行动在陆、海、空、天、电磁、认知的"多维战场"同时进行。侦察、探测系统全方位配置，指挥通信网络"笼罩"整个作战空间，电磁战和心理战贯穿战争始终，指挥的触角已延伸到配置在不同空间的参战诸元，形成了"发散"与"收敛"的一系列周期性运动。这种立体"多维指挥"可以满足"多维战场"作战指挥的需要。

5. 指挥控制

就作战指挥来说，最理想的情况应该是"同步指挥"或"即时指挥"，由于应对敌情变化需要"反应时间"，因此我们总是希望最大限度地缩短"反应时间"。在以往战争中，由于信息搜集不广泛、传递信息不迅速、分析与处理信息不及时，从而不能快速定下作战决心、拟制作战计划、组织协同动作耗时长等，造成开战以后的指挥工作总是滞后于作战进程，无法保持指挥的连续性和即时性。信息化战争，通过传感器网、指挥控制网和武器平台网的综合集成，加速了以太空信息系统为龙头，互连、互通、互操作、无缝连接，集预警探测、情报侦察、导航定位、敌我识别、通信联络、指挥控制为一体的综合信息系统的生成，进而从诸多方面大幅度地缩短"滞后时间"，使以往的"滞后指挥"向近似"即时指挥"的方向发展。

6. 指挥重点

以往，敌对双方都是在直接或间接可视的"有形战场"上进行角逐。随着信息技术的发展及其在军事上的广泛运用，"有形战场"已难以容纳所有军事行动，进而加速了"无形战场"面世。随着隐身技术的日益成熟，隐身兵器被大量运用，拥有隐身武器的一方可以神不知鬼不觉地遂行多种战略、战役、战斗任务，从而使作战的隐蔽性和突然性进一步增强，使"无形战场"的开辟成为现实。在信息化条件下的联合作战中，信息成为核心资源，是决定战争胜负的关键因素。"没有制信息权，就没有制空权和制海权"已成为信息化条件下用兵者的共识。

10.1.2　信息化武器装备

1. 信息化武器装备的概念及特点

1）信息化武器装备的概念

所谓信息化武器装备，是指能充分运用计算机技术、信息技术、微电子技术等现代高新技术，具备信息探测、传输、处理、控制，以及精确、高效打击等功能的作战装备和保障装备。信息化武器装备利用信息技术和计算机技术，使武器装备在预警探测、情报侦察、指挥控制、通信联络、战场管理、精确制导、火力打击等方面实现信息采集、融合、处理、传输、显示的网络化、自动化和实时化。

武器装备信息化沿着两个方向发展。一个方向是对机械化武器装备进行信息化改造和提升，仍以通常的火力杀伤或防护等为主要功能，以杀伤敌方的有生力量、摧毁敌方装备等为使用目的，通过把计算机技术和信息技术以模块形式嵌入机械化武器装备，使机械化武器装备具备类似于人的"眼睛、神经和大脑"的功能，从而使其综合作战效能倍增，满足信息战争作战的需要。另一个方向是研制新的信息化武器装备，如 C⁴ISR 系统、计算机网络病毒、军事智能机器人等。武器装备信息化将使信息装备在武器装备体系中的比例越来越大，相应的作战保障装备的地位和作用日益重要，武器装备体系中除了传统的硬杀伤兵器，还将出现软杀伤兵器。

2）信息化武器装备的特点

信息化武器装备的特点有：智能化、网络化、一体化。

（1）智能化，是指信息化武器采用计算机、大规模集成电路及相应软件，使武器部分具有人的大脑的思维功能，能利用自身的信号探测和处理装置，自主地分析、识别和攻击目标。现代化的智能武器与传统武器的一个根本区别，就是部分地具有了人的思维功能，其敏感部件测定自身参数和外部信息，经计算机分析处理，即可判断分析状态和位置偏差，在进行修正后可控制火力实施精确高效打击。

（2）网络化，是利用信息网络将单件武器装备连接成一个具有互连互通操作能力的大系统。在信息技术大发展的今天，由电缆、光纤和无线电台、卫星等电子设备构成的有形的和无形的"信息公路"密布于陆上和地下、海上和海下、天空和太空等空间，这些"信息公路"连接在一起，就构成了一个无缝连接、无所不在的信息网络。这个信息网络，把分散在世界各地，部署于陆、海、空、天的所有武器系统和指挥体系连接在一起，将各种武器系统综合集成为作战大系统。无论坦克、飞机、舰艇和卫星怎样分散部署，无论这些武器身在何处，只要想用它来打仗，随时调用都能做到"指哪打哪"，实施精确打击。

（3）一体化包括两方面内容：一方面是功能上的一体化，即过去由几件装备遂行的作战职能，现在由一个武器系统来完成；另一方面是结构上的一体化，即通过综合电子信息系统，把战场上各军兵种的武器装备连为一体，使各种作战力量紧密配合、协调行动，提高整体作战，如 C⁴ISR 系统就是一个典型的集指挥、控制、通信、计算机、情报、监视、侦察之大成的一体化综合电子信息系统。

2. 信息化武器装备的种类

1）信息战装备

信息战武器，是指在为争夺信息获取权、控制权和使用权而进行的对抗与斗争中所使用的，以现代信息技术为核心的武器装备及系统。信息战武器装备可以有多种分类方法，可以根据装备的机动方式分为固定式或机动式，可以根据信息战武器所处的空间分为地面、地下、海上、水下、空中和太空信息战武器，可以依据信息战武器在战争中的作用分为非杀伤性信息战武器、软杀伤性信息战武器和硬杀伤性信息战武器等。

2）信息化弹药

信息化弹药主要指各种制导弹药，信息化弹药的精度倍增、威力倍增，使原有的弹药能发挥几倍于过去的战斗力，包括导弹、制导炮弹、制导炸弹等。

3）信息化作战平台

信息化作战平台是指装有大量电子信息设备的高度信息化的作战平台，是信息化弹药的依托，如信息化的飞机、舰艇、装甲车辆等。

4）C⁴ISR 系统

C^{4}ISR 系统，是战场指挥、控制、通信、计算机、情报、监视、侦察系统的简称，是把军队作战的各个要素、各个作战单元黏合在一起，使军队发挥整体效能的"神经和大脑"。它是军队的神经中枢，能把众多的武器平台、军兵种部队和广大战场有机联系为一个整体，充分发挥整体威力，因而也是打赢信息化条件局部战争的根本保证。

5）单兵数字化装备

单兵数字化装备，是指士兵在数字化战场上使用的个人装备，也称信息士兵系统。通常由单兵计算机和通信分系统、综合头盔分系统、武器分系统、综合人体防护分系统和电源分系统组成。

10.2　武器系统控制原理与方法

10.2.1　火控系统基本概念

1. 火力控制与火力控制系统

在未来战争中，各种复杂气象、地形、敌方实施干扰的条件下，若要充分发挥武器系统的威力，就必须对敌方目标发现早、测距快、瞄得精、打得准，即对武器系统实现控制，使之具有"先敌开火，首发命中"的能力。

火力控制，简称"火控"，是指控制武器自动或半自动地实施瞄准与发射的全过程，包括：

（1）为瞄准目标而实施的搜索、识别、跟踪。

（2）为命中目标而进行的依据目标状态测量值、弹道方程（或射表）、目标运动假定、实际弹道条件、武器运载体运动方程等条件或参数计算射击诸元。

（3）以射击诸元控制武器随动系统驱动武器线趋近射击线。

（4）依据射击决策自动或半自动地执行射击程序。

（5）射击后目标被击毁情况的反馈与评估、目标更新等。

火力控制的目的是控制武器发射射弹，有效毁伤所选择的目标。

火力控制系统，简称"火控系统"，是为实现控制武器瞄准和发射等全过程所需的各种相互作用、相互依赖的设备的总称。具体来讲，火控系统是指为了充分发挥武器在各种复杂的战场条件下，能够迅速完成观察、跟踪、测距、瞄准，提供各种弹道修正量、解算射击诸元、自动装定表尺、控制武器击发，射后目标被击毁情况的反馈与评估、目标更新等多项功能的一套装置。火力控制系统是现代武器系统必不可少的重要组成部分，是武器系统先进性的重要标志。

2. 火控系统的功能

在不同的武器系统中,火控系统的功能不尽相同。一般而言,火控系统有以下功能:

(1)利用各种探测、跟踪器材,搜索、发现、识别、跟踪目标,并测定目标坐标。

(2)依据目标运动模型、目标坐标的测量值,估计目标的运动状态参数(位置、速度、加速度)。

(3)依据弹丸的外弹道特性、实际气象条件、地理特征、武器载体及目标运动状态,预测命中点,求取射击诸元。

(4)依据射击诸元,利用半自动或全自动武器随动系统来驱动武器线趋近于射击线,并根据指挥员的射击命令控制射击程序实施。

(5)实测脱靶量,修正射击诸元,实现校射或大闭环控制。

(6)实时测量武器载体的运动姿态及其变化率,用于火控计算,以及使跟踪线、武器线稳定。

(7)实施系统内部及外部的信息交换,使武器系统内部协调一致地工作,并使火控系统成为指挥控制系统的终端。

(8)实施火控系统的一系列操作控制,使火控系统按战术要求及作战环境要求工作。

(9)实施火控系统的故障自动检测和性能自动检测。

(10)实施操作人员的模拟训练。

实际火控系统的功能,依据作战要求可多可少,但最基本的跟踪及测定目标信息、求取射击诸元、驱动武器线任务是必不可少的。

3. 火控系统的组成

不同武器的火控系统虽然作战使命与控制任务不同,但其功能和实现这些功能的分系统大体相同。从火控系统应完成的功能出发,组成火控系统的各分系统及其信息传递关系如图10.1所示。

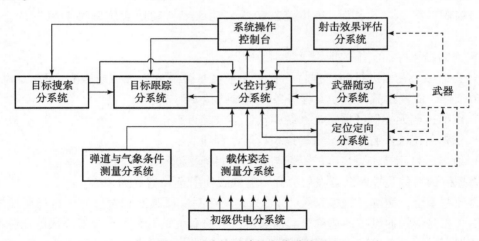

图10.1 火控系统信息传递关系

1)目标搜索分系统

目标搜索分系统的功能:独立实施防区内的目标搜索或依据上级给出的目标指示,估计目标威胁度，测量目标粗略方位，引导目标跟踪分系统截获目标。完成目标搜索任务的装置种类繁多，主要有警戒与搜索雷达、无人侦察飞机、红外预警系统、声测系统、变倍大视场光学观测器材等。

2）目标跟踪分系统

目标跟踪分系统的功能：在目标搜索分系统的导引下截获目标，从背景中识别目标，精确地跟踪目标，测量并输出目标现在点坐标（距离、方位角、高低角），显示目标与目标航迹，实现自行武器跟踪线的独立与稳定。完成目标跟踪的主要装置有各种跟踪雷达，白光、微光、电视、远红外（热成像）跟踪仪及激光跟踪仪或激光测距仪等。

3）火控计算分系统

火控计算分系统的主要功能：接收目标指示数据、敌我识别标志、目标现在点坐标值、载体位置和姿态、弹道及气象修正和射击校正量等信息，求取目标运动参数、射击诸元、跟踪线和瞄准线稳定控制策略、武器随动系统控制策略、火控系统管理控制策略、最佳射击时机及射击时间，输出射击诸元、各种控制信号及系统控制面板的显示信息，检测火控系统功能，诊断其故障。

4）武器随动分系统

武器随动分系统的功能：接收火控计算分系统给出的射击诸元，驱动武器身管或发射架进行瞄准，按射击控制程序进行射击等。射击诸元主要是高低角（射角）与方位角、时间引信分划（弹头飞行时间）、水面或水中武器的转向角、爆炸深等则在发射前需要相应控制机构完成。武器随动分系统通常采用直流或交流机电伺服系统，功率较大时则采用液压式随动系统。对自行武器还应具备武器线稳定功能。

5）定位定向分系统

定位定向分系统的功能：测量武器载体纵轴相对正北方向的偏航角、地理经纬坐标，并对武器载体进行驾驶导航与协同作战。自动寻北的主要设备有陀螺寻北仪、磁或电磁寻北仪。再配以计程仪，即可完成武器定位任务。卫星定位系统的地面接收器可给出武器的地理经纬坐标，如使用其差分工作方式，还可完成自动寻北任务。

6）载体姿态测量分系统

载体姿态测量分系统的功能：在武器载体运动中测量载体姿态参量——偏航角、纵倾角、横滚角、角速度。载体姿态测量的主要设备有倾斜传感器、惯性陀螺仪等。

7）弹道与气象条件测量分系统

弹道与气象测量分系统的功能：测量并输出为修正射击诸元所必需的全部弹道与气象条件，包括弹丸初速、药温等弹道条件，以及气温、空气密度、湿度、风速、风向等气象条件。各种气象传感器既可分散单独使用，也可组成气象站。测速雷达与气象测量雷达是常用的先进弹道与气象条件检测设备。

8）射击效果评估分系统

射击效果评估分系统的功能：观测和评估射击效果，以便实施校射、补射等。地炮校射雷达用跟踪弹道末端的弹头轨迹来推算落点。对空中活动目标，则需要用能同时跟踪目标与弹头的观测器材，如相控阵雷达、大视场光电实时成像系统等。有些武器采用射击效果评估弹。

9）通信分系统

通信分系统的功能：实施火控系统内部各个分系统间的信息传递及其与外部的信息交换。各种有线与无线、模拟与数字式通信装置和局域网都能承担这一任务，如 CAN 总线、双 CAN 总线。但是，自行武器与外部交换信息只能采用无线通信方式。该系统是指各组成部分之间的连接，在图 10.1 中未标出。

10）系统操作控制台

系统操作控制台的功能：显示系统重要信息，实施操作控制。通过数码管、指示灯、显示器等把文字、图像、声音等系统重要信息以多媒体方式直观、形象地提供给操作员，操作员可通过控制台的按钮、开关、键盘使火控计算机完成相应的计算和控制动作。操作控制台还可以显示设备自控状态、指示故障部位、指导模拟训练等功能。

11）初级供电分系统

初级供电分系统的功能：向各个分系统初级供电，并显示、检测初级供电的品质。一般由发电机组供电。对耗电较少的火控系统也可使用蓄电池供电。

实际上，可以根据战术技术要求，选择相关技术设备，构成不同档次的火力控制系统，以满足不同使用环境下的需求，但目标跟踪分系统、火控计算分系统、随动分系统、系统操作控制台和初级供电分系统是必不可少的。习惯上，人们将火控系统划分为三个主要分系统：

（1）观测瞄准分系统，可以使武器在全天候的条件下，具有迅速捕捉目标、准确测定其距离并进行精确瞄准的能力。该系统主要由光学瞄准镜、夜视和夜瞄装置、激光测距仪、光学观察潜望镜及其他各种组合形式的光学仪器构成。

（2）武器控制分系统，用于保证武器在各种地形条件下都能很容易地操纵武器，使瞄准角不受载体振动等因素的影响。该系统主要由稳定及控制装置、随动系统等组成。

（3）计算机及传感器分系统，对影响武器射击精度的多种因素进行测定、计算和修正，最大限度地发挥武器的威力。该系统主要由火控计算机及目标角速度、耳轴倾斜、膛口偏移等传感器组成。

这三个相互联系的分系统组成了以火控计算机为中心的武器基本火控系统。

10.2.2 火控系统分类

1. 按被控武器的种类进行分类

按被控武器的种类，火控系统分为火炮火控系统、导弹火控系统等。对于同一类武器还可区分为主炮火控系统、副炮火控系统、舰 – 舰导弹火控系统、舰 – 空导弹火控系统等。

2. 按功能的综合程度进行分类

按功能的综合程度进行分类直接反映了武器系统的结构特点，可将火控系统分为单机单控式火控系统、多武器综合火控系统和多功能综合火控系统三大类。单机单控式火控系统，只能控制单一型号的武器对目标进行攻击，目标的类型可以不同，但一次只能对一个目标进行攻击。多武器综合火控系统，能控制多种同类型或不同类型的武器对多个目标进行攻击。

多功能综合火控系统，除了具有一般火控系统的功能外，还具有一定的对目标搜索、敌我识别、威胁判断、武器分配和目标指示等作战指挥功能。

3. 按采用的火控计算机的类型进行分类

火控计算机有模拟式和数字式两种，与之对应的火控系统分别为模拟式火控系统和数字式火控系统。模拟式火控系统的突出优点是运算速度快。数字式火控系统的突出优点是运算精度高，通用性强，还具有体积小、结构简单、成本低等优越性。目前数字式火控系统已成为现代火控系统的主流。

4. 按火控系统动力的类型进行分类

按火控系统动力的类型，常用于武器系统的控制系统有直流控制系统、交流控制系统、液压控制系统。直流控制系统，运用直流伺服电机控制技术，其优点是控制方法简单，容易制动，具有高功率密度，但换向器、电刷易磨损，需经常维护，且换向器会产生火花，限制了电动机的最高转速和过载能力。交流控制系统，运用交流伺服电机控制技术，其优点是动态响应更好，但控制方法较为复杂。液压控制系统，运用液压控制技术，其优点是体积小、质量轻，具有大转矩输出和高功率密度，但存在漏油现象，且维护修理不方便。

计算机控制技术和集成传感器为电子技术与液压技术的结合，形成了近代电液控制系统，能充分发挥电子与液压两方面的优点，既能控制很大的惯性和产生很大的力或力矩，又具有高精度和快速响应能力，并有很好的灵活性和适应能力，还可提高工作可靠性等。

5. 按控制原理分类

反馈是指通过测量实际输出量与预期输出量的偏差，将偏差信号返回输入端，以纠正输出偏差。按照有无反馈测量装置分类，控制系统分为开环系统和闭环系统。开环系统是没有输出反馈的一类控制系统，这种系统的输入直接供给控制器，通过控制器对受控对象产生控制作用，其主要优点是结构简单、价格低廉、容易维修，但精度低，容易受环境变化的干扰。闭环系统是采用反馈原理，输出的全部或部分被反馈到输入端，将偏差信号加给控制器，再调节受控对象的输出，从而形成闭环控制回路，其主要优点是精度高、动态性能好、抗干扰能力强等，但价格比较高，且结构比较复杂，对维修人员要求高。

6. 按控制方式分类

按控制方式分类，火控系统可分为扰动式、非扰动式、指挥仪式和目标自动跟踪式。扰动式火控系统瞄准线随动于火炮，只有调动整个火炮才可实现瞄准线对目标的跟踪与瞄准，其优点是结构简单，但系统反应时间长、动态精度不高、操作难度较大。非扰动式火控系统与扰动式相比，增加了一个调炮回路，以实现计算机对火炮的控制，可大致抵消瞄准线的扰动过程，瞄准线就能始终对准目标，其优点是结构不太复杂、可提高系统的反应速度、系统反应时间较短、跟踪平稳性好、操作简便，但是系统的瞄准线仍要从动于火炮轴线，不适宜采用行进射击方式。指挥仪式火控系统采用瞄准线和火炮各自独立稳定的瞄准控制方式，操纵控制装置使瞄准线始终对准目标，火炮随动于瞄准线，其优点是瞄准线稳定精度高、系统反应时间短、操作容易、行进间首发命中率高，但是系统的结构复杂，静止状态下射击首发命中率低于扰动式火控系统。目标自动跟踪式火控系统是在独立稳定的瞄准线控制系统的前端再前置一个跟踪线控制系统，以探测目标的位置及运动参数等信息为基础对瞄准线进行自动控制，从而实现了瞄准线对目标的自动跟踪，既可减轻乘员的劳动强度，又可提高跟踪精度。

10.2.3 武器系统控制原理

1. 火控问题的描述

1）瞄准矢量

瞄准线是指以观测器材回转中心为始点，通过目标中心线的射线。以观测器材回转中心为始点、目标中心为终点的矢量称为瞄准矢量。瞄准矢量常用球坐标 (D, β, ε) 表示，其中 D、β、ε 分别表示目标现在点的斜距离、方位角、炮目高低角。跟踪线是指目标自动跟踪器的基准点与目标探测位置的连线。在目标跟踪过程中，随时探测出目标在空间的有关位置，并由此控制瞄准线，以实现对目标的自动跟踪。武器线是指以武器身管或发射架回转中心为始点，沿膛内或发射架上弹头运动方向所构成的射线。在搜索和跟踪时，瞄准线与武器线处于同轴控制的状态。而当系统射击时，两者之间在高低和方向上均有一个按射击诸元装定的角度差。射击线是指为保证弹头命中目标，在武器发射瞬间，武器线所必需的指向。现在点是指将目标视为一个点，在弹头每次发射瞬间，目标所处的空间点。未来点又称命中点，是指目标与弹头（视为一点）相碰撞的空间点。射击诸元主要指射击线在大地坐标系中的方位角 β_g 和射角 φ_g。弹道的弯曲、气象条件影响、目标的运动、武器载体的运动都会导致瞄准矢量与射击线不一致，射击线相对瞄准矢量的夹角定义为空间提前角。空间提前角一般分解为方位提前角和高低提前角。空间提前角取决于弹头的外弹道特性与目标和武器载体的运动状态。瞄准矢量、射击线与空间提前角的相互关系如图 10.2 所示。未来点是相对现在点而言的，在火控问题有解范围内，二者一一对应。武器线与射击线一般是不重合的，存在偏差，称为射击诸元误差。只有当射击诸元误差小于希望值时，才允许射击。

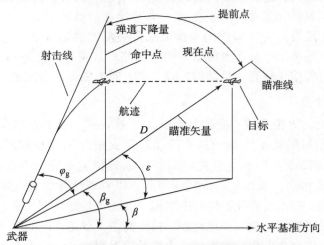

图 10.2 瞄准矢量、射击线与空间提前角的相互关系

2）武器射击控制过程

实际火控系统的原理各不相同，但对武器射击控制的过程却大致相同。图 10.3 所示为车载武器射击控制的一般过程，图中各方块是与系统有关的功能块。

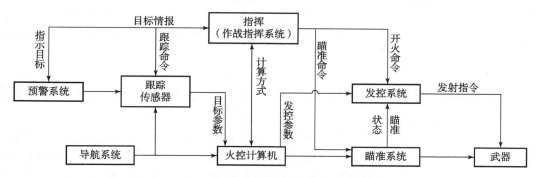

图 10.3　车载武器射击控制的一般过程

预警系统主要负责对指定地域、空域进行搜索发现目标，经作战指挥系统以目标指示命令形式传送到观测跟踪传感器和火控计算机。跟踪传感器立即对指定的目标进行捕捉、跟踪，不断精确地测量目标坐标，并自动向火控计算机提供目标信息。火控计算机接收跟踪信息的同时，还接收导航系统的武器运动和姿态信息、接收弹道气象参数等，准确计算出命中目标所需的射击（导引）诸元，以及辅助作战的战术数据。在向操作手和指挥员显示有关数据的同时，还连续地向武器瞄准系统发送射击（导引）诸元。武器瞄准系统在接收到火控计算机输出的射击（导引）诸元后，以自动或半自动方式控制武器完成实时跟踪瞄准，或向武器制导部件装定预定控制参数，保证武器发射后战斗部能准确地到达命中目标区域。武器发射控制系统直接由射击指挥员的命令控制，按指定的射击方式适时控制武器开火射击，但武器能否开火还受到武器瞄准系统的瞄准状态、火控计算机计算的发控参数、武器的射击范围等因素的限制和约束，以确保安全、可靠地实施发射。

2. 火控命中问题及其解算

1）火控命中问题

火控系统的主要作用是自动或半自动地解决在实际条件下火炮射击命中目标问题。命中是指发射的弹丸准确地与目标相碰撞。对于静止目标，命中就意味着发射的弹丸准确地达到目标所处的空间位置。对于运动目标，命中就意味着发射的弹丸与目标同时达到空间未来的同一位置。

火炮发射弹丸总是希望命中目标，因此必须准确知道目标当前的位置及其运动状态（运动速度和加速度及其运动方向等）、当前武器相对目标的位置及其运动状态（运动速度和加速度及其运动方向等）、弹丸的飞行规律，以及各种因素影响规律。也就是说，为解决射击命中问题，需要研究火炮和目标的运动规律以及弹丸在大气空间的运动特性。

火控命中问题就是如何利用火控系统的获取信息能力、处理信息能力和操控能力保证弹丸准确地命中目标，就是以火炮发射时刻目标所在位置（即现在点 M 的位置）为初值，求取弹丸飞行时间 t_f 后与目标相遇的提前点 M_q 的位置，如图 10.4 所示。图中，D 为当前目标距离矢量；D_q 为提前点距离矢量；$D_q - D$ 为

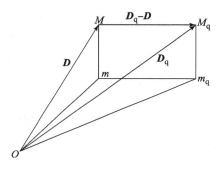

图 10.4　火控命中问题

距离差矢量；m 为目标当前点在水平面上的投影；m_q 是提前点在水平面上的投影。

在火控系统数学模型中，主要解决两方面问题：一方面是目标的运动规律；另一方面是弹丸的运动规律。

（1）目标状态估计。

目标状态估计，首先是测量当前目标坐标，包括测定目标相对火炮的角度（称为测角，又分为高低角和方位角测定）和测定目标相对火炮的距离（称为测距）。

对于运动目标，尽管可以测量到火炮发射时刻目标所在的位置（即现在点 M 的位置），但是弹丸在飞行时间 t_f 后与目标相遇的提前点 M_q 的位置并不知道。因此，需要由目标在当前 M 的状态估计经过弹丸飞行时间 t_f 后的未来点 M_q 的位置。尽管战场上的情况会千变万化，在有限的系统反应时间及弹丸飞行时间内，目标的任意机动受到地形和动力的限制。所以在许多火控系统中，为了简化目标运动状态的求解，在一定条件下均按"匀速直线运动"对目标的运动规律进行假定或估计。在火控系统中，实际上是以某个采样周期，测量出目标的序列运动参数，以此建立反映目标运动规律的状态方程，再以现在点 M 处的目标状态为初值，求取弹丸在飞行 t_f 时间后目标到达 M_q 时的状态（位置）。由于在这一动态过程的各个环节上必然存在随机噪声，因此对机动目标的解命中问题就成为目标在提前点的位置或状态的最佳预测估计问题，这也是典型的跟踪滤波问题。

（2）火控外弹道模型。

弹丸的运动规律是通过外弹道模型来估计的，并把计算结果转换为火炮的射击诸元，根据射击条件偏差量来计算射击诸元修正量。根据不同的条件，火控外弹道模型应是多种多样的，目前火控系统使用的火控外弹道模型有 5 种类型：外弹道微分方程组、弹道诸元的解析表达式、射表、射表诸元的逼近表达式、射表与弹道微分方程组联合使用。

在外弹道微分方程组中，包含许多变量与参数，这些变量与参数涉及气象诸元、空气动力系数、弹丸的几何与质量分布参数、弹丸质心的运动参数及绕质心的角运动参数、地球与地形有关参数等。弹道微分方程组又分为质点外弹道微分方程组、修正质点外弹道方程和刚体外弹道方程等。在工程应用中，考虑计算精度与计算速度的要求，提出了修正质点外弹道模型。外弹道微分方程组作为火控外弹道模型，可以考虑多种因素，可以提高计算精度。但是弹道微分方程组比较复杂，对多种参数和初始条件有很大的依赖性，参数的精度将直接影响计算结果的精度。

将弹道诸元的解析表达式作为火控外弹道模型是最理想的，因为它的函数关系表达明确、计算精度高、计算速度快。问题的关键是弹道微分方程组积分成简洁的解析表达式并不是一件容易的事情，只有在一些特殊条件下，利用弹道参数变化的某些特殊性，才能消除弹道方程组联解性，分离变量，使微分方程能单独积分，得到解析表达式。可见，解析表达式作为火控外弹道模型，在使用上有较大的局限性。

火控计算机的一项首要计算任务是在已知目标距离 D 后，根据外弹道微分方程组解算出火炮的射角 φ 和弹丸飞行时间 t_f。火控系统中的外弹道解算任务是外弹道微分方程典型的初值问题的逆问题，即原初始条件中的重要参数射角 φ 成了求解对象，这给外弹道问题的求解增加了困难。在当前的火控系统工程实践中，采用火炮射表逼近的方法来进行外弹道问题的近似解算。

射表是针对特定的弹、炮、药，在实际条件下使用的，含有所需射击诸元的数字表或图表。射表给出了在标准条件下射击诸元、弹道诸元、修正诸元、散布诸元、辅助诸元之间关系。射表编制一般采用理论计算与射击试验相结合的办法。火控计算机在有了距离 D 以后，所求解的是射击诸元和弹丸飞行时间。利用射表，采用插值法，就可以计算出射击诸元和弹丸飞行时间。

2）火控命中问题的解算

（1）给定距离射击诸元求解。

这是在火控系统射击诸元求解过程中的弹道问题，却不具备方程组所需的初始条件，已知的只是弹道起点和预期目标点的部分参数，这是典型的两点边值问题。如何从边值条件式出发，求解出火炮射击时所需的射击诸元和弹丸飞行时间，正是火控系统中数值求解外弹道问题的内容。

通常，以弹道轨迹的某些物理特性为依据，采用步长自动选择算法的迭代–修正法，可将边值问题化为初值问题迭代求解：

①预先估计瞄准角 $\alpha_0^{(0)}$。

②按初值问题求解外弹道微分方程组。

③根据第 j 步落点诸元进行瞄准角修正 $\alpha_0^{(j+1)} = \alpha_0^{(j)} + \Delta\alpha_0^{(j)}$。

④步长 h 的自动选择。

⑤判断迭代完成的条件。

（2）目标匀速直线运动条件下的命中问题求解。

已知目标现在位置的坐标为 $(D, \beta=0, \varepsilon)$，目标当前运动速度为 v。在采用"匀速直线运动"基本假定的前提下解命中问题，空间矢量如图 10.5 所示。可以建立包含 3 个方程的空间几何方程组，其中包含 4 个未知量（D_q、ε_q、β_q 和 t_f），由于未知量多于方程数，因此还需寻找新的关系式。由射表可知，弹丸的飞行时间 t_f 可看作提前点坐标 D_q 的函数，即得补充方程：$t_f = f(D_q)$。如果将补充方程代入基本方程组，就可以解出命中问题。结合外弹道求解，即可求解出火炮射击时所需的射击诸元。

（3）行进间射击活动目标时的命中问题求解。

已知目标现在位置点为 m，载体速度矢量为 v_T，目标相对载体速度为 v_R。在采用"匀速直线运动"基本假定的前提下，引入相对运动，解命中问题如图 10.6 所示。图中的 m_{q1} 点为一个虚拟提前点（或称相对提前点）。当载体不动时，以这一点为提前点，是完全可以实现弹丸与目标相遇的。当载体运动时，弹丸和目标在空间的实际相遇点并不是 m_{q1} 点，而是提前点 m_{q2} 点，因此，行进中的武器应向 m_{q2} 点射击才能真正命中目标，即相对提前点 m_{q1} 为所求点。同前，可以建立包含 3 个方程的空间几何方程组，其中包含 4 个未知量（D_{q1}、ε_{q1}、β_{q1} 和 t_f），未知量多于方程数，还需寻找新的关系式。由射表知，弹丸的飞行时间 t_f 可看作提前点坐标 D_{q1} 的函数，即得补充方程：$t_f = f(D_{q1})$。如果将补充方程代入基本方程组，就可以解出命中问题。结合外弹道求解，可解出火炮射击时所需的射击诸元。实际上，这一差别主要来源于载体的速度矢量 v_T，考虑到 $v = v_T + v_R$，不难求取实际提前点 m_{q2}。

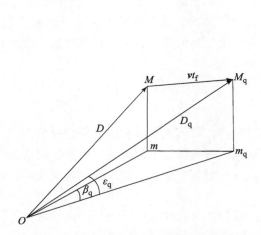

图 10.5　匀速直线运动解命中问题空间矢量

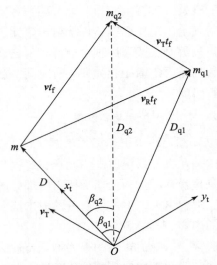

图 10.6　载体行进间射击活动目标矢量

（4）解命中问题的数值计算方法。

解命中问题的数量方程组大都是三角函数的超越函数方程组，统称为非线性方程组，除了极个别情况下可解析求解外，通常要借助计算装置或数值计算方法进行求解。

在模拟式火控系统中，为了联合求解 m 个方程组成的方程组，通常由 m 个"解算分系统"构成，其中的每一个分系统，又皆由解算装置和伺服系统两部分组成。m 个解算分系统协同工作，即可联立求解 3 个方程，得出提前点的 m 个待求量。设联立方程组的通式为 $f_k(\lambda_i, x_j) = 0$，$i = 1, 2, \cdots, n$，$j, k = 1, 2, \cdots, m$，其中 λ_i 为已知量（如现在点坐标、目标运动参数等），x_j 为待求量（即提前点坐标等）。

在现代的数字式火控系统中，可以采用数值计算的方法进行求解，这使整个解命中问题系统的面貌大为改观，这时既不需要专门的解算装置，也不需要附加伺服系统对稳定性起调节作用。同时，围绕模拟计算机解命中问题系统所展开的许多理论分析也自然失效，而需要以系统现在所选用的计算方法为背景，重新对系统的稳定性、动态特性等系统特性进行理论分析。可以认为，解命中问题的解算过程与理论分析方法的不同，构成了数字式火控系统在理论上区别于模拟式火控系统的重要方面。

为了便于数值求解的描述，将命中问题方程组改写为 $f_k(x_j) = 0$，$j, k = 1, 2, \cdots, m$。对于此类非线性方程组，一般运用数值计算方法求解。常用的数值计算方法有两类：一类是求解由方程式组构造成的模函数极小值的方法；另一类属于线性化的方法。

3. 火控系统修正

火炮实际的射击条件与标准条件经常不同。实际射击条件下的弹道诸元与标准条件的相应诸元之差称为修正量。射表是在标准条件下制成的，用射表求射击诸元时就应考虑修正。修正量计算是火控系统中又一个重要的计算任务。

从火炮射击的需要出发，在火控系统中所选择的修正诸元为瞄准角 α、方向角 β、射击距离 D。修正量的计算公式是火控系统数学模型的一部分，而计算修正量的方法有求差法、微分法和以射表数据为依据的曲线拟合法。

以基本瞄准角 α_0 为例。在基本问题中，它是阻力函数 K、初速 v_0、射击距离 D 等参数的函数，即

$$\alpha_0 = \alpha_0(K, v_0, D, \lambda_1, \lambda_2, \cdots)$$

假设实际射击条件下诸参数的增量为 ΔK、Δv_0、ΔD、$\cdots$，则 α_0 的修正量求差法计算式为

$$\Delta\alpha_0 = \alpha_0(K + \Delta K, v_0 + \Delta v_0, D + \Delta D, \lambda_1 + \Delta\lambda_1, \lambda_2 + \Delta\lambda_2, \cdots) - \alpha_0(K, v_0, D, \lambda_1, \lambda_2, \cdots)$$

该式是直接按修正量的定义求出的，故是计算修正量最准确的算式。

实际上，上式中右端第一项很难求出，常常要借助微分法简化求解。当诸参数的增量不大时，将 α_0 计算式在标准条件下按泰勒级数展开，略去高于增量一次项的部分后，即可得到 α_0 修正量的微分法计算式：

$$\Delta\alpha_0 = \frac{\partial\alpha_0}{\partial K}\Delta K + \frac{\partial\alpha_0}{\partial v_0}\Delta v_0 + \frac{\partial\alpha_0}{\partial D}\Delta D + \frac{\partial\alpha_0}{\partial\lambda_1}\Delta\lambda_1 + \frac{\partial\alpha_0}{\partial\lambda_2}\Delta\lambda_2 + \cdots$$

由于微分法是泰勒展开式的简化计算式，未考虑各参数变化的相互影响，因此精度不是很高，但在很多情况下它是可行的方法，因而应用较多。

火炮射表中，包含大量修正量数据，这里所选择的修正诸元是距离 D 和方向角 β。为利用这些数据进行修正量计算，可采用自动查表法和曲线拟合法，最常用的是曲线拟合法。然而，曲线拟合法在物理概念上不够直观，也不易分析各参数之间的影响。

1）气象条件及其修正

气象条件直接影响射弹弹道，气温与空气密度的改变影响弹道的阻力函数，横风影响弹道散布，纵风影响射弹射程。气象条件的选取将直接影响射弹的射击精度。

目前，我国炮兵使用的射表、弹道表及气象观测与计算所使用的仪器、图线等都是按标准气象条件制定的。武器的外弹道性能设计与比较、标准弹道的计算与数据处理也都以标准气象条件为准。

（1）地面标准值。我国炮兵标准气象条件：气温 $T_{ON} = 288.9$ K，气压 $p_{ON} = 100$ kPa，空气密度 $\rho_{ON} = 1.206$ kg/m^3，水蒸气分压 $a_{ON} = 846.6$ Pa，相对湿度 $f = 50\%$。

（2）气温、气压、密度随高度的变化。

当弹道高 $y \leqslant 9\,300$ m 时，气温 $T = T_{ON} - 0.006\,328y$，气压 $p = p_{ON}(1 - 2.190\,25 \times 10^{-5}y)^{5.4}$，空气密度 $\rho = \rho_{ON}(p/p_{ON})(T/T_{ON})$。

当 $9\,300$ m $< y \leqslant 12\,000$ m 时，有气温 $T = 230 - 0.006\,328(y - 9\,300) + 1.172 \times 10^{-6}(y - 9\,300)^2$，气压 $p = 0.292\,28\,p_{ON}\exp(-2.120\,64(\arctan((2.344(y - 9\,300) - 6\,328)/32\,221) + 0.193\,925))$，空气密度 $\rho = \rho_{ON}(p/p_{ON})(T/T_{ON})$。

当 $y > 12\,000$ m 时，气温 $T = 221.5$ K，气压 $p = 0.193\,72\,p_{ON}\exp(-(y - 12\,000)/6\,483.3)$，空气密度 $\rho = \rho_{ON}(p/p_{ON})(T/T_{ON})$。

（3）气象条件的修正。假如只考虑气象条件对阻力函数 K 的影响。随着弹丸所在位置的海拔高度的增加，ρ 值减小，K 值减小。空气温度 T 升高时，声速 c 随之增大，K 值也增大，而气温变高后，密度 ρ 减小，K 值又会减小。根据外弹道理论，可以计算出气温 T_1 引起的 K 值的相对偏差 δ_1 和空气密度 ρ 所引起的 K 值的相对偏差 δ_2，进而可以用微分法求得 K 值的相对偏差 ΔK 对 α_0 的修正量 $\Delta\alpha_0$。同理，可以计算气象条件对其他参数的修正。

2）弹道参数及其修正

弹道条件主要包括弹重 m、药温 T_2 及初速 v_0 等。弹重的变化同时影响到初速和弹道系

数的变化，从而影响弹头在空气中所受的力和力矩。炮弹火药温度的变化和火炮身管的烧蚀，都将引起初速偏差（均体现为对初速的影响），进而影响基本瞄准角 α_0。火药温度越高，初速越大，身管烧蚀程度就越深，进而使初速降低。

根据内弹道理论，可以计算出火药温度 T_2 所引起的初速相对偏差 δ_3、身管烧蚀度 N 所引起的初速相对偏差 δ_4、弹重 m 所引起的初速相对偏差 δ_4。根据外弹道理论，可以计算出弹重 m 所引起的阻力函数 K 值的相对偏差 δ_5。利用微分法可求出初速偏差 Δv_0 和阻力函数偏差 ΔK 对 α_0 的修正量 $\Delta\alpha_0$。

3）地形条件及其修正

小射程的射弹弹道受地理条件的影响很小，大射程的射弹弹道需考虑地理条件的影响。考虑地球曲面时，射弹的射程将是射击点到弹着点的弧线长度，同时射弹将受由地球自转引起的科氏力作用，科氏力使头弹产生偏移，影响射击效果。标准地理条件：火炮静止时，射击点与目标同在炮口水平面内；火炮俯仰时，身管轴线在同一铅垂面内；重力加速度 $g \approx 9.8\ \mathrm{m/s^2}$，方向垂直于地平面；不计科氏加速度；地表面为平面。对于地形条件，主要考虑射击点与弹着点是否在同一水平面上，射击区内有无遮蔽顶等。假设目标高 $H=0$，即炮目高低角 $\varepsilon=0$ 时，基本瞄准角为 α_0，若距离 D 相同，但存在炮目高低角 ε 时的 α 如图 10.7 所示。根据外弹道学理论，按求差法，炮目高低角 ε 对 α_0 的修正量 $\Delta\alpha_0 = \alpha_0(\cos\varepsilon - 1)$。

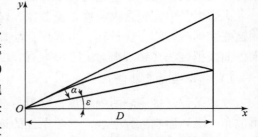

图 10.7　对炮目高低角 ε 的修正

通常，火控系统是在平行于地球平面的坐标内求解弹道方程的。当武器载体侧倾时，火炮相对耳轴或炮塔座圈的任何转动都会同时在其他两个方向上产生角位移效果。为了以地球坐标系为基准，按 α 和 β 装定火炮，就必须对火炮在炮塔坐标系内相应的转动角度 α_t 和 β_t 进行计算。它的实质是坐标系进行侧倾角 Ψ 角转移的坐标变换问题，但在火控系统中仍将其视为修正量计算，而且是一个备受重视的修正问题。

4）炮口偏移及其修正

许多试验结果表明，炮口的空间角度可以从它预先设定的方向发生明显的偏移，主要因素有：火炮身管受热不均匀所导致的身管弯曲；载体运动所产生的振动；射击时所产生的身管振动；等等。对炮口角偏移的修正是颇受重视的一项修正，虽可按射表中给出的跳角 γ 进行修正，但在先进的火控系统中常采用人工（或自动）直接修正法以及自动间接修正法。直接法是在测得角偏移量后直接校准火炮轴线，保持几何零位。间接法则进一步考虑身管的振动，以统计经验法为基础提出某经验公式进行修正。

10.2.4　武器系统控制要求

对武器系统控制的要求可以归结为稳定性（长期稳定性）、准确性（精度）和快速性（相对稳定性）。

稳定性，是指动态过程的振荡倾向和系统能够恢复平衡状态的能力。稳定性是对系统的基本要求，不稳定的系统不能实现预定任务。它通常由系统的结构决定，与外界因素无关。

快速性是在系统稳定的前提条件下提出的。快速性是指当系统输出量与给定量的输入之间产生偏差时，消除这种偏差的能力。快速性是对过渡过程的形式和快慢提出要求，一般称为动态性能。

准确性用稳态误差来表示。在理想情况下，当过渡过程结束后，被控量达到的稳态值应与期望值一致。但实际上，由于系统结构，外作用的形式以及摩擦、间隙等非线性因素的影响，被控量的稳态值与期望值之间会有误差存在，称为稳态误差。稳态误差是衡量控制系统控制精度的重要标志。

系统性能指标既可以在时域里提出，也可以在频域里提出，时域内的比较直观。时域分析性能指标是以系统对单位阶跃输入响应的瞬态响应形式给出的，如图 10.8 所示。

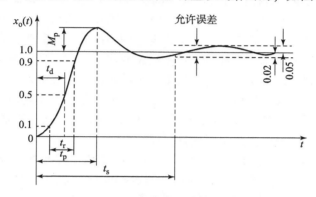

图 10.8　瞬态响应性能指标

时域瞬态响应性能指标包括：

（1）上升时间 t_r：响应曲线从零时刻到首次到达稳态值的时间，即响应曲线从零时刻上升到稳态值所需的时间。

（2）峰值时间 t_p：响应曲线从零时刻到达峰值的时间，即响应曲线从零上升到第一个峰值点所需的时间。

（3）最大超调量 M_p：响应曲线的最大峰值与稳态值之差与稳态值之比，通常用百分数表示。

（4）调整时间 t_s：响应曲线达到并一直保持在允许误差范围内的最短时间。

（5）振荡次数 N：在调整时间内响应曲线振荡的次数。

上升时间、峰值时间、调整时间反映系统的快速性，而最大超调量、振荡次数反映系统的相对稳定性。

综上所述，系统的瞬态响应特性曲线由系统的阻尼比 ζ 和无阻尼自振角频率 ω_n 共同决定，欲使系统具有满意的瞬态响应性能指标，就必须综合考虑 ζ 和 ω_n 的影响，以选取适当的 ζ 和 ω_n。

10.2.5　武器系统控制方法

武器系统的控制方法按照发展过程可以分为三大类：经典控制理论、现代控制理论和智能控制理论。

1. 经典控制理论

经典控制理论主要用于解决反馈控制系统中控制器的分析与设计的问题。

经典控制理论中广泛使用的频率法和根轨迹法是建立在传递函数基础上的。线性定常系统的传递函数是在零初始条件下系统输出量的拉普拉斯变换与输入量的拉普拉斯变换之比，是描述系统的频域模型。传递函数只描述了系统的输入、输出关系，没有内部变量的表示。经典控制理论的特点是以传递函数为数学工具，本质上是频域方法，主要研究"单输入－单输出"线性定常控制系统的分析与设计，对线性定常系统已经形成相当成熟的理论。

典型的经典控制理论包括 PID 控制、Smith 控制、解耦控制、Dalin 控制、串级控制等。PID 控制由于其算法简单、鲁棒性好和可靠性高而被广泛应用，尤其适合用于可建立精确数学模型的确定性控制系统。对于存在非线性和时变不确定性的系统，由于难以建立精确的数学模型，所以应用常规的 PID 控制器不能达到理想的控制效果；同时，在实际应用中，由于受到参数整定方法繁杂的困扰，常规 PID 控制器参数往往整定不良、性能欠佳。随着微处理机技术的发展和数字智能式控制器的实际应用，为控制复杂无规则系统开辟了新途径。经典控制理论虽然具有很大的实用价值，但也有着明显的局限性，主要表现如下：

（1）经典控制理论建立在传递函数和频率特性的基础上，而传递函数和频率特性均属于系统的外部描述，不能充分反映系统内部的状态。

（2）无论是根轨迹法还是频率法，本质上都是频域法，都要通过积分变换，因此原则上只适宜于解决"单输入－单输出"线性定常系统的问题，对"多输入－多输出"系统不宜用经典控制理论解决，特别是对非线性、时变系统更是无能为力。

2. 现代控制理论

现代控制理论引入了"状态"的概念，用"状态变量"及"状态方程"描述系统，因而更能反映出系统的内在本质与特性。从不同的思维角度出发，现代控制理论包括自适应控制、鲁棒控制、变结构控制等。

1）自适应控制

自适应控制是指自动地、适时地调节系统本身控制规律的参数，以适应外界环境变化、系统本身参数变化、外界干扰等的影响，使整个控制系统能按某一性能指标运行在最佳状态下的系统。与传统的控制方法相比，自适应控制方法最显著的特点是不但能控制一个已知系统，而且能控制一个完全未知（或部分未知）的系统。自适应控制的策略、控制规律是建立在未知系统的基础之上的，它不但能抑制外界干扰、环境变化、系统本身参数变化的影响，在某种程度上还能有效地消除模型化误差等的影响。

2）鲁棒控制

在实际问题中，系统的模型可能包含不确定因素，如果希望控制系统这时仍有良好的性能（即对不确定因素不敏感），这就是鲁棒控制问题。H_∞ 设计方法就是一种典型的鲁棒控制方法，是在 H_∞ 空间通过某些性能指标的无穷范数优化而获得具有鲁棒性能控制器的一种控制理论。H_∞ 鲁棒控制理论的实质是为多输入、多输出且具有模型摄动的系统提供一种频域的鲁棒控制器设计方法。

3）变结构控制

变结构控制主要研究二阶和单输入高阶系统，运用相平面法来分析系统特性。状态空间线性系统研究，使得变结构控制系统设计思想不断得到丰富，提出了多种变结构设计方法，其中带滑动模态的变结构控制被认为是最有发展前途的。

近年来，随着计算机、大功率电子切换器件、机器人及电机等技术的迅速发展，变结构控制的理论和应用研究开始进入一个新的阶段，所研究的对象已涉及离散系统、分布参数系统、滞后系统、非线性大系统及非完整力学系统等众多复杂系统，同时，自适应控制、神经网络、模糊控制及遗传算法等先进方法也被应用于滑模变结构控制系统的设计中。

3. 智能控制理论

智能控制是一个多学科的交叉，是一种应用人工智能的理论与技术，以及运筹学的优化方法，并和控制理论方法与技术相结合，在不确定的环境中，仿效人的智能，实现对系统控制的控制理论与方法。根据智能控制基本控制对象的开放性、复杂性、不确定性的特点，一个理想的智能控制系统应具有学习功能、适应功能和组织功能。

按其构成的原理进行分类，智能控制系大致可以分为仿人智能控制、专家控制、模糊控制、神经网络控制、遗传算法及其控制、集成智能控制、综合智能控制等。

对控制系统而言，神经网络的主要贡献在于提供了一种非线性静态映射。它能以任意精度逼近任意给定的非线性关系；能够学习和适应未知不确定系统的动态特性，并将其隐含于网络内部的连接权值，需要时，可通过信息的前馈处理，再现系统的动态特性。神经网络用于控制系统的设计主要是针对系统的非线性和不确定性进行的。由于神经网络具有自适应能力、并行处理和高度鲁棒性，因此采用神经网络方法设计的控制系统具有更快的速度（实时性）、更强的适应能力和更强的鲁棒性。用于控制系统设计的神经网络有多种类型和多种方式，既有完全脱离传统的方法，也有与传统设计手段相结合的方式。

模糊控制是一种通过计算机控制技术，采用模糊数学、模糊语言规则和模糊规则的推理方法，构成一种具有反馈的闭环自动控制系统，适用于被控过程没有数学模型或很难建立数学模型的过程。

10.3　指挥与控制技术

10.3.1　指挥与控制

1. 指挥与控制的概念

指挥，是指为了达到一定目的而进行组织、协调人员行动的领导活动。控制，是指掌握住对象，使其不任意活动或活动不超出范围，或使其按控制者的意愿活动。"指挥与控制"是指挥人员在完成作战任务过程中，在指挥与控制系统的支持下，对所属的作战人员、武器装备和其他战场资源所实施的计划、组织、协调、控制等活动的统称，其内涵包括：

（1）指挥与控制的目的是完成作战任务。

（2）指挥与控制的主体是具有主观能动性的指挥人员。

（3）指挥与控制的对象是所属的作战人员、武器装备和其他战场资源。

（4）指挥与控制的主要活动是计划、组织、协调、控制。

（5）指挥与控制所使用的手段是指挥与控制系统。

2. 指挥与控制的要素

指挥与控制的要素包括指挥与控制主体、指挥与控制对象、指挥与控制手段和指挥与控制信息。这四大基本要素存在于作战活动之中，是指挥与控制存在和发挥效能的客观基础。

（1）指挥与控制主体。指挥与控制主体包括指挥员及其指挥机关。指挥与控制主体的职能是依据指挥与控制信息，采用适当的指挥与控制手段，组织和协调指挥对象完成作战任务。

（2）指挥与控制对象。指挥与控制对象是指挥与控制的客体，包括各类作战人员和武器装备等，其主要职能是以执行者的身份，按照指挥与控制主体的意图、命令和指示去完成作战任务。武器装备是指挥与控制的对象之一，经历了冷兵器、热兵器、机械化兵器、信息化兵器等发展阶段。

（3）指挥与控制手段。指挥与控制手段是完成指挥与控制活动所使用的指挥工具及使用方法，是联系指挥与控制主体和指挥与控制对象的桥梁和纽带，是贯穿于整个指挥与控制活动中必不可少的物质条件和影响指挥与控制方式的基本因素。

（4）指挥与控制信息。指挥与控制信息是实施指挥与控制活动所需要的情报、指令、报告和资料等的统称。指挥与控制信息直接反映指挥与控制所需要的各种客观情况及其发展变化，是使指挥与控制主体和指挥与控制对象利用指挥与控制手段进行沟通、交流和联系的中介，是进行指挥与控制活动的基本条件和必备元素之一。

3. 指挥与控制系统的基本功能

从管理的角度看，指挥与控制系统的主要功能如下：

（1）明确指挥与控制意图（目标或目的）。

（2）确定各要素的任务、责任及关系。

（3）制定指挥与控制规则及完成任务的各种要求（如进度等）。

（4）监视与评估态势及进展。

在指挥与控制过程中，分配即刻、近期、中期直到远期的资源并寻求额外资源也是指挥与控制或管理的一部分。因此，指挥与控制的功能还包括资源的分配。

4. 指挥与控制系统分类

（1）根据指挥与控制系统的级别，指挥与控制系统可以分为国家指挥与控制系统、区域指挥与控制系统、作业指挥与控制系统。根据系统的用途，可将其分为军事指挥与控制系统、交通指挥与控制系统、应急指挥与控制系统等。根据系统的行业，可将其分为综合指挥与控制系统、行业指挥与控制系统等。

每一类型的指挥与控制系统又可根据自己的特点进行相应的分类，如军事指挥与控制系统，依据其担负的任务和规模又可分为战术级指挥与控制系统、战区级指挥与控制系统、战略级指挥与控制系统。其中，战术级指挥与控制系统按军兵种分为陆军指挥与控制系统、海军指挥与控制系统、空军指挥与控制系统；按指挥与控制的兵器分为高炮指挥与控制系统、战术导弹指挥与控制系统、地炮射击指挥与控制系统；按指挥与控制系统与火控系统之间的关联程度可以分为独立式指挥与控制系统、集中式指挥与控制系统、自备式指挥与控制系统、分布式指挥与控制系统。

（2）按不同的控制对象，指挥与控制系统可以分为军队指挥与控制系统、作战指挥与控制系统及武器平台指挥与控制系统。其中，军队指挥与控制系统控制的是人和军事团体；作战指挥与控制系统控制的是信息流；武器平台指挥与控制系统控制的是各种高技术武器装备。

（3）按指挥与控制系统的任务，指挥与控制系统可以分为机动控制指挥与控制系统、防空指挥与控制系统、火力支援指挥与控制系统、情报/电子战指挥与控制系统、战斗勤务支援指挥与控制系统等。

（4）按与外部协同程度，指挥与控制系统可以分为开放式指挥与控制系统、封闭式指挥与控制系统。

10.3.2　指挥与控制相关技术

指挥与控制是一项复杂的系统工程，包括的关键技术较多，如信息的获取与信息处理技术、网络通信技术、图形图像处理技术、数据库技术、辅助决策技术、软件工程技术等。

1. 信息获取技术

没有信息就没有指挥与控制。信息是指挥与控制的先决条件和开端，也是影响指挥与控制是否有效的关键。按业务种类不同，指挥与控制的信息主要分为以下几类：

- 文字类信息：通常有命令、指示、通知、通报、请示、报告、决定等。
- 数据类信息：主要有各类统计数据和实时动态数据。
- 动态或静态图像类信息：主要有实时监控图像、作战指挥与控制中的态势图等。
- 图形或图形与文字数据类信息：主要有以图形方式表达的情况信息、决策信息等，并附以文字进行说明。
- 最常见的话音信息：主要用于下达命令、报告情况和指挥与控制人员之间的协商等。

1）信息的获取方式

指挥与控制信息的获取方式可分为人工信息的获取和信号信息的获取两种方式。人工信息的获取主要指通过人与人之间的语言、手势、表情等来获取的信息。信号信息的获取是指利用各种传感装置所获取的电磁、光电、数字、图像等信息，如战时通过雷达、声呐、光学侦查设备等来获取信息。

2）对信息获取的要求

（1）及时性。信息的及时性是指指挥与控制系统获得信息的时效性。

（2）准确性。信息的准确性是指指挥与控制系统所获得的信息与真实情况的一致性。

（3）连续性。信息的连续性是指指挥与控制系统能不间断地得到所控制区域的人员、物资和环境的真实信息。

（4）安全性。信息的安全性是指所获取的信息能顺利地到达指挥与控制系统，并能防止恶意干扰或破坏。

2. 信息融合技术

指挥与控制信息的获得，必须运用包括微波、毫米波、电视、红外、激光、电子支援措施，以及电子情报等覆盖宽广频段的各种有源和无源探测器在内的多传感器集。所获得的海量信息中，不仅有有用信息也有无用信息，甚至错误信息或诱导信息。指挥与控制信息必须是准确可靠的信息。通过对信息的优化综合处理，实时发现目标、获取目标状态估计、识别目标属性、分析目标的行为意图，并评定战场态势，进行目标的威胁分析，为火力控制、精确制导、电子对抗等军事活动以及指挥与控制人员提供尽可能准确的信息。

信息融合（数据融合），是指挥与控制系统中对信息的获取、处理、利用过程和方法。信息融合包括以下几方面的功能：

（1）数据的校准，其作用是统一各传感器的时间和空间参考点。

（2）数据的相关性判别，其作用是判别不同时间和空间的数据是否来自同一目标。

（3）目标状态估计，又称为目标跟踪，其输出是目标的状态估计值。

（4）目标识别，又称属性分类或身份估计，将实测特征与已知类别的目标特征进行比较，从而确定目标的类别。

（5）行为估计，将所有目标的数据集与先前确定的可能态势的行为模式相比较，以确定哪种行为模式与监视区域内所有目标的状态最匹配。

信息融合系统的模型一般由以下 4 个基本要素组成：

（1）传感器，是向信息融合系统提供原始观测信息的信息"采样器"。

（2）信息特征提取，是指原始信息的特征提取、分类、跟踪和评估。

（3）信息分析，是指目标的识别、分析和综合信息。

（4）信息融合结果，即信息融合系统的输出报告。

多目标、多传感器系统各基本要素的功能如图 10.9 所示。对于信息融合系统而言，传感器群的控制和管理是必不可少的环节。在实际系统中需要构造闭环系统，从而根据信息融合的结果来实现对传感器群的控制和管理。

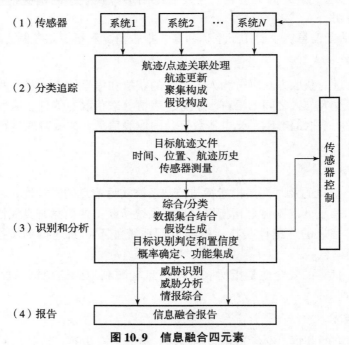

图 10.9　信息融合四元素

3. 指挥与控制中的辅助决策技术

按照现代决策科学的观点，指挥与控制中的辅助决策是为实现一定目的而制定的各种可供选择的方案，并决定采取某种方案的思维活动。辅助决策不但是做出抉择的一种行动，而且是一个过程，包括做出抉择以前的准备工作和做出抉择以后的计划活动。

1）辅助决策的任务

辅助决策，采用人工智能、数据库技术，以一定的模型为基础，对指挥与控制系统处理后的信息进行计算、推理，辅助作战指挥人员制定作战方案和保障方案。

辅助决策，是利用数据和模型解决非结构化或半结构化决策问题的人机交互式系统，并不提供结构化决策问题的解答，只是强调直接支持决策者以提高他们决策工作的质量。通过用户和计算机的交互作用所获得的工作效率远远超过由用户（或计算机）独立工作所达到的程度，因此可以说提供了计算机和用户最佳合作的决策支持。

2）辅助决策的特征

辅助决策支持系统是综合利用大量数据，有机组合众多模型（数学模型与数据处理模型等），通过人机交互，辅助各级决策者实现科学决策的系统。辅助决策系统使人机交互系统、模型库系统、数据库系统三者有机结合，大大扩充了数据库功能和模型库功能，即辅助决策系统的发展使管理信息系统上升为决策支持系统。辅助决策系统使那些原来不能用计算机解决的问题逐步变成能用计算机来解决的问题。辅助决策系统既不同于信息系统的数据处理，也不同于模型的数值计算，而是它们的有机集成。

3）对辅助决策的要求

由于辅助决策系统是为指挥与控制人员的决策提供参考的，所以它直接影响着指挥与控制的适宜性和效率。因此，与一般的计算机软件系统不同，对辅助决策系统有一定的特殊要求。

（1）实时性要求。辅助决策必须具有较高的实时性，即为指挥员提供实时的信息，并能实时、准确地计算出决策依据要素和备选决策方案，以提高指挥员在指挥与控制中的快速反应能力。

（2）科学性要求。必须采用合理的辅助决策模型，才能保证态势要素、决策要素的分析估计结果的科学性，成为指挥员决策的依据。

（3）可扩充性要求。随着指挥样式和方式的不断变化，辅助决策所采用的手段和方法也应相应地改变，以满足指挥与控制系统的需要。随着指挥与控制对象和内容的变化，辅助决策的范围也在不断变化，这就要求辅助决策系统必须具有适应其范围变化的能力。可扩充性包括两方面的内容：方案库的扩充和模型的扩充。

（4）人机交互性要求。所有的辅助决策系统都应具有良好的人机交互能力，协调人脑和计算机工作，完成人脑和计算机的沟通。

除此之外，根据辅助决策系统应用范围的不同，对其要求也有所不同。在军事指挥与控制系统中，辅助决策系统必须具有极强的保密性。

4）辅助决策的方法

能用于指挥与控制辅助决策的方法较多，而且不同的指挥与控制系统所用的辅助决策方法也不尽相同。常用的辅助决策方法有运筹学方法、专家系统法、神经网络法等。

（1）运筹学方法。运筹学方法是应用现代计算技术研究指挥与控制的数量关系的方法。运筹方法可以帮助指挥员处理数量大、内容复杂的信息，完成决策、组织协同所需的大量计算，缩短指挥与控制周期，增加指挥决策的科学性和合理性。

（2）专家系统法。专家系统利用大量的专家知识，对研究的对象反复进行解释、预测、核实，通过一系列计算和推理，做出决策建议，实现辅助决策。知识库包含了决策所使用的各种知识。这些知识是通过知识获取把专家的知识经过知识工程师进行人机间的翻译和转换而得到的。推理机是专家系统的核心之一，它利用知识库中的知识进行推理和计算，回答用户的咨询，提出建议和结论。

（3）神经网络法。专家系统的知识主要是规则形成、谓词逻辑、语义网络、框架、过程性知识几种形式，这难以满足辅助决策系统模式识别、自动控制、组合优化、联想记忆的需要。人工神经网络是由大量类似于神经元的处理单元相互连接而成的非线性复杂网络，试图通过模拟大脑的神经网络处理、记忆信息的方式来完成类似于人脑的信息处理功能。可采用分布式存储方式，采用成熟的学习算法（典型的有无导师的 Hebb 规则等），采用良好的容错性等，弥补专家系统在知识表示、获取、优化计算、并行推理方面的不足。

第11章 信息对抗技术

11.1 概 述

11.1.1 信息的概念

正如美国原陆军参谋长沙利文所说：过去的战争是谁拥有最好的武器，谁就可能在战争中取胜；今天则是谁掌握了信息控制权，谁就胜利在望。

"信息"一词古已有之，但人们对信息的认识比较广义且模糊。在由通信理论发展而来的狭义信息论中，信息是指消息（物理现象、语音、数据和图像等）包含的内容或含义。信息是事物运动的状态与方式，是事物的一种属性。信息不同于消息，消息只是信息的外壳，信息则是消息的内核。信息不同于信号，信号是信息的载体，信息则是信号所载荷的内容。信息不同于数据，数据是记录信息的一种形式，同样的信息也可以用文字或图像来表述。信息不同于情报，情报通常是指秘密的、专门的、新颖的一类信息；可以说所有的情报都是信息，但不能说所有的信息都是情报。信息也不同于知识，知识是认识主体所表达的信息，是序化的信息，并非所有的信息都是知识。

信息是对客观世界中各种事物的运动状态和变化的反映，是客观事物之间相互联系和相互作用的表征，表现的是客观事物运动状态和变化的实质内容。人通过获得、识别自然界和社会的不同信息来区别不同的事物，得以认识和改造世界。信息的功能是反映事物内部属性、状态、结构、相互联系以及与外部环境的互动关系，减少事物的不确定性。

11.1.2 信息对抗

1. 信息对抗的概念

在军事上，信息对抗的本质是敌对双方在信息领域内，利用先进的信息技术和装备，使己方获取对战场信息的感知权、控制权和使用权而展开的斗争，其目的是通过能力竞争和攻防斗争，使己方在信息利用方面比敌方处于优势地位，从而为取得最终胜利奠定基础。信息对抗是围绕着信息的整个生命期过程（信息的获取、传输、储存、处理与决策、利用与废弃等）各阶段而展开的。信息对抗就是在信息整个生命期过程中，保护己方的信息和信息系统安全的同时，为破坏敌方的信息和信息系统安全而采取的各种行动。

在军事领域中，信息对抗争夺的焦点是信息的独占权、控制权和使用权，其攻击对象是敌方的军事信息系统或具有军事价值的民用信息系统，重点是敌方用于获取信息的探测系统、传送信息的通信系统、使用信息的指挥控制系统等。因此，信息对抗的内涵包括在准备和实施军事行动过程中，为夺取并保持对敌信息优势，按统一的意图和计划而采取的一整套信息攻防措施。

支持信息的产生、传输、处理和储存的设施称为信息基础设施。信息对抗是在信息基础设施中展开的。信息对抗的战略目的是在保护己方信息系统安全的同时，通过利用、封锁及施加影响等手段，攻击对方的信息基础设施，以夺取和保持决定性的优势。C^4ISR系统是国防信息基础设施的基础部分，是双方实现各自信息保障，进行信息对抗的主要的硬件基础与工具。因此，要求C^4ISR系统必须是具备信息攻防兼备能力的综合性信息系统，其作战职能包括探测预警、情报侦察、通信、指挥控制和电子战等。

2. 信息对抗的类型

从不同角度，可以区分不同的信息对抗类型。

（1）按信息对抗层次，信息对抗可以分为国家信息对抗、国防信息对抗、战略信息对抗和战术信息对抗等。

（2）按信息对抗性质，信息对抗可以分为进攻性信息对抗、防御性信息对抗。

（3）按信息对抗杀伤机理，信息对抗可以分为软杀伤类的信息对抗（如计算机网络攻击、病毒战、情报战、心理战等）、硬杀伤类信息对抗（如强力电磁炸弹攻击）、"软硬兼施"的信息对抗（综合利用火力打击与信息武器）。

（4）按信息对抗时间，信息对抗可以分为和平时期的信息对抗、危机时期的信息对抗、战争时期的信息对抗。

（5）按信息对抗系统的组成，信息对抗可以分为传感器网对抗、指挥控制网对抗、通信与数据链对抗、火力打击武器对抗等。

（6）按信息对抗技术领域，信息对抗可以分为电子对抗、网络对抗、心理对抗等。

（7）按信息对抗攻击目的和手段，信息对抗可以分为窃密、扰乱、破坏等。

3. 信息对抗的基本作战样式

（1）指挥控制战。指挥控制战是在军事领域内实施信息对抗的最主要形式，是在情报的支援下，综合利用作战保密、军事欺骗、心理战、电子战和物理摧毁等手段，在使己方指挥控制能力得到严密防护的同时，使敌方得不到信息，并影响、削弱或摧毁敌指挥控制能力。

（2）电子战。电子战是信息对抗的重要组成部分，也是实施信息对抗的重要作战样式，是敌我双方利用电磁能和定向能破坏敌方武器装备对电磁频谱、电磁信息的利用或对敌方武器装备和人员进行攻击、杀伤，同时保障己方武器装备效能的正常发挥和人员的安全而采取的军事行动。

（3）网络战。网络战正在成为高技术战争的一种日益重要的作战样式，是在信息网络环境中，以信息网络系统为载体，以计算机或计算机网络为目标，为干扰、破坏敌方网络信息系统，并保证己方网络信息系统的正常运行而采取的一系列网络攻防行动。

（4）情报战。情报战是信息化战争中一种十分重要的作战形式，是指通过侦察、监视、收集、窃密、分析等手段获取有关敌人情报的行动或作战形式，其目的是及时掌握敌人的作战能力、意图和行动。

（5）军事欺骗。向敌人隐真示假是保护己方信息的基本目的和关键原则。军事欺骗是信息战的一种基本的作战形式，可以渗透到其他作战形式中。军事欺骗，是指故意使敌方决策者错误理解己方能力、意图、行动的军事活动，目的是使敌方采取有利于己方的行动（包括不采取行动）。

（6）心理战。心理战，是指运用心理学的原理原则，以人类的心理为战场，有计划地采用各种手段，对人的认知、情感、意志施加影响，在无形中打击敌人的心志，以最小的代价换取最大的胜利和利益。

11.1.3　信息对抗技术发展

信息对抗虽是近些年才出现的新名词，但其形式和内容已有几千年的历史。随着科学技术的发展和人们对其认识程度的提高，信息对抗的方式、方法、手段得到不断发展。信息对抗是伴随着人类冲突或战争的产生和发展的。从信息对抗的发展过程来看，可以大致划分为古代信息对抗时期、电子对抗时期、综合信息对抗时期。

1. 古代信息对抗时期

从信息作战的角度来讲，古代战争中设置探子、细作就是为了获取敌人的行动信息，其实质就是情报对抗。后来使用的密码术也是情报对抗。烽火、鼓与号角、信使、信号旗、驿站的主要任务是传递信息。古代的信息处理主要靠指挥人员的大脑，信息的获取、传输、处理主要靠人的感觉器官、人工操作，有时也靠畜力、火光或烟雾传递信息。由于古代战争中的信息主要靠人的感官直接作用，因此作战双方获取和控制信息的能力有限，进而影响了信息在战争中的作用，信息作战的主要形式是指挥员之间的斗智行为。

2. 电子对抗时期

从 1905 年的日俄海战开始，信息对抗主要在电磁频谱空间内进行。自 1896 年俄国波波夫发明了无线电报以后，无线通信技术和无线电设备很快就被应用到军事领域中。在第一次世界大战中，形成了以应用无线电技术进行通信侦察、测向和干扰为主要特征的早期电子对抗；在第二次世界大战中，开始综合应用以雷达对抗为主要特征的实战电子对抗。在 20 世纪 50—70 年代的越南战争和中东战争中，光电对抗问世，并发展了系统的电子对抗作战理论、方式、战术、技术、装备和组织，电子对抗成为非常重要的作战力量。在 20 世纪八九十年代的海湾战争和科索沃战争中，反辐射武器问世，电子对抗装备成为强力作战武器。这是电子对抗概念、理论、技术、装备和作战行动的重要发展时期，体现了现代战争中以电子对抗为先导并贯穿战争始终的战役/战术思想。电子对抗技术先后经历了无线电通信对抗、雷达对抗、导航对抗、武器制导对抗、电子毁伤和综合电子战等发展阶段。这些技术与手段的发展不是淘汰式的，而是增强式和领域扩展式的。

3. 综合信息对抗时期

20 世纪 80 年代后，计算机技术、网络技术和信息处理技术获得了迅速发展，人类社会快速进入信息化时代，尤其是计算机与网络设备进一步微型化，性能与可靠性大幅度提高。进入 20 世纪 90 年代后，网络技术向战役与战术领域发展，网络对抗成为信息对抗的主要作战样式之一。C^3I 向战斗指挥员、士兵个人以及武器平台方向发展。信息战已经从电子对抗发展为两军 C^4ISR 系统之间的对抗，信息战的主战场也从纯电磁空间发展到光谱空间和计算机网络空间，形成光、电和计算机多种手段、多种样式的综合信息对抗。在 21 世纪初的阿富汗战争和伊拉克战争中，现代综合信息对抗概念基本形成。未来战争必将以夺取全谱空间的信息优势为主线展开。通信、雷达、电视、计算机和卫星等信息技术的发明与应用，使人们越来越依赖信息，信息与信息对抗的地位日渐提高，信息对抗的手段和方法也越来越先进，信息对抗的理论和实践迅速丰富，并形成了一门综合学科。

11.2　电子对抗技术

11.2.1　电子对抗概述

1. 电子对抗的概念

电子对抗，指利用电磁能和定向能来确定、扰乱、削弱、破坏、摧毁敌方电子信息系统和设备，并为保护己方电子信息系统和设备正常使用而采取的各种战术技术措施和行动。美国及一些西方国家一直将其称为"电子战"。电子对抗一般包括电子支援（又称电子侦察）、电子攻击和电子防护三部分内容。

（1）电子支援（ES），是由指挥员授权（或直接控制）电子对抗侦察设备对敌方有意或无意辐射的电磁能量进行搜索、截获、识别定位、辨识威胁，为电子对抗作战和其他战术行动服务。电子支援强调电子对抗侦察情报，以便向指挥员提供更丰富、更准确的战术情报支援。

（2）电子攻击（EA），是利用电磁能或定向能等手段来蒙骗与攻击敌方人员、装备和设施，以降低、抑制和摧毁敌方战斗力。电子攻击强调对敌方电磁信息设备进行永久性的破坏和摧毁，重点体现攻击性。以前，电子对抗常被称作"软杀伤"。所谓的"软"，是与火炮、导弹等硬杀伤武器相比较而言的。因为电子干扰会使敌方的通信中断、雷达迷盲，却不可能从实体上将其破坏和摧毁。现在把电子干扰改为电子攻击，从而扩大了电子对抗使用兵器的范围，使电子对抗更具进攻能力。

（3）电子防护（EP），是为保护己方人员、装备、设施遭受敌方或友方电子战的损害所采取的行动。电子防护强调对己方及友方电子对抗的防护。

2. 电子对抗的分类

（1）按内容与构成，电子对抗可以分为电子侦察、电子进攻和电子防护三大类。

（2）按作用对象和技术特征，电子对抗可以分为雷达对抗、通信对抗、光电对抗、精确制导对抗、导航对抗、引信对抗、敌我识别对抗和空间电子对抗等。

（3）按作用目的，电子对抗可以分为战略威慑、作战支援、武器平台自卫、阵地防护，以及反恐维稳等战略、战役和战术作用等。

（4）按运用领域，电子对抗可以分为通信对抗技术、雷达对抗技术和光电对抗技术等。

（5）按技术特点，电子对抗可以分为电子对抗侦察技术、电子干扰技术、电子防御技术和反辐射摧毁技术等。

11.2.2　电子对抗侦察技术

1. 电子对抗侦察的概念

电子对抗侦察，又称电子战支援，是利用专用的电子侦察装备对敌方雷达、无线电通信导航遥测遥控设备、武器制导系统、电子干扰设备、敌我识别装置以及光电设备等发出的无线电信号进行搜索、截获、识别、定位和分析，确定这些设备或系统的类型、用途、工作规律、所在位置及其各种技术参数、工作特征和信息内容，进而获取敌方的编成、部署、武器配备及行动意图等军事情报，为己方部队提供电子报警、实施电子干扰和其他军事行动提供依据的情报活动。电子对抗侦察是获取军事情报的重要手段，也是实施电子进攻和电子战摧毁的前提。

电子对抗侦察的主要任务包括以下三个方面：

（1）侦听侦收：使用无线电侦听侦收设备，获取敌方无线电信号技术参数和工作特征等。

（2）测向定位：使用无线电侦听侦收设备测定敌方无线电信号的来波方位，确定敌方电子设备的地理位置。

（3）分析判断：通过对敌方无线电信号的技术特征参数、工作特征和电台位置参数的分析，查明敌方无线电设备网的组成、指挥关系和通联规律，查明敌方无线电设备的类型、数量、部署和变化情况，从而进一步判断敌指挥所位置、敌军战斗部署和行动企图等。

2. 电子对抗侦察的类型

根据侦察对象的不同，电子对抗侦察一般采取的侦察手段、技术和设备也不同，主要分为雷达侦察、通信侦察、水声侦察、激光侦察、红外侦察、卫星情报侦察、GPS 信号侦察。

1）雷达侦察

雷达侦察，就是为获取雷达对抗中所需敌方雷达情报而进行的侦察活动。它主要是通过搜索、截获、分析和识别敌方雷达发射的信号，查明敌方雷达的工作频率、脉冲宽度、脉冲重复频率、天线方向图、天线扫描方式和扫描速率，以及获悉雷达的位置、类型、工作体制等。根据任务特点，雷达侦察可以分为雷达告警、雷达情报侦察、无源定位三大类。

（1）雷达告警，是指采用电子对抗侦察接收机接收空间存在的各种雷达信号，识别其中存在与威胁关联的雷达信号，实时发出告警信号，并立即采取各种对抗措施规避威胁。

（2）雷达情报侦察，是侦察敌方正在工作的雷达，识别这些雷达的参数、方向和位置。

（3）无源定位，是指工作平台上没有电磁辐射源，只通过接收电磁波信号来对目标定位。

2）通信侦察

通信侦察，是指使用电子对抗侦察测向设备，对敌无线电通信设备所发射的通信信号进行搜索截获、测量分析和测向定位，以获取信号频率、通信方式、调制样式和电台位置等参数，对其截听判别，以确定信号的属性。通信侦察是通信干扰的支援措施，用以保障通信干扰的有效进行。通信侦察的对象是敌方的无线电通信信号。通信侦察一般包括信号搜索截获、信号测向定位、信号测量分析、信号侦听、信号识别判断等侦察过程。通信侦察的用途：一方面，搜集战术方面的情报；另一方面，查清敌方使用何种通信装备，以及这些装备的数量与参数。通信侦察的特点：

（1）频率覆盖范围宽。

（2）信号电平起伏大。

（3）通信侦察对象信号复杂。

（4）通信侦察隐蔽、安全。

（5）通信侦察需要实时化。

（6）通信侦察面向指挥部。

3）水声侦察

水声侦察，是指使用电子对抗侦察测向设备，对敌方舰艇辐射噪声的频谱特征参数、敌方主动声呐的特征参数、来袭武器的声频谱特征参数等声信号进行搜索截获、测量分析和分类识别，并实施告警。水声侦察任务主要是由侦察声呐完成的。侦察声呐以被动工作方式，收集敌方舰艇辐射噪声的频谱特征参数和敌方主动声呐的特征参数，并可对来袭声制导鱼雷实施告警。目标分类识别主要是指对水面舰艇、水下潜艇、鱼雷及其他水下物体（如鱼雷、海底地质等）进行分类识别。按实施时机，水声侦察可以分为预先侦察和实时侦察。按侦察目的，水声侦察可以分为技术侦察和战术侦察。

4）激光侦察

激光侦察，是指利用激光技术手段获取激光武器及其他光电装备技术参数、工作状态、使用性能的军事行为。激光侦察通常具有以下特点：

（1）接收视场大，能覆盖整个警戒空域。

（2）频带宽，能测定敌方所有可能的军用激光波长。

（3）低虚警，高探测概率，宽动态范围。

（4）有效的方向识别能力。

（5）反应时间短。

（6）体积小，质量轻，价格便宜。

激光侦察告警，是针对战场复杂的激光威胁源，以激光为信息载体，及时准确地探测和发现敌方激光测距机、目标指示器等光电装备发射的激光信号，获取其情报并及时报警的军事行为。激光侦察告警器是激光对抗的基本设备，具有很强的实时性，用以警戒所处环境手光电火控或激光武器等威胁，使平台及时采取有效的保护行动。激光侦察告警分为主动激光侦察告警、被动激光侦察告警。

按探测头的工作体制，激光侦察可以分为凝视型、扫描型、凝视扫描型。

按截获方式，激光侦察可以分为直接截获型、散射探测型，以及这两者的复合型。

5）红外侦察

红外侦察，是通过红外探测头探测飞机、导弹、炸弹或炮弹等目标本身的红外辐射或该目标反射其他红外源的辐射，并根据测得数据和预定的判断准则发现和识别来袭的威胁目标，确定其方位并及时告警，以采取有效的对抗措施。红外侦察的特点：工作方式隐蔽；精度高；多目标；多功能。

按红外侦察告警工作方式，红外侦察可分为扫描型和凝视型两类。

按红外侦察告警探测波段，红外侦察可分为中波告警、长波告警和多波段复合告警。

6）卫星情报侦察

卫星情报侦察，是指侦察掌握敌方卫星在空间的运行情况，是进行卫星对抗的基础。获取敌方卫星运行情报，一般可以利用公开资源、光学跟踪系统、地基无源定位跟踪、地基空间监视雷达系统、天基空间监视系统等方式。

7）GPS 信号侦察

在 GPS 导航对抗中，必须具有对 GPS 信号的侦测功能，以完成 GPS 信号的截获、分析以及载频码速甚至码型等参数的测量，用侦测得到的 GPS 信号参数来引导 GPS 干扰。

3. 电子对抗侦察主要技术

电子对抗侦察主要分为信号侦测、测向和定位三个阶段，与之相应的电子对抗侦察技术主要有信号侦测技术、测向技术、定位技术。

1）信号侦测技术

电子侦收的首要任务是确定敌方辐射信号的频率和辐射源位置，通常由电子侦察接收机来完成这一任务。电子侦察接收机可以分为四种类型：宽开式接收机、扫描接收机、信道化接收机、半宽开自适应接收机。随着超高速大规模集成电路的发展，数字式接收机已经广泛使用。

在无线电信号中，频域参数是最重要的参数之一，它反映了被侦测系统的功能和用途，被侦测系统的频率捷变范围和谱宽是度量其抗干扰能力的重要指标。被侦测系统的频率信息是信号分选和威胁识别的重要参数之一。噪声和干扰的存在，为信号检测和频率测量带来了不确定性。因此，可采用多种原理来实现信号检测与测频。按测频原理，测频接收机可分为频率取样法和变换法两大类。频域取样法是将测频接收机构建为一个或多个滤波器系统，在信号通过系统的过程中直接实现信号的检测与测频。变换法测频不是直接在频域滤波进行的，而是采用变换手段，将信号变换至相关域、频域等变换域，以完成信号检测和信号频率解算。

2）对辐射源的测向技术

电子对抗侦察接收机对被截获信号的进入方位的测量，是一项很重要的功能。由于信号不能同时有多个方位，因此信号方位是稀释信号的最佳参数；由于方位不能突变，因此信号方位是分选信号最有力的基础；通过信号方位，还能确定信号源位置。通过截获无线电信号，进而确定辐射源所在方向的过程，称为无线电测向，或无线电定向，简称测向（DF）。由于电子对抗侦察中的测向实质是确定（或估计）空间中的辐射源来波信号到达方向（DOA），或来波到达角（AOA），因此又称为被动测角或无源测角。对辐射源测向的基本原理是利用测向天线系统对不同方向到达电磁波所具有的振幅或相位响应来确定辐射源的来波方向。对辐射源的测向技术按照测向的技术体制可分为振幅法测向和相位法测向等，在实现方法上又可分为波束搜索法和比较信号法，还有其他一些测向方法，如时差法、多普勒测向法、幅度相位混合方法和空间谱估计测向等。

3）对辐射源的定位技术

在现代战场上，多数电子战系统对战场情况了解的依赖性很强，对敌方雷达或通信阵地等威胁性辐射源的定位就是了解战场情况功能的一部分，已成为生存和制胜的主要因素。无源定位是指通过一个或多个接收设备组成定位系统，测量被测辐射源信号到达的方向或时间等信息，利用几何关系和其他方法来确定其位置的一种定位技术。无源定位技术不受目标隐身技术的影响，且自身不辐射电磁波，具有较好的反侦察隐蔽效果。在很多应用场合，辐射源是运动的，因此利用从其辐射中获得的无源测量信息，就可以确定其位置和运动状态。按观测站数目，对辐射源的定位技术可以分为多站无源定位和单站无源定位；按无源定位的技术体制，对辐射源的定位技术可以分为测向交叉定位、时差无源定位、频差无源定位、各种组合无源定位等。

11.2.3　电子干扰技术

1. 电子干扰的概念

电子进攻可以分为软杀伤和硬杀伤两大类技术手段。软杀伤即通常所说的电子干扰，是指利用辐射、散射、吸收电磁波或声波能量，来削弱或阻碍敌方电子设备使用效能的战术技术措施。电子干扰一般不会对干扰对象造成永久损伤，仅在干扰行动持续时间内使干扰对象的作战能力部分（或全部）丧失，一旦干扰结束，干扰对象的作战能力就可以恢复。电子干扰的基本技术是制造电磁干扰信号，使其与有用信号同时进入敌电子设备的接收机，当干扰信号足够强时，敌接收机就无法从接收到的信号中提取所需要的有用信息。电子干扰是干扰敌方接收机而非发射机，为了使干扰奏效，干扰信号必须能够进入敌接收机。在确定干扰方案时，必须考虑干扰信号发射机和敌方接收机之间的距离、方向，以及干扰信号样式对敌电子设备可能产生的效应等。

2. 电子干扰的分类

电子干扰的分类方法有很多。

（1）按照干扰能量的来源，电子干扰可以分为有源干扰、无源干扰。

（2）按照干扰信号的产生途径，电子干扰可以分为有意干扰、无意干扰。

（3）按照干扰信号的作用机理，电子干扰可以分为压制性干扰和欺骗性干扰。

按照电子设备、目标与干扰机之间的相互位置关系，电子干扰可以分为自卫干扰、远距离支援干扰、随队干扰、近距离干扰等。

3. 电子干扰主要技术

1）有源干扰技术

有源干扰，是指由专门的无线电发射机主动发射（或转发）电磁能量，扰乱或欺骗敌方电子设备，使其不能正常工作，甚至无法工作或上当受骗。按照干扰信号的作用机理，有源干扰可以分为压制性干扰、欺骗性干扰。

（1）压制性干扰，是用噪声（或类似噪声的）干扰信号来遮盖（或淹没）有用信号。为使干扰有效，干扰机产生的干扰信号在敌方接收机的输出端必须具有遮盖有用信号的（功率）强度。

（2）欺骗性干扰，又称模拟干扰，是利用干扰设备发射（或转发）与目标反射信号（或敌辐射信号）相同（但相位不同或时间延迟）或相似的假信号，使对方测定的目标并非真目标，达到以假乱真的目的。常见的对付雷达的欺骗性干扰有角度欺骗、距离欺骗、速度欺骗。

2）无源干扰技术

无源干扰，是指依靠本身不产生电磁辐射但能吸收、反射或散射电磁波的干扰器材（如金属箔条、涂敷金属的玻璃纤维或尼龙纤维、角反射器、涂料、烟雾、伪装物等），降低雷达对目标的可探测性或增强杂波，使敌方探测器效能降低或受骗。干扰的效果轻者，使正常的规则信号变形失真，荧光屏图像模糊不清，影响观测；干扰的效果重者，荧光屏上图像混乱，甚至一片白，接收机饱和或过载。无源干扰的最大特点是所反射的回波信号频率和雷达发射频率一致，使接收机在进行信号处理时无法用频率选择的方法消除干扰。

无源干扰技术主要包括箔条干扰、假目标和诱饵等。箔条在空间大量随机分布，所产生的散射对雷达造成干扰，其特性类似噪声，遮盖目标回波。在交变电磁场的作用下，箔条上还可以感应交变电流，并辐射电磁波，从而对雷达起干扰作用。假目标是向电子探测设备模拟真目标的装置，在敌方显示器上产生的回波类似于真目标的回波，其目的是压制用于搜索目标的电子设备。诱饵是一种一次性技术器材，产生的信号特性与被保护目标一致，能模拟敌方武器欲攻击的目标，引诱敌方武器攻击，从而破坏可控弹头向真实目标瞄准。

11.2.4　电子摧毁技术

电子摧毁，是电子进攻的一种"硬杀伤"手段，是指利用反辐射武器、定向能武器、电磁脉冲武器或等离子武器对敌电磁辐射源进行物理破坏和摧毁，使其永久性失去作用。

1. 反辐射武器

反辐射武器，是利用雷达的电磁辐射对雷达进行寻的、跟踪直至摧毁的武器。反辐射武器包括反辐射导弹、反辐射无人机和反辐射炸弹。

（1）反辐射导弹（ARM），是利用对方武器设备的电磁辐射来发现、跟踪、摧毁辐射源的导弹。目前使用最普遍的是用于反雷达的反辐射导弹，因此反辐射导弹也称为反雷达导弹。反辐射导弹的导引头装定辐射源参数，测向设备和测频设备对入射辐射源信号进行侦收截获、分选和识别，在确定攻击目标后，导引头按一定的引导程序控制反辐射导弹的飞行姿态，将其导向辐射源，并实施攻击。

（2）反辐射无人机，是在无人机上配装被动雷达导引头和战斗部而构成的，与反辐射导弹相比，反辐射无人机具有造价低、巡航时间长、使用灵活等优点。反辐射无人机通常在战场上空巡航，当目标雷达开机时，机载导引头便立即捕获目标，随即实施攻击。按飞行滞空时间长短，反辐射无人机可以分为短航时（通常在 2 h 左右）反辐射无人机、中航时（通常为 4~8 h）反辐射无人机、长航时（通常在 8 h 以上）反辐射无人机。

（3）反辐射炸弹，是通过在炸弹上安装可控制的弹翼和被动雷达导引头来构成的，可通过被动雷达导引头输出的角度信息来控制其弹翼偏转，从而控制其运动方向，进而引导炸弹飞抵目标，实施对敌方辐射源的摧毁。按其有无动力，反辐射炸弹可以分为无动力反辐射炸弹、有动力反辐射炸弹。

2. 定向能武器

定向能武器（DEW）是一种利用高热、电离、辐射等综合效应对目标实施毁伤的武器。高能激光武器、高功率微波武器（射频武器）、高能粒子束武器是三大定向能武器。定向能武器具有强大的"聚能"功能，可将能量聚集成强束流，并利用电磁能代替爆炸能，在击中目标后，可在瞬间将目标内部的电子器件摧毁。由于定向能武器射速极快（接近光速），因此敌方的电子设备根本无法实施反干扰。

（1）高能激光武器，是一种利用定向发射的激光束直接毁伤目标或使之失效的一种定向能武器，可工作在可见光波段、红外波段、紫外波段，用于衰减、干扰、毁坏光电或红外传感系统。高能激光束的毁伤作用主要为热作用破坏、力学破坏、辐射破坏。根据作战对象的不同，高能激光武器分为战术激光武器、战役激光武器、战略激光武器。

（2）高功率微波武器，又称射频武器，是利用定向发射的高功率微波束来毁坏敌方电子设备和杀伤敌方人员的一种定向能武器。这种武器的辐射频率一般为 1~30 GHz，功率在1 000 MW以上，利用高功率微波在与物体或系统相互作用的过程中产生的电、热和生物效应，对目标造成杀伤破坏。高能微波武器主要分为单脉冲式微波弹和多脉冲重复发射装置两种类型。

（3）高能粒子束武器，是用高能强流加速器将粒子源产生的粒子（如电子、质子、离子等）加速到接近光速，并将其聚束成高密集能量的束流直接射向目标，靠高速粒子的动能或其他效应摧毁目标的一种定向能武器。高能粒子束武器的毁伤机理复杂，包含力学效应、烧蚀效应和辐射效应。

3. 电磁脉冲武器

电磁脉冲武器，是以核爆炸时产生的辐射现象与大气反应，或用电子方法所产生的持续时间极短的宽频谱电磁能量脉冲，直接杀伤破坏目标或使目标丧失作战效能的一种武器。

电磁脉冲对电子设备或电器的破坏过程大致分为三个阶段，即渗透、传输、破坏。首先，电磁脉冲由天线、电缆、各种端口部分或表面的媒质向内部渗透，其能量变换成随时间、空间变化的大电流、大电压；然后，以电磁脉冲传输到内部并作用于非常小的高密度的脆弱部位（电子元件、集成电路及连接部分等）；能量密度极度增高，导致上述部件损坏。电磁脉冲能量可从墙壁、门窗直接进入，并通过天线、波导、电缆、电源线、通信线等传入电子设备或电气系统内部进行破坏。

4. 等离子体武器

等离子体武器对目标的破坏机制：用发射的高功率微波能束或高能激光束，聚焦在目标飞行前方大气层的某一特定区域，使该区域内的大气高度电离化，形成密度和电离度都很高的等离子体云团，从而破坏飞行目标飞行空气动力学特性；飞行目标一旦进入这种等离子体云团，就会偏离飞行轨迹，并因表面和惯性造成的巨大应力的影响而解体毁坏。

等离子体武器能以非常简单的方式打击来自太空或地球大气层中的任何运动目标，如弹道导弹、巡航导弹、飞机以及人造天体等，并在瞬间予以破坏。等离子体武器杀伤威力大，破坏范围广，打击目标多，具有"发射后不用管"的打击能力。

11.2.5 隐身技术

各种武器系统有许多不同的信号特征，主要的可探测特征是射频（RF）特征和光电/红外（EO/IR）特征。减少武器平台的各种可探测特征称为低可观测技术或特征控制技术。低可观测技术能达到的极限状况被形象地称为隐身。只有使目标在被探测过程中或自身辐射的能量被散射、吸收或者对消，才能减少其被传感器探测到的信号特征。

1. 隐身外形技术

电磁波的散射与散射体的几何形状密切相关。合理设计目标外形是减小雷达截面积的重要措施。外形隐身，是修改目标的表面和边缘，使其强散射方向偏离单站雷达来波方向。但是，不可能在全部立体角范围内对所有观察角都做到隐身，因为雷达波总会在一些观察角上垂直入射到目标表面，这时镜面散射的 RCS 就很大。外形隐身的目的就是将这些高 RCS 区域移至威胁相对较小的空域中去。

2. 隐身材料技术

隐身材料是雷达隐身的关键技术，隐身材料主要有雷达吸波材料（RAM）和雷达透波材料。雷达吸波材料是对雷达波吸收能力很强的新型材料。按其工作原理可分为三类：

（1）雷达波作用于材料时，材料产生电导损耗、高频介质损耗和磁滞损耗等，使电磁能转换为热能而散发。

（2）将雷达波能量分散到目标表面的各部分。

（3）使雷达波在材料表面的反射波进入材料后在材料底层的反射波叠加发生干涉，相互抵消。

吸波材料主要采用碳、铁氧体、石墨和新型塑料化合物等。雷达透波材料是能透过雷达波的一类材料，如碳纤玻璃钢就是一种良好的透波材料。隐身材料按其使用方法可以分为涂料型和结构型，涂料型用于涂在目标表面，结构型用于制造目标壳体和构件。

3. 红外隐身技术

红外隐身，是指利用屏蔽、低发射率涂料、热抑制等措施来降低目标的红外辐射强度与特性。红外隐身主要通过降低辐射体的温度和采用有效的涂料来降低武器装备的辐射功率，主要技术途径有减少散热源、热屏蔽、空气对流散热技术、热废气冷却等。红外隐身的主要技术措施有：改变红外辐射波段；调节红外辐射的传输过程；模拟背景的红外辐射特征；红外辐射变形；降低目标红外辐射强度。

4. 可见光隐身技术

可见光隐身又称为目视隐身。目标对可见光的反射和散射，甚至目标自身的可见光源的光辐射，都可成为目视观察和跟踪的信号。尽管现代各种探测设备繁多，技术也很先进，但在近距离和低空情况下，目视探测仍不失为一种有效的探测方法。在可见光范围内，探测系统的探测效果取决于目标与背景之间的亮度、色度和运动这三个视觉信息参数的对比特征。可见光隐身主要通过改变目标与背景之间的亮度、色度和运动的对比特征来降低对方可见光探测系统的探测概率。可见光隐身的主要技术措施有：降低目标的光反射性能；控制目标与背景的亮度比；采用迷彩手段控制目标与背景的色度比；控制目标运动构件的闪光信号。

11. 2. 6 电子防护技术

在现代战争中，各种预警探测、通信、导航等军事信息系统与设备将面临来自电子侦察、电子干扰、隐身飞机、反辐射导弹和定向能武器的严重威胁。为了确保军事信息系统的有效工作及其自身的安全，必须针对这些威胁采取电子防护技术措施。电子防护，是指保证己方电子设备有效地利用电磁频谱的行动，以保障己方作战指挥和武器运用不受敌方电子攻击活动的影响。电子防护技术通常可以分为反电子侦察、抗电子干扰、抗硬摧毁、反隐身和电磁加固等方面。

1. 反电子侦察

电子侦察是电子对抗的基础与前奏。反电子侦察，是为防止敌方截获、利用己方电子设备发射的电磁信号而采取的措施，目的是使敌方截获不到己方的电磁辐射信号，或无法从截获的信号中获得有关情报，使敌方难以实施有效的干扰和摧毁。反电子侦察的关键是严格控制己方电子设备的电磁发射活动，将电子设备的电磁辐射减少到完成任务必不可少的最低限度，控制的范围包括电子设备的发射频率、工作方式，发射时间、次数、方向、功率和地点等。反电子侦察主要措施有：

（1）电子设备设置隐蔽频率和战时保留方式。

（2）缩短发射时间，减少发射次数。

（3）使用定向天线或充分利用地形的屏蔽作用。

（4）将发射功率降至恰好能完成任务的最低电平。

（5）不定期地转移发射阵地并使发射活动无规律。

除发射控制外，反电子侦察的措施还包括：在假阵地上设置简易辐射源，实施辐射欺骗或实施无线电佯动；采取良好的信号保密措施，使用电磁信号不易被敌方截获、识别的新体制电子设备，如跳频电台、频率捷变雷达、信号加密等。

2. 抗电子干扰

抗干扰能力是现代战争对军事电子系统的基本要求。电子系统的抗干扰措施很多，既有通用抗干扰措施，也有专门针对某项干扰技术的专用抗干扰措施，可以从空域、频域、功率域、极化域等方面采取措施，以提高设备的抗干扰能力。

（1）空间选择抗干扰，是指尽量减少雷达在空间上受到敌方侦察、干扰的机会，以便能更好地发挥雷达的性能。空间选择抗干扰的措施主要是提高雷达的空间选择性，重点抑制来自雷达旁瓣的干扰。空间选择抗干扰技术主要包括窄波束和低旁瓣天线技术、旁瓣对消技术、旁瓣消隐技术等。

（2）频率选择抗干扰，是利用雷达信号与干扰信号频域特征的差别来滤除干扰。常用的频率选择抗干扰方法包括选择靠近敌雷达载频的频率工作、开辟新频段、频率捷变、频率分集等。

（3）功率选择抗干扰，是通过增大雷达的发射功率、延长在目标上的波束驻留时间或增加天线增益，用以增大回波信号功率，提高接收信干比。功率对抗的方法包括增大单管的峰值功率、脉冲压缩技术、功率合成、波束合成、提高脉冲重复频率等。

（4）极化是雷达信号的特征之一。一般雷达天线都选用一定的极化方式，以更好地接收相同极化的信号，抑制正交极化的信号。根据所接收目标回波的极化特性，分辨和识别干扰背景里的目标。极化抗干扰有两种方法：一种方法是尽可能降低雷达天线的交叉极化增益，以此来对抗交叉极化干扰；另一种方法是控制天线极化，使其保持与干扰信号的极化失配，从而有效抑制与雷达极化正交的干扰信号。

3. 抗硬摧毁技术

对抗反辐射武器攻击的主要战术技术措施有建立专门的反辐射导弹告警系统、对导引头的诱骗技术、拦截技术等方面。根据反辐射导弹弹道轨迹的特点，建立专门的反辐射导弹告警系统，用以发现、截获、识别 ARM 并发出告警。无论反辐射导弹还是反辐射无人机，都以被动式雷达导引头来跟踪辐射源，从而击毁辐射源。防空雷达只要在及时关机的同时启动对导引头的诱骗工作，就可以引偏反辐射导弹的航向，使其失效。"闪烁"诱饵，是指在雷达附近配置一个诱饵辐射源，在频域和波形上与雷达相同或相似，而在时域上则利用计算机根据阵地配置及目标位置进行实时调整，使其辐射信号与雷达信号同时到达反辐射导弹导引头。现代的低空、超低空防空武器系统是一种功能完备，具有独立作战能力的防空武器，能够拦截各种低空威胁目标。激光武器可以凭借大功率的激光辐射直接摧毁反辐射武器。便携式导弹、光纤制导导弹、新型高炮、射束武器、截击机等武器都可以拦截反辐射武器或反辐射武器载机。

4. 反隐身

目前，反隐身技术大多根据隐身飞机的特点来采取相应的对策。

1）对抗雷达截面积（RCS）减缩的雷达反隐身技术

常规的对空探测雷达主要工作在 1～20 GHz 的微波频段上，目前采用的各种雷达隐身技术措施大多针对该频段。利用隐身技术频域的局限性，采用工作在该频段之外的雷达，以使现行的隐身措施失效，如超视距雷达、米波雷达、毫米波雷达、谐波雷达等。现行的隐身技术措施只在目标的几个主要方位上减缩其 RCS，并不是全方位隐身。空域反隐身雷达正是针对隐身飞机的这一弱点而发展起来的，如双/多基地雷达、机载/星载雷达、雷达网等。

2）信息积累反隐身技术

为提高雷达对干扰背景中微弱回波信号的探测灵敏度，可在空间和时间上进行回波信号的积累处理，这一技术将为探测隐身目标开拓新路。相控阵雷达具有最大可能的效率、最快的电扫描反应速度，能实现多波束同时执行多种探测功能，可靠性高，抗干扰能力强。这些特点使相控阵雷达具有探测隐身飞行器等低可见度目标的能力。微波成像雷达能直接显示目标电磁散射特性，并产生高分辨力目标图像。这种雷达常工作在微波波段，故又称为微波成像雷达。成像的原理有真实孔径成像、合成孔径成像、逆合成孔径成像等。

3）其他反隐身技术

雷达反隐身技术在各种反隐身技术中占了主导地位，但其他反隐身技术的研究也很活跃，有些成果弥补了雷达反隐身技术的不足，如红外反隐身技术、热成像探测器、地球磁场变异探测器等。

5. 电磁加固

高功率微波对电子设备或电气装置的破坏效应主要包括收集、耦合和破坏三个过程。高功率微波能量能够通过"前门耦合"和"后门耦合"进入电子系统。按照电磁辐射对武器系统的作用机理，电磁加固可以分为前门加固技术和后门加固技术。

高功率电磁脉冲可以通过天线、整流天线罩或其他传感器的开口耦合进入雷达或通信系统，造成电子设备的故障瘫痪。因此，在设计这些电子产品的接收前端时，就要通过适当的途径，尽可能地抑制大功率的电磁信号从正常的接收通道进入，采用多种防护措施保护接收通道。"前门"加固技术主要有以下 3 种：

（1）研制抗烧毁能力更强的接收放大器件，尤其是增强天线的抗烧毁能力。

（2）研制更大功率的电磁信号开关限幅器件。

（3）采用信号的频率滤波技术。

大功率电磁脉冲从电子系统中（或之间）的裂缝、缝隙、拖线和密封用的金属导管以及通信接口等"后门"耦合进入，一般发生在电磁场在固定电气连线和设备互连的电缆上产生大的瞬态电流或者驻波情况下，与暴露的连线或电缆相连的设备将受到高压瞬态尖峰或者驻波的影响，会损坏电源和通信接口装置。如果这种瞬态过程深入设备内部，就会使设备内部的其他装置损坏，包括击穿和破坏设备系统的集成电路、电路卡和继电器开关。设备系统本身的电路还会把脉冲传输出去，导致对系统的深度破坏。因此，在设计这些电子产品时，就要通过适当的途径，尽可能采用多种防护措施来加固"后门"。

11.3　计算机网络对抗技术

11.3.1　计算机网络对抗概述

计算机网络和通信技术的发展，使网络的时空范围不断扩大，接入网络的方式越来越多、频率越来越高。然而，计算机网络空间的攻击方法和手段层出不穷，计算机网络对抗已成为网络安全的关键问题。在军事应用领域，计算机网络是连接信息化战场的枢纽，是实现 C^4ISR 系统和陆、海、空、天一体化以及数字化战场的基本保证。计算机网络对抗是综合信息对抗的主要内容，提高计算机网络对抗能力是各国争夺制信息权的竞争焦点，也是获取信息优势的必要手段和途径。

1. 计算机网络对抗的概念

计算机网络对抗，是采取各种手段，摧毁、破坏敌方计算机网络系统，使之瘫痪，阻止敌方战场信息的获取、传递与处理，使敌方丧失指挥控制能力，同时对己方计算机网络实施整体防护，保证战场信息流畅通的一种作战样式。

在军事领域，以计算机为核心的信息网络已成为现代军队的神经中枢，一旦信息网络遭到攻击甚至被摧毁，整个军队的战斗力会大幅度降低甚至完全丧失，国家军事机器就会处于瘫痪状态，国家安全将受到严重威胁。信息网络的特殊重要性，决定了信息网络必将成为信息战争的重点攻击对象。这种以计算机网络为主要目标，以先进的信息技术为基本手段，在整个网络空间进行的各类信息进攻和防御作战就是网络对抗，其将成为信息对抗的主要作战形式，在未来战争中发挥越来越重要的作用。

2. 网络对抗的关键技术

计算机网络对抗包括支持性网络对抗、攻击性网络对抗和防护性网络对抗。计算机网络对抗的相应关键技术包括网络侦察技术、网络攻击技术、网络防护技术等。

1）网络侦察技术

网络中传输的信息，特别是作战指挥控制信息，是传输方尽力保护的资源。为了充分利用信息网络系统，采取多种措施，全方位、有重点地拦截对方信息网络上传输的信息流，是确保网络对抗主动权的关键环节。网络信息侦察技术可分为主动式和被动式两种。主动式的网络信息侦察包括各种踩点、扫描技术；被动式的网络信息侦察包括无线电窃听、网络数据嗅探等。在实施网络侦察过程中，应尽量隐蔽自己的身份，重点截流网络中的指令信息、协调信息和反馈信息，借助军事专家、情报专家和计算机专家的力量，综合利用各种信息处理技术，最大化地提高网络信息侦察的效益。

2）网络攻击技术

信息网络一般是由中心控制单元、节点和有线及无线信道组成的多层次、多结构、连接复杂的信息网络体系。破坏信息网络体系，就会从总体上削弱对方运用网络的效果。网络攻击，是利用敌方信息系统存在的安全漏洞和电子设备的易损性，通过使用网络命令和专用软件进入敌方网络系统，或使用强电磁脉冲武器摧毁其硬件设施的攻击。网络攻击的手段非常多，包括电磁干扰等手段扰乱网络的正常运作，利用各种黑客技术进行网络入侵、信息欺骗、传播计算机病毒、使目标网络拒绝服务等。

3）网络防护技术

网络攻击是一柄双刃剑，其要求在研究网络攻击手段和战法不断提高网络攻击能力的同时，还应不断增强信息系统的安全防御能力，形成以攻为主、攻防兼备的网络战能力。网络防护，是指为保护己方计算机网络和设备的正常工作、信息数据的安全而采取的措施和行动。网络攻击和网络防护是矛与盾的关系，由于网络攻击的手段是多样的、发展变化的，因而在建立网络安全防护体系时，必须走管理和技术相结合的道路。网络安全防护的涉及面很宽，从技术层面上讲，主要包括防火墙技术、入侵检测技术、病毒防护技术、密码技术、身份认证技术和欺骗技术等。

3. 网络对抗的作战方法

计算机网络对抗有与其他作战样式完全不同的作战方法。

1）结构破坏

结构破坏，是指以各种手段打击敌方计算机网络系统结点，破坏其系统结构，使其信息流程受阻、作战体系瘫痪。结构破坏包括：对敌方计算机网络系统中的关键结点进行压制干扰或实体摧毁，使其信息链终端网络无法运行；运用一切手段破坏敌方计算机网络赖以运行的能源设施。

2）软件控制

软件控制，是指利用各种信息软件控制计算机网络，使其无法正常工作。软件控制包括：向网络系统植入伪数据和恶意程序，改变网络系统的性能；运行恶意程序，改变信息的正常流向；促成敌方误操作，使系统出现功能紊乱，关闭和摧毁网络；等等。

3）病毒袭击

病毒袭击，是指利用能够侵入计算机系统并给计算机系统带来故障的一种具有自我繁殖能力的指令程序进行攻击。

4）系统防护

系统防护，是指通过各种信息手段，防止敌方对己方计算机网络实施软件控制或病毒攻击，加强对己方网络的安全管理，同时建立非法入侵信息的跟踪系统，及时对实施侵扰的设备进行电子攻击等。

11.3.2　网络攻击技术

网络攻击是造成网络安全问题的主要原因。网络攻击技术，是利用网络中存在的漏洞和安全缺陷对网络中的系统、计算机或者终端进行攻击。网络攻击技术主要包括目标侦察技术、协议攻击技术、缓冲区溢出攻击技术、拒绝服务攻击技术、恶意代码和 APT 攻击技术等。

1. 目标侦查技术

实施网络攻击首先要明确攻击目标。互联网提供了大量的信息来源，关键是要从大量的信息中筛选出所需要攻击目标的核心信息，缩小并最终锁定攻击目标。常用的获取攻击目标基本信息的方法有网页搜寻、链接搜索、网络查点等。目前大多数网络安全漏洞都是针对特定操作系统的，因此识别远程主机的操作系统对攻击实施非常重要。依靠 TCP/IP 探测技术，攻击者可以很容易地获取主机操作系统的版本。网络扫描器可以自动检测网络环境中远程或本地主机的安全弱点。扫描器一般采用模拟攻击的形式对网络中的目标主机可能存在的已知安全漏洞进行逐项检查。对目标主机进行端口扫描，能得到许多有用的信息，从而发现系统的安全漏洞。利用网络监听技术，可以监控网络当前的信息状况、网络流量，进行网络访问统计分析等工作。通过网络监听，可以发现网络中存在的漏洞和隐患。

2. 协议攻击技术

计算机网络是基于网络协议来实现的。网络协议通常是按不同层次进行设计和开发的，每一层分别负责不同的通信功能。TCP/IP 是一个包括众多协议的协议族的简称，也是当今最为成功的通信协议，是控制两个对等实体之间进行通信的规则的集合，使得两个对等实体之间能够进行通信。TCP/IP 的设计与实现使不同计算机之间、不同操作系统之间的通信成为可能。但是 TCP/IP 在安全性方面做得不够完善。目前计算机网络 TCP/IP 攻击技术主要针对其不同的结构层进行，包括链路层协议攻击技术、网络层协议攻击技术、传输层协议攻击技术、应用层协议攻击技术等。

1）链路层协议攻击技术

实现 IP 地址和硬件地址之间转换的协议有 ARP（把 IP 地址转换为硬件地址）和与之对应的 RARP。ARP 欺骗攻击是最常见的链路层攻击。ARP 欺骗攻击主要有两种攻击方式：伪造 ARP 响应包；伪造 IP 地址。ARP 欺骗还可以演变成很多种攻击方式，如拒绝服务攻击等。

2）网络层协议攻击技术

网络层协议攻击主要有 IP 欺骗攻击、碎片攻击、Smurf 攻击、Ping Flood 攻击等。IP 欺骗攻击就是对基于 IP 认证的系统进行攻击的一种手段。碎片攻击是基于 IP 数据在分片重组时将会出现错误行为而实现的。Smurf 攻击综合使用了 IP 欺骗和 ICMP 协议脆弱性，使得大量网络数据包充斥目标系统，引起目标系统的网络带宽耗尽而拒绝服务的。Ping Flood 攻击是采用对 ICMP 包中 IP 地址的信任机制进行攻击的。

3）传输层协议攻击技术

传输层协议攻击主要有 SYN Flood 攻击和 LAND 攻击。SYN Flood 攻击者利用原始套接字构造包含随机源地址 SYN 数据包，使目标系统收不到 ACK 数据包以完成 TCP 连接，直到目标系统的端口的等待队列被全部填满而拒绝一切外来的连接请求，导致系统拒绝正常服务。LAND 攻击是利用构造的 SYN 数据包使服务器的某个端口自己与自己之间建立大量的连接而使服务器崩溃。

4）应用层协议攻击技术

TCP/IP 应用层是 TCP/IP 的最高层。应用层协议攻击者将自己伪装成目标系统 A 的可信任主机 B，在主机 B 未启动或者已经被攻击死机时，向目标系统 A 执行 B 系列命令，就可以以可信任主机的身份登录进服务器，利用 TCP/IP 进行数据通信。

3. 缓冲区溢出攻击技术

缓冲区溢出攻击，是通过往程序的缓冲区写入超出其长度的内容，造成缓冲区溢出，从而破坏程序的堆栈，使程序转而执行其他指令，以达到攻击的目的，可以造成程序运行失败、系统死机、重新启动。一般攻击者利用缓冲区溢出攻击的主要目的在于扰乱那些以特权运行的程序的功能，以获得程序的控制权，如果该程序具有管理员的权限，那么整个目标主机就会被攻击者所控制。攻击者通过预设程序向程序的缓冲区写入超出其长度的内容，造成缓冲区溢出，对系统进程接受了控制，从而可以让进程改变原来的执行流程，去执行已准备好的代码，而不是程序原先应该执行的代码。如果这个预先准备的代码是破坏程序的代码，就可以以此来达到攻击的目的；如果用的是进程无法访问的段地址，将导致进程崩溃；如果该地址处有无效的机器指令数据，那将导致非法指令错误。

4. 拒绝服务攻击技术

造成拒绝服务的攻击行为称为拒绝服务（DoS）攻击，其目的是使计算机或网络无法提供正常的服务。这种攻击是由人为或非人为发起的，使主机硬件、软件或者两者都失去工作能力，使系统变得不可访问，因而拒绝为合法用户提供服务的攻击方式。最常见的 DoS 攻击有计算机网络带宽攻击和连通性攻击。带宽攻击，是指以极大的通信量冲击网络，使所有的可用网络资源都被消耗殆尽，最后导致合法的用户请求无法通过。连通性攻击，是指用大量的连接请求冲击计算机，使得所有可用的操作系统资源都被消耗殆尽，最终计算机无法再处理合法用户的请求。通常的 DoS 攻击可以分为带宽耗用、资源衰竭、编程缺陷和对路由器或者 DNS 服务器的攻击。通用 DoS 攻击手段主要包括：Smurf 攻击、SYN Flood 攻击、DNS 攻击等。特定的 DoS 攻击手段是 IP 碎片攻击、分布式拒绝服务（DDoS）攻击等。

5. 恶意代码

计算机病毒（CV），是一种依附在其他可执行程序中，具有自我复制能力的程序片段，它借助文件下载服务、磁盘文件交换等途径进入计算机或计算机网络。计算机病毒通常都具有破坏性，发作后可能会引起单机、整个系统或网络运行错误，甚至瘫痪。计算机病毒在传染时，首先要在被传染的程序（也称宿主）中建立一个新节，然后把病毒代码写入新节，并修改程序的入口地址使之指向病毒代码。这样当宿主程序被执行时，病毒代码将会先被执行，为了使用户觉察不到宿主程序已经被病毒传染，病毒代码在执行完毕之后通常会把程序的执行流程重新指向宿主程序的原有指令。蠕虫程序和特洛伊木马是常见的两种计算机病毒。

6. APT 攻击技术

高级可持续威胁（又称定向威胁，APT），是指某组织对特定对象展开的持续有效的攻击活动。这种攻击活动具有极强的隐蔽性和针对性，通常会运用受感染的各种介质、供应链和社会工程学等多种手段实施先进的、持久的且有效的威胁和攻击。APT 攻击的对象多为一些高安全等级的网络，具有针对性、伪装性、间接性、共享性等特点。APT 攻击过程一般包括 6 个阶段：侦查准备阶段；代码传入阶段；初次入侵阶段；保持访问阶段；扩展行动阶段；攻击收益阶段。

7. 网络攻击技术的发展趋势

网络的开放性和共享性使网络安全问题日益突出，网络攻击的方法已由最初的零散知识点发展为一门完整系统的科学。网络攻击技术的使用必定会变得大众化，其技术本身的高集成、高速度、自动化是其大众化的主要因素。网络攻击技术的发展趋势主要表现在以下几个方面：

（1）攻击阶段自动化。网络攻击的自动化促使了网络攻击速度的大大提高。

（2）攻击工具智能化。随着人工智能技术的发展，网络攻击工具已经具备了反侦破、智能动态行为、攻击工具变异等特点，普通的攻击者都有可能在较短的时间内向脆弱的计算机网络系统发起攻击。

（3）漏洞的发现和利用速度越来越快。系统安全漏洞是各类安全威胁的主要根源之一，攻击者经常能够抢在厂商发布漏洞补丁之前发现这些未修补的漏洞同时发起攻击。

（4）防护系统的渗透率越来越高。越来越多的攻击技术可以绕过防护系统。

（5）安全威胁的不对称性在不断增加。随着攻击技术水平的进步和攻击工具管理技巧的提高，威胁的不对称性将继续增加。

（6）对网络基础设施的破坏越来越大。用户越来越多地依赖网络，攻击者攻击位于网络关键部位的网络基础设施造成的破坏影响越来越大。

（7）移动互联网成为网络攻击的新阵地。随着移动通信和智能终端的不断发展和迅速普及，互联网的安全问题已在移动网络中逐步凸显。

（8）网络攻击开始针对现实世界基础设施。针对现实世界中工业控制系统等基础设施的计算机网络攻击使全球网络信息安全已进入了一个新的时代。

11.3.3 网络防御技术

在开放的网络环境中，由于信息系统和网络协议固有的脆弱性，因此网络攻击防不胜防。通过加强网络防御，采取积极有效的防护手段，可提高计算机网络的安全性，减少因网络攻击而造成的损失。防范和应对网络攻击的主要技术措施包括信息加密技术、网络隔离技术、主动防御技术、电子取证技术、容灾备份技术、入侵容忍技术等。

1. 信息加密技术

1）单钥密码算法

单钥密码算法，又称对称密码算法，是指加密密钥和解密密钥为同一密钥的密码算法。因此，信息的发送者和信息的接收者在进行信息传输与处理时，必须共同持有该密钥。

2）公钥密码算法

公钥密码算法，又称双钥密码算法，是指加密密钥和解密密钥为两个不同密钥的密码算法。公钥密码算法使用了一对密钥，一个用于加密信息，另一个则用于解密信息，通信双方无须事先交换密钥就可进行保密通信。

3）数字签名

数字签名，是指用户用自己的私钥对原始数据的哈希摘要进行加密所得的数据。信息接收者使用信息发送者的公钥对附在原始信息后的数字签名进行解密后获得哈希摘要，并通过与自己收到的原始数据产生的哈希摘要对照，便可确信原始信息是否被篡改。

4）数字信封

数字信封，是指采用密码技术保证了只有规定的接收人才能阅读信息的内容。信息发送者首先利用随机产生的对称密码加密信息，再利用接收方的公钥加密对称密码，被公钥加密后的对称密码称为数字信封。在传递信息时，信息接收方要解密信息，就必须先用自己的私钥解密数字信封，得到对称密码，才能利用对称密码解密，从而得到信息。这样就保证了数据传输的真实性和完整性。

2. 网络隔离技术

1）防火墙技术

防火墙是设置在被保护网络和外部网络之间的一道屏障，以防止发生不可预测的、潜在破坏性的侵入。可通过监测、限制、更改跨越防火墙的数据流，尽可能地对外部屏蔽网络内部的信息、结构和运行状况，以此来实现网络的安全保护。防火墙包含着一对矛盾：一方面，限制数据流通；另一方面，允许数据流通。在确保防火墙安全或比较安全的前提下提高访问效率，是当前防火墙技术研究和实现的热点。

防火墙可分为数据包过滤、应用级网关、代理服务三大类。

（1）数据包过滤，是在网络层对数据包进行选择，选择的依据是系统内设置的过滤逻辑，被称为访问控制表。通过检查数据流中每个数据包的源地址、目的地址、所用的端口号、协议状态等因素或它们的组合，确定是否允许该数据包通过。

（2）应用级网关，是在网络应用层上建立协议过滤和转发功能。针对特定的网络应用服务协议使用指定的数据过滤逻辑，并在过滤的同时对数据包进行必要的分析、登记和统计，形成报告。数据包过滤和应用级网关防火墙有一个共同的特点，就是仅依靠特定的逻辑来判定是否允许数据包通过。

（3）代理服务，也称链路级网关或 TCP 通道，将所有跨越防火墙的网络通信链路分为两段，内外计算机系统间应用层的"链接"由两个终止代理服务器上的"链接"来实现，外部计算机的网络链路只能到达代理服务器，从而起到了隔离内外计算机系统的作用。此外，代理服务也对过往的数据包进行分析、注册登记，形成报告，当发现被攻击迹象时会向网络管理员发出警报，并保留攻击痕迹。

2）物理隔离技术

所谓物理隔离，是指内部网不得直接或间接地连接公共网络。物理隔离是相对于涉密网络和公共网络而言的。物理隔离是相对于使用防火墙等逻辑隔离而言的，涉密网络与公共网络彼此隔离，两个网络之间不存在数据通路。物理隔离最彻底的方法是安装两套网络和计算机设备，一套对应内部办公环境，另一套连接外部互联网，两套网络互不相关。目前，常见的物理隔离技术有双网机隔离与交换技术、单主板安全隔离计算机、网络安全隔离卡等。

3. 主动防御技术

1）入侵检测技术

入侵检测，是通过监视各种操作，分析、审计各种数据和现象来实时检测入侵行为的过程，是一种积极的和动态的安全防御技术。入侵检测的内容涵盖了授权的和非授权的各种入侵行为。用于入侵检测的所有软硬件系统称为入侵检测系统（IDS），可以通过网络和计算机动态地搜集大量关键信息资料，并能及时分析和判断整个系统环境的目前状态，一旦发现有违反安全策略的行为或系统存在被攻击的痕迹等，就立即启动有关安全机制进行应对。例如，通过控制台或电子邮件向网络安全管理员报告案情，立即中止入侵行为、关闭整个系统、断开网络连接等。入侵检测技术大致分为基于知识的模式识别、基于知识的异常审计、基于推理分析三类，主要检测方法有特征检测法、概率统计分析法、专家知识库系统等。

入侵检测的一般过程包括信息采集、信息分析和入侵响应三个环节。信息采集所采集的主要内容包括系统和网络日志、目录和文件中的敏感数据、程序执行期间的敏感行为，以及物理形式的入侵等。信息分析主要指通过与安全策略中的模式匹配、与正常情况下的统计分析对比、与相关敏感信息属性要求的完整性分析对比等。入侵响应分主动响应和被动响应。主动响应可对入侵者和被入侵区域进行有效控制。被动响应只是监视和发出告警信息，其控制需要人为介入。

2）"蜜罐"技术

"蜜罐"是一种安全资源，所有流入/流出蜜罐的网络流量都可能预示了扫描、攻击和攻陷。对这些攻击活动进行监视、检测和分析，就可以掌握各种攻击活动。蜜罐与生产网络隔绝并有保护措施，闯入蜜罐的入侵者无法借助蜜罐攻击其他外部系统。

蜜网是在蜜罐技术上逐步发展起来的一个诱捕网络，实质上是一类研究型的高交互蜜罐技术，其主要目的是收集黑客的攻击信息，与传统蜜罐技术的差异在于，蜜网构成了一个黑客诱捕网络体系架构（可以包含一个或多个蜜罐），同时保证了网络的高度可控性，以及提供多种工具以便采集和分析攻击信息。

3）安全审计系统

安全审计，是在网络中模拟社会活动的监察机构，对网络系统的活动进行监视、记录并提出安全意见和建议的一种机制。利用安全审计，可以有针对性地对网络运行状态和过程进行记录、跟踪和审查。安全审计不仅可以对网络风险进行有效评估，还可以为制定合理的安全策略和加强安全管理提供决策依据，使网络系统能够及时调整对策。计算机网络安全审计主要包括对操作系统、数据库、Web、邮件系统、网络设备和防火墙等项目的安全审计，以及加强安全教育，增强安全责任意识。

4. 电子取证技术

在计算机网络这个无形的世界里，影响计算机系统和网络安全的攻击行为时有发生，各种攻击都会涉及信息和计算机安全的目标——保密性、完整性和可用性，攻击正是针对这三个目标中的某一项或几项。

信息取证，是在攻击事件发生后采取的措施和行动，以便阻止和减小攻击事件带来的影响，并且根据攻击者攻击行动留下的痕迹寻找攻击证据，最终找到攻击者，给予法律的约束和震慑。

　　网络攻击的追踪，就是找到攻击发生的源头，确定攻击者的身份，在大多数情况下是指发现 IP 地址、MAC 地址或者是认证的主机名。发生攻击时，攻击者要访问特定的系统、网络设备或硬件组件，只要能追踪到攻击的源头，就能确定攻击者的身份。追踪方法主要是依据系统的日志数据。系统的日志数据可以提供一些可能有用的源地址信息。

　　证据必须是难以伪造的，这样才能保证证据的可靠性，证明非法用户的行为是存在的、不可否认的。信息取证要遵循以下原则：

　　（1）尽早收集证据，以保证其准确性不因时间过久而受到影响，并保证其没有受到任何破坏。

　　（2）必须保证"证据连续性"，即在证据被正式提交给法庭时，必须能够说明在证据从最初的获取状态到在法庭上出现状态之间的任何变化，当然最好是没有任何变化。

　　（3）整个检查、取证过程必须是受到监督的。

　　信息取证过程大致可以分为保护现场、分析数据、追踪源头、提交结果、数据恢复等几个步骤。

　　（1）封锁受攻击的目标主机，保护现场。

　　（2）检查目标系统中的所有数据，迅速对现场所有原始件进行完全备份，以保证原始证据的可靠性和可信性。

　　（3）对磁盘数据进行全面分析，找出有相关性或可疑的用户。

　　（4）根据证据即分析得来的线索，尽可能缩小攻击者所处的范围，追踪源头。

　　（5）向有关部门提交对目标系统的全面分析结果，给出可靠凭证和具有权威性的分析结论。

　　（6）利用灾难恢复技术，尽可能地恢复被修改、毁坏、删除的数据。

　　取证技术主要包括入侵检测技术、攻击的追踪技术、自动响应技术等。

5. 容灾备份技术

　　随着网络技术的飞速发展，越来越多的业务通过网络进行，越来越多的关键数据被存储在计算机系统中，这些数据的丢失和损坏将造成难以估量的损失。

　　传统的数据系统的安全体系主要有数据备份系统和高可用系统两方面。数据备份系统提供应用系统的数据后援，确保在任意情况下数据具有完整的恢复能力。高可用系统确保本地应用系统在多机环境下具有抗御任何单点故障的能力，一旦系统发生局部意外，高可用系统就可以在最短的时间内迅速确保系统的应用继续运行（热备份）。传统的数据备份技术足以避免由于各种软硬件故障、人为操作失误和病毒侵袭所造成的破坏，保障数据安全。但当面临大范围灾害性突发事件时，若想迅速恢复应用系统的数据，保持企业的正常运行，就必须建立异地的灾难备份系统。

　　容灾就是在灾难发生时，能够最大限度地减少数据丢失，使系统能够不间断运行或者能尽快地恢复运行。容灾一般是通过数据或者硬件的冗余来实现的。在灾难发生时，可以利用备用数据和备用系统来迅速恢复正常运行，将损失降到最低。

　　容灾技术则是通过在异地建立和维护一个备份系统（即容灾系统），利用地理上的分散性来保证数据对于灾难性事件的抵御能力。

　　容灾系统在实现中可分为两个层次：数据容灾和应用容灾。数据容灾是指建立一个备用的数据系统，该系统是对应用系统中的关键应用数据进行实时复制。当应用系统出现灾难时，可由备用数据系统迅速对系统的数据进行恢复，保证数据不丢失或者尽量少丢失。应用容灾比数据容灾层次更高，即建立一套完整的、与应用系统相当的备份应用系统，备份应用系统既可以与应用系统互为备份，也可与应用系统共同工作。在灾难出现后，备用应用系统迅速接管或承担应用系统的业务运行。

数据的远程复制技术是容灾系统的核心技术，是保持远程数据同步和实行灾难恢复的基础。实时恢复的容灾系统对数据复制技术提出了更高的要求。为减少灾难恢复时的数据丢失，数据复制技术应维持本地与远程系统的数据尽量同步。

6. 入侵容忍技术

入侵容忍，是认同安全问题的不可避免性，针对安全问题，不再将消除或防堵作为第一重点，而是聚焦于系统在受攻击情况下仍能提供正常（或降级）服务上。入侵容忍要求当系统遭受攻击或入侵时，仍然能够连续地提供所期望的服务，即使系统的某些组件已经被破坏，系统仍然可提供降级的服务。

入侵容忍的目标是保证系统在发生故障时也能正确运转，当系统由于故障原因不能工作时，也应以一种无害的、非灾难性的方式停止。入侵容忍主要考虑在攻击存在的情况下系统的自动诊断、自动修复以及生存能力，所关注的是攻击造成的后果而不是攻击的原因。

入侵容忍技术主要包括容忍技术和错误触发技术两方面。容忍技术，可以让系统对入侵和攻击具有可恢复性能（弹性），包括资源重新分配、系统冗余等技术。错误触发技术，提高监测系统资源、可能的攻击以及系统错误，使系统在被攻击或发生故障的初期就能够被发现并得到相应的处理。

入侵容忍技术的实现方式主要有基于软件的入侵容忍技术、基于硬件的入侵容忍技术和中间件技术。基于软件的入侵容忍技术，是指通过用软件的方式来容忍硬件的错误，并通过设计的多样性来容忍软件自身设计的失误。基于硬件的入侵容忍技术与利用软件来实现入侵容忍的方式是相辅相成的。基于硬件的入侵容忍中带有增强受控错误模式，可以作为提供基础框架的方法。此外，协议在基础框架中也起到一定作用。中间件是指介于应用系统和操作系统之间的系统软件，它一般位于客户端和服务器端之间。中间件技术可以屏蔽操作系统和网络协议之间的差异，它和安全技术结合之后，屏蔽了安全的复杂性。在实际应用中，可根据网络安全的要求，开发符合网络安全要求的中间件，如安全中间件融合了加密技术和中间件技术。

第12章　火炸药科学与技术

12.1　概　　述

12.1.1　火炸药概念

1. 火炸药

火炸药是一类化学能源材料，是一种不稳定的含能化学物质。在火炸药的组分中含有氧化剂和可燃物，当受到不大的外界作用被激发后，在没有外界物质参与下能进行剧烈的化学反应，在极短时间内释放出巨大的热量，并产生大量气体，对周围介质具有巨大的做功能力。火炸药主要用于军事，是武器的主要能源，在军用技术中具有重要的地位。它不但可作为弹丸发射和战斗部推进的装药，而且是摧毁目标的能源，也是某些驱动装置与爆炸装置的能源。火炸药技术是决定武器威力和射程的关键技术。

2. 火炸药的组成

火炸药的第一种组成形式是单组分化合物，其分子结构中含有一些特殊基团，可作为单组分炸药或混合炸药和火药的组分。火炸药的第二种组成形式是混合物，其中主要是由氧化剂和可燃物组成的混合物。火炸药组成中的另一类重要成分是附加物，其目的是调节火炸药的性能以及改善火炸药的工艺性能，如钝感剂、键合剂、燃烧催化剂、消焰剂、安定剂、能量添加剂、增孔剂、稀释剂等。

组成现有火炸药的基本化学元素主要是碳、氢、氧、氮等，因为该类火炸药在安定性、烧蚀性、腐蚀性、相容性以及感度、烟、焰等性能方面具有优势。有些火炸药中还含有硫、硅、硼、钾、铅等可燃元素。从火炸药的能量考虑，一些化合物（如金属的氢化物、氟氮化合物、氟碳化合物等高能量物质）在潜能上具有优势。

3. 火炸药的化学反应过程

火炸药的化学反应本质是可燃元素与氧化元素之间发生极其迅速而猛烈的氧化还原反应。火炸药的放热过程是连续进行的，直到原子、分子碎片、离子和原子团形成稳定的最终产物。火炸药的化学反应具有三个特征：反应的高速性；反应的放热性；产生大量气体。火炸药的化学反应可以在隔绝大气的条件下进行，能在瞬间输出巨大的功率，其反应过程可以控制。

按化学反应的传播方式和传播速度，火炸药化学反应过程可分为爆燃和爆轰。

1）燃烧

以热传导、扩散和辐射形式将能量向前传播的反应过程称为燃烧。火炸药的燃烧又称为爆燃，从本质上是一种自行传播的剧烈的化学反应，与一般燃料燃烧的区别在于它仅依靠自身所含的氧快速反应。火炸药燃烧一般过程：首先，火炸药表面着火；然后，火焰向火炸药内部传播。火炸药着火有两种方式：一种是在外界高温热源的强制下点火，称为强制点火（简称"点火"）；另一种是由火炸药本身热分解、自动加速而产生，称为自动着火。火炸药点火后发生剧烈燃烧反应，在反应区释放大量热量和燃烧产物，强烈的热效应通过热传导和燃烧产物的扩散会导致预热区（与反应区邻近的火炸药）受热分解并形成待反应混合气体，随着热量积累，后者自动着火形成新的燃烧反应区，原来的反应区则被燃烧产物填充，这种持续、循环的推进过程构成了火炸药的燃烧。火炸药燃烧的火焰阵面位于反应区和预热区之间，因此，火炸药的燃烧过程还可以看作火焰阵面沿火炸药（柱）体传播的过程（图12.1），而火焰传播的基本途径是热传导和燃烧产物的扩散。火焰阵面沿火炸药（柱）体传播的线速度（反应区进入未反应区的速度）称为燃烧速度（简称"燃速"）。火炸药燃烧的燃速低于反应物中的声速（一般为几毫米每秒至几百米每秒）。燃烧反应受外界影响较大。

图 12.1　火炸药燃烧火焰传播示意

2）爆轰

当冲击波在火炸药中传播时，可能有两种不同的情况。一是未能引起火炸药的化学反应，没有外界能量的继续补充，冲击波在传播过程中逐渐衰减；二是由于冲击波足够强，火炸药受到冲击波的强烈冲击（或剧烈压缩）而引起火炸药的高速化学反应，反应放出的能量又支持冲击波的传播，继续对下层火炸药进行冲击压缩，并引起新的反应，从而使冲击波得以维持定速而不衰减，这种紧跟着发生化学反应的冲击波（伴有化学反应的冲击波）称为爆轰波。火炸药起爆后产生爆轰波，并以它传递能量使反应沿药体向前传播的过程，称为爆轰。在爆轰过程中，火炸药的反应速度极大，其反应区进入未反应区的速度大于反应物中的声速（几千米每秒至几万米每秒）。爆轰波沿药体传播的速度，称为爆轰速度，简称"爆速"。炸药爆速与装药直径、密度、粒度、外界的约束条件、起爆条件等一系列因素有关。

燃烧与爆轰在性质上有着本质差别，主要表现在以下3方面。

（1）传播速度不同：燃速低于火炸药中的声速；爆速高于火炸药中的声速。

（2）传播能量方式不同：燃烧过程是以热传导、辐射及燃烧气体的扩散方式来传播；爆轰过程的传播则是借助于沿装药传播的爆轰波对未爆炸炸药的冲击压缩作用来实现的。

（3）传播速度受外界影响不同：燃速受外界条件的影响大；爆速极快，几乎不受外界条件的影响。

燃烧和爆轰是两个不同的过程，但它们都是火炸药高速化学反应的基本形式，二者之间有一定联系，并且在特定条件下燃烧可以转变为爆轰，但在一般情况下，某些火炸药的主要反应形式是燃烧，而另一些火炸药的主要反应形式是爆轰。通常意义下的爆炸，是指火炸药在极短时间内，释放出大量能量，产生高温，并放出大量气体，在周围介质中造成高压的化学反应或状态变化，反应区进入未反应区的速度不稳定（几十米每秒或几千米每秒）。

4. 火炸药的类型

火炸药的种类很多，分类方法也很多。

（1）按火炸药正常使用中的反应速度，火炸药可分为低速火炸药（通常称为火药）和高速火炸药（通常称为炸药）。

（2）按用途，火炸药可分为猛炸药、起爆药、发射药和烟火剂。

（3）按火炸药的组成，火炸药可分为化合火炸药、混合火炸药。

12.1.2　火炸药的特征

1. 火炸药的性能特征

火炸药的性能表现在诸多方面，但相对于一般的能源材料而言，火炸药有其独具的性能，这些特征决定了火炸药的应用领域和它在国防与国民经济中的地位。火炸药的性能主要表现在以下几方面：

（1）火炸药可以在隔绝大气的条件下进行成气、放热和做功的化学反应，相应的装置无须供氧系统。

（2）火炸药反应的主要形式是燃烧反应或爆轰反应，其反应可以在短时间或瞬间完成，释放出巨大的热量，产生大量的气体，并对周围介质具有巨大的做功能力。

（3）火炸药具有敏感性和不安定性，火炸药的组分一般具有毒性。

2. 火炸药的基本性能参数

衡量火炸药的基本性能的参数包括感度、猛度、威力、安定性、相容性等。

（1）感度：火炸药受各种外界能量作用发生燃烧或爆炸的难易程度称为感度或敏感度。感度越高，越容易燃烧或爆炸。

（2）猛度：火炸药的猛度是指火炸药击碎与其接触介质的能力，是一种对周围介质直接作用能力的标识量。猛度主要取决于火炸药爆炸时能量释放的快慢，即爆速、爆压及装药密度。

（3）威力：火炸药的威力是指爆炸时放出的热量和生成的气体膨胀做功的能力。爆炸时生成的气体多、温度高、压力大，则威力就大。

（4）安定性：火炸药安定性是指在一定的条件下，火炸药保持其物理、化学和使用性能不发生超过允许范围变化的能力。

（5）相容性：火炸药相容性是指在一定的条件下，火炸药各组分间或炸药与其他材料（如弹性金属材料、零部件、非金属材料和涂料等）接触时不发生超过允许范围变化的能力。

3. 火炸药能量特征参数

火炸药能量特征参数反映火炸药本身的能量和可以被利用的能量。

（1）爆热：1 kg 火炸药的反应生成物降至初态温度时反应所释放的热量。

（2）爆温：火炸药在绝热条件下，反应产物所能达到的最高温度。

（3）比容：1 kg 火炸药的反应气体产物在标准状态下所占有的体积（水为气态）。

（4）火药力：1 kg 火炸药的反应气体生成物在一个大气压力下，当温度由 0 K 升高到爆温时膨胀所做的功。

（5）比冲量：单位质量火炸药所产生的冲量。

（6）爆速：爆轰波沿炸药柱传播的速度。

12.1.3　火炸药在武器装备中的地位和作用

1. 武器对火炸药的战术技术要求

（1）武器对火炸药先进性的要求：火炸药具有高的能量及其能量利用率，并具有可被武器应用的基本性能，该性能使火炸药能够按照设计的程序有规律地进行化学反应。

（2）与武器和环境相容性的要求：短时间高压力的工作环境（工作压力为 5 ~ 800 MPa）；高加速的过载条件（$5\,g \sim 10^4\,g$）；长期与金属、高分子等材料的容器接触，物质间存在材料变质的化学反应和物理变化；变化的环境温度（$-60 \sim 70\,℃$）；环境对火炸药毒性及其污染的限制。

（3）提高武器生存能力的要求：火炸药的高能化、装药元部件可燃化以及敌方诱发毁伤的战术，以确保武器生存能力。

（4）提高武器机动性的要求：减小燃气压力，以降低对武器强度的要求；采用不敏感的火炸药和燃气生成的控制技术，以避免环境和燃烧引发的压力过载；火炸药的性能应有利于简化武器的勤务操作；取代金属部件的可燃或可消失装药部件；整体化、模块化的刚性组合装药；低温度感度、低压力感度的火炸药等。

（5）效费比的要求：考虑包括平时的威慑效果和使用时做功的总效果；高稳定性、储存期长和便于维护；充分考虑包括研究、生产、储存、服役全过程的总耗费。

2. 火炸药的地位与作用

由于火炸药具有以下主要特征，能使武器的结构简单，具有机动性和突击性，更具摧毁、致命打击和威慑的能力。因此，近期内其他能源尚无法取代火炸药在军事上的地位。

（1）火炸药是高能量密度物质。

（2）火炸药的化学反应可以在隔绝大气的条件下完成。

（3）火炸药反应迅速，能以极高的功率释放能量。

（4）大多数火炸药在储存时是固体，便于储存。

（5）火炸药反应过程可以控制。

火炸药的军事应用范围广。推进剂主要用于推进载荷或驱动做功，常用作火箭发动机的能源，也能作为紧急情况下的气源。发射药主要用作身管武器的发射能源，利用发射药燃气压力推动和抛射载荷。炸药主要用于爆炸做功，以摧毁对方武器装备、破坏工事设施以及杀伤有生力量。

12.1.4　火炸药发展

火炸药的发展可以划分为四个时期：黑火药时期；近代火炸药的兴起和发展时期；火炸药品种增加和综合性能不断改善时期；火炸药发展的新时期。

1. 黑火药时期

黑火药是我国古代四大发明之一，是现代火炸药的始祖，我国有正式可考的黑火药配方的文字记载可追溯到公元 808 年。黑火药的发明开始了火炸药发展史上的第一个纪元。直到 19 世纪上半叶，黑火药依然沿用"一硫二硝三木炭"的古老方子，也是世界上唯一使用的火炸药。黑火药对军事技术、人类文明和社会进步所产生的深远影响，一直为世所公认并载诸史册。黑火药的军事应用使武器由冷兵器逐渐转为热兵器，是兵器史上一个重要的里程碑，具有划时代的意义。13 世纪前期，中国黑火药经印度传入阿拉伯国家。据估计，在制造和应用火药方面，欧洲至少比中国晚 4～5 世纪。随着黑火药在世界范围内爆破中的广泛应用，黑火药进入灿烂时代。

2. 近代火炸药的兴起和发展时期

1833 年，法国化学家 H·布雷克特制得的硝化淀粉和 1834 年德国化学家米彻利希合成的硝基苯和硝基甲苯，开创了合成炸药的先例，随后出现了近代火炸药发展的繁荣局面。

1）单质炸药

1846 年意大利人 A·索布列罗制得了硝化甘油（NG），为各类火药和代那买特炸药提供了主要原材料。法国科学家特平于 1885 年首次用苦味酸（PA）铸装炮弹，从而结束了用黑火药作为弹体装药的历史。1863 年，德国化学家 J·威尔布兰德合成了梯恩梯（TNT），于 1891 年实现了它的工业化生产，于 1902 年用它装填炮弹以代替苦味酸，并成为第一次及第二次世界大战中的主要军用炸药。1866 年，瑞典工程师 A·B·诺贝尔以硅藻土吸收硝化甘油制得了代那买特，并很快在矿山爆破中得到普遍应用，这被认为是炸药发展史上的一个突破，是黑火药发明以来炸药科学上的最大进展。1866 年，瑞典人 C·J·奥尔逊和 J·H·诺尔宾提出了世界上第一个制造硝铵炸药的专利。1869 年和 1872 年，德国和瑞典分别进行了硝铵炸药的工业生产，硝铵炸药开始部分取代某些代那买特，并很快得到普及应用，且久盛不衰。进入 20 世纪后，硝铵炸药得到迅速发展，尤以铵梯型硝铵炸药的应用最为广泛。1877 年，K·H·默顿斯首次制得特屈儿，在第一次世界大战中用作雷管和传爆药的装药。1894 年，由 B·托伦斯合成的太安（PETN），从 20 世纪 20 年代至今一直广泛用于制造雷管、导爆索和传爆药柱。G·亨宁于 1899 年合成的黑索金（RDX），是一种世界公认的高能炸药，在第二次世界大战中受到普遍重视，并发展了一系列以黑索金为基的高能混合炸药。1941 年，G·F·赖特和 W·贝克曼在以醋酐法生产黑索金时发现了能量水平和很多性能均优于黑索金的奥克托今，并在第二次世界大战中得到实际应用，使炸药的性能提高到一个新的水平。至 20 世纪 40 年代，现在使用的三大系列（硝基化合物、硝胺及硝酸酯）单体炸药已经形成，就应用的主炸药而言，炸药的发展已经经历了第一代苦味酸、第二代梯恩梯及第三代黑索金三个阶段。

2）军用混合炸药

第一次世界大战前，主要使用以苦味酸为基的易熔混合炸药，从 20 世纪初开始被以梯恩梯为基的混合炸药（熔铸炸药）取代。在第一次世界大战中，含梯恩梯的多种混合炸药（包括含铝粉的炸药）是装填各类弹药的主角。

在第二次世界大战期间，各国相继使用了特屈儿、太安、黑索金为混合炸药的原料，发展了熔铸混合炸药特屈托儿、膨托利特、赛克洛托儿和 B 炸药等系列，并广泛用于装填各种弹药，使熔铸炸药的能量比第一次世界大战期间提高了约 35%。同时，以上述几种猛炸药为基（有的也含梯恩梯）的含铝炸药（如德国的黑萨儿、英国的托儿派克斯）也在第二次世界大战中得到应用。第二次世界大战期间，以黑索金为主要成分的塑性炸药（C 炸药）及钝感黑索金（A 炸药）均在美国制式化。加上上述的 B 炸药，A、B、C 三大系列军用混合炸药都在这一时期形成，并沿用至今。

3）发射药和推进剂

法国化学家 P·维耶里于 1884 年用醇、醚混合溶剂塑化硝化棉制得了单基药。1888 年，A·B·诺贝尔在研究代那买特炸药的基础上，用低氮量的硝化棉吸收硝化甘油制成了双基发射药，称为巴利斯太火药，后来广泛用于火药装药。1890 年，英国人 F·A·艾贝尔和 J·迪尤尔用丙酮和硝化甘油共同塑化高氮量硝化棉，制成了柯达型双基发射药。1937 年，德国人在双基发射药中加入硝基胍，制成了三基发射药。这一时期出现和形成的单、双、三基发射药大大改善和提高了发射药的性能，促进了武器系统的进一步发展。

用于火箭的火药（固体推进剂）是在第二次世界大战末期发展起来的。1935 年，苏联率先将双基推进剂（DB）用于军用火箭。美国于 1942 年首先研制成功第一个复合推进剂——高氯酸钾 - 沥青复合推进剂，为发展更高能量的固体推进剂开拓了新的领域。与此同时，美国还研制成功了浇铸双基推进剂，为发展推进剂的浇铸工艺奠定了基础。1947 年，美国制得了另一个现代复合推进剂——聚硫橡胶推进剂（PS），使火箭性能有了较大的提高，此后复合推进剂得到迅速发展，并在大中型火箭中获得了广泛应用。第二次世界大战末，德国将液体火箭推进剂用于 V-1 及 V-2 火箭中。

3. 火炸药品种增加和综合性能不断改善时期

第二次世界大战后，火炸药的发展进入一个新的时期。在这一时期中，火炸药品种不断增加，性能不断改善。

1）单质炸药

第二次世界大战后，奥克托今进入实用阶段，制得了熔铸混合炸药奥克托儿和多种高聚物黏结炸药，并广泛用作导弹、核武器和反坦克武器的战斗部装药。20 世纪 60 年代，国外先后合成了耐热钝感炸药六硝基芪和耐热炸药塔柯特。中国在这一时期合成了系列高能炸药，在炸药合成史上写下了为国际同行公认的一页，也开创了合成高能量密度炸药的先河。20 世纪 70 年代，三氨基三硝基苯重新得到研究，美国将其用于制造耐热低感高聚物黏结炸药。我国也于 20 世纪七八十年代合成和应用了三氨基三硝基苯，并积极开展了对其性能和合成工艺的研究。

2）军用混合炸药

第二次世界大战后期发展的很多军用混合炸药（如 A、B、C 三大系列），在 20 世纪 50 年代后均得以系列化和标准化。在此期间，还发展了以奥克托今为主要组分的奥克托儿熔铸炸药，使这类炸药的能量又上了一台阶。20 世纪 60 年代，美国大力完善了 HBX 型高威力炸药，用于装填水中兵器。20 世纪 70 年代初，美国开始使用燃料 - 空气炸药装填炸弹，并将该类炸药作为炸药发展的重点之一。这一时期重点研制的另一类军用混合炸药是高聚物黏结炸药，并在 20 世纪六七十年代形成系列，且随后用途日广，品种剧增。20 世纪 70 年代后期，出现了低易损性炸药或不敏感炸药，它代表军用混合炸药的一个重要研究方向。至

20 世纪 80 年代，此类炸药更加为各国军方重视和青睐。此外，这一时期各国还大力研制分子间炸药。

我国发展军用混合炸药的过程，在某些方面与国外一些发达国家几乎是同步的。从 20 世纪 60 年代起，我国就相继研制了上述各主要的军用混合炸药。我国研制的很多军用混合炸药品种与 A、B、C 三大系列及美国的 PBX、LX、RX 及 PBXN 系列相当，但配方各有特色。

3）发射药与推进剂

这一时期应用的发射药仍然是以硝化纤维素、硝化甘油和硝基胍为主要含能原料的单、双、三基药。20 世纪 70 年代中期以来，各国积极研制高能的混合硝酸酯发射药和硝胺发射药。与此同时，低易损性发射药和液体发射药被普遍重视。

除了配方外，这一时期发展了装药技术并取得了实质进展。从 20 世纪 70 年代开始，装药技术的研究主要集中在增加装药量技术、低温感装药技术、点传火技术及随行装药技术等方面，特别是低温感（零梯度）装药技术，由于具有能显著提高火炮初速和降低膛内压力的作用，成为装药技术领域内的研究热点和重点，我国在这方面取得的成果处于国际领先水平。

20 世纪 50—80 年代是固体推进剂快速发展并取得重大进展的时期。在这一时期，固体推进剂由最初双基推进剂到改性双基推进剂，并在低可探测性、低易损性、贫氧和耐热等推进剂，以及在黏结剂和新型氧化剂等研究方面取得了突破性的进展。工艺也由压伸发展到浇铸，且可制备直径在 6 m 以上的大型药柱和药型复杂的药柱。

我国从 1950 年制成双基推进剂以来，相继发展了多种推进剂，尤其是 20 世纪 80 年代中国研制的硝酸酯增塑聚醚推进剂，其能量水平、燃烧性能、安全性能，特别是低温力学性能均已达到国际先进水平，成为继美国、法国之后掌握硝酸酯增塑聚醚推进剂技术的国家。

4. 火炸药发展的新时期

进入 20 世纪 80 年代中期后，现代武器对火炸药的能量水平、安全性和可靠性提出了更高和更苛刻的要求，促进了火炸药的进一步发展。

20 世纪 90 年代研制的火炸药是与"高能量密度材料"（HEDM）这一概念相联系的。这里的"高能量密度材料"不是指那些单纯具有高的"能量密度"的含能材料，而是指那些既能显著提高弹药杀伤威力，又能降低弹药使用危险和易损性，增强弹药使用可靠性，延长弹药使用寿命，并减弱弹药目标特征的含能材料（火炸药）。

1987 年，美国的 A·T·尼尔逊合成出了六硝基六氮杂异伍兹烷（HNIW），英、法等国也很快掌握了合成 HNIW 的方法。1994 年，我国也合成出了 HNIW，成为当今世界上能研制 NHIW 的少数几个国家之一。目前，美国、中国等都制得了这个氮杂小环化合物。20 世纪 80 年代中期以来，各国还大力研究了二硝酰胺铵的合成工艺，我国也于 1995 年合成出了二硝酰胺铵。

20 世纪 90 年代，除了继续提高丁羟复合推进剂、改性双基推进剂，特别是硝酸酯增塑聚醚推进剂的综合性能外，固体推进剂的研究向纵深发展。高能推进剂（高能低特征信号推进剂、高能钝感推进剂及高能高燃速推进剂）是该领域中的一个重要发展方向。

发射药在这一阶段的研究重点是高能硝胺发射药、低易损性发射药、双基球形药、液体发射药及新型装药技术。

12.1.5　火炸药技术

1. 火炸药技术的研究内容

火炸药技术所涉及的基础理论有无机、有机、分析、物化、高分子等化学知识，涉及化工领域的合成、工艺、分析检测以及生产过程和设备。火炸药技术与各国的国防实力密切相关，因此在该领域内各国都集中了一批高水平的科学家，重点研究火炸药的设计、燃烧、爆炸、弹道等理论；研究火炸药的制造技术；研究它在武器装备、宇航和工农业生产方面的应用理论；研究和发展高性能的火炸药新品种。

1）高能和具有特定性能的火炸药设计理论研究

研究火炸药新品种和探索新能源火炸药是火炸药科学研究的重点和长远的研究方向，主要有以下几方面：

（1）发展高能量密度火炸药：高能量密度的单组分炸药；性能良好的黏结剂；高能量、高密度的推进剂和发射药；含能添加剂和高燃速火药；等等。

（2）发展新能源火炸药：液体发射药；燃料空气炸药；贫氧推进剂；电热化学推进剂；新型高能量密度材料；等等。

（3）发展独具特征的火炸药品种：燃速稳定推进剂；高爆速炸药；变燃速发射药；低爆速炸药；等等。

（4）研究制备火炸药的工艺技术：生产过程连续化、自动化和遥控化等生产的现代化技术；火炸药柔性制造等生产工艺技术；新的工艺过程及有关的技术；生产过程的本质安全程度和与环境保护技术；生产过程的在线检测技术；等等。

（5）研究火炸药的设计理论：火炸药的设计方法和合成理论；火炸药的燃烧、爆炸、弹道等理论；火炸药在武器装备、宇航、工农业生产方面的应用理论；等等。

2）火炸药的应用技术研究

（1）改善使用条件，采用新结构，提高武器的整体威力。

（2）采用高能量密度装药技术，提高火炸药推进与毁伤的能力。

（3）研究火炸药利用率的有关技术，主要包括：

①研究组成与化学反应的关系和增加反应效率的方法。

②研究装药燃气生成规律与效率的关系。

③摄取环境组分，大幅度增加体系的效能等。

（4）研究勤务处理、提高武器机动性和生存能力的装药技术，主要包括：

①简化勤务处理，提高武器机动性能的装药技术。

②提高武器生存能力的装药技术等。

2. 火炸药技术的展望

火炸药是常规武器，甚至是一些战略武器重要的基本组成部分，为各种武器弹药提供发射和毁伤的能源，总是沿着不断提高能量和应用更加安全的方向发展。现代武器对火炸药的能量、安全性和可靠性提出了极为苛刻的要求，促进了火炸药技术的迅速发展。

火炸药技术的发展涉及有机合成、化学热力学与动力学、界面化学和计算机应用等工程技术，它是一种综合性很强的技术。由于该学科的交叉性和行业的综合性，其在科技进步和长期发展中形成一项系统工程。火炸药技术的发展方向归纳起来有以下 3 方面：

（1）利用高新技术更新，改造传统的火炸药工业。

（2）以更高的能量和先进的含能材料及技术，为武器弹药的更新换代建立技术基础。

（3）加强火炸药基础理论、计算机辅助设计及性能模拟演示验证等基础技术的研究。

火炸药重点发展的技术如下：

（1）含能材料和功能材料的合成与应用技术。

（2）新型火炸药的配方和应用技术。

（3）火炸药新工艺技术。

（4）火炸药能量释放、利用及转换技术。

（5）火炸药性能演示验证技术。

（6）火炸药弹道性能模拟、评估技术。

（7）火炸药安全与环保技术。

火炸药技术的突出特点在于它的实践性，其发展必须建立在科学理论和极严格的实验研究基础之上。

12.2　炸　药

12.2.1　炸药及其特点

炸药，是指在适当外部激发能量作用下，能发生爆炸并对周围介质做功的化合物或混合物。炸药的爆炸是一种速度极快且放出大量热和气体的化学反应，其中绝大多数为氧化 – 还原反应。由于炸药爆炸时的放热化学反应进行得极快（从引发中心向外传播的线速度介于亚声速至超声速之间），可以近似地看成定容绝热过程，因而爆炸气态产物的温度和压力都很高（温度达 2 000 ~ 5 000 K，压力达 10 ~ 40 GPa）。当这种高温、高压气体骤然膨胀时，使爆炸点周围介质中发生急剧的压力突跃，形成冲击波，对外界产生相当大的机械破坏作用。

反应的放热性、快速性和生成气态产物是炸药爆炸的三个重要因素。放热性提供能源；快速性使有限的能量迅速放出；气体是能量转换的工质。

就炸药分子结构而言，其具有以下 4 个特点：

（1）高体积能量密度，是指炸药密度大，单位体积炸药爆炸所放出的能量比普通燃料燃烧时放出的能量更高。

（2）自行活化，是指炸药在外部激化能作用下发生爆炸后，在无外界提供任何条件和没有外来物质参与下，反应就能以极快的速度进行，并直至反应完全。

（3）亚稳态，是指炸药在热力学上是相对稳定（亚稳态）的物质，不是一触即爆的化学品，而只有在适当外部作用激发下才能爆炸，进而释放其内部潜能。

（4）自供氧，是指常用单组分炸药的分子内或混合炸药的组分内，不但含有可燃组分，而且含有氧化组分，它们无须外界供氧，在分子内或组分间即可进行化学反应。

12.2.2 对炸药的基本要求

在应用中，对炸药的基本要求有：

（1）具有满意的能量水平，即具有尽可能高的做功能力和猛度。

（2）具有足够的对冲击波和爆轰波的感度，以保证可靠而准确地被起爆。

（3）临界直径（发生稳定爆轰的最小装药直径）小，以保证易于获得完全爆轰。

（4）对机械、热、火焰、光、静电放电及各种辐射等的感度足够低，以保证生产、加工、运输及使用中的安全。

（5）具有良好的物理、化学安定性和相容性，以保证长储安全。

（6）具有良好的加工和装药性能，能采取压装、铸装和螺旋装等方法装入弹体，且成型后的药柱具有优良的力学性能。

（7）原料来源广泛，生产工艺简单，价格低廉，"三废"少且易于处理。

（8）对一些用于特定环境的炸药，还要求满足个别特殊要求，如抗水性、耐热性、抗冻性等。

完全满足上述要求的炸药是很少的，在设计和选择使用的炸药时，大多是在满足主要要求的前提下，在其他要求间求得折中和最佳平衡。对军用炸药重点考虑能量水平、安全水平及作用可靠性。

12.2.3 炸药的类型

炸药的品种繁多，可以采用各种平行的方法对炸药进行分类。

1. 按化学组成分类

按化学组成，炸药可以分为单组分炸药和混合炸药。

（1）单组分炸药，由单一化合物组成，多数是分子内部含有氧的有机化合物，在一定的外界条件作用下，能导致分子内键断裂，发生高速化学反应，进行分子内的燃烧和爆轰。单组分炸药主要有三类：硝基化合物炸药（如梯恩梯）、硝胺炸药（如黑索金和奥克托今）、硝酸酯炸药（如太安、硝化甘油、硝化棉）。

（2）混合炸药，本身是含有两种以上物质组分的能发生爆炸的混合物，根据其性能和成形工艺的要求，由单组分炸药（或者氧化剂加可燃剂）和多种添加剂按适当比例混合制成。添加剂有黏结剂、增塑剂、敏化剂、钝感剂、防潮剂、交联剂、乳化剂、发泡剂、表面活性剂、抗静电剂等。这类炸药有气态的、液态的、固态的。

2. 按作用方式分类

按作用方式，可将广义的炸药分为猛炸药、起爆药、火药、烟火剂。

（1）猛炸药，通常要在一定的起爆源作用下才能爆轰，它利用爆轰所释放出来的能量对周围介质产生强烈的破坏作用，又称为高级炸药。通常所说的炸药一般是指猛炸药。常用的猛炸药有梯恩梯、黑索金、奥克托今、太安及混合型工业炸药等。猛炸药的感度较低，具有相当的稳定性，使用时通常需要借助起爆药才能激发爆轰。猛炸药一旦被起爆就会有更高的爆速和更猛烈的破坏威力。猛炸药还可以分为单质猛炸药和混合猛炸药。

（2）起爆药，是一种易受外界能量激发而发生燃烧或爆炸，并能迅速形成爆轰的一类敏感炸药，其特点是在较弱的外界能量作用下均易激发爆轰，而且反应速度极快，爆轰成长期短，可用于引爆其他炸药。常用的起爆药有氮化铅、雷汞、二硝基重氮酚等。

12.3　发射药及其装药设计

12.3.1　火药

火药，是一种固体含能材料，自身含有氧化剂，能够在一定能量作用下发生快速化学反应，生成大量的热和气体产物，具有巨大的做功能力。当火药达到一定密度后将按平行层燃烧，因此可以通过火药的成分、形状和尺寸的变化来控制其燃烧规律。火药主要用作身管武器发射弹丸的能源。

按用途，火药可分为点火药、发射药、推进剂、烟火剂等。

（1）点火药，是指用以引燃火工药剂、烟火药剂、推进剂及发射药的药剂。点火药按组成可分为单质及混合两类，实际使用的点火药多为混合点火药，主要由氧化剂、可燃剂和黏结剂组成。

（2）发射药，通常是指装在枪炮弹膛内用以发射弹丸的火药。由火焰或火花等引燃后，在正常条件下不爆炸，仅能爆燃而迅速发生高热气体，其压力足以使弹丸以一定速度发射出去，但又不致破坏膛壁。发射药应具有下列特征：燃气相对分子质量小，无腐蚀性，含固体粒子少，不污染枪炮的内膛；爆温不应过高，以免烧蚀内膛；不产生火焰，燃烧有规律，能产生良好的弹道效果；物理、化学安全定性好，能长期储存；资源丰富，生产成本低廉。不同武器要求按其弹道性能将发射药制成不同的形状和大小，常见的形态有管状、带状、片状、球状、粒状、梅花状等。

（3）推进剂，又称推进药，是指有规律地燃烧释放出能量，产生气体，推送火箭和导弹的火药。推进剂具有下列特性：比冲量高；密度大；燃烧产物的气体（或蒸气）分子量小，离解度小、无毒、无烟、无腐蚀性，不含凝聚态物质；火焰温度不应过高，以免烧蚀喷管；应有较宽的温度适应范围；点火容易，燃烧稳定，燃速可调范围大。

（4）烟火剂，是指利用其燃烧反应产生可见光、红外辐射、高热气体、高压气体、气溶胶烟幕和声响等效应的弱爆炸性物质。

按火药燃烧时的外部特征，火药可分为有烟火药和无烟火药。有烟火药是指燃烧时会产生烟的火药。无烟火药是指燃烧时产生较少固体残留物的火药。最常用的发射药是各种无烟火药。

按火药结构，火药分为均质火药和异质火药。按制造工艺，火药可分为混合火药和溶塑火药。通常，溶塑火药都是均质火药，混合火药都是异质火药。混合火药是以某种氧化剂和某种还原剂为主要成分，并配以其他成分，经机械混合和压制成形等过程而制成的。使用高分子复合技术生产的火药，称为高分子复合火药，属于混合火药。溶塑火药是以硝化纤维素为主要成分，配以其他物质制成的火药。按其成分，均质火药又分为单基火药、双基火药和多基火药等。单基火药是只含一种高分子燃烧基剂的发射药，它的主要成分是硝化棉，也称硝化棉单基药。双基火药是含两类燃烧基剂的发射药，通常是高分子炸药和爆炸性溶剂。三基火药是在双基火药中加入不溶解的燃烧基剂而制成的火药，属于复合双基火药一类。

按火药成型工艺，火药可分为压制火药、铸造火药和混合火药等。

按火药的某些特点，火药可分为易挥发性火药、难挥发性火药。

按物理状态，火药可分为固体火药和液体火药。液体发射药包括单元药、双元药和多元药。

12.3.2　装药设计

1. 发射药装药

发射药装药（又称发射装药），是弹药的一个组成部分，是完成一次射击所用的发射药及辅助装药元件的总称。发射药装药的功能，是在射击时赋予弹丸所需要的炮口动能，并能满足武器有关安全、弹道、勤务处理等方面的战术与技术要求。发射药装药学是有关发射药的应用理论与技术的科学。

火炮装药，是指用来进行一次发射的、保证火炮内弹道性能和其他战术技术要求而具有特定形状、尺寸的定量火药及所有其他有关元件。

现代火炮的装药元件及其作用大致如下：

（1）火药。火药是火炮发射能源，是装药中最主要的元件，其种类、质量、形状、尺寸及其在药筒或药室中的配置形式对火炮的内弹道性能起着决定性作用。因此，有时把火药称为主装药。

（2）点火系统。点火是火药燃烧的起始条件，点火的好坏直接影响到火药燃烧的状况，从而影响火炮的弹道性能。点火系统的作用是在瞬间全面地点燃发射药，使火药正常燃烧并获得稳定的弹道性能。点火过强，会造成膛内气体压力骤然增高，甚至引起膛炸；微弱和缓慢点火，会导致装药不均匀点燃和迟发火，会造成弹道性能反常和射击烟雾多。装药的正常燃烧，除了选择合适的点火系统外，还必须合理地选定点火系统的结构和它在装药中的位置。点火系统由两部分组成：一部分是基本点火具，它对辅助点火药、传火药，或直接对装药进行点火，是提供最初点火热量的点火具，包括火帽、击发底火、电底火、击发门管等；另一部分是辅助点火具，用于加强点火能力，包括传火药和传火具。

（3）装药辅助元件。装药中除了火药和点火系统外，还可能有护膛剂、除铜剂、消焰剂、紧塞具和密封盖等装药元件。各种装药不一定都有这些元件，而是根据武器的要求分别选择采用。

①护膛剂，是防止高温高压火药燃气对炮膛烧蚀的元件，是威力较大的火炮装药必不可少的元件。射击时，发生物理化学变化，吸收大量的热，并在内膛表面形成冷却保护层以保护内膛，减轻火药燃气对炮膛的烧蚀作用，提高身管的使用寿命。

②消焰剂，是消除火药燃气在炮口和炮尾处与空气中的氧气发生进一步燃烧（二次燃烧）而产生的火焰或减弱火焰强度的一种元件。它用来避免夜间暴露目标和使射手眼花。

③除铜剂，是清除铜质弹带在运动过程中黏附在膛壁上的挂铜的一种元件。积铜的存在会妨碍甚至阻滞弹丸的正常运动和降低射击精度，甚至在积铜严重时出现胀膛现象，一般使用铜质弹带的弹丸的装药都添加除铜剂。

④紧塞具，是一种厚纸制的纸具，常有一个盂形盖和数量不等的纸筒、纸垫等，用于药筒装药。其作用在于：平时（特别是运输、传递时），用以固定装药，防止装药窜动或各个元件间相互错动，保护药粒免遭损坏；装填时，防止装药元件向前窜动，保持装药原有结构

和弹道性能；射击时，在起始阶段能阻止火药燃气泄漏，帮助药筒口部迅速贴紧药室。所有这些都有利于装药的良好点火与燃烧，保证弹道的稳定性。

⑤密封盖，是一种有提环的厚纸制盂形盖，其上涂有密封油，用以密封装药，防止受潮。密封盖只在药筒分装式装药才具备，射击前应取出。

⑥可燃药筒，是装药的容器，发射过程中随火药一起燃烧，射击后消失。可燃药筒也具有能量，其燃烧性质、质量、结构对弹药的强度、储存性和易损性有重要影响，对弹道性能也有影响。

2. 发射药与身管武器的关系

发射药是身管武器的一个组成部分，是武器进行抛射的能源，而武器又是发射药正常发挥作用的环境和条件，它们是通过武器的总体设计而组成为互相联系的整体。武器射击时，首先是发射药燃烧，然后通过燃烧的产物的膨胀推动弹丸，使弹丸获得很高的速度。全过程完成了发射药化学能变为弹丸动能的能量转化。发射药和身管武器之间互相促进和互相制约，主要表现在以下几方面：

（1）身管武器的发射威力，主要取决于发射药的能量及其利用率。

（2）身管武器的寿命，与发射药燃气的热作用、化学作用和冲刷作用有直接关系。

（3）发射药的质量、装药结构、点传火性能直接影响身管武器的射击精度，发射药的高密度装药对弹道稳定性的影响更为明显。

（4）发射药的性质（如燃气的化学性质、发射药的力学性质）明显地影响武器的战斗环境和武器的使用效果；武器射击过程中的各种有害现象（如烟、焰、噪声、冲击波、膛胀、膛炸）大都与发射药的性质有关。

（5）发射药及其装药能影响武器的机动性和勤务操作。

3. 身管武器对发射药及其装药的一般要求

虽然枪械、迫击炮以及远射程、高初速、高射速等火炮对发射药及其装药的要求不完全一致，但它们对发射药及其装药有最基本的共同要求。

（1）发射药应有足够的能量，在药室容积限定的条件下，满足装药能量密度和膛口动能的需要。

（2）发射药应有良好的燃烧性能，特别是稳定燃烧的性能，发射时装药能按照设计的程序有规律地释放气体。

（3）在运输、储存和射击过程中，特别是在低温射击过程中，发射药应有很好的力学性能，能承受外界的机械冲击和装药高压燃气的冲击，以及药粒彼此间挤压或碰撞。

（4）发射药的烧蚀性应尽量小，在满足弹道指标的前提下，能保证身管有较高的寿命。

（5）射击时，燃烧的装药应避免形成膛口焰和膛尾焰，由膛口流出的气体应少烟和低毒。

（6）在长期储存中装药不能变质，不能发生事故，要满足储存期安定性和安全性的要求。

（7）选用的发射药，应该易于生产，原料丰富，成本低廉。

上述基本要求是身管武器对发射装药的共性要求，大口径远射程火炮、高膛压高初速火炮、高射速火炮、无后坐力火炮、迫击炮以及枪械，依据它们在战术中的作用和所承担的任务，它们对发射装药的要求又各有侧重。在基本要求的基础上，再分别满足一些特殊要求，有利于发射药潜力的发挥，有利于武器特征及其威力的发挥。

4. 火药装药的类型

目前国内外武器装备中对线膛武器实际使用的装药有两种类型：一种是粒状装药用传火管点火的结构；另一种是粒状药加长管药或全部为长管药而以点火药包点火的结构。但有时一个装药同时含有传火管和点火药包，这就成了混合结构。

根据弹道要求所确定的构造特征与装填方式，一般线膛炮装药有药筒定装式、药筒分装式和药包分装式等装药结构。

1）药筒定装式装药

装药主要按弹道要求设计，安置在药筒中并与弹丸结合在一起。该装药的特点是：装药一经设计定型就不再改变，装药量固定，无论是保管、运输还是发射，装有一定量发射药的药筒始终与弹丸结合成一体。药筒定装式装药的优点是发射速度高，在战场上能迅速形成密集的火力，装配后的全弹结合牢固，密封性好，运输、储存和使用方便。这种装药适用于各种中小口径自动武器和射速较高的火炮。

2）药筒分装式装药

药筒分装式装药是把装有发射药的药筒和弹头分成独立的组件，按套配备，分开储存。射击时分两步装填，先装弹头，再装有发射药的药筒。这种装药多用于大、中口径榴弹炮，加农榴弹炮和加农炮。药筒分装式装药能在炮位不变的情况下，通过变动装药量就可以获得不同的初速和射程。药筒分装式装药一般是由不同型号发射药组成的混合装药，混合装药有多孔和单孔粒状混合药、粒状药和管状药混合药。该装药由薄火药制成基本药包，用厚火药制成等质量的附加药包。基本药包在射击时必须能达到规定的最低初速和解脱引信保险所需的最小膛压，全装药射击时必须提供规定的最大初速，并且不能超过允许的最大膛压。使用药筒分装式装药的火炮，其口径较大，弹药的点火系统是由底火和辅助点火药包组成。大威力火炮变装药还使用护膛剂和除铜剂，中威力火炮的装药只用除铜剂。

3）药包分装式装药

药包分装式装药的结构原理与药筒分装式装药相同，但不用药筒，而是直接将药包结合装入药室，并用特殊的击发管引发。平时，药包的储运过程均置于密封的包装筒中，装填时直接放入药室。该装药可以由一种或者两种牌号的发射药组成，有若干个药包。一个整体的药包能获得固定的初速，几个药包的组合能分别获得不同的速度。药体可以是粒状的或是管状的，一般具有两种以上的牌号。采用药包分装式装药时，由于取消了药筒，从而降低了使用费用，但其发射时药室的闭气问题就显得尤为突出，因而在采用药包分装式装药时，在火炮中均需同时采用可靠的闭气装置。目前，国内外流行的模块装药与药包分装式装药非常相似，不同的是在模块装药中没有药包，而是将发射药制成具有一定刚强度的装药模块（通常是将粒状药装入标准化的可燃药盒形成装药模块，也有直接将发射药压制成标准药块的）。在每个装药模块中，根据需要分别含有其他相应的装药元件。发射时，根据发射指令中的发射装药号，将对应规格及数量的装药模块装填进炮膛。

5. 发射药装药设计

1）装药设计及其流程

装药设计包括装药的弹道设计、点火系统设计、装药辅助元件设计和装药结构设计，设计流程如图 12.2 所示。装药的弹道设计是进行发射药能量、装药密度和全冲量的计算，设计结果是确定出装药所用的发射药种类、装药量、药型和发射药的弧厚。点火系统设计、装药辅助元件设计与装药结构设计，是进行点火剂、装药容器、缓蚀衬纸、消焰剂、除铜剂、固定元件、传火元件等装药部件的选择，并确定各装药元件的相对位置和确定装药的整体结构。

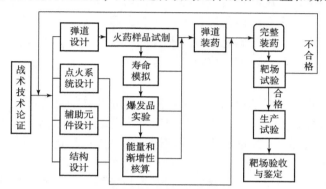

图 12.2　装药设计流程示意

装药的弹道设计是决定装药系统做功过程的设计。一旦确定了弹道方案，接着就进行装药辅助元件和装药结构的设计。其中，点火系统设计是辅助元件设计的重要内容。虽然点火系统、辅助元件以及装药结构等设计的目标是明确的，但因现有的理论不系统，缺少最优化判据，所以在弹道设计之后往往是依靠经验并结合一些试验，先初步选择某种结构和元件，再经过从弹道设计、装药元件设计、装药结构设计和试验的多次反复，直至达到总体要求后才最终确定装药的整体设计。

2）装药设计的实施

装药设计的基础参数由设计要求和武器基本条件来提供，包括火炮条件（如火炮类型和火炮主要参数，如火炮使用的压力、火炮口径、炮膛断面积、药室结构、炮管长度等）、弹丸条件（如弹的种类、弹丸质量、弹的结构等）、弹道指标（如最高膛压与最低膛压、初速、初速分级、初速或然误差、膛压温度系数、速度温度系数等）、射击环境（如使用环境、火炮寿命、射击时弹药的装填方法等）。

（1）装药的弹道设计。

①发射药选择。根据装药的基础条件和装药设计的基本参数，初步选定发射药，提出几个可供考虑的发射药型号。

②装药能量密度和发射药渐增性的核算。对入选的发射药进行弹道计算，求出给定条件下多组方案的最大压力、初速和燃尽系数等参数作为评价指标来权衡。

③装药高、低温弹道性能的核算。对初选的装药方案进行高、低温弹道性能的计算。

（2）点火系统设计。

点火系统设计的点火强度指标有：点火药气体压力最大值、点火时间、点火药气体压力曲线上升的趋势、装药单位表面积所吸收的热量、点火压力曲线的重现性。对于一般的线膛武器，主要是控制点火压力、点火时间和点火热量，满足这些量的要求后，其他两项指标就比较容易满足。但对于有气体流出的低压火炮，这五项指标都必须考虑。

①点火元件的选择。常用的点火具有底火、点火药包和中心点火管。组成点火具的点火元件是药筒火帽、底火和辅助点火药包。小口径、短药室、定装式装药可直接选用底火作为点火具；中小口径火炮可以选择底火和点火药包作为点火具；大口径、长药室的定、变装药，需选择底火、点火药包、辅助点火药包和/或管状点火药束组成的点火具，也可直接选择中心点火管。对于装填密度较高、药筒较长的弹药，最好选用中心点火管点火具。

②点火药种类的选择。现有三类点火药：黑火药、多孔性硝化棉点火药和奔奈药条。最常用的点火药是黑火药。多孔性硝化棉点火药与黑火药配合使用于低压火炮，以增加点火药的热值。奔奈药条是由黑火药与硝化棉混合而成的条状点火药，可以在大口径火炮中应用。

③点火药量的选择。利用定容燃烧在给定点火压力条件下计算点火药量，或者利用经验公式估算点火药量。

经过反复试验和修正，对选择的点火具、点火药和计算的点火药量进行优化，进行弹道试验时，要固定除系统之外的装填条件，只改变点火系统，同时测定火炮的最高膛压、初速和压力曲线，最后选定压力、速度和点火时间适当的、弹道稳定的点火系统。

（3）装药辅助元件选择。

缓蚀衬纸、除铜剂、消焰剂以及紧塞具和密封装置等是常用的装药辅助元件。选择缓蚀剂时，应该在考虑装药条件、火炮口径、装药质量、发射药性质和药室的结构等因素之后，再确定缓蚀剂的质量、类型和装填方式，缓蚀剂占装药量的5%左右。如果弹带的材料是铜，则装药应使用除铜剂，除铜剂占装药量的1%左右。根据火炮的口径、初速、炮口压力、燃气温度以及产生炮口焰的条件等来决定消焰剂的用量、需要固定的装药要用紧塞具。大口径分装式装药需用密封装置。

（4）装药结构选择。

①根据武器的类型和战术技术要求选择相应的装药结构。中小口径加农炮、高射炮采用药筒定装式装药；大中口径榴弹炮、加榴炮和大口径加农炮一般选用药筒分装式变装药，只用一组变装药则不能满足初速分级要求时采用全变和减变两种装药，大口径榴弹炮和加农炮也可以采用药包或可燃容器式分装式装药；高膛压火炮采用高能量密度装药；无后坐力炮和迫击炮采用相对应的特制装药。

②发射药位置。粒状药散装于药筒或药包内，装填密度低的粒状药用紧塞具固定于药筒的底部；带装药、杆状药沿药筒的轴向按序排列，过长的杆状药可以截短分段排列，既可以散装，也可以捆扎后装填；粒状药和杆状药混合的装药是先将杆状药沿药筒轴向按序排列，再将粒状药散装于杆状药的周围；变装药的发射药分装于药包或容器内，射击时临时组合装填。装填密度低的发射药都要用紧塞具固定于药筒的底部。

③点火药位置。在短药筒、装填密度不高的情况下，点火药包常放在底火和发射药之间；如果药筒较长、装填密度较高，则除底火和发射药之间的点火药外，要在装药中插入用于传火的管状药束，或者把点火药分成两袋或三袋分放于药筒的底、中、上部。固定于药筒底部的中心点火管普遍适用于粒状药装药的点火，但用于带状药或管状药装药的中心点火管，其传火孔设在点火管的两端。变装药可以将点火药分成两袋，分别放置在药包的上面和下面。

④辅助元件位置。缓蚀衬纸安置在装药的周围并接近于弹底，药包分装式装药使用的缓

蚀剂可以直接涂在药包布上。除铜剂绕成线圈放置在发射药和紧塞盖的中间（或套在发射药束的上部），带状除铜剂扎在装药上（或直接插在装药内）。消焰剂可放在装药的上端或下端，以分别消除炮口焰和炮尾焰，分装式装药可以把消焰剂预制成消焰药包使用。紧塞具和厚纸筒一起放在装药的上部。涂有石蜡、地蜡和石油酯熔合物的密封盖同样置于装药的上部，但在射击前要从药筒中取出。

（5）发射药样品试剂。

①发射药样品（或选用现有发射药）。取两种或两种以上的发射药品种（配方或药型）作为主方案进行试验，制出或选出的发射药试品，并将其用于密闭爆发器试验。

②密闭爆发器试验。通过指定最大压力的试验测出并比较出各试品在高、低、常温下的发射药特征值和 $p-t$（压力–时间）曲线，着重求出不同温度下的燃速公式，比较各试品在不同温度下的强度和增面因素，从中淘汰强度不适合的发射药试品。

③寿命模拟。用烧蚀管法和模拟烧蚀枪法比较发射药试品的烧蚀性。

④用密闭爆发器试验数据进行装药能量密度和发射药渐增性的核算。

经上述 4 步工作，基本选定 1~2 种力学性能、火炮寿命、高低温弹道性能可能满足要求的装药方案。

（6）试制弹道试验用的装药、配置点火具和装药元件。

对于每一种发射药，除取弧厚计算值进行试制外，再取 ±5% 两种弧厚，合计取三种弧厚进行发射药的试制。在装药方案选择的初期，设法固定点火和装药元件的有关因素，以突出发射药与弹道性能的内在联系。但是决定方案的全过程都应该把发射药、点火、装药元件作为一个系统进行研究和选择。

（7）靶场试验。

选择和制出的装药，经必要的理化和密闭爆发器试验后，才能进入靶场试验。靶场试验测定初速、最大压力以及 $p-t$ 曲线，并尽量测定膛内压力波和药室不同位置的 $p-t$ 曲线。根据试验结果和试验条件，对计算过程及内弹道编码进行修正，再进入装药诸元计算、试制装药、密闭爆发器试验、靶场试验的循环性工作，直到满足弹道诸元、勤务要求、战术要求为止。在此循环中，应不断修改装药参数和弹道模型，同时修改装药元件和装药结构，使之成为可用于生产和实战的装药。

（8）生产试制。

通过生产试制，验证生产的可能性和创造生产条件。

（9）靶场验收与鉴定。

按照国家标准、军事标准的要求进行靶场验收和鉴定。

12.4　火工烟火技术

12.4.1　火工品技术

1. 火工品及其基本特性与分类

1）火工品及其作用

火工品，是指装有少量火炸药的较敏感的一次性小型爆炸元件或装置。它能在外界不大的某种形式能量（机械、热或电能）的激发下，发生燃烧、爆炸等化学反应，并释放出能量，用以获得某种化学物理效应或机械效应，如点燃火药、起爆炸药或作为某种特定的动力能源等。火工品在军事上具有广泛的应用，是各种常规弹药、核武器、导弹及其他航天器的点火、延期、传火、引爆和传爆元件。

火工品在武器系统中的主要功能包括：

（1）组成点火、延期、传火序列，保证武器的发射、运载等系统安全可靠运行。

（2）组成引爆、传爆序列，保证战斗部安全可靠作用，实现对敌目标的毁伤。

（3）作为动力源，完成武器系统的推、拉、切割、分离、抛撒和姿态控制。

2）火工品的特点与基本特性

武器系统从发射到毁伤整个作用过程均从火工品首发作用开始，几乎所有弹药都要配备一种或多种火工品。武器系统中的火工品具有以下特点：

（1）功能首发性。武器系统中的燃烧和爆轰以点火器的点火和起爆器的爆炸为始发能源。

（2）作用敏感性。火工品在武器系统的点火序列和爆炸序列中是最敏感的元件。

（3）使用广泛性。火工品广泛应用于常规武器弹药系统、航空航天系统及各种特种用途系统。

（4）作用一次性。火工品是一次性作用的元件，同一发产品其功能无法重现。

火工品的基本特性：

（1）尺寸小，在整个能量或爆炸系统中占据的体积很小。

（2）装药少，相对于发射药、猛炸药等主装药，火工品中装填的火炸药量非常少。

（3）有较高的感度，能在外界较小的初始冲能（如机械能、热能或电能）作用下发生燃烧、爆炸等化学反应。

（4）具有很高的能量释放效率，能够点燃火药、起爆炸药或者形成某种特定的动力能源等。

（5）在燃烧或爆炸序列中通常处于初级位置，属于第一个作用的元件。

（6）可靠性高。

（7）使用安全性较好，长期储存的安定性和生产经济性好。

3）火工品类别

在不同的使用条件下，火工品对输入能量所要求的形式和大小可能有较大的差别，在结构和体积上也有差别，与之相应，在输出能量上也有较大的差别。《火工品分类和命名原则》（GJB 347A—2005）规定了火工品的分类和命名。该标准将火工品分为 16 类：火帽、点火头、点火管、底火、点火具（器）、点火装置、电爆管、传火具（含传火管、传火药柱、传火药盒）、延期件、索类、雷管、传爆管（含传爆药柱、导爆药柱）、曳光管（含曳光药柱）、作动器（含推销器、拔销器、爆炸开关、切割索等）、抛放弹、爆炸螺栓（含爆炸螺帽）。

按输入能量形式，火工品可以分为机械能式、热能式、电能式、光能式、化学能式和爆炸能式火工品。机械能式火工品又分为针刺、撞击、摩擦火工品。热能式火工品又分为火焰、热气体、绝热压缩火工品。电能式火工品又分为灼热桥丝、薄膜桥式、导电药式、火花式、爆炸桥丝、飞片式火工品。光能式火工品又分为可见光、激光火工品。化学能式火工品主要指浓硫酸点火弹药雷管。爆炸能式火工品主要指炸药引爆。

按主要用途及其输出特性，火工品可以分为点火器材、起爆器材、动力源火工品。点火器材多用于引燃各种火药装药，主要包括火帽（引信火帽、底火火帽）、底火、导火索、点火具、电点火管、导火索等。起爆器材多用于引爆各种爆炸装药，主要包括雷管（火雷管、电雷管）、导爆索、导爆管等。动力源火工品利用火工品燃烧或爆炸释放出来的化学能，作为完成各种特殊作用的能源，如曳光管、作动器、抛放弹、爆炸螺栓等。

按适用对象，火工品主要分为军用火工品和民用火工品两大类。除了火帽、底火等弹药中使用的军用火工品之外，导火索、雷管、导爆索等相同种类的火工品在结构上大同小异，因此某些火工品具有一定的军民通用性。

4）对火工品的技术要求

虽然火工品的种类繁多，但是为了满足使用要求，且能适应广泛的应用范围，火工品必须具有以下一般技术要求：

（1）合适的感度。若感度高，则输入的能量小。要求感度的目的是保证作用的确实性（或可靠性）。

（2）适当的威力。火工品的威力是根据使用要求提出的，过大、过小都不利于使用。

（3）使用的安全性。火工品是敏感元件，必须保证在生产、运输、装配、发射和飞行中的安全。

（4）长期储存的安定性。火工品在一定条件下储存，不应发生变化与失效。一般军用火工品规定储存期为 15 年以上。

（5）适应环境的能力。火工品在制造使用过程中将遇到各种环境力的作用。

（6）其他特殊要求。由于使用条件的不同，可以提出一些特殊的要求，如作用时间、时间精度、体积大小等。此外，制造火工品的原材料应立足国内，且结构简单、制造容易、成本低、易于大量生产。

2. 常用的火工药剂及其特点

火工药剂的品种很多，根据其组成、物理化学性质和爆炸性质的不同，可以有不同的分类方法，但人们最关心的是按用途来分类。按用途的不同，火工药剂可以分为起爆药、猛炸药、点火药、针刺药、击发药、延期药和火药等。

1）起爆药

起爆药是火工药剂中最敏感的一种，受外界较小能量的作用就能发生爆炸变化，而且在很短的时间内其变化速度可增至最大（即所谓的爆轰成长期短），但是它的威力较小，在许多情况下不能单独使用，只是用来作为火帽、雷管装药的一个组分，以引燃火药或引爆猛炸药。常用的起爆药有雷汞、叠氮化铅、三硝基间苯二酚铅、四氮烯（又称特屈拉辛）、二硝基重氮酚，以及以这些药为主所组成的共沉淀药剂、硝酸肼镍、GTG 等。

2）猛炸药

猛炸药典型的爆炸变化形式是爆轰，除主要作为各种弹药的主装药外，常用作为火工品的传爆药及雷管和导爆索的装药。猛炸药感度较低，它需要较大的外界能量作用才能激起爆炸变化，一般用起爆药来起爆。常用的猛炸药有梯恩梯、特屈儿、黑索金、太安、奥克托今等单质炸药，以及以黑索金和奥克托今为主体的混合炸药。

3）点火药

一般点火器材中的点火药大多由氧化剂、可燃物和辅助添加成分构成。点火药的特点是热感度较高，点火能力较强。它具有发火温度低，燃烧温度高，有适量固体或（和）液体生成物等特点。主要用作点火、传火类火工品的装药。常用的点火药有 CP、BNCP、锆/过氯酸钾、硼/硝酸钾等。

4）击发药、针刺药

击发药、针刺药主要由起爆药、氧化剂和可燃剂等混合而成。起爆药作为感度调节剂，用在针刺火帽和针刺雷管中。

5）延期药

延期药通常是以氧化剂和可燃物为主体的混合药剂。延期药一般由火焰点燃后，经过稳定的燃烧来控制作用的时间，以引燃或引爆序列中的下一个火工元件，用在各种延期体（包括延期雷管）中。为了易于压制成型，在延期药中常加入少量黏合剂，有时调整燃速还加入其他附加物。延期药分为有气体延期药（黑火药）和微气体延期药，常用的微气体延期药有钨系、硼系、锆系等。

6）火药

火药典型的爆炸变化形式是燃烧。火药广泛应用于火工品中。常用的火药有黑火药、单基药（以硝化棉为主体的火药）、双基药（以硝化甘油和硝化棉为主体的火药）。

3. 引燃用火工品

1）火帽

火帽通常是点火或起爆序列中的首发元件。在点火序列中，火帽由枪机（或炮闩）上的撞针撞击而发火，产生的火焰点燃发射药或经点火药放大后点燃发射药。在起爆序列中，火帽由击针刺入而发火，产生的火焰点燃雷管或延期药。火帽的作用是把机械能转换为热能——火焰。

按用途分类，火帽可分为药筒火帽（底火火帽）、引信火帽和用于切断销子、启动开关和激发热电池等动作所用的火帽。按激发方式分类，火帽可分为针刺火帽、撞击火帽、摩擦火帽、电火帽、绝热压缩空气火帽、碰炸火帽、激光火帽等。

（1）针刺火帽。

以击针刺击发火的火帽称为针刺火帽。针刺火帽主要用在引信的点火序列、起爆序列以及保险机构和自炸机构中，因此，有时又称为引信火帽。针刺火帽主要作为引信主要传爆序列中的元件，完成引爆弹丸的作用，也用在引信的某些侧火道的保险机构中，完成引信的炮口保险或隔离保险的作用，还用在引信的自炸或空炸机构中，使未击中目标的弹丸自行销毁。

针刺火帽应满足的战术技术要求：

①有足够的点火能力。

②有合适的针刺感度。

③对发射振动的安全性。

④具有一些对火工品共同的要求。

针刺火帽一般由火帽壳、发火药剂、加强帽（或盖片）三个主要部分和虫胶漆密封、底层引燃药等组成，四种典型针刺火帽结构如图 12.3 所示。

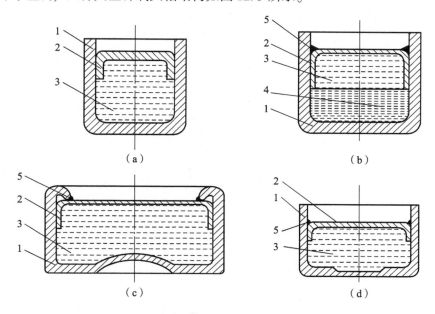

图 12.3　四种典型针刺火帽结构示意
1—火帽壳；2—加强帽；3—击发药；4—加强药；5—虫胶漆

针刺火帽的发火机理：当击针刺入火帽时，先通过盖片，再进入压紧的药剂。针刺起爆是由针尖端刺入压紧的药剂中引起的，这一过程可以看成是冲击与摩擦的联合作用过程。在击针刺入药剂时，一方面药剂为腾出击针刺入的空间而受挤压，使药粒之间发生摩擦；另一方面，击针和药剂的接触面上也有摩擦。在击针的表面及药剂中有棱角的地方，便形成应力集中现象，并产生"热点"。"热点"很小，但是温度很高，当"热点"温度足够高，并维持一定时间后，火帽就被起爆。要使针刺火帽发生爆炸变化，必须有外界和内在的因素共同作用。外界因素是击针刺入的条件（击针的硬度、刺入药剂的速度和深度等）；内在因素是药剂的性质（药剂的感度）。外界因素为药剂的爆炸变化提供了条件。击针硬度大，刺入速度快，产生"热点"的可能性就大，有利于起爆。内因是变化的依据，使针刺火帽具有爆炸变化的可能性。

（2）撞击火帽。

以撞击激发的火帽称为撞击火帽。撞击火帽主要用于枪弹药筒和各种炮弹的撞击底火、迫击炮的尾管及特种弹的药筒中，用来引燃底火与传火管中的传火药、扩延药和点燃各种枪弹中的发射药，因此也称为底火火帽。撞击火帽是用来点燃火药的，所产生的火焰应足以点燃发射装药或其点火药。若火帽的点火能力不够，则在击针撞击火帽后，火药不是立即发火，而是经过一定的延迟时间后才发火，这样不仅会影响射击速度，而且容易发生危险。若火帽的作用不一致，点燃火药产生的膛压就不一样，则弹丸的初速就不一样，从而影响武器的弹道性能。

撞击火帽应满足的战术技术要求有：

①具有点燃火药的可靠性和作用一致性，从而保证火药装药弹道性能的一致。

②有适当的撞击感度，保证在适当的能量作用下必须发火切实。

③壳体有一定的强度，保证能承受高压作用。

④撞击火帽爆炸反应的生成物不应对武器产生有害影响。

撞击火帽主要由火帽壳、盖片、击发药、火台等部分组成，四种典型撞击火帽的结构如图 12.4 所示。

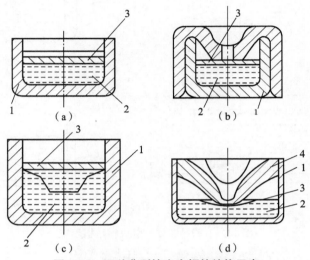

图 12.4 四种典型撞击火帽的结构示意
1—火帽壳；2—击发药；3—盖片；4—火台

一般撞击火帽的发火过程：

①撞针作用于火帽上时，火帽的底部变形向内凹入，因为火台是紧压在火帽盖片上并且固定在药筒或底火体中（插入式火帽自带火台），所以火帽中的药剂受到火台和底火底部变形引起的挤压而发火。

②当药剂受到挤压时，其中的起爆药受到撞击、压碎、摩擦等形式的力的作用，药粒之间相互移动，在起爆药的棱角（或棱边）上产生热点，这些热点很快扩散，使整个装药发火。产生的火焰点燃发射药或底火中的黑火药。因此，撞击起爆也属于热点起爆机理。要使热点温度高，就要求撞针的能量集中于部分药剂上，所以火台的尖端面积、撞击的半径、火帽壳底部的硬度和厚度等都影响火帽的感度。

2）底火

枪弹和口径很小的炮弹可单独使用一个火帽来引燃发射药。当弹的口径增大时，由于所装的发射药量增加，单靠火帽的火焰难以使发射药正常燃烧，造成初速和膛压下降，甚至发生缓发射，还会造成近弹和射击精度下降等故障。所以当口径≥25 mm 时，通常用增加黑火药或点火药的方法来加强点火系统的火焰，增加的黑火药或点火药既可以散装，也可以压成药柱。为了使用方便，通常将火帽和黑火药（点火药）结合成一个组件，用于点燃发射药装药，这种火工品称为底火。在射击时，底火中的火帽首先接受火炮撞针的冲量而发火，产生的火焰点燃底火中的装药，由装药产生比火帽火焰大得多的火焰来点燃发射药。当炮弹口径进一步增大时，仅靠底火的点火能力也满足不了发射药正常燃烧的要求时，在底火和发射药之间还要增加点火药包。

底火应满足的战术技术要求：

①足够的感度，不允许瞎火。

②足够的点火能力，保证弹道稳定性。

③足够的机械强度，不被击穿，不允许泄气。

④使用安全，不会早发火。

⑤密封性好。

⑥满足火工品的其他一般要求。

底火的种类很多，常用两种分类方法，一种是按火炮输入底火能量形式分，可分为撞击底火和电底火，还有撞击和电两用底火；另一种是按火炮的口径分，可分为小口径炮弹底火（口径 <40 mm）和大中口径炮弹底火（口径≥40 mm）。

（1）撞击底火。

撞击底火是由火炮击针撞击而发火的底火，也称机械式底火。撞击底火的本质是用以引燃发射装药的复合点火装置。

撞击底火通常由底火体、火帽压螺、火台、闭气锥体、散装黑火药、黑火药饼、羊皮纸垫及黄铜盖片等组成，典型构造如图 12.5 所示。

当击针撞击底火时，底火外壳变形，迫使火帽运动，而火台阻止火帽运动，在火台与击针的夹击下火帽发火，火帽发火产生的高压燃气通过火台上的孔，推开压螺上的闭气塞，进而引燃黑火药，黑火药燃烧产生大量高温高压燃气，进一步引燃发射药。当弹药口径较大，底火的火焰也满足不了发射药正常燃烧的要求时，还必须配合使用点火药包，而点火药包的装药量随炮弹口径的增大而增大。

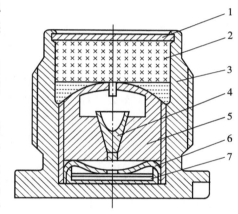

图 12.5　典型底火的构造
1—盖片；2—黑火药；3—底火体；4—闭气塞；
5—压螺；6—火台；7—火帽

（2）电底火。

随着战车、飞机、舰艇、导弹等运动目标速度的提高，要求武器具有高的射速，因而相应地要求底火也必须提高作用的迅速性（瞬发度）。一般撞击底火不能满足上述要求，因此就出现了用电能作为能源的电底火。电底火接收电冲量而发火，具有结构简单、作用时间短、发射速度高等优点，可以大大提高火炮的射速及齐发同步性。

电底火应满足的主要要求有：

①作用时间短。

②耐高膛压，有足够的强度，避免击穿漏烟。

③能承受上膛时的振动。

④满足火工品的其他要求。

电底火主要有灼热桥丝式与导电药式两种类型，当前使用的主要是灼热桥丝式电底火。典型灼热桥丝式电底火由黄铜外壳、黄铜环电极、黄铜芯电极、绝缘垫片、桥丝、点火药、绝缘塑料和纸垫等组成,如图 12.6 所示。

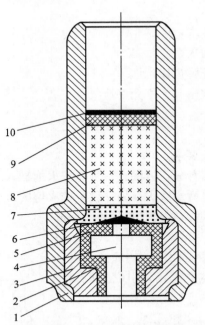

图 12.6　典型灼热桥丝式电底火结构示意图

1—黄铜外壳;2—绝缘塑料;3—环电极;4—芯电极;5—绝缘垫片;6—桥丝;
7—斯蒂酚酸铅;8—传火药;9—纸垫;10—漆

当击针撞击底火底部时,击针与底火芯电极接触,构成通电回路:电源正极→击针→底火芯电极→双灼热电桥→环电极→底火壳→电源负极。通电后,桥丝升温,点燃点火药,进而点燃传火药。当其生成物压力达到一定值时,火焰冲破纸垫点燃火药装药。此时,电底火因承受高压高温火药气体的冲击,而不出现底火的击穿、漏烟和芯电极突出等现象。

3)点火具

要使火箭发动机中的火箭火药能正常燃烧,就必须使火药表面达到一定的温度,并在燃烧室中建立起一定的压力,为此就需要点火装置。点火装置通常由发火头部分及点火药组成。发火头部分受到外界能量(电能或机械能)作用后,产生一定的火焰。仅仅是发火头产生的火焰能量不够大,不足以满足使火箭火药正常燃烧的要求。点火药起着扩大发火头能量的作用,使火箭火药能迅速全面地燃烧,以达到火箭弹燃烧时弹道性能的一致。

对点火具的要求除了与一般火工品相同外,还应满足两个基本条件,即在外界激发能量作用下,点火具应切实可靠发火;点火具的点火药燃烧后,应可靠地点燃火药装药。当点火具用于弹道上点火时,还应有严格的时间要求。

点火具是一种相对简单的火工品。点火具按其激发能量形式分,可分为电点火具和机械点火具(惯性点火具)。一般火箭弹和火焰喷射器的点火常用电点火具,而增程弹常用惯性点火具。

电点火具主要由电发火头和点火药组成,电源电能转变为热能引燃电发火头,燃烧火焰引燃点火药,扩大了的火焰再引燃火箭火药。根据电点火具电发火头和点火药的相对位置关系,点火具又可以分为整体式和分装式两类。整体式点火具是将发火头放在点火药盒内做成一个整体,将导线引出与弹体的电极部分相接(图 12.7),用于各种小型火箭弹上。为了保证点火的可靠性，一般采用两个或两个以上并联的电发火头。分装式电点火具是指点火药与电发火头不做成一体而分别安装的点火装置。

电发火头是通过接收电能引燃点火药的微小火工品。电点火头按照发火结构的特点可分为桥丝式、导电药式和火花式，如图 12.8 所示。应用最为广泛的桥丝式电点火头是在两根导线之间连接一段细小的桥丝（镍铬、康铜或铂铱金属电阻丝），其上涂有少许发火药，而后将其包覆（或浇注）在点火药中。连接至外面的两根导线在装药附近用胶质绝缘材料固定并分开。

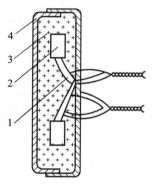

图 12.7　整体式点火具

1—导线；2—电发火头；3—点火药；4—点火药盒；

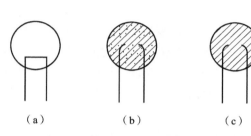

图 12.8　电发火头的三种基本形式

（a）桥丝式；（b）导电药式；（c）火花

桥丝式电发火头的发火属于热激发过程。根据焦耳楞次定律，电流通过桥丝时，电能转变为热能放出热量，此热量主要是用来预热桥丝。桥丝将热能传递给周围的药剂使药剂的温度升高，当药剂的温度达到发火点时，电发火头就被引燃了。由电发火头的火焰去点燃点火药，点火药达到正常燃烧而又持续一定时间的点火温度与点火压力起到扩大发火头火焰的作用，从而使火箭火药能迅速发展成稳定的燃烧，以保证火箭弹的弹道性能的一致性。

火箭增程弹是靠火炮发射出去的，一般借助惯性点火具点燃发动机，使弹丸速度在原有基础上加大，最后达到增大兵器直射距离的目的。惯性点火具在弹丸发射过程中起作用。

惯性点火具主要由惯性膛内发火机构、延期机构和点火扩燃机构等组成，如图 12.9 所示。发火机构由火帽、击针和击针簧组成。延期机构主要是延期药，点火扩燃机构主要是点火药盒。

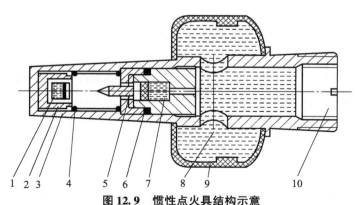

图 12.9　惯性点火具结构示意

1—火帽；2—火帽座；3—点火具体；4—弹簧；5—击针；6—密封圈；7—延期药；8—点火药；9—药膜；10—螺塞

当弹丸在发射筒内向前运动时，火帽连同火帽座一起产生一个直线惯性力，此力可以使火帽（连同火帽座一起）克服弹簧的最大抗力向击针冲去。火帽受针刺作用而发火，火帽的火焰通过击针上的传火孔点燃延期药，经一定时间燃烧后再点燃点火药，点火药燃烧形成点火压力，并迅速点燃弹丸的火箭火药，完成点火作用。

4）点火管

点火管是一种用于引燃抛射药和火箭固体推进剂的火工品，其中由电引发的点火管称为电点火管（图12.10），一般有金属管壳，发火头被包在金属管壳内，引出极分为独脚式和引线式。发火头的结构和电点火头类似，也是将一段金属电阻丝埋入药剂，两端各与一条导线相接，通电后，桥丝升温，引燃周围的火药或者引爆周围的炸药。

点火管有很多种，用机械能（如击针作用）引发的点火管，其作用和底火类似。而用摩擦作用引发的点火管通常称为拉火管。

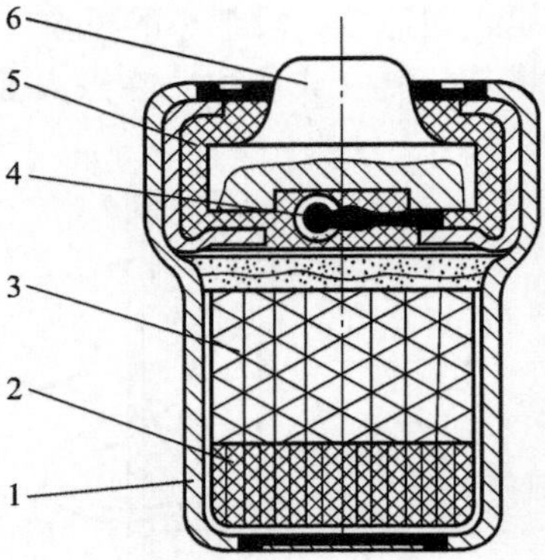

图 12.10 电点火管结构示意

1—管壳；2—点火药；3—发火药；
4—铂铱桥丝；5—绝缘层；6—中心电极

5）导火索

导火索是一种具有连续细长装药的柔性火工品，是一种内有黑火药芯子，外面缠有几层包皮的索状火工品，其作用就是传递火焰和延期点火。

导火索应满足的主要战术技术要求如下：

（1）有足够的火焰感度和点火能力（传火功能：易于被点燃而且有点燃被点燃对象的能力）。

（2）有均匀的燃烧速度，不应中途熄灭或断火。

（3）有一定的尺寸，与其他火工品配合使用。

（4）防潮性能良好，可在潮湿气候和潮湿环境，甚至在水下使用。

（5）火工品的其他要求。

导火索按应用范围分为军用和民用两种，军用导火索的纸层中加有一层防潮剂或塑料，以提高其防潮性。根据不同的燃速，导火索可以分为速燃导火索和缓燃导火索两种。

4. 起爆用火工品

1）雷管

雷管是用自身爆炸产生的冲击波、爆炸气体和破片引爆传爆药和主装药的一种火工品，是使用最广泛的基本起爆元件。

炮弹雷管要参加弹药的发射过程，为此炮弹雷管应满足的主要战术技术要求有：

①有足够的起爆能力，爆炸后能输出足够能量。

②合适的感度，既保证作用的确实性，又保证使用时的安全。

③有足够的抗振性，保证发射和弹着时的安全性。

④运输和勤务处理中的安全性。

⑤长期储存的安定性。

按其激发能源的形式来分，雷管可以分为火焰雷管（由火帽、延期药、扩焰药等的火焰引爆）、针刺雷管（由击针刺击而引爆）、电雷管（由不同形式的电能而引爆）、化学雷管

（由化学药剂的反应来引起雷管的爆炸）、碰炸雷管（由碰击的力量使雷管起爆）、激光雷管（由入射激光能量使雷管起爆）等。随着起爆理论的发展，雷管的起爆形式也将增多。

雷管由金属壳中分层装以起爆药和猛炸药构成。雷管结构分为 3 部分：管壳、加强帽、药剂。几种典型的炮弹雷管结构如图 12.11 所示。

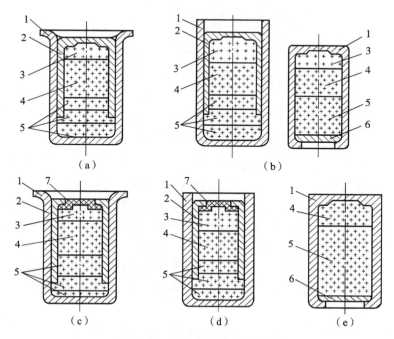

图 12.11　炮弹雷管的结构示意

（a）翻边针刺雷管；（b）无翻边针刺雷管；（c）翻边火焰雷管；（d）无翻边火焰雷管；（e）无引燃药火焰雷管
1—雷管壳；2—加强帽；3—起爆药；4,5—猛炸药；6—盖片；7—绸垫

2）导爆索

导爆索是一种传递爆轰波的索状起爆器材，其本身需要用其他起爆器材引爆，然后可以将爆轰能传递到另一端，引爆与其相连的炸药包或另一根导爆索。导爆索主要用于同时起爆多发炸药装药。它的优点是使用简便、安全，起爆时不需要电源、仪表等辅助设备，也不受杂散电流、雷电、静电等的干扰。

普通纤维外壳导爆索的外形和结构与导火索相似，只是使用白色猛炸药而不再用黑火药做药芯，爆速为 6 000 ~ 7 000 m/s。为了从外观上将两者区别开，导爆索的外层防潮涂料中掺有红色颜料。

按药芯类别，导爆索一般分为黑索金导爆索、太安导爆索。按用途，导爆索可分为军用导爆索、工业导爆索、震源导爆索、安全导爆索、油井导爆索、延时用导爆索等。按包覆材料的种类，导爆索可分为棉线导爆索、塑料导爆索、金属壳导爆索等。

3）导爆管

导爆管是在高强度塑料软管内壁，涂以含超细铝粉的黑索金、奥克托今、太安或硝基胍等极薄层炸药构成的，又称非电塑料导爆管，结构如图 12.12 所示。导爆管只能被一定强度的冲击波或能转化为一定强度冲击波的激发冲量起爆，爆速约为 1 600 ~ 2 000 m/s，主要用于低能、低速传递爆轰。导爆管本身不会自燃或自爆，可由较小的爆轰或爆燃等冲击能激发，冲击波传递至管的尾端可直接引爆火雷管或点燃延期雷管中的延期药，是一种安全的火工品。

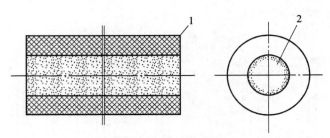

图 12.12　导爆管结构示意
1—塑料管；2—导爆药粉

导爆管本身没有炸药的特性，不会因振动、冲击、摩擦、火焰作用而爆炸，并且只能用于引爆雷管而不能引爆炸药。导爆管在传爆过程中只能看到管内闪光，管体不会破裂。导爆管具有良好的抗电性能，在杂散电流、静电、感应电流作用下不发生意外起爆。导爆管具有良好的抗爆性能，在承受一般机械冲击作用和普通火焰作用下也不起爆。导爆管具有良好的抗水性能，不怕水，不怕潮湿。导爆管造价低、尺寸小、质量小、柔性好，使用安全简便。导爆管的长度可以根据需要切割，多段导爆管可以通过导爆管二通、三通等连接件快速连接，可以一次引爆数千米或引爆多个雷管而不必中间接力，甚至在导爆管中间打结、对折等均不影响正常传爆。

导爆管主要和延期雷管结合构成导爆管起爆系统，也称非电起爆系统。在塑料导爆管内插上光导纤维或导线，可构成一种双用途导爆索。

4）导爆管雷管

导爆管雷管主要由塑料导爆管和火雷管两部分组成，在本质上是一种延期火雷管，其作用原理是利用导爆管输出的冲击波冲击能激发火雷管。

5. 先进火工技术

火工技术是利用了火药、炸药、烟火剂等含能材料的燃烧和爆炸特点，以及其他物理和化学能源转换原理，实现能量的精确控制和转换的技术，广泛应用于武器弹药中实现点火、起爆、传火、传爆以及分离、开舱和抛散等任务。采用该技术的火工系统具有高安全性、高可靠性和高精度等要求，在火工系统中采用了大量的新材料、新技术和新工艺，以提高含能材料的能量转换精度、安全性和可靠性，其中半导体桥火工品技术、激光点火起爆技术、爆炸网络技术、直列式起爆技术、MEMS火工技术等具有代表性。

1）半导体桥火工品技术

半导体桥（SCB）火工品，是指利用半导体膜或金属–半导体膜作为发火元件的火工品。SCB火工品与传统的灼热桥丝式火工品相比，具有发火能量低、安全性高、作用快（可达到微秒级）等优点。

根据硅的电阻率与掺杂浓度和温度的关系，随着温度升高，高掺杂半导体材料电阻变化不大，略有升高。当温度高于800 K后，其电阻变为负温度系数，使高掺杂半导体桥在加热过程中易形成温度升高－电阻略下降－热功率增大的正反馈效应。因此，在高温下，高掺杂半导体材料做成的 SCB 易形成高温等离子体，并以微对流的方式渗入起爆药中使之起爆。这种热交换方式具有更高的效率，可导致发火能量降低和作用时间缩短。此外，半导体桥与硅衬底紧密接触，而硅衬底具有良好的散热性，这有利于提高半导体桥火工品的安全电流。

半导体桥火工品的结构与常规电火工品的结构基本相似，原则上能用常规桥丝式电火工品的系统都可以使用半导体桥火工品，如 SCB 点火装置（SCB 炮弹点火器、SCB 导弹点火器、光电炸药点火器、数字逻辑发火装置等）、SCB 起爆装置（灵巧 SCB 雷管、SCB 冲击片雷管等）、SCB 动力源装置（SCB 射孔弹、SCB 气体发生器、SCB 推冲器等）……

2）激光点火与起爆技术

固体激光器可以产生强功率、短持续时间的冲击脉冲波，而猛炸药的直接起爆正需要一个强冲击，因此大功率激光器可以用作直接起爆猛炸药的起爆源。利用激光能量来起爆装有猛炸药的火工品称为激光雷管，点燃装有烟火剂的火工品称为激光爆管，激光雷管和激光爆管统称激光起爆器。激光起爆器的优点是防静电与射频的能力好、多发作用的同时性好、作用前便于测试检查等。激光起爆器的装药部分结构简单，但是对光学纤维和激光源的要求严格，结构复杂。

激光束作用于炸药的效应有：高功率激光束在炸药中造成的强电场，引起含能材料的电击穿；光冲量造成的光电压、光化学、冲击波作用；光能作用下的热效应等。激光点火过程如下：

（1）含能材料吸收入射激光能量，光热转换作用使激光作用区域的含能材料表面被加热。

（2）含能材料因为被加热而发生凝聚相的化学反应，温度继续升高。

（3）不仅在药剂的表面发生凝聚相化学反应，而且在表面上方也存在气相化学反应，这一阶段被认为点火已经发生。

3）爆炸网络技术

爆炸网络是一种由爆炸元件构成、通过爆轰信号传递起爆指令的火工系统。这里的爆炸元件指的是能够传递和调制爆轰信号的装药体或装药结构。根据装药载体的不同，爆炸网络可以分为刚性网络和柔性网络；根据功能不同，又可分为爆炸逻辑网络、同步起爆网络和异步起爆网络。常用的爆炸网络有爆炸逻辑网络和刚性同步爆炸网络。

4）直列式起爆技术

从第一个爆炸元件开始，到主装药结束的传爆（或传火）序列中，若无机械隔断，则称为直列式传爆（或传火）序列。直列式传爆（或传火）序列用于非隔断式爆炸序列的电发火的起爆器，当电子保险和解除保险装置暴露于闪电、特定的电磁辐射、静电放电、电磁脉冲和核辐射环境中时，都不应被起爆。点火系统与起爆系统的组成基本相同，其中的换能元件均采用爆炸箔，唯一的区别是：起爆系统是用爆炸箔起爆炸药，而点火系统是将炸药换成钝感点火药。

5）MEMS 火工技术

微机电系统（MEMS）火工技术采用微机电的设计思想和制造技术，将微点火桥、微型装药、微机械零部件和微电子线路等集成在一片基片上，形成具有功能可选择、信息可识别和内置安保机构的火工品或火工芯片。由于采用集成设计、冗余设计和微型精密制造技术等先进思想和技术，MEMS 火工品具有微型化、高安全性、高可靠性、多功能性和信息识别的特点。这种具有智能特点的 MEMS 火工品技术在未来不仅能够满足 MEMS 引信和微型武器对火工品微型化的要求，还将推动弹药和武器装备的变革。

国内外投入了大量精力来研究微型火工品列阵和微型传爆序列，以期能用于弹道修正、微型弹药和微型卫星的姿态控制。

将 MEMS 技术应用于火工系统，会极大地降低目前火工装置和系统的尺寸及能源需求，从根本上改变原有的设计观念，使火工品具备系统化、集成化的设计理念。应用 MEMS 加工工艺技术、自动装药、微机电与微尺度爆炸序列混合封装等先进技术，可以实现火工品器件微型化、结构集成化、功能灵巧化，从根本上改变现有的设计理念，提升引信火工品行业水平。

12.4.2 烟火技术

1. 烟火技术概述

1）烟火学

烟火学，以各种烟火药为研究对象，系统、规范化地研究烟火药剂、烟火制品及其产生各种效应的机制、相关装备的结构设计、装药工艺优化、产品性能测试与评价等，并结合试验对有关规律或现象进行总结或理论阐释，从而形成围绕声、光、色、热、烟以及各种气动效应的发生机制、科学运用等理论与技术的一门综合性科学。

烟火学研究的目的是利用烟火药安全、高效地产生各种烟火效应，并通过适当的技术原理使烟火效应最大化。

2）烟火效应及应用

随着现代科学技术的发展，烟火效应及其应用越来越广泛（图 12.13），常见的声、光、烟、热和气动等烟火效应，已经在武器弹药设计、烟幕光电对抗等领域形成广泛应用。

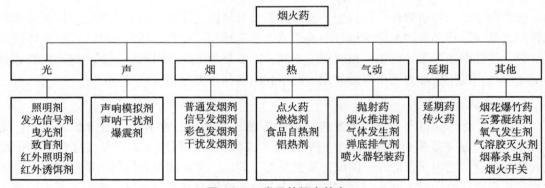

图 12.13　常见的烟火效应

在军事上，传统的燃烧弹、照明弹、曳光弹、信号弹、烟幕弹等烟火弹药广泛应用了烟火药的光、声、热、烟等效应。随着烟火效应的拓展应用，红外照明剂、脉冲信号剂、红外诱饵剂、干扰烟幕剂、弹丸增程底部排气剂、软杀伤烟火剂等新概念烟火药层出不穷，各种燃烧武器弹药和发烟装备器材在设计、制造和使用方面也都紧密围绕提高热毁伤和特定烟火效果开展工作。

3）烟火技术与烟火装备

烟火技术是烟火学理论在现实应用中的具体表现，是长期以来关于烟火效应产生方法、烟火药剂配制、烟火效应应用、烟火器材加工、烟火装备设计、烟火效能评价等技术的统称。烟火技术研究内容包括烟火药设计、烟火效应形成机制与测试评价、烟火相关武器装备的全寿命研究以及各种新技术和烟火安全技术。烟火技术的进步是烟火装备设计、研发的基础。随着科学技术的迅猛发展，现代烟火技术在发展过程中呈现的特征有：多学科知识与技术相互融合发展；新型烟火材料不断涌现；新型烟火技术不断取得突破和应用。

军事意义上的烟火装备是基于烟火学原理研制的烟火药及其施放装置的统称，是点火、发射或者启动后能够快速形成相关效应的制式装备。烟火装备有很多种类，按其军事用途主要分为燃烧武器装备和发烟装备。燃烧武器装备主要以燃烧剂燃烧产生的火焰、热辐射等引起人员烧伤和物资燃烧与损毁。燃烧武器装备包括火焰喷射器、火箭燃烧弹以及相应的火箭集束发射器等。发烟装备是利用发烟剂生成烟幕的器材、弹药、车辆和装置的统称，其中防化发烟装备包括发烟手榴弹、发烟罐、发烟火箭弹、发烟车等。其他军兵种的烟火装备还包括发烟炮弹、发烟航弹、照明弹、曳光弹和空军投放使用的大型燃烧炸弹、燃烧子母弹，海军使用的液体烟幕施放器、海上发烟桶、漂浮发烟罐等武器装备。随着科技进步与军事需求变化，烟火装备一方面已从地面发展到天空（如从传统的发烟手榴弹、发烟罐、发烟车发展到对空烟幕施放系统）；另一方面由近及远，支援保障能力不断提升（如传统的喷火器、单兵火箭的烟火支援范围通常在数十米到 1 km 之内，新型烟火支援系统武器射程已达10 km以上）。此外，烟火装备的自动化、信息化程度也在不断提升，技术战术性能得到进一步改进优化，作战效能显著提升。

烟火装备种类多，具有多种技术战术特点，这就决定了烟火装备作战运用也具有显著的技术特征。烟火装备作战运用效果除了与自身性能有关之外，还与目标属性、战场气象地理条件有关，尤其是与烟火装备使用的时机、数量、编配方式、使用诸元等条件有关。烟火技术、烟火战术和烟火装备三者相辅相成，不能只重视装备研发而忽视对基础性烟火技术的研究，也不能只强调战术而忽视对装备技术的灵活运用。

2. 烟火药剂

烟火药剂泛指烟火弹药或装备中装填、使用的化学物质，其中反应型烟火药剂大多由可燃剂、氧化剂、黏结剂（或稠化剂）以及添加剂组成。常用的可燃剂包括金属、非金属和有机化合物，性能好的可燃剂应该能与氧反应生成稳定的化合物，并释放大量的热量，同时还应具有适当的热释放速率等。氧化剂通常是在中到高温时分解并能释放出氧气的富氧离子固体，在选择时必须考虑应具有适当的分解热以及具有尽可能高的活化氧含量。黏结剂通常为有机聚合物，它使药剂组分在制备和储存过程中避免因材料密度和粒度的变化而分离。添加剂可以是阻燃剂、消焰剂或延滞剂等，以降低燃烧速率或产生其他特种效应。根据用途，烟火药剂主要包括发烟剂和燃烧剂。

1）发烟剂

发烟剂，是能够经人工施放而快速分散为高浓度的微小颗粒物，进入大气环境后可形成稳定的烟和雾及其类似体系，其颗粒物对光线或者电磁波具有强烈的散射和吸收作用，从而达到遮蔽、迷盲、干扰敌方军事观察和光电武器目的的化学物质的统称。

发烟剂是一种特殊的烟火药剂，可以有多种分类方法。

（1）根据其组成，可分为单组分发烟剂、多组分发烟剂。

（2）根据分散前的状态，可分为液体发烟剂、固体发烟剂等。

（3）根据施放原理，可分为燃烧型发烟剂、布撒（洒）型发烟剂、爆炸型发烟剂等。

（4）根据其作用的电磁频段，可分为普通发烟剂、抗红外发烟剂、干扰毫米波发烟剂、多频谱发烟剂等。

2）燃烧剂

燃烧剂，又称纵火剂，是能够发生猛烈燃烧反应并以高温作用形成毁伤、纵火效应的化学物质，是构成各种燃烧武器效能的基础。

燃烧剂有多种分类方式：

（1）按照其化学组成并结合使用特性，分为金属高热剂、自燃燃烧剂、油基燃烧剂、新型高能燃烧剂等。

（2）按其攻击方式，分为集中型燃烧剂、分散型燃烧剂。

（3）按化学特性，分为油基燃烧剂、金属燃烧剂、铝热剂、油基－金属燃烧剂、自燃燃烧剂等。

3. 烟火弹药与装备

烟火弹药与装备是指利用烟火药形成烟幕或产生燃烧毁伤等特种效应的弹药、器材和装备，主要包括燃烧弹、喷火武器、发烟弹、发烟手榴弹、发烟罐、发烟机、发烟车等。

1）燃烧弹

燃烧弹，又称纵火弹，是装有燃烧剂的航空炸弹、炮弹、火箭弹、枪榴弹、手榴弹的统称，一般在弹体上标有红色识别带，主要用于对易燃的建筑、装备、阵地等进行纵火，以破坏敌方设施、杀伤敌方人员。

在现代战争中使用得较多的是燃烧航空炸弹，也是最早大规模用于杀伤有生力量和烧毁物资、油料、弹药库、车辆、建筑物、野战工事、技术兵器等作战目的的燃烧弹药。常用的是混合燃烧航空炸弹和凝固汽油航空炸弹。有分析表明，燃烧弹对易燃目标造成的破坏效能比爆破弹高十几倍。

2）喷火武器

喷火武器，又称火焰喷射器，是指能够喷射燃烧液柱的火攻武器，主要用于攻击火力点、消灭敌方防御工事内的有生力量、杀伤和阻击冲击的集群步兵。喷火武器喷出的油料形成猛烈的燃烧火柱能四处飞溅，顺着堑壕、坑道拐弯黏附燃烧，杀伤隐蔽处的目标，并起到精神震撼的作用。由于燃烧要消耗大量的氧气并产生有毒烟气，因此使用喷火武器会导致工事内的人员窒息。在攻击坑道、洞穴等坚固工事时，喷火武器具有其他直射武器所没有的独特作用。

按喷火能力大小，喷火武器可分为便携式火焰喷射器、车载式火焰喷射系统、喷火火箭系统等。

按发射动力源特点，喷火武器可分为采用压缩气体作压力源的喷火武器、采用火药燃烧产生的高压气体作压力源的喷火武器。

美国 M2A1 –7 式是最有代表性的采用压缩气体作为压力源的便携式火焰喷射器，基本结构如图 12.14 所示。其采用液柱式喷射方式，有总体积约 16 L 的两个油瓶，稀油料的喷射距离为 20 m，稠化油料的喷射距离为 40 m，既可以连续 10 s 一次喷完，也可以分 5 次断续喷射。

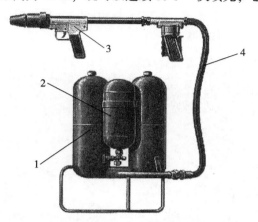

图 12.14　美国 M2A1 –7 式火焰喷射器
1—油瓶；2—压力瓶；3—喷枪；4—软管

3）发烟弹

发烟弹，又称烟幕弹，是在弹体内装填的发烟剂，能直接在敌方的阵地形成烟幕，有效迷盲敌人观察、射击，从而掩护己方军事行动的弹药，包括发烟炮弹、发烟航弹、发烟火箭弹等，在很多国家都被列为特种弹药，一般在弹体上部标有黑色识别带。发烟弹主要用于作战防护，其中发烟炮弹应用得最为广泛。随着光电侦察和精确制导武器的发展，装填红外干扰剂和多频谱发烟剂的新型发烟弹不断涌现，针对空中威胁作战防护的发烟弹施放系统也应运而生。图 12.15 所示为烟幕弹发射系统形成的地 – 空防护烟幕。

图 12.15　地 – 空防护烟幕

4）发烟手榴弹和发烟罐

发烟手榴弹和发烟罐具有携行方便、燃放快速、组合使用方式灵活等特性，既可掩护单兵和分队的作战行动，又可大量组合用于在防御作战中掩护部队转移或者遮蔽交通要道、防御纵深内重要目标等，在世界各国军队都有大量装备。发烟手榴弹一般为燃烧型手榴弹。

发烟罐是一种将燃烧型发烟剂压制或浇铸到罐体内，采用专用的点火装置点燃，经过受热、升华后燃烧的反应产物在大气中凝结、扩散形成烟幕的发烟装备，通常用于掩护分队行动和遮蔽重要目标。进入 21 世纪后,随着战场烟幕防护的需要,很多国家开始研制并装备对抗红外、毫米波、红外/毫米波复合光电侦察和制导武器系统的新型发烟罐,并由此催生了富碳化合物红外干扰发烟剂设计、可膨胀石墨插层与燃烧施放等新技术的研究与应用。有些国家还专门针对海上烟幕使用需求,研制了专用的海上发烟桶或海上漂浮发烟罐,点燃后能够漂浮在海面上连续发烟,如图 12.16 所示。

图 12.16 海上漂浮发烟桶施放烟幕

5) 发烟机和发烟车

发烟机等烟幕施放器是利用机械原理使发烟剂分散形成烟幕,具有更强的发烟能力和机动发烟性能,可用于快速发生大规模遮蔽或干扰烟幕。在军事上,通常将以脉动喷气发动机或涡轮喷气发动机为动力的机械烟幕发生器简称发烟机,它能使雾油汽化或者使预加工的粉体发烟剂充分分散,形成大面积烟幕(主要发生遮蔽可见光和干扰近红外波段的烟幕)。

将发烟机安装在机动车平台上并加装必要的辅助控制系统就构成发烟车,可使其机动性和越野性能得到大幅度提升,发烟车逐渐成为世界各国大规模发烟的主要装备。图 12.17 所示为发烟车施放的可见光/红外混合烟幕。

针对海上烟幕使用需求,将发烟机搭载于各种轻型快艇上,就可构成机动性良好的海上发烟艇,用于在海面形成遮蔽烟幕。图 12.18 所示为发烟艇海上移动发烟。

图 12.17 发烟车施放可见光/红外混合烟幕

图 12.18 发烟艇移动发烟

不同粒度的水雾可分别对可见光、红外等光电信号产生遮蔽干扰作用,并且具有良好的经济性和环保特性。海水资源丰富,在舰艇上加装高压雾化装置,可利用海水形成水雾,能够起到模拟天然浓雾的遮蔽效果。

第13章 工程教育与卓越工程师培养

13.1 工程教育概述

13.1.1 工程

人们从不同的角度对"工程"进行了不同的解释。一般认为，工程是一项精心计划和设计以实现一个特定目标的单独进行或联合实施的工作。《中国百科大辞典》对"工程"的定义是：将自然科学原理应用到工农业生产部门中而形成的各学科的总称。这些学科是应用数学、物理学、化学、生物学等基础科学的原理，结合在科学实验与生产实践中所积累的经验而发展出来的。通过科学和数学的某种应用，使自然界的物质和能源的特性能够通过各种结构、机器、产品、系统和过程，以最短的时间和最少的人力、物力做出高效、可靠且对人类有用的东西。

工程起源于人类生存的需求，伴随着人类社会进步的历史产生和发展，有着漫长的历史发展过程。18世纪，欧洲创造了"engineering（工程）"一词，其本来的含义是有关兵器制造、具有军事目的的各项劳作，后扩展到许多领域，如建筑屋宇、制造机器、架桥修路等。随着人类文明的发展，人们可以建造出比单一产品更大、更复杂的产品，这些产品不再是结构或功能单一的东西，而是各种各样的所谓"人造系统"，于是工程的概念就产生了，并且它逐渐发展为一门独立的学科和技艺。英国工程师、作家Thomas Tredgold认为，工程是为了人类的利益而综合利用自然资源的一种艺术。美国工程教育协会对"工程"的定义是：一种把科学和数学原理、经验、判断和常识运用到造福人类的产品制造中的艺术，是生产某种技术产品的过程或满足特定需要的体系。现代工程的概念十分广泛，涉及的领域也非常多，如机械工程、电子工程、控制工程、管理工程、智能工程等。我国学者认为，工程是人们综合运用科学的理论和技术的方法与手段，有组织、系统化地去改造客观世界的具体实践活动，以及所取得的实际成果；现代工程是一个由研究－开发－设计－制造－运行－管理等诸环节组成的链条。工程追求的目标是社会实现。工程过程是按照一定目标和规则对科学、技术和社会的动态整合。工程的实质是通过技术集成实现创新的过程。

"工程"的含义可以从以下三方面来理解。

（1）工程作为一个学科——工程学，是人们为了解决生产和社会中出现的问题，将科学知识、技术或经验用以设计产品，建造各种工程设施、生产机器或材料的技能，是人们知识的结晶，是科学技术的一部分。

（2）工程作为建造过程，是人们为了达到一定的目的，应用相关科学技术和知识，利用自然资源最佳地获得上述技术系统的过程或活动。这些活动通常包括：工程的论证与决策、规划、勘察与设计、施工、运营和维护；还可能包括新型产品与装备的开发、制造和生产过程，以及技术创新、技术革新、更新改造、产品或产业转型过程等。在这个意义上，工程是针对特定目的之各项工作的总和。

（3）工程作为一个技术系统，是人类为了实现认识自然、改造自然、利用自然的目的，应用科学技术创造的，具有一定使用功能或实现价值要求的技术系统。工程的产品或带来的成果都必须有使用价值（功能）或经济价值。

由此可知，工程具有以下属性：

（1）工程的社会性。工程的目标是服务于人类，为社会创造价值和财富。工程的产物要满足社会的需要。所以工程活动的过程受社会政治、经济、文化制约，其社会属性贯穿工程的始终。

（2）工程的创造性。工程的创造性是工程与生俱来的本质属性。在工程活动中，科学和技术综合并应用于生产实践中，从而创造出社会效益和经济效益。

（3）工程的综合性。工程的综合性一方面表现在工程实践过程中所使用的学科和专业知识是综合的，必须综合应用科学和技术的各种知识，才能保证工程产出的质量和效率；另一方面，表现在工程项目在实施过程中，除了考虑技术因素外，还应综合考虑经济、法律、人文等因素，只有这样，才能保证工程能够获得最佳的社会效益和经济效益。

（4）工程的科学性与经验性。遵循科学规律是保证工程顺利实施的重要前提。同时，为了使工程能够达到预期效果，要求工程的设计和实施人员必须具备较丰富的相关领域的实践经验。

（5）工程的伦理约束性。工程的最终目的是造福人类，因此，为了确保工程的力量用于造福人类而不是摧毁人类，工程在应用过程中必须受到道德的监视和约束。尽管工程对人类做出了巨大贡献，但如果缺乏道德制约，它对人类生活将产生破坏性乃至毁灭性的影响。

13.1.2 工程师

任何工程都离不开人，离不开工程技术人员，尤其是离不开工程师。

随着工程职业变迁，工程技术人员主要有：工程师（engineer）、技术工程师（technologist）、技术员（technician）和技工（craftsman）。著名的美国航天工程家西奥多·冯·卡门认为，工程师致力于创造从没有过的东西，科学家则致力于理解已有的事物。科学家（scientist），主要探索有关自然的新知识，研究其原理和方法，较少参与管理和监督。工程师，主要研究开发科学和工程原理的应用，设计创造有用的产品、过程和服务，常常需要管理和监督别人工作。技术工程师，一般指技术支持工程师，主要是专业应对某一方面的产品或者服务的售前或售后技术维护、应用培训、升级管理、解决客户问题、提出解决方案等。技术员，泛指懂得技术的人员，一般是指能够完成特定技术任务的人员，也就是已经掌握了特定技术的专业基础理论和基本技能，可以从事该技术领域的基本工作的人员。技工，是指有专长或职业技能的技术人员，凭借自身的技能，负责某一工作领域或生产制造流水线的正常运行。

工程师，一般是指受过基础教育和基础工程训练，能运用科学的方法及观点来分析与解决各种工程问题，承担工程科学与技术的开发与应用任务，并且具有指导其他人的技术能力或管理组织能力的专门人才。工程师通过想象、判断和推理，将科学、技术、数学和实践经验应用到设计、制造、对象或程序的操作中。由此可见，工程师承担着工程领域的研究、实验、开发、设计、制造、运行、营销、咨询和教育的职责。现代工程师总是在领导或具体从事产品、过程或系统的构思、设计、实现和运行中的某个环节或全部过程。在这个过程中，他们不仅需要具备学科知识，而且需要具有终身学习能力、团队交流能力和在企业和社会环境下的构思 – 设计 – 实施 – 运行能力。

西方国家实行注册工程师制度，工业/行业/政府制定用人标准，职业团体/政府主办个人职业资格考试（资格认证），政府基于法规发放执业许可证。英国工程理事会将注册工程师分为工程技术员、技术工程师和特许工程师。工程技术员是已有技术和方法的应用者，注重将已有的技术、方法和工艺应用于解决工程问题。他们承担管理或者技术责任，并且在其技术领域内有能力展现自身创造性的资质和技能。工程技术员从事产品、装备、过程或服务的设计、开发、制造、试车、报废、操作或维护。技术工程师是现有技术的解说者，能够管理和维持当前技术的开发和应用，承担一些工程设计、开发、制造、建筑和操作的任务。技术工程师主要工作在技术和商业管理领域，拥有非常有效的人际沟通和交往的技能。特许工程师是技术界和工程界的引领者，他们具有开发和创造新技术、新方法和新思想并将这些技术、方法和思想应用于解决工程问题的能力。尽管这三种注册工程师的划分体现的是类型和分工的差异而非层次的差异，但在英国社会依然体现着工程技术人员职业发展的三个阶段，前一类型的注册工程师在工作几年后都会向后一类型注册工程师发展。对这三种注册工程师的学历教育要求存在着明显的差异。工程技术员仅要求拥有国家承认的工程、建筑和环境的文凭或学位。技术工程师要求拥有经认证的工程或技术学士学位以及同等学位（通常是工程或技术专业的高级文凭外加必要的学士课程）。特许工程师则要求除了拥有经认证的学士学位外，还要拥有硕士（或相当于硕士学位）或者是经认证的工程硕士学位。美国将工程师分为实习工程师和职业工程师。实习工程师要求获得经过美国工程技术认证委员会（ABET）认证的学士学位或工科四年级学生，并通过由美国工程与测量考试委员会（NCEES）组织的工程基础考试。职业工程师要求实习工程师工作四年，并通过由 NCEES 组织的工程实践和原理的考试。NCEES 于 2003 年提出建立新的阶梯式的工程师注册体系，将工程师分为学士工程师、副工程师、注册工程师和职业工程师。学士工程师要求获得经过美国工程技术认证委员会认证的学士学位，不需要获得注册资格和实践许可。副工程师要求在学士工程师的基础上通过工程基础的考试（获得工程博士学位者免考），它不是一个执业资格、不能实践，地位与原有的实习工程师类似。作为注册的第一层次，注册工程师要求在副工程师的基础上拥有四年的从业经验，达到各州的道德要求，可以承担某些工业产品的设计但不能直接向社会提供工程服务或签署有关工程文件。作为注册的第二个层次，职业工程师既可以在副工程师的基础上拥有四年的工作经验，也可以在注册工程师的基础上，要求通过技术性的工程实践和原理考试和非技术的工程实践考试，并达到相关的道德要求，拥有全部执业权限。

我国工程师系列目前采用的专业技术职称体系，是对工程师等级的划分而不是对工程师类型的划分。工程技术人才按照初、中、高三个级别，分为技术员、助理工程师、工程师、高级工程师和教授级高级工程师五个层次。从有利于工程师的使用和管理的角度出发，将工程或产品的生命周期分为服务、生产、设计和研发四个阶段，这种阶段划分适用于各个工程学科和专业，每一阶段对工程师的职责和能力有明显不同于其他阶段的突出要求，因此，有人将各个阶段的工程师分别称为服务工程师、生产工程师、设计工程师和研发工程师。这四个阶段是工程师成长进步和胜任能力提升发生重要变化的主要阶段，清晰地反映了工程师的主要成长过程。

工程师成长的主要途径，一是实践，二是专门教育。

对于工程师的培养，18 世纪末至 19 世纪中以多才多艺（能算、能造、能修）为特点，19 世纪中至 20 世纪初以专业化（专业分工较粗）为特点，20 世纪初至 20 世纪中以非常专业化（专业分工细）为特点，20 世纪中至 20 世纪 70 年代以部分专业化和部分系统化（强调系统把握）为特点，20 世纪 70 年代至 20 世纪末以领域杂交（多学科相互渗透）为特点，21 世纪以系统化、信息化、全球化、全面创新、创业为特点。

13. 1. 3　工程教育

1. 工程教育的概念

工程教育，是以技术科学为主要学科基础，以培养能将科学技术转化为生产力的工程师为目标的专门教育。简而言之，就是以培养各级工程技术人才和工程管理人才为目标的专业教育。培育各类工程人才、发展工程科学技术、弘扬工程文化，是工程教育的目标和使命。

不同类型人才的培养对应不同的教育制度。不同工程人才培养有各自对应的工程教育体制，国际上主要有工程教育（EE）、工程技术教育（ETE）和技术教育（TE）三种。工程教育主要培养工程师；工程技术教育主要培养技术工程师和技术员；技术教育主要培养技术员和技工。在欧洲一般称之为长学制工程教育、短学制工程教育和技术教育；在我国一般称之为高等工程教育、高等职业教育和职业教育。按照联合国教育、科学和文化组织（UNESCO）的国际标准教育分类，专科、本科和硕士教育层次应当区分出 5A 和 5B 两种类型，5B 主要面向职业。

高等工程教育是高等教育重要的组成部分，是在普通教育基础之上，以技术科学为主要科学基础，面向工程实际的应用，以培养善于将科学技术转化为直接生产力的工程师为目标的专业技术教育。高等工程教育的性质是专业技术教育。高等工程教育的内容是传授自然科学知识，包括基础科学、技术科学和工程应用科学领域的知识，通过知识传授来培养学生运用知识解决工程问题能力。

在高校中，将自然科学原理应用至工业、农业各个生产部门所形成的诸多工程学科也称为工科或工学。工科是应用数学、物理学、化学等基础科学的原理，结合生产实践所积累的技术经验而发展起来的学科。工科的培养目标是在相应的工程领域从事规划、设计、施工、原材料的选择研究和管理等方面工作的高级工程技术人才。

传统工科教育是指文、理、工分制条件下的工科高校为社会培养工科专业技术人才的教育，其基础和生长点就是社会产业结构及其需求。传统工科教育的主要内容是传授工程科学知识和技术，不太重视工程科学技术的社会属性，主要是要培养实际应用能力的技术人员。

为主动应对新一轮科技革命与产业变革，支撑服务创新驱动发展、"中国制造 2025" 等一系列国家战略，2017 年 2 月以来，教育部积极推进新工科建设，开拓了工程教育改革新路径。使命重在担当，实干铸就辉煌。深入系统地开展新工科研究和实践，从理论上创新、从政策上完善、在实践中推进和落实，一步步将建设工程教育强国的蓝图变成现实，建立中国模式、制定中国标准、形成中国品牌，打造世界工程创新中心和人才高地，为中华民族伟大复兴的中国梦做出积极贡献。相对传统工科，新型工科是指为适应高技术发展的需要而在有关理科基础上发展起来的学科。主要指针对新兴产业，以互联网和工业智能为核心，将大数据、云计算、人工智能、区块链、虚拟现实、智能科学与技术等用于传统工科专业的升级改造。相对于传统的工科人才，未来新兴产业和新经济需要的是实践能力强、创新能力强、具备国际竞争力的高素质复合型新工科人才。

全面工程教育，将工程思维作为人类知识体系中不可或缺的基础，主张工程教育应包括整个教育和专业培养体系，覆盖从幼儿教育、小学、中学到大学本科、研究生和继续教育的各个教育阶段，将工程思维和工程文化根植于整个社会。全面工程教育强调观察世界的全面视角，在人才培养过程中应综合技术和人文、技术和商贸，培养学生以多学科方法解决实际问题的能力。全面工程教育一改通识教育的传统，将工程通识内容纳入其中，主张非工程类学生也要对工程方法有基本了解。学生可以通过体验工程设计、解题方法和工程决策而扩展知识，奠定工程思维基础，使受教育者在进入社会以后能够很快适应当今工程化了的世界。

2. 高等工程教育的发展

工程教育的发展与工程实践的发展相伴随。

18 世纪的工业革命和技术革命催生了高等工程教育。世界各国在培养时间、培养层次、培养模式、培养结构、学历学位设置上特色各异，形成了高等工程教育的多样性。其中，有两种主要代表模式：一种是以美国为代表的科学模式，重在"学"，以培养工程师"胚胎"为目标，培养通用型工程人才，并且以美国为主导，形成高等工程教育《华盛顿协议》；另一种是以德、法、俄等欧洲国家为代表的工程模式，重在"术"，以培养专业型工程师为目标，培养专才型工程人才。随着时代发展，高等工程教育的现有发展趋势是相互融合、回归工程、重在"实践"。

我国的高等工程教育兴起于晚清洋务运动，新建各种新式（西式）学堂，以实用为目标，开展工程教育，其代表有福州船政学堂、天津电报学堂、北洋水师学堂等。1895 年开办的天津中西学堂是我国现代工程教育诞生的标志，主要是移植哈佛综合性办学模式（社会科学和自然科学两类），以现代工程教育为核心（设有工程（土木）、电学、矿冶和机械等学科），层次结构明显（模仿美国所谓的大学和大学预科，设头等学堂和二等学堂），留学教育作为研究生教育阶段写入规划（优秀毕业生送入美国的哈佛、康乃尔等大学的研究院继续深造）。中华人民共和国成立前，我国有四大工科院校——天津中西学堂、上海南洋大学、唐山路矿学堂、清华学堂。

在 20 世纪 50 年代初的院校调整中，我国工程教育以苏联教育制度为蓝本，"以培养工业建设人才和师资为重点，发展专门学院，整顿和加强综合大学"，构建起了影响至今的工程教育体系，实现传统高等教育向现代高等教育的转型。但是，盲目抄袭、机械照搬之教条主义倾向严重，最后形成了所谓的苏联模式，这一模式与我国国情不太相符，弊端显而易见。1956 年以后，我国开始探索适合自己国情的高等教育道路。20 世纪 50 年代末的"教育大革命"，主要内容是进行教学改革，坚持教育与生产劳动相结合，开展勤工俭学。20 世纪60 年代上半叶，我国高等教育进行了自主化与正规化的改革与调整，这是对苏联模式条条框框的突破和反思，是符合我国实际的积极探索。1963 年的高等学校调整，重点便是修改了通用专业目录，统一了专业名称，整顿了专业种数，应现代化要求增列了一些新专业，对于专业空白点或薄弱环节，"应区别轻重缓急，根据可能条件逐步补齐或加强"，并首次发布了高等学校专业目录。《普通高等学校本科专业目录》是高等教育工作的基本指导性文件之一，它规定专业划分、名称及所属门类，是设置和调整专业、实施人才培养、安排招生、授予学位、指导就业，进行教育统计和人才需求预测等工作的重要依据。改革开放后，1987年的第一次修订高等学校专业目录，解决了"十年动乱"所造成的专业设置混乱，专业名称和内涵得到整理和规范。1993 年，第二次修订高等学校专业目录，重点解决了专业归并和总体优化的问题，形成了比较科学合理的本科专业目录。1998 年，第三次修订高等学校专业目录，则改变了过去过分强调"专业对口"的教育观念和模式。按照科学规范、主动适应、继承发展的修订原则，在 1998 年高等学校专业目录基础上，经分科类调查研究、专题论证、总体优化配置、广泛征求意见、专家审议、行政决策等过程形成了 2012 年高等学校专业目录。本科专业目录的修订调整顺应国家发展的需求，使高校更好地完成培养社会所需人才的使命。本科专业目录的修订调整具有鲜明的时代特征，基本专业能够反映当下处于经济发展前沿的行业人才需求。随着社会经济结构发展的变化，行业的冷热需求也在随之变化，高校专业的设置也能看出当前整个社会发展的形态。与行业背景有着紧密联系的应用型专业寿命是不可预测的，随着时代的发展，10 年进行一次目录调整可能将成为一种趋势。大部分特色专业往往都是应用型专业。特色专业的定义及特色专业设置的"给权"，为将来专业目录的进一步调整做好了前期的铺垫工作，制度上的灵活有利于未来的调整。

3. 工程教育专业认证

工程教育专业认证，是指专业认证机构针对高等教育机构开设的工程类专业教育实施的专门性认证，由专门职业或行业协会（联合会）、专业学会会同该领域的教育专家和相关行业企业专家一起进行，旨在为相关工程技术人才进入工业界从业提供预备教育质量保证。

工程教育专业认证既是国际通行的工程教育质量保障制度，也是实现工程教育国际互认和工程师资格国际互认的重要基础。工程教育专业认证的核心就是要确认工科专业毕业生达到行业认可的既定质量标准要求，是一种以培养目标和毕业出口要求为导向的合格性评价。工程教育专业认证要求专业课程体系设置、师资队伍配备、办学条件配置等都围绕学生毕业能力达成这一核心任务展开，并强调建立专业持续改进机制和文化以保证专业教育质量和专业教育活力。中国工程教育专业认证协会成立于 2015 年 10 月，是由工程教育相关的机构和个人组成的全国性社会团体，主要负责我国工程教育认证工作的组织实施，由教育部主管，是中国科学技术协会的团体会员。

为适应经济全球化发展的需要，20 世纪 80 年代美国等一些国家发起并开始构筑工程教育与工程师国际互认体系，其内容涉及工程教育及继续教育的标准、机构的认证，以及学历、工程师资格认证等方面。该体系现有的六个协议，分为互为因果的两个层次，其中《华盛顿协议》《悉尼协议》《都柏林协议》针对各类工程技术教育的学历互认，《工程师流动论坛协议》《亚太工程师计划》《工程技术员流动论坛协议》针对各种工程技术人员的执业资格互认。

对应不同类型人才培养的不同教育计划，其国际互认协定也有所不同，《华盛顿协议》主要针对工程教育认证，《悉尼协议》主要针对工程技术教育认证，《都柏林协议》主要针对技术教育认证。《华盛顿协议》于 1989 年由来自美国、英国、加拿大、爱尔兰、澳大利亚、新西兰六个国家的民间工程专业团体发起和签署。该协议主要针对国际上本科工程学历（一般为四年）资格互认，确认由签约成员认证的工程学历基本相同，并建议毕业于任一签约成员认证的课程的人员均应被其他签约国（地区）视为已获得从事初级工程工作的学术资格。2016 年，我国成为国际本科工程学位互认协议《华盛顿协议》的正式会员。《华盛顿协议》是国际工程师互认体系的六个协议中最具权威性、国际化程度较高、体系较为完整的协议，是加入其他相关协议的门槛和基础。《悉尼协议》于 2001 年首次缔约，是学历层次上的权威协议，主要针对国际上工程技术人员学历（一般为三年）资格互认。该协议由代表各国（地区）的民间工程专业团体发起和签署，目前成员有澳大利亚、加拿大、爱尔兰、新西兰、南非、英国等国家和地区。《都柏林协议》于 2002 年签订，它是针对一般为两年、层次较低的工程技术员学历认证，其目前正式会员有加拿大、爱尔兰、南非和英国等国。

《工程师流动论坛协议》于 1996 年发起，于 2001 年正式签署，此协议签署成员均为民间工程专业团体；成员建立并确认工程师流动论坛协议内"国际专业工程师"的标准；在工程师流动论坛协议内的经济区各自建立区内的"国际专业工程师"名册；成员有义务协助其他成员地区的"国际专业工程师"取得其所属地区的工程专业资格或注册，并给予最大限度的考核豁免。《亚太工程师计划》为政府行为，1996 年开始由亚洲太平洋经济合作组织（简称"亚太经合组织"）人力资源小组发起，亚太经合组织各经济区可在亚太工程师资格互认蓝图下推展互认工作。《工程技术员流动论坛协议》由民间工程专业团体发起，于 2003 年首次签订，其目的是推动工程技术员资格互认，此协议签署成员均为民间工程专业团体，成员建立确认工程技术员流动论坛协议内"国际工程技术员"的标准。此协议现正在确认"国际工程技术员"的标准。除这些国际性互认协议外，目前世界上还有三个地区性的工程师资格互认体系：欧洲国家工程协会联合会开创的、在欧洲联盟框架内的"欧洲工程师"注册制度；在北美自由贸易协定框架内建立的专业工程师相互承认文件（MRD）；亚太经合组织（APEC）的澳大利亚、日本、印度尼西亚、菲律宾等国建立的 APEC 范围内的工程师相互承认体系。

13.2　卓越工程师培养计划

13.2.1　背景

1. 社会发展需求

党的十七大以来，党中央、国务院做出了走中国特色新型工业化道路、建设创新型国家、建设人才强国等一系列重大战略部署，这对我国的高等工程教育改革发展提出了迫切要求。走中国特色新型工业化道路，迫切需要培养一大批能够适应和支撑产业发展的工程人才；建设创新型国家、提升我国工程科技队伍的创新能力，迫切需要培养一大批创新型工程人才；增强综合国力、应对经济全球化的挑战，迫切需要培养一大批具有国际竞争力的工程人才。

高等工程教育要强化主动服务国家战略需求、主动服务行业企业需求的意识，确立以德为先、能力为重、全面发展的人才培养观念，创新高校与行业企业联合培养人才的机制，改革工程教育人才培养模式，提升学生的工程实践能力、创新能力和国际竞争力，构建布局合理、结构优化、类型多样、主动适应经济社会发展需要的、具有中国特色的社会主义现代高等工程教育体系，加快我国向工程教育强国迈进。为此，高等工程教育要在总结我国工程教育历史成就和借鉴国外成功经验的基础上，进一步解放思想，更新观念，深化改革，加快发展，明确我国工程教育改革发展的战略重点：更加重视工程教育服务国家发展战略；更加重视与工业界的密切合作；更加重视学生综合素质和社会责任感的培养；更加重视工程人才培养国际化。

21世纪，社会对工程师提出了更高的要求。首先，要求工程师"无所不知"，具有迅速发现所需信息并判断其价值与转化为知识的能力；其次，要求工程师"无所不能"，具有熟练掌握工程基础知识和工具，迅速进入并解决工程问题的能力；再次，要求工程师在任何地方与任何人共事，具有沟通和团队合作能力、了解全局和局部环境条件以和他人有效工作的能力；还要求工程师不仅要做好单纯技术型工程师，还要做企业家型工程师，应具有企业家精神、丰富的想象力和管理能力，准确捕捉市场需求，开发新的解决方案，将理想变为现实的能力；要求工程师不依赖少数精英创新，而依靠多数工程师创新。21世纪需要的工程人才，是高智商（IQ）、高情商（EQ）、高灵商（SQ）相结合。高灵商代表有正确的价值观，能否分辨是非，甄别真伪。那些没有正确价值观指引，无法分辨是非黑白的人，其他方面的能力越强，对他人的危害也就越大。21世纪对工程人才的素质、能力和知识要求很高。在素质方面，要求21世纪工程师具有献身祖国和人民的热情和梦想，具有社会责任感和竞争意识，具有正确的思维方法和踏实的作风，等等。在能力方面，要求21世纪工程师具有良好的适应能力、合作能力、创造能力、表达能力、组织能力等。在掌握知识方面，要求21世纪工程师具有工程分析、系统工程和社会工程三个层次的知识，具备较为完整的基础与工程基础知识结构以适应现代工程科技发展的需要，在工程实践、理论修养和计算能力三个方面得到严格的高水平的训练。

2. 我国工程教育面临的挑战

中华人民共和国成立以来，特别是改革开放以来，我国的高等工程教育取得了巨大成就，高等工程教育规模位居世界第一，培养了上千万的工程科技人才，有力地支撑了我国工业体系的形成与发展，支撑了我国改革开放以来40多年的经济高速增长，为我国的社会主义现代化建设做出了重要贡献。我国工程教育经过多年发展已经形成比较合理的高等工程教育结构和体系，具备良好的基础，基本满足了社会对多种层次、多种类型工程技术人才的大量需求。

目前，虽然我国工程教育规模世界第一，但质量亟待提高。我国工程教育仍存在一些问题，比较突出的有：工科院校片面追求"高、大、全"，定位不明，培养目标不清楚，学术化倾向严重；人才培养模式单一，欠缺多样性和适应性；工程教育的课程体系与产业结构调整不适应，与产业需求脱节，工程性缺失和实践环节薄弱，产学研合作教育不到位；校内工程教育环境没有工程实践的职场氛围；工程教育的师资队伍缺乏工程实践经历；学生工程与技术实践及创新能力严重缺乏，国际化程度低，适应性差；职业资格制度缺失，工程师培养体系不够健全，工程教育的评价体系是封闭的学科教育的评价体系；等等。

要改变工程教育现状，就必须进行教育改革，从学校内部和外部环境入手，解决工程技术人才培养问题。重点需要进一步加强与工业界的紧密结合；需要进一步提升学生的工程实践能力和创新能力；需要进一步加强工程教育师资队伍建设，特别是青年教师的工程实践能力；需进一步强化工程教育环境建设；需要进一步完善工程教育的评价体系与政策保障。

3. 中国工程教育亟待与国际工程教育接轨

随着科学技术和社会经济的迅速发展，各国高等工程教育对质量与需求分类定位提出的要求越来越高。美国将"加强科学、工程和技术教育，引领世界创新"作为国家战略，极力维持美国在科技和工程领域的领袖地位，让"有数学才能的大学毕业生进入工程领域，另一些人进入计算机设计领域"。欧盟制定了三项大型工程教育改革计划——"欧洲高等工程教育计划""加强欧洲工程教育计划""欧洲工程教育的教学与研究计划"。日本将高等教育发展的重点集中在与国家经济发展有密切关系的理工科教育上，把发展工程教育作为实现经济持续增长的重要措施，以确保日本的竞争优势。国际工程和技术教育发展趋势是，强调工程师强烈的社会责任感、加强工程师的综合素质培养、实施领导力培训计划、培养工程师的国际视野和跨文化交流能力。

随着我国加入 WTO 承诺服务条款的逐步落实，工程服务和高等教育服务作为国际服务贸易的重要内容，必将面临严峻的国际竞争。我国工程师质量保证与资格认证加入国际协定组织已成为必然趋势。高等工程教育专业认证制度是我国工程师质量保证与资格认证体系中的重要组成部分。我国自"十一五"就确立了工程教育及工程师资格认证与国际接轨的改革与发展方向。2010 年，教育部已对 19 个工程教育专业开展专业认证，相关学（协）会也联合相关国际组织开展工程师资格认证。目前，已经对所有工程教育专业全面开展工程专业认证工作。兵器专业在兵工学会领导下，也在开展相关认证试点工作。

13.2.2 卓越工程师教育培养计划及其主要内容

卓越工程师教育培养计划（以下简称"卓越计划"）是为贯彻落实党的十七大提出的走中国特色新型工业化道路、建设创新型国家、建设人力资源强国等战略部署，贯彻落实《国家中长期教育改革和发展规划纲要（2010—2020 年）》实施的高等教育重大计划。卓越计划对高等教育面向社会需求培养人才、调整人才培养结构、提高人才培养质量、推动教育教学改革、增强毕业生的就业能力具有十分重要的示范和引导作用。

卓越是相对概念，意思是很优秀。这里的工程师是指"文凭工程师"，泛指高等学校培养的具有工程师基本能力，并有获得工程师执业资质或者工程师职称的潜力的后备工程师。这里的"卓越工程师"并不是说培养出来的学生就是"卓越"工程师，只是追求卓越，培养具有成为"卓越工程师"的潜质，可以将其理解为培养目标，是未来的结果。

1. 指导思想

全面落实党的十七大关于走中国特色新型工业化道路、建设创新型国家、建设人力资源强国等战略部署。全面落实加快转变经济发展方式，推动产业结构优化升级和优化教育结构，提高高等教育质量等战略举措。

贯彻落实《国家中长期教育改革和发展规划纲要（2010—2020 年）》的精神，树立全面发展和多样化的人才观念，树立主动服务国家战略要求、主动服务行业企业需求的观念。改革和创新工程教育人才培养模式，创立高校与行业企业联合培养人才的新机制，着力提高学生服务国家和人民的社会责任感、勇于探索的创新精神和善于解决问题的实践能力。

2. 主要目标

面向工业界、面向世界、面向未来，培养造就一大批创新能力强、适应经济社会发展需要的高质量各类型工程技术人才，为建设创新型国家、实现工业化和现代化奠定坚实的人力资源优势，增强我国的核心竞争力和综合国力。

以实施卓越计划为突破口，促进工程教育改革和创新，全面提高我国工程教育人才培养质量，努力建设具有世界先进水平、中国特色的社会主义现代高等工程教育体系，促进我国从工程教育大国走向工程教育强国。

3. 基本原则

遵循"行业指导、校企合作、分类实施、形式多样"的原则。联合有关部门和单位制定相关的配套支持政策，提出行业领域人才培养需求，指导高校和企业在本行业领域实施卓越计划。支持不同类型的高校参与卓越计划，高校在工程型人才培养类型上各有侧重。参与卓越计划的高校和企业通过校企合作途径联合培养人才，要充分考虑行业的多样性和对工程型人才需求的多样性，采取多种方式培养工程师后备人才。

4. 总体思路

在总结我国工程教育历史成就和借鉴先进国家成功经验的基础上，构建具有中国特色的工程教育模式。以走中国特色新型工业化道路为契机，以工程实际为背景，以行业/企业需求为导向，以工程技术为主线，以校企合作为主要手段，通过高校和行业企业的密切合作，着力提升学生的工程素质，着力培养学生的工程实践能力、工程设计能力和工程创新能力。

5. 实施领域

卓越计划实施的专业包括传统产业和战略性新兴产业的相关专业。要特别重视国家产业结构调整和发展战略性新兴产业的人才需求，适度超前培养人才和储备人才。战略性新兴产业主要包括新能源产业、信息网络产业、新材料产业、农业和医药产业、空间与海洋和地球探索与资源开发利用等。

6. 主要内容

1）创立高校与行业企业联合培养人才的新机制

高校和企业联合培养人才机制的内涵是共同制定培养目标、共同建设课程体系和教学内容、共同实施培养过程、共同评价培养质量。学生培养分为学校培养和企业培养两部分。学校培养，以基础、理论、方法为重点，主要培养学生的基本能力和素质。企业培养，要求本科及以上层次的学生要有一年左右的时间在企业学习，结合生产实际做毕业设计，主要是学习企业的先进技术和先进企业文化，深入开展工程实践活动，参与企业技术创新和工程开发，培养学生的职业精神和职业道德。

2）建立"卓越工程师教育培养计划"培养标准体系

由教育部和工程院联合制定的"卓越工程师教育培养计划"培养通用标准，规定了各类型工程型人才培养都应达到的基本要求。依据通用标准，由教育部和有关行业部门联合制定"卓越工程师教育培养计划"培养行业专业标准，规定行业领域内具体专业的工程型人才培养应达到的基本要求。依据通用标准和行业专业标准，学校组织各专业校内外相关专家制定"卓越工程师教育培养计划"培养学校专业标准，规定具体专业的工程型人才培养应达到的基本要求。

3）大力改革课程体系和教学形式

依据卓越计划培养标准，遵循工程的集成与创新特征，以强化工程实践能力、工程设计能力与工程创新能力为核心，重构课程体系和教学内容。加强跨专业、跨学科的复合型人才培养。着力推动基于问题的学习、基于项目的学习、基于案例的学习等多种研究性学习方法，加强学生实践能力培养和创新能力训练。

4）建设高水平工程教育师资队伍

卓越计划高校要建设一支具有一定工程经历的高水平专、兼职教师队伍。专职教师要具备工程实践经历，其中部分教师要具备一定年限的企业工作经历。卓越计划高校要有计划地选送教师到企业工程岗位工作 1~2 年，积累工程实践经验；要从企业聘请具有丰富工程实践经验的工程技术人员和管理人员担任兼职教师，承担专业课程教学任务，或担任本科生、研究生的联合导师，承担培养学生、指导毕业设计等任务；改革教师职务聘任、考核和培训制度，对工程类学科专业教师的职务聘任与考核从侧重评价理论研究和发表论文为主，转向评价工程项目设计、专利、产学合作和技术服务等方面为主。

5）积极推进卓越计划学生的国际化培养

积极引进国外先进的工程教育资源和高水平的工程教师，积极组织学生参与国际交流、到海外企业实习，拓展学生的国际视野，提升学生跨文化交流、合作能力和参与国际竞争能力。支持高水平的中外合作工程教育项目，鼓励有条件的参与高校使用多语种培养熟悉外国文化、法律和标准的国际化工程师。积极采取措施招收更多的外国留学生来华接受工程教育。

7. 主要特点

"卓越计划"具有三大特点：

（1）行业企业深度参与培养过程。

（2）学校按通用标准和行业标准培养工程人才。

（3）强化培养学生的工程能力和创新能力。

8. 培养模式

卓越计划实施的层次包括工科的本科生、硕士研究生、博士研究生三个层次，培养现场工程师（应用型工程师）、设计开发工程师（设计型工程师）、创新工程师（研究型工程师）等类型的工程师后备人才。

本科应用型工程师培养主要采取"2 + 2"模式。前两年，学生在本专业或相近专业进行学科基础学习，学校建立完善的淘汰机制，不符合条件的学生将不能进入第二阶段学习，而是继续在原专业学习或分流到相近专业学习。两年后，选拔进入卓越计划学习，学生选择学校导师和企业导师，在双导师指导下进行专业理论与实践系列课程、工程应用和工程实践的学习，结合工程实践做毕业设计，累计工程实践经历不少于一年。所有符合条件的学生在本阶段结束时，由学校颁发本科毕业证书和学士学位证书。

硕士设计型工程师培养主要采取"2 + 2 + 2"模式。在四年本科应用型工程师培养的基础上，取得免研资格的学生进入硕士研究生阶段学习，选择相关学科的相应学科方向，继续实行双导师指导，进行专业理论与实践系列课程、工程应用和工程实践的学习，结合工程背景开展研究工作并完成硕士学位论文，累计工程实践经历不少于两年。

博士研究型工程师培养主要采取"2+2+4"模式。在四年本科应用型工程师培养的基础上，取得免研资格的学生直接进入博士研究生阶段学习，选择相关学科的相应学科方向，继续实行双导师指导，进行专业理论与实践系列课程、工程应用和工程实践的学习，结合工程背景开展系统深入的研究工作并完成博士学位论文，累计工程实践经历不少于三年。

13.2.3 卓越工程师教育培养计划2.0

卓越工程师教育培养计划2.0，是指"卓越工程师教育培养计划"的升级版，实际上是指教育部实施的新工科研究与实践项目计划（即新工科建设）。

为适应新一轮科技革命和产业变革的新趋势，紧紧围绕国家战略和区域发展需要，加快建设发展新工科，探索形成中国特色、世界水平的工程教育体系，促进我国从工程教育大国走向工程教育强国，根据《教育部关于加快建设高水平本科教育 全面提高人才培养能力的意见》（教高〔2018〕2号），发布了《教育部 工业和信息化部 中国工程院关于加快建设发展新工科实施卓越工程师教育培养计划2.0的意见》（教高〔2018〕3号），简称卓越工程师教育培养计划2.0。

1. 总体思路

面向工业界、面向世界、面向未来，主动应对新一轮科技革命和产业变革挑战，服务制造强国等国家战略，紧密对接经济带、城市群、产业链布局，以加入国际工程教育《华盛顿协议》组织为契机，以新工科建设为重要抓手，持续深化工程教育改革，加快培养适应和引领新一轮科技革命和产业变革的卓越工程科技人才，打造世界工程创新中心和人才高地，提升国家硬实力和国际竞争力。

2. 目标要求

经过5年的努力，建设一批新型高水平理工科大学、多主体共建的产业学院和未来技术学院、产业急需的新兴工科专业、体现产业和技术最新发展的新课程等，培养一批工程实践能力强的高水平专业教师，20%以上的工科专业点通过国际实质等效的专业认证，形成中国特色、世界一流工程教育体系，进入高等工程教育的世界第一方阵前列。

3. 基本概况

教育部将拓展实施"卓越工程师教育培养计划2.0"，适时增加"新工科"专业点；在产学合作协同育人项目中设置"新工科建设专题"，汇聚企业资源。鼓励部属高校统筹使用中央高校教育教学改革专项经费；鼓励"双一流"建设高校将"新工科"研究与实践项目纳入"双一流"建设总体方案。鼓励各地教育行政部门认定省级"新工科"研究与实践项目，并采用多种渠道提供经费支持。积极争取地方人民政府将"新工科"建设列入产业发展规划、人才发展规划等。

教育部高等教育司实施"卓越工程师教育培养计划2.0"，面向工业界、面向世界、面向未来，持续深化工程教育改革；积极推动国家层面"大学生实习条例"立法进程，完善党政机关、企事业单位、社会服务机构等接收高校学生实习实训的制度保障；深入开展新工科研究与实践，建设一批多主体共建的产业学院和未来技术学院、产业急需的新兴工科专业、体现产业和技术最新发展的新课程等；构建产学合作协同育人项目三级实施体系，持续完善多主体协同育人的长效机制，打造产教融合、校企合作的良好生态。

4. 主要内容

（1）深入开展新工科研究与实践。加快新工科建设，统筹考虑"新的工科专业、工科的新要求"，改造升级传统工科专业，发展新兴工科专业，主动布局未来战略必争领域人才培养。

（2）树立工程教育新理念。全面落实"学生中心、产出导向、持续改进"的先进理念，面向全体学生，关注学习成效，建设质量文化，持续提升工程人才培养水平。树立创新型、综合化、全周期工程教育理念，优化人才培养全过程、各环节，培养学生对产品和系统的创新设计、建造、运行和服务能力。

（3）创新工程教育教学组织模式。系统推进教学组织模式、学科专业结构、人才培养机制等方面的综合改革。推动学科交叉融合，促进理工结合、工工交叉、工文渗透，孕育产生交叉专业，推进跨院系、跨学科、跨专业培养工程人才。

（4）完善多主体协同育人机制。推进产教融合、校企合作的机制创新，深化产学研合作办学、合作育人、合作就业、合作发展。构建产学合作协同育人项目三级实施体系，搭建校企对接平台，以产业和技术发展的最新需求推动人才培养改革。

（5）强化工科教师工程实践能力。建立高校工科教师工程实践能力标准体系，把行业背景和实践经历作为教师考核和评价的重要内容。加快开发新兴专业课程体系和新形态数字课程资源，通过多种形式，教师培训、推广、应用最新改革成果。

（6）健全创新创业教育体系。推动创新创业教育与专业教育紧密结合，注重培养工科学生设计思维、工程思维、批判性思维和数字化思维，提升创新精神、创业意识和创新创业能力。高校要整合校内外实践资源，激发工科学生技术创新潜能，为学生创新创业提供创客空间、孵化基地等条件，建立健全帮扶体系，积极引入创业导师、创投资金等社会资源，搭建大学生创新创业项目与社会对接平台，营造创新创业良好氛围。

（7）深化工程教育国际交流与合作。积极引进国外优质工程教育资源，组织学生参与国际交流、到海外企业实习，拓展学生的国际视野，提升学生全球就业能力。以国际工程教育《华盛顿协议》组织为平台，推动工程教育中国标准成为世界标准，推进注册工程师国际互认，扩大我国在世界高等工程教育中的话语权和决策权。

（8）构建工程教育质量保障新体系。建立健全工科专业类教学质量国家标准、卓越工程师教育培养计划培养标准和新工科专业质量标准。完善工程教育专业认证制度，稳步扩大专业认证总体规模，逐步实现所有工科专业类认证全覆盖。

13.3　兵器卓越工程师培养标准

13.3.1　卓越工程师教育培养计划的培养标准体系

卓越工程师教育培养计划的培养标准体系构成如图 13.1 所示。

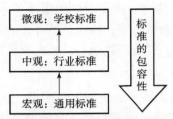

图 13.1　卓越工程师教育培养计划的培养标准体系构成

13.3.2　卓越工程师教育培养计划通用标准

1. 本科工程型人才培养通用标准

（1）具有良好的工程职业道德、追求卓越的态度、爱国敬业和艰苦奋斗精神、较强的社会责任感和较好的人文素养。

（2）具有从事工程工作所需的相关数学、自然科学知识以及一定的经济管理等人文社会科学知识。

（3）具有良好的质量、安全、效益、环境、职业健康和服务意识。

（4）掌握扎实的工程基础知识和本专业的基本理论知识，了解生产工艺、设备与制造系统，了解本专业的发展现状和趋势。

（5）具有分析、提出方案并解决工程实际问题的能力，能够参与生产及运作系统的设计，并具有运行和维护能力。

（6）具有较强的创新意识和进行产品开发和设计、技术改造与创新的初步能力。

（7）具有信息获取和职业发展学习能力。

（8）了解本专业领域技术标准，相关行业的政策、法律和法规。

（9）具有较好的组织管理能力、较强的交流沟通、环境适应和团队合作的能力。

（10）应对危机与突发事件的初步能力。

（11）具有一定的国际视野和跨文化环境下的交流、竞争与合作的初步能力。

2. 工程硕士人才培养通用标准

（1）具有良好的工程职业道德、追求卓越的态度、爱国敬业和艰苦奋斗精神、较强的社会责任感和较好的人文素养。

（2）具有良好的市场、质量、职业健康和安全意识，注重环境保护、生态平衡和可持续发展。

（3）具有从事工程开发和设计所需的相关数学、自然科学、经济管理等人文社会科学知识。

（4）掌握扎实的工程原理、工程技术和本专业的理论知识，了解新材料、新工艺、新设备和先进生产方式以及本专业的前沿发展现状和趋势。

（5）具有创新性思维和系统性思维的能力。

（6）具有综合运用所学科学理论、分析与解决问题的方法和技术手段，独立地解决较复杂工程问题的能力。

（7）具有开拓创新意识和进行产品开发和设计的能力，以及工程项目集成的基本能力。

（8）具有工程技术创新和开发的基本能力和处理工程与社会和自然和谐的基本能力。

（9）具有信息获取、知识更新和终身学习的能力。

（10）熟悉本专业领域技术标准，相关行业的政策、法律和法规。

（11）具有良好的组织管理能力、较强的交流沟通、环境适应和团队合作的能力。

（12）具有应对危机与突发事件的基本能力和一定的领导意识。

（13）具有国际视野和跨文化环境下的交流、竞争与合作的基本能力。

3. 工程博士人才培养通用标准

（1）具有良好的工程职业道德、追求卓越的态度、爱国敬业和艰苦奋斗精神、较强的社会责任感和较好的人文素养。

（2）具有良好的市场、质量、职业健康和安全意识，注重环境保护、生态平衡、社会和谐和可持续发展。

（3）具有从事大型工程研究和开发、工程科学研究所需的相关数学、自然科学、经济管理等人文社会科学知识。

（4）系统深入地掌握工程原理、工程技术、工程科学和本专业的理论知识，熟悉新材料、新工艺、新设备和先进制造系统以及本专业的最新发展状况和趋势。

（5）具有战略性思维、创新性思维和系统性思维的能力。

（6）具有综合运用所学科学理论、分析与解决问题的方法和技术手段，独立地解决复杂工程问题的能力。

（7）具有复杂产品开发和设计能力、复杂工程项目集成能力以及处理工程与社会和自然和谐的能力。

（8）具有工程项目研究和开发能力、工程技术创新和开发的能力和工程科学研究能力。

（9）具有知识更新、知识创造和终身学习的能力。

（10）熟悉本专业领域技术标准，相关行业的政策、法律和法规。

（11）具有大型工程系统的组织管理能力、较强的交流沟通、环境适应和团队合作的能力。

（12）具有应对危机与突发事件的能力和一定的领导能力。

（13）具有宽阔的国际视野和跨文化环境下的交流、竞争与合作能力。

13.3.3　卓越工程师教育培养计划兵器类专业标准（试行）

1. 本科工程型（应用型）兵器工程师培养的行业标准

依据《卓越工程师教育培养计划通用标准》，培养兵器类专业的工程学士主要从事兵器的生产、营销、服务或工程项目的施工、运行、维护等工作应达到的知识、能力与素质的专业要求。适用于武器系统与工程、武器发射工程、探测制导与控制技术、弹药工程与爆炸技术、特种能源技术与工程、装甲车辆工程、信息对抗技术等兵器类专业。

1）具备良好的职业道德，体现对职业、社会、环境的责任

（1）具有遵守职业道德规范和所属职业体系的职业行为准则的意识。

（2）具有良好的质量、安全、服务和环保意识，并积极承担有关健康、安全、福利等事务的责任。

（3）为保持和增强其职业素养，具备不断反省、学习、积累知识和提高技能的意识和能力。

2）掌握一般性和专门的工程技术知识及具备初步相关技能

（1）具备从事工程工作所需的工程科学技术知识以及一定的人文和社会科学知识。

①工程科学：以数学和相关自然科学知识为基础，一般应包括微积分、线性代数、概率和数理统计、微分方程、数值计算、物理等知识。

②工程技术：以力学和电学知识为基础，侧重于应用工程技术知识解决实际工程问题，一般应包括理论力学、材料力学、流体力学基础、电工电子学、控制工程基础、计算机（微机）原理与应用等知识。特种能源技术与工程专业课可不设控制工程基础课程，信息对抗技术专业可不设理论力学和材料力学课程。

③工程制图：掌握工程制图标准和各种机械工程图样的表示方法，熟悉机械工程相关标准。

④人文和社会科学：具备基本的工程经济、管理、社会学、情报交流、法律、环境等人文与社会学的知识。熟练掌握一门外语，可运用其进行技术的沟通和交流。

（2）掌握工程基础知识和本专业的基本理论知识，并具备解决工程技术问题的初步技能。

专业基础类课程按专业基础知识性质的不同分类设置。

①武器系统与工程、武器发射工程、弹药工程与爆炸技术和装甲车辆工程专业：要求学生掌握机械产品设计的基本知识与技能；熟悉机械零部件计算机辅助设计；了解实用设计方法和现代设计方法；掌握常用工程材料的种类、性能，以及材料性能的改进方法；能够针对零部件性能要求合理选材；熟悉机械制造工艺的基本技术内容、方法和特点，了解特种加工、表面工程技术的基本技术内容、方法和特点；熟悉工艺过程与工艺装备设计；了解生产线和车间平面布置设计的基本知识；了解分析解决现场出现的工艺问题的方法；熟悉常规模拟电路和数字电路的分析方法和设计方法；熟悉武器与武器系统的基本概念和工作原理；了解武器系统基本技术现状和发展趋势。一般包括机械设计、机械制造、模拟电路、数字电路、传感与测试、武器系统概述等领域的知识。

②探测制导与控制技术、信息对抗技术专业：要求学生掌握电子产品设计的基本知识与技能；熟悉武器与武器系统的基本概念和工作原理；了解武器系统基本技术现状和发展趋势。一般包括电路分析、模拟电路、数字电路、电磁场理论、信号处理、武器系统概述等领域的知识。

③特种能源技术与工程专业：要求学生掌握火炸药、火工品、军用烟火等的基本原理和制造工艺；熟悉武器与武器系统的基本概念和工作原理；了解武器系统基本技术现状和发展趋势。一般包括无机化学、有机化学、物理化学、分析化学、化工原理/功能材料、爆轰理论、武器系统概述等知识领域。

（3）具备武器系统设计与控制基本知识及解决工程技术问题的初步技能。

按各兵器类专业知识性质不同，分别设置专业类课程，要求学生掌握相关专业知识，培养相关专业能力。

①武器系统与工程专业：要求学生掌握武器系统原理，武器系统设计与分析、制造、试验等领域知识。

②武器发射工程专业：要求学生掌握武器发射原理、弹道学、弹箭空气动力学、弹箭飞行控制原理，武器传热学等领域的知识。

③探测制导与控制技术专业：要求学生掌握探测制导与控制理论与技术领域知识，能够分析、设计、改进探测制导与控制软硬件。

④弹药工程与爆炸技术专业：要求学生掌握弹药系统基本原理、设计、制造、分析和测试，弹药制导与控制，爆炸力学，终点效应与毁伤技术等领域的知识。

⑤装甲车辆工程专业：要求学生掌握装甲车辆设计、制造和试验，装甲车辆总体分析，传动、悬挂、推进与动力等领域的知识。

⑥特种能源技术与工程专业：要求学生掌握特种能源原理、设计、制造和测试，含能材料和含能元器件，爆轰理论等领域的知识。

⑦信息对抗技术专业：要求学生掌握信息与信息系统安全与对抗理论、技术与应用等领域的知识。

（4）具备武器系统检测与质量管理的基本知识及解决工程技术问题的初步技能。

①熟悉武器系统及零部件的检测技术及检测方法，并具备解决相关问题的方法。

②了解武器系统质量管理和质量保证体系。

③了解武器系统建造过程控制的方法和基本工具。

（5）具备计算机应用的基本知识及解决工程技术问题的初步技能。

①熟悉本岗位计算机应用的相关基本知识。

②了解计算机辅助技术。

③掌握计算机常用软件的特点及应用。

④掌握计算机编程基本方法。

（6）了解本专业领域技术标准。

3）设计、运行和维护武器系统或解决实际工程问题的系统化训练，初步具备解决工程实际问题的能力

（1）熟悉武器技术现状与发展动态的调研方法，具备初步进行武器战术技术论证的能力。

（2）在参与工程解决方案的设计、开发过程中，具备影响因素（如成本、质量、环保性、安全性、可靠性、外形、适应性以及环境影响等）分析，以及找出、评估和选择完成工程任务所需的技术、工艺和方法，并确定解决方案的能力。

（3）具备参与制订实施计划以及实施解决方案、工程任务并参与相关评价的能力。

（4）具备参与改进建议的提出，并主动从结果反馈中学习和积累知识与技能的能力。

（5）具备较强的创新意识和进行产品开发和设计、技术改造与创新的初步能力。

4）掌握项目及工程管理的基本知识并具备参与能力

（1）具有一定的质量、环境、职业健康安全和法律意识，在项目实施和工程管理中具备参与贯彻实施的能力。

（2）具备使用合适的管理方法、管理计划和预算，组织任务、人力和资源，以及应对危机与突发事件的初步能力，能够发现质量标准、程序和预算的变化，并采取恰当措施的能力。

（3）初步具备参与管理、协调工作、团队，确保工作进度，以及参与评估项目，提出改进建议的能力。

5）具备有效沟通与交流的能力

（1）能够使用技术语言，在跨文化环境下进行沟通与表达。

（2）具备较强的人际交往能力，能够控制自我并了解、理解他人的需求和意愿。

（3）具备较强的适应能力，自信、灵活地处理新的和不断变化的人际环境和工作环境。

（4）具备收集、分析、判断、归纳和选择国内外相关技术信息的能力。

（5）具备团队合作精神，并具备一定的协调、管理、竞争与合作的初步能力。

2. 硕士工程型（设计型）兵器工程师培养的行业标准

依据《卓越工程师教育培养计划通用标准》，培养兵器工程专业的工程硕士主要从事兵器工程项目的设计与开发工作应达到的知识、能力与素质的专业要求。

1）具备良好的职业道德，体现对职业、社会、环境的责任

（1）熟悉本行业适用的主要职业健康安全、环保的法律法规、标准知识。熟悉企业员工应遵守的职业道德规范和相关法律知识。遵守所属职业体系的职业行为准则，并在法律和制度的框架下工作。具有良好的工程职业道德、坚定的追求卓越的态度、强烈的爱国敬业精神、社会责任感和丰富的人文科学素养。

（2）具有良好的质量、安全、服务和环保意识，并承担有关健康、安全、福利等事务的责任。

（3）为保持和增强其职业能力，能够检查自身的发展需求，制订并实施继续职业发展计划，具有信息获取、知识更新和终身学习的能力。

2）具备从事工程开发和设计的一般性和专门的工程技术知识，了解本专业的前沿发展现状和趋势

（1）具有从事兵器工程开发和设计所需的工程科学技术知识以及人文科学知识。

①工程科学：以数学和相关自然科学知识为基础，一般应包括高等工程数学、数学建模与系统仿真、高等动力学、弹塑性力学、多体动力学、撞击动力学、高等流体力学、高等气体力学等相关的知识。

②人文科学：具备较丰富的工程经济、管理、社会学、情报交流、法律、环境、自然辩证法、工程伦理等人文知识。至少熟练掌握一门外语，可运用其进行技术交流。

（2）掌握扎实的兵器工程工程原理、工程技术及本专业的理论知识，了解新材料、新工艺、新设备和先进生产方式以及本专业的前沿发展现状和趋势。

①工程原理：主要包括武器轻量化、武器智能化、新概念、新发射原理、现代设计方法、最优控制原理、创新学原理等知识。

②工程技术：主要包括有限元理论、可靠性技术、虚拟样机技术、兵器实验技术、武器动态特性测试技术等知识，并注重原理性知识的掌握与探究及其在兵器工程中的应用。

③掌握本学科技术现状和发展趋势。

④了解兵器工程相关材料、工艺、制造等相关学科的研究成果和发展动态，以及应用前景。

（3）具备兵器系统控制的系统知识及解决工程技术问题，进行系统设计的初步技能。

①掌握扎实的电工电子技术，能够分析、设计、改进电路。

②掌握常用控制原理和技术，能够进行机电液传动与控制系统的分析、设计、调试与维护。

③掌握系统信号采集、描述、分析、控制的知识与技术。

④熟悉自动化的有关知识。

（4）具备兵器系统检测与质量管理的系统知识，以及解决工程技术问题、进行系统设计的初步技能。

①熟悉武器系统及零部件的检测技术和检测方法，熟悉现代数字化与智能化检测技术。

②熟悉质量管理和质量保证体系。

③熟悉过程控制的方法和基本工具。

（5）具备计算机应用的系统知识及解决工程技术问题，进行系统设计的初步技能。

①熟悉本岗位计算机应用的相关基本知识。

②了解计算机辅助技术。

③掌握计算机仿真的基本概念和计算机常用软件的特点及应用。

④熟练应用专业的建模软件进行产品的三维虚拟设计、加工过程仿真和产品装配仿真，应用专业的虚拟样机分析软件进行运动学、动力学和结构分析。

（6）熟悉本专业领域技术标准，相关行业的政策、法律和法规。

3）具备应用适当的理论和实践方法，分析解决工程问题的能力

（1）具有良好的市场、质量、职业健康和安全意识，注重环境保护、生态平衡和可持续发展。

（2）具备整合资源，主持综合性工程任务解决方案的设计、开发，考虑成本、质量、安全性、可靠性、外形、适应性以及对环境的影响的能力，能够创造性地发现、评估和选择完成工程任务所需的方法和技术，确定解决方案。

（3）能够在考虑约束条件的前提下制订实施计划。

（4）能够主导实施解决方案，完成工程任务，制定评估解决方案的标准并参与相关评价。

（5）具备对实施结果与原定指标进行对比评估的能力。

（6）能够主动汲取从结果反馈的信息，进而改进未来的设计方案。

（7）具有创新性思维和系统性思维的能力，具有较强的创新意识和进行产品开发和设计、技术改造与创新的初步能力以及工程项目集成的基本能力。

4）具备参与项目及工程管理的能力

（1）掌握本行业相关的政策、法律和法规；在法律法规规定的范围内，按确定的质量标准、程序开展工作。

（2）能够与项目相关方（委托人、承包商、供应商等）协商、约定。

（3）具备建立和使用合适的管理体系，组织并管理计划和预算，协调组织任务、人力和资源的能力，提升项目组工作质量。

（4）具备应对危机与突发事件的能力，洞察质量标准、程序和预算的变化，并采取恰当的措施，确保项目或工程的顺利进行。

（5）具备指导和主持项目或工程评估的能力，能够提出改进建议。

5）有效的沟通与交流能力

（1）能够使用技术语言，在跨文化环境下进行沟通与表达。

（2）能够进行工程文件的编纂，如可行性分析报告、项目任务书、投标书等，并可进行说明、阐释。

（3）具备较强的人际交往能力，能够控制自我并了解、理解他人的需求和意愿。

（4）具备较强的适应能力，自信、灵活地处理新的和不断变化的人际环境和工作环境。

（5）能够跟踪本领域最新技术发展趋势，具备收集、分析、判断、选择国内外相关技术信息的能力。

（6）具备团队合作精神，并具备较强的协调、管理、竞争与合作的能力。

（7）具有国际视野和跨文化环境下的交流、竞争与合作的基本能力。

3. 博士工程型（研究型）兵器工程师培养的行业标准

依据《卓越工程师教育培养计划通用标准》，培养兵器工程专业工程博士从事复杂产品或大型工程项目的研究、开发以及工程科学的研究应达到的知识、能力与素质的专业要求。

1）具备良好的职业道德，体现对职业、社会、环境的责任

（1）熟悉本行业适用的主要职业健康安全、环保的法律法规、标准知识。熟悉企业员工应遵守的职业道德规范和相关法律知识。遵守所属职业体系的职业行为准则，并在法律和制度的框架下工作。具有良好的工程职业道德、强烈的爱国敬业精神、社会责任感和丰富的人文科学素养。

（2）具有良好的质量、安全、服务和环保意识，并承担有关健康、安全、福利等事务的责任。

（3）为保持和增强其职业能力，具备检查自身的发展需求，制订并实施继续职业发展计划的能力和坚定地追求卓越的态度，具有战略性思维、创新性思维和系统性思维的能力，具有知识更新、知识创造和终身学习的能力。

2）具备从事大型或复杂工程技术问题研究和系统产品设计开发的基本技能，系统深入地掌握了专门的工程技术知识和理论，了解本专业的技术现状和发展趋势

（1）具有从事大型或复杂兵器工程问题研究和系统产品设计开发、工程技术科学研究所需的相关数学、自然科学、经济管理以及人文社会科学知识。

①具有宽厚的数学和自然科学基础。

②具备基本的工程经济、管理、社会学、情报交流、法律、环境等人文与社会学的知识，并对环境保护、生态平衡、可持续发展等社会责任等有较深入的认知和理解。

（2）系统深入地掌握兵器工程领域专门性的工程技术理论和方法。

①掌握兵器工程原理、工程技术、工程科学和本专业的系统理论和方法。

②对系统工程涉及的交叉技术有广泛深入的理解，并对现代社会问题、对工程与世界和社会的影响关系等有独自的认识。

③熟悉兵器工程领域新材料、新工艺、新设备和先进制造系统以及本专业的最新状况和发展趋势。

④熟练应用、深入理解建立在现代计算机技术基础上的以设计为中心的虚拟产品开发与设计，以制造为中心的虚拟制造，以管理、控制为中心的企业资源管理等理论和方法。

（3）熟悉本专业领域技术标准，相关行业的政策、法律和法规。

3）具备从复杂系统中发现并提取关键技术进而提出系统解决方案的能力，掌握采用最优化技术路线和方法解决工程实际问题的能力

（1）具有确立兵器技术现状和发展动态的洞察能力。能够在本职领域内，预测兵器开发所需要核心技术的归纳能力；掌握综合评估成本、质量、安全性、可靠性、外形、适应性以及对环境的影响的系统分析方法。

（2）具有系统运用兵器工程领域一般性原理及本专业理论与方法的综合能力，有将新兴技术或其他行业技术创造性地应用于解决实际工程问题的构思、设计以及技术完善等的研究过程并获得成功的经历。

（3）掌握在复杂系统中发现并筛选出不确定性因素的分析方法；掌握开展工程研究所需的测试、验证、探索，假设检验和论证，收集、分析、评估相关数据；起草、陈述、判断和优化设计方案的基本方法和综合技术。

（4）主导实施解决方案，确保方案产生预期的结果。

（5）制定评估解决方案的标准并参与相关评价。

（6）对实施结果与原定指标进行对比评估。

（7）主动汲取从结果反馈的信息，进而改进未来的设计方案。

4）具备参与项目及工程管理的能力

（1）掌握本行业相关的政策、法律和法规；在法律法规规定的范围内，按确定的质量标准、程序开展工作。

（2）具有组织协调、衔接本项目适应技术和管理变化需求的能力。

（3）具有设计、预算、组织、指挥和管理大型工程系统，整合必要人力和资源的基本能力。

（4）能够建立适宜的管理系统；认可质量标准、程序和预算；组织并领导项目组，协调项目活动，完成任务。

（5）具有应对突发事件的能力，能够洞察质量标准、程序和预算的变化，并采取相应的修正措施，指导项目或工程的顺利进行。

（6）具备领导并支持团队及个人的发展，评估团队和个人工作表现，并提供反馈意见的能力。

（7）能够指导和主持项目或工程评估，提出改进建议，持续改进质量管理水平。

5）具备有效的沟通与交流能力

（1）能够使用技术语言，在跨文化、跨区域、跨行业环境下进行沟通与表达。

（2）能够制定工程文件，如可行性分析报告、项目任务书、投标书等，并可进行说明、阐释。

（3）具备较强的人际交往能力，能够控制自我并了解、理解他人需求和意愿，在团队中发挥领导作用。

（4）具备较强的适应能力，自信、灵活地处理新的和不断变化的人际环境。

（5）能够跟踪本领域最新技术发展趋势，具备收集、分析、判断、选择国内外相关技术信息的能力。

（6）具备团队合作精神，并具备较强的协调、管理、竞争与合作能力。

（7）具有宽阔的国际视野和跨文化环境下的交流、竞争与合作能力。

13.3.4　卓越工程师教育培养计划学校专业标准

在此，以南京理工大学武器系统与工程专业为例来进行说明。

1. 本科工程型（应用型）工程师培养武器系统与工程专业学校专业标准

本标准规定了培养武器系统与工程专业的工程学士主要从事兵器的生产、营销、服务或工程项目的施工、运行、维护等工作应达到的知识、能力与素质的专业要求。

1）政治素质、文化素养和认知能力

（1）遵守职业道德的能力。具有较强的社会责任感及服务意识，并积极承担有关责任，忠诚祖国，热爱人民，奉献国防；具有良好的遵守职业道德规范和所属职业体系的职业行为准则的意识和能力；在参与兵器工程设计与研发过程中，诚实守信，工作作风严谨求实。

（2）较好的人文和社会科学素养。具有一定的工程经济和管理知识；具有良好的质量、环境、安全意识；具有社会学、情报交流、法律等人文与社会学的知识；了解当代政治、社会、法律及生态环境等方面的相关知识，进而形成当代工程师所特有的价值观；具有正确的审美观；具有强健的体魄。

（3）有效的人际交流能力。能够熟练使用流畅的文笔和清晰的工程语言表达个人或团队的观点，掌握各类现代化的通信与交流手段；具有良好的处理不断变化的人际关系的能力，能够发挥个人的主观能动作用，具备较强的团队合作精神和能力，并具有较好的组织管理能力和较强的交流沟通能力；具有良好的心理与身体素质，能较好地适应不断变化的生活与工作环境，具备应对危机及突发事件的初步能力；具备一定的世界人文地理知识，熟悉一门外语，具有一定的国际视野和跨文化环境下进行交流、竞争与合作的初步能力；能够跟踪国际上本专业的发展动态，善于与同行进行合作并竞争。

（4）终身学习的能力。能够正确理解终身学习的重要性，具有强烈的求知欲，不断拓展自己的知识面，提升业务水平；掌握文献检索、资料查询的基本方法；能够正确使用现代化方法来收集、分析、判断和选择国内外相关技术信息；具有较强的自学能力。

2）基础理论与专业知识

（1）自然科学基础理论。掌握专业所需的数学基础知识，包括高等数学、线性代数、概率论与数理统计、数值计算方法及其应用等。

（2）工程学理论与知识。扎实掌握实际工程中所需的各类基本知识与技能，包括理论力学、材料力学、工程力学实验、工程流体力学基础、工程材料及成型工艺、信息技术基础、微机原理及应用、有限元基础及应用、计算机程序设计、机械设计基础、控制工程基础、模拟电路与数字电路、工程图形学、机械制造基础、电工学、机械优化设计、人机工程学等；具有良好的工程认识、工程实践的能力，掌握工程制图标准和各种机械工程图样表示方法，具备系统、单元及设备等图纸的绘制能力；掌握计算机原理，熟悉本岗位计算机应用的相关基本知识，了解计算机辅助技术，掌握计算机、网络常用软件的特点及应用，能够熟练使用计算机为科学研究、工程设计及生产管理服务。

（3）专业基础知识与技术。了解武器系统的基本原理及发展趋势，了解本专业领域技术标准，相关行业的政策、法律和法规；熟悉武器的工作原理和使用过程；扎实掌握武器专业基础知识与技术，包括武器构造、弹道学等。

3）综合运用知识能力

（1）分析能力。具备良好的工程问题识别与建模数学能力，善于发现兵器工程实际问题；对于武器工作过程等，具有建立简单的数学模型，并且具备优化、简化复杂问题的能力；具备复杂工程数学模型合理优化与求解能力，进而可指导工程设计、优化生产工艺，或进行技术改造与创新等；具有综合运用科学理论方法和技术手段分析和解决实际工程问题的能力。

（2）设计能力。熟悉武器组成原理与设计特点，熟悉武器中常用的传动与控制技术，能够进行常用传动与控制设备的选择、调试和维护；掌握武器及其零部件及常用工程材料的种类、性能，以及材料性能的改进方法，能够针对武器及其零部件的性能要求合理选材；掌握武器及其零部件设计的基本知识与技能，熟悉运用武器及其零部件的计算机辅助设计方法；了解武器及其零部件及实用设计方法和现代设计方法；能够参与武器及其零部件的设计。

（3）制造能力。熟悉武器制造工艺的基本技术内容、方法和特点；熟悉机械制造主要设备的工艺范围、设计原则与程序以及技术经济评价指标，熟悉工艺装备验证的有关知识；熟练进行工艺方案和工艺装备设计；能够分析解决现场出现的工艺问题；掌握制定其他相关工艺过程的基本知识与技能；了解特种加工、表面工程技术的基本技术内容、方法和特点；了解制造自动化的有关知识。

（4）测试与试验能力。具有良好的质量意识，了解质量管理和质量保证体系，了解过程控制的方法和基本工具，熟悉火炮及零部件的检测技术及精度的检测方法；能够针对所研究对象及目标设计具体的实验方案并能够进行相应的实验研究工作；能够对实验所获得的结果进行正确的分析处理；具有操作和维护火炮及零部件的能力。

（5）创新能力。具备参与改进建议的提出，并主动从结果反馈中学习和积累知识与技能的能力；具备较强的创新意识和进行产品开发和设计、技术改造与创新的初步能力。

2. 硕士工程型（设计型）兵器工程师培养学校专业标准

本标准规定了培养兵器工程专业的工程硕士主要从事兵器工程项目的设计与开发工作应达到的知识、能力与素质的专业要求。

1）政治素质、文化素养和认知能力

（1）遵守职业道德的能力。具有强烈的社会责任感及服务意识，并积极承担有关责任，忠诚祖国，热爱人民，奉献国防；具有良好的遵守职业道德规范和所属职业体系的职业行为准则的意识和能力；在参与兵器工程项目的设计与开发过程中，诚实守信，工作作风严谨求实，能独立进行科研工作并圆满完成科研任务。

（2）丰富的人文和社会科学素养。具有良好的市场、质量和安全意识，注重环境保护、生态平衡和可持续发展；具有一定的工程经济和管理知识；具有社会学、情报交流、法律等人文与社会学的知识；了解当代政治、社会、法律及生态环境等方面的相关知识，进而形成当代工程师所特有的价值观；具有正确的审美观；具有强健的体魄。

（3）有效的人际交流能力。能够熟练使用流畅的文笔和清晰的工程语言表达个人或团队的观点，掌握各类现代化的通信与交流手段；具有良好的处理不断变化的人际关系的能力，能够发挥个人的主观能动作用，具备较强的团队合作精神和能力，并具有良好的组织管理能力和较强的交流沟通能力；具有良好的心理与身体素质，能较好地适应不断变化的生活与工作环境，具备应对危机及突发事件的基本能力和一定的领导意识；具备一定的世界人文地理知识，掌握一门外语，具有国际视野和跨文化环境下进行交流、竞争与合作的初步能力；能够跟踪国际上本专业的发展动态，善于与同行进行合作并竞争。

（4）终身学习的能力。能够正确理解终身学习的重要性，具有强烈的求知欲，不断拓展自己的知识面，不断更新自己的知识结构，不断提升业务水平，具有终身学习的能力；掌握文献检索、资料查询等信息获取方法和手段；能够正确使用现代化方法来收集、分析、判断、选择国内外相关技术信息。

2）基础理论与专业知识

（1）自然科学基础理论。在扎实掌握应用型工程师应掌握的专业所需的自然科学基础理论基础上，进一步掌握专业所需的数学基础知识和物理学基础知识，包括应用偏微分方程、应用统计、数学建模与系统仿真、矩阵分析与计算等。

（2）工程学理论与知识。在扎实掌握应用型工程师应掌握的专业所需的实际工程中所需的各类基本知识与技能基础上，进一步掌握专业所需的工程学理论与知识，包括连续介质力学、高等动力学、弹塑性力学及应用、有限元方法理论及其应用、撞击动力学、高等流体力学、爆轰物理学、多相反应流体动力学、射流理论及其数值分析等。

（3）专业知识与技术。了解兵器的基本原理及发展趋势，熟悉本专业领域技术标准，相关行业的政策、法律和法规；在扎实掌握应用型工程师应掌握的专业所需的专业知识与技术基础上，进一步扎实掌握兵器分析理论与方法、兵器及其零部件设计原理和技术、兵器测试与试验技术、兵器制造工艺与技术，包括兵器总体技术、兵器现代设计理论与方法、兵器故障诊断学、兵器自动化技术、兵器可靠性技术、兵器智能化技术、新概念武器等。

3）综合运用知识能力

（1）分析能力。具备良好的工程问题识别与建模数学能力，能发现实践中与本学科相关的需求，能提出工程解决方案；对于兵器工作过程等能够抓住本质与特点，抽象出本构关系，建立物理与数学模型；具备复杂工程数学模型优化与求解能力，可指导工程设计、优化生产工艺，或进行技术改造与创新等；掌握流体传动、电机、电器、拖动控制等原理，具备分析、处理机电液传动与控制系统的能力；具有综合运用科学理论方法和技术手段独立分析和解决相关工程实际问题的能力；对所研究的课题有新的见解，取得新的成果。

（2）设计能力。熟悉兵器组成原理与设计特点，熟悉兵器中常用的传动与控制技术，能够进行常用传动与控制设备的选择、设计、调试和维护；掌握兵器及其零部件及常用工程材料的种类、性能，以及材料性能的改进方法，能够针对兵器及其零部件性能要求合理选材；了解工程材料的发展，掌握本工作领域最新工程材料及其应用；掌握兵器及其零部件设计的基本知识与技能，熟悉运用兵器及其零部件计算机辅助设计方法；熟悉兵器及其零部件及实用设计方法和现代设计方法；能够独立从事兵器及其工程项目的设计；具有兵器开发和工程项目集成的能力；具有正确处理工程与社会和自然和谐的基本能力。

（3）制造能力。熟悉兵器制造工艺的基本技术内容、方法和特点；熟悉机械制造主要设备的工艺范围、设计原则与程序以及技术经济评价指标；熟悉工艺装备验证的有关知识；熟练进行工艺方案和工艺装备设计；能够分析解决现场出现的工艺问题；掌握制定其他相关工艺过程的基本知识与技能；熟悉特种加工、表面工程技术的基本技术内容、方法和特点；了解制造自动化的有关知识。

（4）测试与试验能力。熟悉质量管理和质量保证体系，熟悉过程控制的方法和基本工具，掌握兵器及零部件的检测技术及精度的检测方法；能够针对所研究对象及目标设计具体的实验方案并能够进行相应的实验研究工作；能够对实验所获得的结果进行正确的分析处理；具有操作和维护兵器及零部件的能力。

（5）创新能力。具有开拓创新意识；具有创新性思维和系统性思维的能力；具有工程技术创新和进行兵器开发和设计、技术改造与创新的能力。

3. 博士工程型（研究型）兵器工程师培养的学校专业标准

本标准规定了培养主要从事复杂产品或大型工程项目的研究、开发以及工程科学的研究工作兵器工程专业工程博士应达到的知识、能力与素质的专业要求。

1）政治素质、文化素养和认知能力

（1）遵守职业道德的能力。具有强烈的社会责任感及服务意识，并积极承担有关责任，忠诚祖国，热爱人民，奉献国防；具有坚定的追求卓越的态度；具有良好的遵守职业道德规范和所属职业体系的职业行为准则的意识和能力；在主持和参与兵器工程项目的研究、设计与开发过程中，诚实守信，工作作风严谨求实，能独立进行科研工作并圆满完成科研任务。

（2）丰富的人文和社会科学素养。具有良好的市场、质量、职业健康和安全意识，注重环境保护、生态平衡和可持续发展；具有一定的工程经济和管理知识；具有社会学、情报交流、法律等人文与社会学的知识；了解当代政治、社会、法律及生态环境等方面的相关知识，进而形成当代工程师所特有的价值观；具有正确的审美观；具有强健的体魄。

（3）有效的人际交流能力。能够熟练使用流畅的文笔和清晰的工程语言表达个人或团队的观点，掌握各类现代化的通信与交流手段；具有良好的处理不断变化的人际关系的能力，能够发挥个人的主观能动作用，具备较强的团队合作精神和领导能力，并具有良好的大型工程系统的组织管理能力和较强的交流沟通能力；具有良好的心理与身体素质，能较好地适应不断变化的生活与工作环境，具备应对危机及突发事件的基本能力和一定的领导意识；具备一定的世界人文地理知识，掌握一门外语，具有宽阔的国际视野和跨文化环境下进行交流、竞争与合作的初步能力；能够跟踪国际上本专业的发展动态，善于与同行进行合作并竞争。

（4）终身学习的能力。能够正确理解终身学习的重要性，具有强烈的求知欲，不断拓展自己的知识面，不断更新自己的知识结构，不断提升业务水平；掌握文献检索、资料查询等信息获取方法和手段，具有终身学习的能力；能够正确使用现代化方法来收集、分析、判断和选择国内外相关技术信息；具有知识更新和知识创造的能力。

2）基础理论与专业知识

（1）自然科学基础理论。在扎实掌握设计型工程师应掌握的专业所需的自然科学基础理论的基础上，进一步掌握从事大型工程研究和开发、工程科学研究所需的相关数学、自然科学知识，包括智能优化算法、随机数学等。

（2）工程学理论与知识。在扎实掌握设计型工程师应掌握的专业所需的实际工程中所需的各类基本知识与技能的基础上，进一步系统深入地掌握工程原理、工程技术、工程科学的理论知识，熟悉新材料、新工艺、新设备和先进制造系统以及本专业的最新发展状况和趋势，包括多刚体系统动力学、高等气体动力学、高等燃烧学、弹塑性力学、湍流及边界层理论等。

（3）专业知识与技术。掌握兵器系统的基本原理及发展趋势，熟悉本专业领域技术标准，相关行业的政策、法律和法规；在扎实掌握设计型工程师应掌握的专业所需的专业知识与技术基础上，进一步扎实掌握兵器系统分析理论与方法、兵器系统设计原理和技术、兵器系统验证与试验技术、兵器制造工艺与技术，包括兵器系统工程学、兵器系统设计理论与方法、新概念武器技术等。

3）综合运用知识的能力

（1）分析能力。具备良好的工程问题识别与数学建模能力，能发现实践中与本学科相关的需求，能独立提出解决问题的方案；对于兵器系统工作过程等，能够抓住本质与特点，抽象出本构关系，建立物理与数学模型；具备复杂工程数学模型优化与求解能力，可指导工程设计、优化生产工艺，或进行技术改造与创新等；具有综合运用科学理论方法和技术手段独立分析和解决复杂工程实际问题的能力；对所研究的课题有新的独特见解，取得创新性成果。

（2）设计能力。熟悉兵器系统组成原理与设计特点，熟悉兵器系统运行与控制技术；掌握兵器系统及其零部件及常用工程材料性能以及改性方法，了解工程材料的发展，掌握本工作领域最新工程材料及其应用；掌握兵器系统及其零部件设计理论与技能，熟悉现代先进设计理论和方法及其应用；能够独立从事兵器系统及其复杂工程项目的研究和设计；具有兵器系统开发和复杂工程项目集成的能力以及处理工程与社会和自然和谐的能力。

（3）制造能力。熟悉兵器系统制造工艺的技术内容、方法和特点；熟悉机械制造主要设备的工艺范围、设计原则与程序以及技术经济评价指标；熟悉工艺装备验证的有关知识；熟练进行工艺方案和工艺装备设计；能够分析解决现场出现的工艺问题；掌握制定其他相关工艺过程的知识与技能；熟悉特种加工、表面工程技术的技术内容、方法和特点；了解制造自动化的有关知识。

（4）测试与试验能力。熟悉质量管理和质量保证体系，熟悉过程控制的方法和工具，掌握兵器系统及零部件的检测技术及试验方法；能够针对兵器系统及复杂产品研究项目设计具体的试验和验证方案，并能够进行相应的试验研究工作；能够对试验所获得的结果进行正确的分析处理。

（5）创新能力。具有开拓创新意识；具有战略性思维、创新性思维和系统性思维的能力；具有工程技术创新和进行产品开发的能力，以及工程科学研究的能力。

参 考 文 献

[1] 张相炎. 武器系统与工程导论 [M]. 北京：国防工业出版社，2014.

[2] 袁军堂，张相炎. 武器装备概论 [M]. 2 版. 北京：国防工业出版社，2019.

[3] 田棣华，等. 兵器科学技术总论 [M]. 北京：北京理工大学出版社，2003.

[4] 宋贵宝，等. 武器系统工程 [M]. 北京：国防工业出版社，2009.

[5] 栾恩杰. 国防科技名词大典（兵器）[M]. 北京：航空工业出版社，2002.

[6] 慈云桂. 中国军事百科全书（军事技术基础理论分册）[M]. 北京：军事科学出版社，1993.

[7] 《兵器工业科学技术辞典》编辑委员会. 兵器工业科学技术辞典 [M]. 北京：国防工业出版社，1991.

[8] 曹红松，等. 兵器概论 [M]. 北京：国防工业出版社，2008.

[9] 钱林方. 火炮弹道学 [M]. 北京：北京理工大学出版社，2016.

[10] 董跃农. 士兵系统 [M]. 北京：国防工业出版社，2006.

[11] 王裕安，等. 自动武器构造 [M]. 北京：北京理工大学出版社，1994.

[12] 马福球，等. 火炮与自动武器 [M]. 北京：北京理工大学出版社，2003.

[13] 谈乐斌，等. 火炮概论 [M]. 北京：北京理工大学出版社，2014.

[14] 张相炎. 现代火炮技术概论 [M]. 北京：国防工业出版社，2015.

[15] 潘玉田，郭保全. 轮式自行火炮总体技术 [M]. 北京：北京理工大学出版社，2009.

[16] 张相炎. 新概念火炮技术 [M]. 北京：北京理工大学出版社，2014.

[17] 张太平，等. GJB 744—89 火炮术语、符号 [S]. 北京：国防科工委军标出版发行部，1990.

[18] 鞠玉涛，陈雄. 火箭导弹技术引论 [M]. 北京：兵器工业出版社，2009.

[19] 万志强，等. 问天神器——航天器、火箭与导弹的奥秘 [M]. 北京：化学工业出版社，2018.

[20] 李斌. 世界经典武器装备系列. 导弹武器 [M]. 北京：中国经济出版社，2015.

[21] 沈如松. 导弹武器系统概论 [M]. 北京：国防工业出版社，2010.

[22] 于存贵，等. 火箭导弹发射技术进展 [M]. 北京：北京航空航天大学出版社，2015.

[23] 李宏才，闫清东. 装甲车辆构造与原理 [M]. 北京：北京理工大学出版社，2016.

[24] 冯益柏. 坦克装甲车辆设计（总体设计卷）[M]. 北京：化学工业出版社，2014.

[25] 郑慕侨，等. 坦克装甲车辆 [M]. 北京：北京理工大学出版社，2003.

[26] 王树普，等. GJB 742—89 装甲车辆术语、符号 [S]. 北京：国防科工委军标出版发行部，1992.

［27］ 王儒策．弹药工程［M］．北京：北京理工大学出版社，2005.

［28］ 李向东，等．弹药概论［M］．北京：国防工业出版社，2004.

［29］ 尹建平，王志军．弹药学［M］．北京：北京理工大学出版社，2014.

［30］ 钱建平．弹药系统工程［M］．北京：电子工业出版社，2014.

［31］ 杨绍卿．灵巧弹药工程精装［M］．北京：国防工业出版社，2010.

［32］ 祁戴康．制导弹药技术［M］．北京：北京理工大学出版社，2002.

［33］ 石秀华，等．水下武器系统概论［M］．西安：西北工业大学出版社，2013.

［34］ 王洪建，等．深海雷霆——水中兵器［M］．北京：化学工业出版社，2013.

［35］ 石秀华，王晓娟．水中兵器概论［M］．西安：西北工业大学出版社，2010.

［36］ 周立伟．目标探测与识别［M］．北京：北京理工大学出版社，2008.

［37］ 李世中．引信概论［M］．北京：北京理工大学出版社，2017.

［38］ 张合．引信与武器系统交联理论及技术［M］．北京：国防工业出版社，2010.

［39］ 安晓红，等．引信设计与应用［M］．北京：国防工业出版社，2006.

［40］ 秦继荣．指挥与控制概论［M］．北京：国防工业出版社，2012.

［41］ 刘高峰，等．联合作战指挥与控制技术概论［M］．北京：国防工业出版社，2016.

［42］ 魏云升，等．火力与指挥控制［M］．北京：北京理工大学出版社，2003.

［43］ 薄煜明，等．现代火控理论与应用基础［M］．北京：科学出版社，2012.

［44］ 高强，等．火控系统设计概论［M］．北京：国防工业出版社，2016.

［45］ 宋跃进．指挥与控制战［M］．北京：国防工业出版社，2012.

［46］ 王成，牛奕龙．信息对抗理论与技术［M］．西安：西北工业大学出版社，2011.

［47］ 付钰，等．信息对抗理论与方法［M］．2 版．武汉：武汉大学出版社，2016.

［48］ 王则山．火炸药科学技术［M］．北京：北京理工大学出版社，2002.

［49］ 王则山，等．火药装药设计原理与技术［M］．北京：北京理工大学出版社，2006.

［50］ 王玄玉．烟火技术基础［M］．北京：清华大学出版社，2017.

［51］ 叶迎华．火工品技术［M］．2 版．北京：北京理工大学出版社，2014.

［52］ 陆安舫，等．GJB 741—89 火药术语、符号［S］．北京：国防科工委军标出版发行部，1990.